“信息化与工业化两化融合研究与应用”丛书编委会

信息化与工业化两化融合研究与应用

线性系统理论(第三版)

下册

段广仁　编著

科学出版社

北　京

内 容 简 介

本书系统地阐述了以状态空间方法为主的线性系统的时间域理论。全书共12章：第1章介绍与本书密切相关的一些数学基础知识；第2章介绍线性系统的数学描述；第3～5章阐述线性系统的分析理论，分别介绍线性系统的运动分析、能控性和能观性分析以及稳定性分析；第6～10章阐述线性系统的设计理论，分别介绍线性系统的极点配置和特征结构配置、镇定与渐近跟踪、线性二次型最优控制、解耦控制、状态观测器等设计问题；第11章概括性地介绍离散线性系统理论；第12章介绍鲁棒性的概念和几个基本的鲁棒控制问题。

本书结构清楚、层次分明、论述严谨、重点突出，注重基本概念、基本原理和基本方法。在内容上以基本的分析和设计问题为主，同时介绍了线性系统理论的一些新进展和作者的一些相关研究成果。本书可作为高等工科院校自动控制及相近专业本科高年级学生和研究生的教材，也可供广大科研工作者、工程技术人员以及高等院校教师参考或自学。

图书在版编目(CIP)数据

线性系统理论. 下册/段广仁编著. —3版. —北京：科学出版社，2016
(信息化与工业化两化融合研究与应用)
ISBN 978-7-03-048686-8

Ⅰ.①线…　Ⅱ.①段…　Ⅲ.①线性系统理论　Ⅳ.①O231

中国版本图书馆CIP数据核字(2016)第129461号

责任编辑：杨向萍　张海娜 / 责任校对：郭瑞芝
责任印制：吴兆东 / 封面设计：黄华斌

科学出版社出版
北京东黄城根北街16号
邮政编码：100717
http://www.sciencep.com

北京中科印刷有限公司印刷
科学出版社发行　各地新华书店经销
*
2016年6月第　一　版　　开本：720×1000　1/16
2025年1月第五次印刷　　印张：17 3/4　插页：1
字数：355 000

定价：150.00元
(如有印装质量问题，我社负责调换)

作 者 简 介

段广仁教授，1983 年获东北重型机械学院应用数学专业学士学位，1986 年获哈尔滨船舶工程学院现代控制理论专业硕士学位，1989 年获哈尔滨工业大学一般力学专业博士学位，1989 年 10 月进入哈尔滨工业大学机械工程学科博士后流动站，1991 年 8 月出站，同年 11 月破格晋升为哈尔滨工业大学教授；1997 年 1 月至 1998 年 3 月于英国赫尔大学电子工程系做访问教授，1998 年 4 月至 2002 年 9 月于英国谢菲尔德大学和贝尔法斯特女王大学访问，2002 年回国时创建了哈尔滨工业大学控制理论与制导技术研究中心，现为该研究中心主任。

1996 年获得教育部跨世纪人才基金资助，1999 年获得国家杰出青年科学基金资助，2000 年受聘为哈尔滨工业大学导航、制导与控制学科长江学者特聘教授；2005 年任“鲁棒控制理论及其在航天控制中的应用”教育部长江学者创新团队项目负责人，并入选 IET Fellow；2010 年任“航天飞行器的鲁棒控制理论与应用”国家自然科学基金委创新群体项目负责人；2011 年任国家某重大专项制导控制基础研究领域“十二五”规划重大合同项目负责人；另任国家 863 计划航空航天领域“十一五”专家组成员、航天科技集团第五研究院“空间智能控制技术国防科技重点实验室”第一、二届学术委员会委员，教育部科技委信息学部委员，中国自动化学会常务理事与控制理论专业委员会副主任等职。

作为第一完成人获得国家自然科学奖二等奖两项、省部级自然科学奖一等奖两项、省部级科技进步奖二等奖三项，另获第四届中国青年科技奖，2014 年被评为全国优秀科技工作者；发表 SCI 论文 260 余篇，特别在国际自动控制领域顶级刊物 *IEEE Trans. Automatic Control*、*Automatica* 和 *IET Proc. Control Theory and Application* 上分别发表论文 21 篇、16 篇和 28 篇；出版英文著作 3 部，由国际著名出版社 Springer 和 CRC Press(Taylor & Francis Group)出版，出版的中文著作《线性系统理论》获得第八届全国优秀科技图书奖二等奖和第十一届中国图书奖；培养硕士生 59 人、博士生 53 人，其中全国优秀博士学位论文奖获得者 2 人，在所培养的博士生中，已有人成长为新世纪人才、长江学者和国家杰出青年基金获得者。

系统地建立了控制系统的参数化设计理论和方法，并结合国家重大专项项目以及基金委、航天集团、总装和二炮的科研项目研究，将提出的理论方法成功地应用于航天飞行器控制和磁浮系统控制。提出的典型算法和方法被国际学者在论文中公开称为“段算法”和“段方法”，并被国际学者成功应用于自动发电系统和四旋翼飞行器等实际系统的控制系统设计。

“信息化与工业化两化融合研究与应用”丛书序

传统的工业化道路，在发展生产力的同时付出了过量消耗资源的代价：产业革命200多年以来，占全球人口不到15%的英国、德国、美国等40多个国家相继完成了工业化，在此进程中消耗了全球已探明能源的70%和其他矿产资源的60%。

发达国家是在完成工业化以后实行信息化的，而我国则是在工业化过程中就出现了信息化问题。回顾我国工业化和信息化的发展历程，从中国共产党的十五大提出“改造和提高传统产业，发展新兴产业和高技术产业，推进国民经济信息化”，到党的十六大提出“以信息化带动工业化，以工业化促进信息化”，再到党的十七大明确提出“坚持走中国特色新型工业化道路，大力推进信息化与工业化融合”，充分体现了我国对信息化与工业化关系的认识在不断深化。

工业信息化是“两化融合”的主要内容，它主要包括生产设备、过程、装置、企业的信息化，产品的信息化和产品设计、制造、管理、销售等过程的信息化。其目的是建立起资源节约型产业技术和生产体系，大幅度降低资源消耗；在保持经济高速增长和社会发展过程中，有效地解决发展与生态环境之间的矛盾，积极发展循环经济。这对我国科学技术的发展提出了十分迫切的战略需求，特别是对控制科学与工程学科提出了十分急需的殷切期望。

“两化融合”将是今后一个历史时期里，实现经济发展方式转变和产业结构优化升级的必由之路，也是中国特色新型工业化道路的一个基本特征。为此，中国自动化学会与科学出版社共同策划出版“信息化与工业化两化融合研究与应用”丛书，旨在展示两化融合领域的最新研究成果，促进多学科多领域的交叉融合，推动国际间的学术交流与合作，提升控制科学与工程学科的学术水平。丛书内容既可以是新的研究方向，也可以是至今仍然活跃的传统方向；既注意横向的共性技术的应用研究，又注意纵向的行业技术的应用研究；既重视“两化融合”的软件技术，也关注相关的硬件技术；特别强调那些有助于将科学技术转化为生产力以及对国民经济建设有重大作用和应用前景的著作。

我们相信,有广大专家、学者的积极参与和大力支持,以及丛书编委会的共同努力,本丛书将为繁荣我国"两化融合"的科学技术事业、增强自主创新能力、建设创新型国家做出应有的贡献。

最后,衷心感谢所有关心本丛书并为其出版提供帮助的专家,感谢科学出版社及有关学术机构的大力支持和资助,感谢广大读者对本丛书的厚爱。

中国工程院院士

2010年11月

前　言

线性系统理论是现代控制理论中最基本、最重要也是最成熟的一个分支，是生产过程控制、信息处理、通信系统、网络系统等多方面的基础理论。其大量的概念、方法、原理和结论对于系统和控制理论的许多学科分支，如最优控制、非线性控制、随机控制、系统辨识、信号检测和估计等都具有十分重要的作用。因此，国内外许多高等院校都将线性系统理论作为系统和控制学科中一门最基础的课程。

有关线性系统理论方面的著作或教材现在已有很多。美国纽约州立大学石溪分校陈启宗教授著的《线性系统理论与设计》(陈启宗，1988)，在国内外影响很大；清华大学郑大钟教授著的《线性系统理论》(郑大钟，1990)，内容系统全面；还有其他许多这方面的著作和教材(王恩平，秦化淑和王世林，1991；余贻鑫，1991；沈绍信，1989；凯拉斯，1985；何关钰，1982；刘豹，1982；钱学森和宋健，1980；佛特曼和海兹，1979)，都各具特点。而本书则在内容安排和撰写方面更多地考虑了国内高等院校自动控制及其相关学科线性系统理论课的教学需求。

内容安排

本书是作者于 20 世纪 90 年代初期在哈尔滨工业大学从事自动控制专业研究生"线性系统理论"课程教学的基础上写成的。本书在写作过程中力求做到结构清楚，层次分明。作为高等院校自动控制或相近专业高年级本科生和研究生的教材，本书在选材上没有包含以多项式矩阵方法为主的复频域理论，而只是系统地介绍了以状态空间方法为主的时间域理论。考虑到高等院校研究生的"线性系统理论"课程一般都只有 60 学时左右，本书在介绍完线性系统的数学描述(第 2 章)之后，将重点放在线性系统理论中最基本、最重要的控制系统分析问题(第 3～5 章)和控制系统设计问题(第 6～10 章)之上。另外，为了适合广大工程技术人员和科学工作者使用以及学生将来进一步深入研究的需要，本书还包含了一些带有"*"号的选学内容。第一次接触线性系统理论的读者可跳过这些内容，这样并不影响对于基本内容的理解。

在作者的教学过程中，学生普遍反映的一个问题是这门课程的数学性太强。针对这一点，本书第 1 章介绍了本书后续内容中经常用到的一些数学基础知识，其中 1.7 节介绍的广义 Sylvester 矩阵代数方程为作者的成果，在后续的特征结构配置设计、模型参考渐近跟踪设计、观测器设计和鲁棒极点配置设计等内容中屡次用到。Sylvester 矩阵代数方程不仅在系统与控制领域，同时在应用数学、通信等领域也有着重要的应用,对其有进一步深入了解需求的读者可以参阅作者的著作(Duan,2015)。

许多现有教材都是将控制系统设计的内容归在一章中笼统讲述的。而本书则将系统设计的几个基本问题——极点配置与特征结构配置、镇定与跟踪、二次型最优调节、解耦控制、观测器设计分成5章分别讨论,这样做可以使读者对控制系统设计有一个整体的认识,并对每一个具体的问题有更加深入、全面的了解。

本书包含了作者大量的科研成果,如第6章中的特征结构配置设计和整个第12章关于鲁棒控制的介绍,此外还有1.7节、5.4节、6.6节、7.4节、9.2节、9.3节、10.3节、10.5节等各节的内容。这些内容是在作者的许多工作中筛选出来的,并与全书内容有机地融为一个系统的整体。另外,这些内容也在一定程度上反映了线性系统理论的新进展和本书的时代性。

离散系统理论在很大程度上是与连续系统理论平行的。作者认为初涉线性系统理论的读者可以首先只学习连续系统方面的内容,因而将离散线性系统理论中一些最基本的问题作为选学内容单独列在第11章中,并使其自成体系。

鲁棒控制是国际控制理论界中十分活跃的一个研究领域。本书第12章作为选学内容对鲁棒控制进行了简单的介绍。应该指出,鲁棒控制的内容非常广泛、丰富,即使一部内容丰富的鲁棒控制方面的专著也无法囊括鲁棒控制的全部内容。我们将鲁棒控制加入本书的目的是为一些未接触过鲁棒控制的读者提供一个入门的机会。

本书的每一章末尾都有一个小结和一定量的思考与练习。小结中对全章的内容给出了简单扼要的概括和总结,为读者指出对于某些内容进行深入研究所需阅读的文献,提示读者在学习某些内容时应注意的一些问题,对某些理论和方法给出适当的评价,或者指出某些内容与其他章节内容的联系等。在练习的配备上,除了一些基本的用以巩固一些基本原理和方法的计算题外,我们还有意识地配备了一定数目的思考题和证明题。它们对于加深基础概念和原理的理解是非常有益的。

早期版本

时光荏苒,岁月穿梭,不知不觉间本书第一版已经出版20年了。

本书的第一版作为教育部重点图书于1996年11月在哈尔滨工业大学出版社出版。出乎预料的是,本书出版仅一年便销售告罄,同时还有幸获得了第八届全国优秀科技图书奖二等奖。

为满足广大读者的需求,本书于1998年2月由哈尔滨工业大学出版社重印。由于当时作者正在英国访问,未能在内容上进行任何删改,而只是对第一版中的一些错误进行了校正。值得高兴的是,在本书获得第八届全国优秀科技图书奖二等奖次年的同一时间,本书又进一步获得了第十一届中国图书奖。

2004年,本书的重印版也已销售告罄,进而哈尔滨工业大学出版社又出版了本书的第二版。本书获得的奖励和销售的数量与速度都充分说明了国内控制界同行与广大读者对本书的欣赏和认可。在第二版的修订过程中,在修改第一版一些错误的同时,还在第6章中增加了动态补偿器特征结构配置的参数化方法一节,在第10章中增加了线性系统的PI观测器一节。

顺带说明的是,作为本书的姊妹篇,作者关于广义系统的著作(Duan,2010)由Springer出版,其中译本(段广仁,2011)也由科学出版社出版。

当前版本

本书的第二版自2004年出版以来,已经历了六次印刷,其间曾多次脱销,以至于哈尔滨工业大学选控制学科线性系统理论课程的许多研究生买不到书。鉴于此,作者决定在科学出版社出版本书的第三版,并分成上、下两册。在此修订再版之际,再次向该书的广大读者表示衷心的谢意。

本次再版,主要进行了下述一些修订工作:

(1) 修改了第二版中的一些错误,同时规范了许多记号和标点符号,另外还增加了一批参考文献;

(2) 在第1章中增加了奇异值分解一节,并在1.7节中增加了基于奇异值分解的Sylvester方程的解法,对应地在第6章状态和输出反馈特征结构配置中增加了基于奇异值分解的解法说明;

(3) 在第4章4.1节中增加了能达性的定义以及线性定常系统能控性和能达性的等价性证明,同时还在第11章中增加了离散系统能达性的充要判据;

(4) 在第11章中增加了两节,分别是有限时间线性二次调节问题和无限时间二次调节问题。

衷心希望本书第三版的问世能够得到系统与控制及其相关领域广大学者和师生的欢迎和认可。

值得指出的是,以线性矩阵不等式(LMI)为工具的控制系统分析和设计目前已经发展得非常完善,已成为当前控制系统分析和设计的主流方法之一。但限于时间关系,本书的这一版中没来得及收录这方面的内容。对此方向感兴趣的读者可以参考作者的著作(Duan and Yu,2013)。

致谢

在本书第一版的写作过程中,许多地方得益于王恩平研究员、郑大钟教授和刘豹教授等的著作(王恩平,秦化淑和王世林,1991;郑大钟,1990;刘豹,1982)。这些著作为本书的一些基本内容提供了部分素材。另外,作者的学生胡文远、马克茂和刘湘黔等协助完成了书中部分内容的录入和校对工作。作者教过的许多研究生,特别是1995年秋季学期教过的全体研究生都对本书做了校对工作，同时还提出了许多宝贵意见。作者的同事陈兴林教授不仅协助审阅了本书的部分校样，而且在协助作者授课的过程中，还对书中的许多内容提出了建设性的意见。对于这些同志的热诚帮助和辛勤劳动，在此表示真诚的感谢。

1995年本书刚刚成形之际，作者在线性系统理论课程教学过程中以中国科学院系统科学研究所王恩平研究员的著作(王恩平，秦化淑和王世林，1991)为主要参考书。王老师寄来了几十本书，分文未取。在作者1996年去英国前，王老师已经病重，我曾给他写过信，并想找机会探望，并将书款还给他，但因故未能如愿。后来我于英国获悉王老师不幸过世，此事成为终生的遗憾。

在本书于1998年2月重印之际，哈尔滨工业大学1996年上过“线性系统理论”课程的全体研究生和作者的同事陈兴林教授对本书提出了许多有益的修正意见。作者当年的博士生关新平教授和李延松等在本书重印时的修改、校正与编辑过程中也都付出了艰辛的劳动，在此表示感谢。

本书第二版的修改得到了同事陈兴林教授和胡广大教授的热情帮助，提供了他们在“线性系统理论”课程教学过程中发现的问题。作者的2000～2003级博士生和硕士生也做了许多工作，协助作者完成了书稿的修改、校对与编辑工作。许多热情的读者，如武汉卓刀泉解放军某部的傅明坤同志，还费心寄来了在阅读该书过程中所发现的问题。借此机会再一次向他们表示衷心的感谢。

在此次第三版的整个修改过程中，作者又一次得到了许多同行和同事的热情帮助。特别是作者指导的全国优秀博士学位论文奖获得者、现哈尔滨工业大学深圳研究生院的吴爱国教授，撰写了离散系统二次型最优调节的初稿。作者指导的另一位全国优秀博士学位论文奖获得者周彬教授也指出了他在教学过程中发现的问题。作者的在读博士生许刚、张凯、刘旺魁、隋维舜、黄秀韦和张丹丹协助作者完成了书稿的修改、校对与编辑工作。

另外，本书的问世及其所获得的两项国家级奖励，与哈尔滨工业大学出版社的支持是分不开的。在此，感谢哈尔滨工业大学出版社领导的大力支持和本书第一、二版的责任编辑黄菊英副社长的辛勤劳动。

尽管此书已经多次再版，并得到了许多同行、学者和学生的指正，但由于作者水平有限，书中不当之处仍在所难免，恳请广大读者和同行进一步批评指正。

段广仁
2016年3月于哈尔滨工业大学

目　　录

符 号 说 明

符 号	含 义
$\boldsymbol{A},\boldsymbol{B},\boldsymbol{\Phi},\cdots$	大写黑斜体字母表示矩阵
$\boldsymbol{u},\boldsymbol{y},\boldsymbol{\phi},\cdots$	小写黑斜体字母表示向量
$u,y,\alpha,\cdots$	小写斜体字母表示标量函数或标量
$V,\Omega,\cdots$	大写斜体英文字母或希腊字母表示集合
0	零数字、零向量或零矩阵
$\mathbf{C}^{m\times n}$	所有 $m\times n$ 复元素矩阵的全体
$\mathbf{R}^{m\times n}$	所有 $m\times n$ 实元素矩阵的全体
$\mathbf{C}^{n}$	所有 n 维复列向量的全体(即 $\mathbf{C}^{n\times 1}$)
$\mathbf{R}^{n}$	所有 n 维实列向量的全体(即 $\mathbf{R}^{n\times 1}$)
$\mathbf{C}$	所有复数的全体(即 $\mathbf{C}^{1}$)
$\mathbf{R}$	所有实数的全体(即 $\mathbf{R}^{1}$)
$\mathbf{R}^{n\times m}[s]$	所有关于 s 的 $n\times m$ 阶实系数多项式矩阵的全体
$\mathbf{R}^{n\times m}(s)$	所有关于 s 的 $n\times m$ 阶实系数有理分式矩阵的全体
$\dim V$ 或 $\dim(V)$	子空间 V 的维数
$\exists$	存在
$\in$	元素属于
$\forall$	任取
$\subset$	集合含于
$\supset$	集合包含
$\cup$	集合的并
$\cap$	集合的交
$p\Rightarrow q$	p 蕴含 q
$p\Leftarrow q$	q 蕴含 p
$p\Leftrightarrow q$	p 等价 q
$\dot{\boldsymbol{x}}$	$\frac{\mathrm{d}}{\mathrm{d}t}\boldsymbol{x}$
$\ddot{\boldsymbol{x}}$	$\frac{\mathrm{d}}{\mathrm{d}t}\dot{\boldsymbol{x}}$

$\dddot{\boldsymbol{x}}$	$\frac{\mathrm{d}}{\mathrm{d}t}\ddot{\boldsymbol{x}}$
$\boldsymbol{x}^{(i)}$	$\frac{\mathrm{d}^i}{\mathrm{d}t^i}\boldsymbol{x}$
$\|\boldsymbol{x}\|$ 或 $\|\boldsymbol{x}\|_2$	向量 $\boldsymbol{x}$ 的欧氏范数
$\boldsymbol{I}_n$	n 阶单位矩阵
$\boldsymbol{A}^{-1}$	矩阵 $\boldsymbol{A}$ 的逆
$\boldsymbol{A}^{\mathrm{T}}$	矩阵 $\boldsymbol{A}$ 的转置
$\overline{\boldsymbol{A}}$	矩阵 $\boldsymbol{A}$ 的共轭
$\boldsymbol{A}^*$	矩阵 $\boldsymbol{A}$ 的共轭转置
$\boldsymbol{A}>0$	矩阵 $\boldsymbol{A}$ 正定
$\boldsymbol{A}\geqslant 0$	矩阵 $\boldsymbol{A}$ 半正定
$\boldsymbol{A}>\boldsymbol{B}$	$\boldsymbol{A}-\boldsymbol{B}>0$
$\boldsymbol{A}\geqslant\boldsymbol{B}$	$\boldsymbol{A}-\boldsymbol{B}\geqslant 0$
$\lambda_i(\boldsymbol{A})$	矩阵 $\boldsymbol{A}$ 的第 i 个特征值
$\lambda_{\max}(\boldsymbol{A})$ 或 $\overline{\lambda}(\boldsymbol{A})$	矩阵 $\boldsymbol{A}$ 的最大特征值
$\lambda_{\min}(\boldsymbol{A})$ 或 $\underline{\lambda}(\boldsymbol{A})$	矩阵 $\boldsymbol{A}$ 的最小特征值
$\rho(\boldsymbol{A})$	矩阵 $\boldsymbol{A}$ 的谱半径
$\sigma(\boldsymbol{A})$	矩阵 $\boldsymbol{A}$ 的谱 $\{\lambda \mid \det(\lambda\boldsymbol{I}-\boldsymbol{A})=0\}$
$\sigma_i(\boldsymbol{A})$	矩阵 $\boldsymbol{A}$ 的第 i 个奇异值
$\sigma_{\max}(\boldsymbol{A})$ 或 $\overline{\sigma}(\boldsymbol{A})$	矩阵 $\boldsymbol{A}$ 的最大奇异值
$\sigma_{\min}(\boldsymbol{A})$ 或 $\underline{\sigma}(\boldsymbol{A})$	矩阵 $\boldsymbol{A}$ 的最小奇异值
$\boldsymbol{A}^{1/2}$	由 $(\boldsymbol{A}^{1/2})^{\mathrm{T}}(\boldsymbol{A}^{1/2})=\boldsymbol{A}$ 定义
$\|\boldsymbol{A}\|_2$	矩阵 $\boldsymbol{A}$ 的谱范数
$\|\boldsymbol{A}\|_{\mathrm{F}}$	矩阵 $\boldsymbol{A}$ 的 Frobenius 范数
$\|\boldsymbol{A}\|_1$	矩阵 $\boldsymbol{A}$ 的行和范数
$\|\boldsymbol{A}\|_\infty$	矩阵 $\boldsymbol{A}$ 的列和范数
$\mu_i(\boldsymbol{A})$	由 $\|\boldsymbol{A}\|_i(i=1,2,\infty)$ 导出的测度
Re$\boldsymbol{A}$ 或 Re$(\boldsymbol{A})$	矩阵 $\boldsymbol{A}$ 的实部
Im$\boldsymbol{A}$ 或 Im$(\boldsymbol{A})$	矩阵 $\boldsymbol{A}$ 的虚部
tr$\boldsymbol{A}$ 或 tr$(\boldsymbol{A})$	矩阵 $\boldsymbol{A}$ 的迹
det$\boldsymbol{A}$ 或 det$(\boldsymbol{A})$	矩阵 $\boldsymbol{A}$ 的行列式
rank$\boldsymbol{A}$ 或 rank$(\boldsymbol{A})$	矩阵 $\boldsymbol{A}$ 的秩
adj$\boldsymbol{A}$ 或 adj$(\boldsymbol{A})$	矩阵 $\boldsymbol{A}$ 的伴随矩阵
diag$(s_1,s_2,\cdots,s_n)$	由 $s_1,s_2,\cdots,s_n$ 构成的对角阵
ΔΔΔ	证明结束符

第 6 章　极点配置与特征结构配置

从这一章开始，我们将目标转向控制系统设计的内容。首先介绍两类联系较为紧密的非优化型设计：极点配置与特征结构配置，它们分别以希望的闭环极点和希望的特征结构为设计目标。

控制规律是使控制系统按照希望的规律运动的根本手段，是控制系统设计的关键。为此，先介绍几种常规的控制律。

6.1　线性系统的常规控制律

在绪论中已经指出，本书关于控制系统设计的内容只限于线性定常系统的情形，即只讨论下述定常线性系统的控制问题：

$$\begin{cases} \dot{\boldsymbol{x}}=\boldsymbol{A}\boldsymbol{x}+\boldsymbol{B}\boldsymbol{u}+\boldsymbol{E}\boldsymbol{d} \\ \boldsymbol{y}=\boldsymbol{C}\boldsymbol{x}+\boldsymbol{D}\boldsymbol{u} \end{cases} \tag{6.1.1}$$

其中，$\boldsymbol{d}\in\mathbf{R}^{l}$ 为干扰信号；$\boldsymbol{E}\in\mathbf{R}^{n\times l}$ 为干扰的输入矩阵；其他各量同前述。如 0.2 节所述，不同于古典调节原理，在现代控制理论的范畴内，所谓的控制系统设计，其实质是系统的控制规律的设计。下面针对系统(6.1.1)，在线性定常系统理论的范围内，介绍几种常规的控制律。

6.1.1　线性定常状态反馈控制律

线性系统(6.1.1)的线性定常状态反馈控制律，以下简称状态反馈律，具有下述形式：

$$\boldsymbol{u}=\boldsymbol{K}\boldsymbol{x}+\boldsymbol{G}\boldsymbol{v} \tag{6.1.2}$$

其中，$\boldsymbol{K}\in\mathbf{R}^{r\times n}$ 称为状态增益阵；$\boldsymbol{v}\in\mathbf{R}^{p}$ 为外部输入信号；$\boldsymbol{G}\in\mathbf{R}^{r\times p}$ 为外部输入矩阵。

系统(6.1.1)在状态反馈律(6.1.2)作用下的闭环系统为

$$\begin{cases} \dot{\boldsymbol{x}}=\boldsymbol{A}_{\mathrm{c}}\boldsymbol{x}+\boldsymbol{B}_{\mathrm{c}}\boldsymbol{V}+\boldsymbol{E}\boldsymbol{d}, \quad \boldsymbol{x}(0)=\boldsymbol{x}_0, \quad t\geqslant t_0 \\ \boldsymbol{y}=\boldsymbol{C}_{\mathrm{c}}\boldsymbol{x}+\boldsymbol{D}_{\mathrm{c}}\boldsymbol{v} \end{cases} \tag{6.1.3}$$

其中

$$\begin{aligned} &\boldsymbol{A}_{\mathrm{c}}=\boldsymbol{A}+\boldsymbol{B}\boldsymbol{K}, \quad \boldsymbol{B}_{\mathrm{c}}=\boldsymbol{B}\boldsymbol{G} \\ &\boldsymbol{C}_{\mathrm{c}}=\boldsymbol{C}+\boldsymbol{D}\boldsymbol{K}, \quad \boldsymbol{D}_{\mathrm{c}}=\boldsymbol{D}\boldsymbol{G} \end{aligned} \tag{6.1.4}$$

状态反馈控制系统的方块图如图 6.1.1 所示。

下面我们来讨论状态反馈的性质。

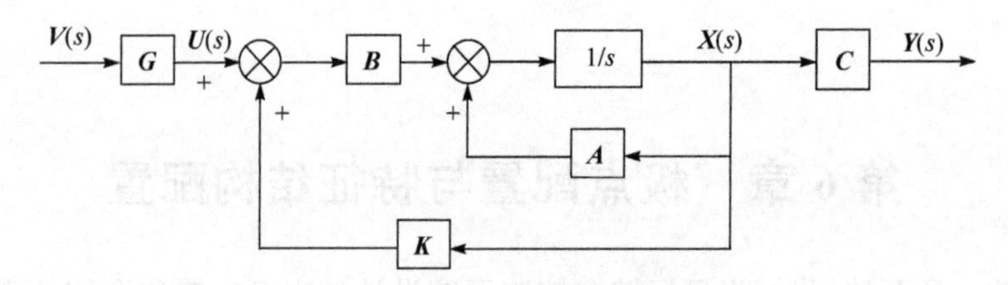

图 6.1.1　状态反馈控制系统方块图

命题 6.1.1　状态反馈可以改变系统的极点集。

证明　只要注意到开环系统(6.1.1)和闭环系统(6.1.3)的极点集分别为 $\sigma(\boldsymbol{A})$ 和 $\sigma(\boldsymbol{A}+\boldsymbol{BK})$ 即可。

ΔΔΔ

上述命题是本章所要考虑的状态反馈极点配置问题的前提。

命题 6.1.2　设 $p=r$,且 $\boldsymbol{G}$ 阵非奇异,则状态反馈(6.1.2)保持系统的输入解耦零点,也即不能控振型不变。

证明　设 λ_0 为开环系统(6.1.1)的一个输入解耦零点,则有

$$\operatorname{rank}[\lambda_0 \boldsymbol{I}-\boldsymbol{A}\quad \boldsymbol{B}]<n \tag{6.1.5}$$

注意到

$$[\lambda_0 \boldsymbol{I}_n-(\boldsymbol{A}+\boldsymbol{BK})\quad \boldsymbol{BG}]=[\lambda_0 \boldsymbol{I}-\boldsymbol{A}\quad \boldsymbol{B}]\begin{bmatrix}\boldsymbol{I} & 0\\ -\boldsymbol{K} & \boldsymbol{G}\end{bmatrix} \tag{6.1.6}$$

及 $\boldsymbol{G}$ 阵的可逆性,有

$$\operatorname{rank}[\lambda_0 \boldsymbol{I}_n-(\boldsymbol{A}+\boldsymbol{BK})\quad \boldsymbol{BG}]=\operatorname{rank}[\lambda_0 \boldsymbol{I}-\boldsymbol{A}\quad \boldsymbol{B}]<n$$

从而,λ_0 亦为闭环系统(6.1.3)的输入解耦零点。

ΔΔΔ

命题 6.1.3　当 $p=r$,且 $\boldsymbol{G}$ 阵非奇异时,状态反馈律(6.1.2)保持系统的能控性不变。

证明　若开环系统(6.1.1)能控,则其不具有输入解耦零点。从而由命题 6.1.2知,闭环系统(6.1.3)亦无输入解耦零点,从而亦为能控。同理,当开环系统(6.1.1)不能控,即存在输入解耦零点时,闭环系统(6.1.3)亦存在输入解耦零点,从而亦为不能控。

ΔΔΔ

值得说明的是,状态反馈可以保持系统的输入解耦零点和能控性不变,但却不能保证系统的输出解耦零点和能观性不变。为此,我们考虑下面一个例子。

例 6.1.1　已知系统

$$\begin{cases}\dot{\boldsymbol{x}}=\begin{bmatrix}0 & 1\\ 2 & 0\end{bmatrix}\boldsymbol{x}+\boldsymbol{u}\\ y=[1\quad -1]\boldsymbol{x}\end{cases}$$

容易验证该系统为完全能观的,从而不存在输出解耦零点或不能观振型。但当取了状态反馈律

$$\boldsymbol{u}=\begin{bmatrix}0 & -2\\ -3 & 0\end{bmatrix}\boldsymbol{x}+\boldsymbol{v}$$

可得闭环系统

$$\dot{\boldsymbol{x}}=\begin{bmatrix}0 & -1\\ -1 & 0\end{bmatrix}\boldsymbol{x}+\boldsymbol{v},\quad \boldsymbol{y}=[1\quad -1]\boldsymbol{x}$$

容易验证它具有一个不能观振型-1,从而为不能观的。

6.1.2　定常线性输出反馈控制律

系统(6.1.1)的线性定常输出反馈控制律,以下简称输出反馈律,具有下述形式:

$$\boldsymbol{u}=\boldsymbol{K}\boldsymbol{y}+\boldsymbol{G}\boldsymbol{v} \tag{6.1.7}$$

其中,$\boldsymbol{K}\in\mathbf{R}^{r\times m}$为输出反馈增益阵;其他各量同前述。当系统(6.1.1)中的系数矩阵$\boldsymbol{D}=0$,$\boldsymbol{E}=0$时,系统(6.1.1)在输出反馈(6.1.7)作用下的闭环系统为

$$\begin{cases}\dot{\boldsymbol{x}}=\boldsymbol{A}_c\boldsymbol{x}+\boldsymbol{B}_c\boldsymbol{v}, & \boldsymbol{x}(0)=\boldsymbol{x}_0,\quad t\geqslant t_0\\ \boldsymbol{y}=\boldsymbol{C}_c\boldsymbol{x}\end{cases} \tag{6.1.8}$$

其中

$$\boldsymbol{A}_c=\boldsymbol{A}+\boldsymbol{BKC},\quad \boldsymbol{B}_c=\boldsymbol{BG},\quad \boldsymbol{C}_c=\boldsymbol{C} \tag{6.1.9}$$

其结构方块图如图 6.1.2 所示。

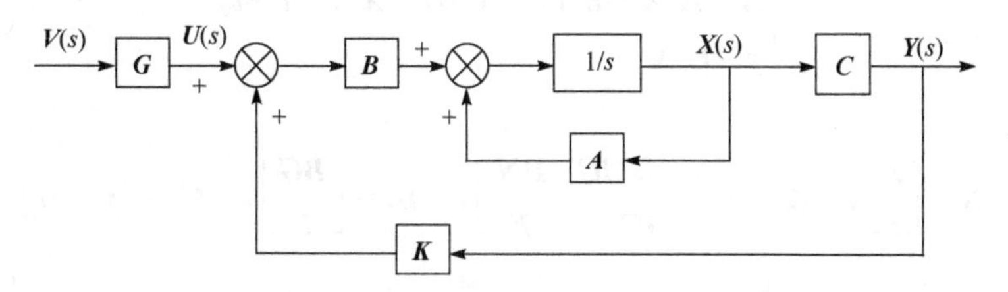

图 6.1.2　输出反馈控制系统的结构方块图

由系统(6.1.1)的输出方程可见,系统(6.1.1)的输出$\boldsymbol{y}$包含了状态$\boldsymbol{x}$的信息。但由于一般情况下有$m<n$,因而,输出$\boldsymbol{y}$中仅包含了状态$\boldsymbol{x}$的部分信息而不是全部信息。因而,输出反馈律(6.1.7)也常称为部分状态反馈律。正是因为这一点,输出反馈对于系统的“控制能力”比状态反馈要弱得多,这在后续的具体设计问题中将得到验证。

当$\boldsymbol{D}=0$时,将输出方程代入式(6.1.7),可得

$$\boldsymbol{u}=\boldsymbol{KCx}+\boldsymbol{Gv} \tag{6.1.10}$$

故此时系统的输出反馈律实际上是一个特殊的状态反馈律。

关于输出反馈的性质,我们有下述命题。

命题 6.1.4　对于线性定常系统(6.1.1),有下述结论:

(1) 其输出反馈律(6.1.7)可以改变其极点集;

(2) 当 $p=r$,且 $\boldsymbol{G}$ 阵可逆时,其输出反馈律保持其输入解耦零点和输出解耦零点不变,从而保持其能控性和能观性不变。

关于上述命题的证明,请读者自己完成。

6.1.3　线性定常输出动态补偿器

线性系统(6.1.1)的线性定常输出动态补偿器,以下简称动态补偿器,属于输出反馈控制律的范围。但 6.1.2 节介绍的输出反馈律(6.1.7)不含有动态环节,因而为静态输出反馈。这里介绍的动态补偿器含有动态环节,因而亦常称为动态输出反馈,其一般形式为

$$\begin{cases}\dot{\boldsymbol{z}}=\boldsymbol{F}\boldsymbol{z}+\boldsymbol{H}\boldsymbol{y}+\boldsymbol{L}\boldsymbol{v}, \quad \boldsymbol{z}(0)=\boldsymbol{z}_0, \quad t\geqslant 0\\ \boldsymbol{u}=\boldsymbol{N}\boldsymbol{z}+\boldsymbol{M}\boldsymbol{y}+\boldsymbol{G}\boldsymbol{v}\end{cases} \tag{6.1.11}$$

其中,$\boldsymbol{z}\in\mathbf{R}^q$ 为动态补偿器的状态向量,q 称为动态补偿器的阶;$\boldsymbol{v}\in\mathbf{R}^p$ 为外部输入信号;$\boldsymbol{F},\boldsymbol{H},\boldsymbol{L},\boldsymbol{N},\boldsymbol{M}$ 和 $\boldsymbol{G}$ 为适当阶的参数矩阵。特别当 $q=0$ 时,补偿器的动态环节不存在,此时式(6.1.11)化为一个静态输出反馈律。将式(6.1.11)代入式(6.1.1)可得系统(6.1.1)在动态补偿器(6.1.11)作用下的闭环系统,特别当系统(6.1.1)中的系数矩阵 $\boldsymbol{D}=0,\boldsymbol{E}=0$ 的闭环系统的表达式为

$$\begin{cases}\dot{\boldsymbol{X}}=\boldsymbol{A}_{\mathrm{c}}\boldsymbol{X}+\boldsymbol{B}_{\mathrm{c}}\boldsymbol{v}, \quad \boldsymbol{X}(0)=\boldsymbol{X}_0, \quad t\geqslant t_0\\ \boldsymbol{y}=\boldsymbol{C}_{\mathrm{c}}\boldsymbol{X}\end{cases} \tag{6.1.12}$$

其中

$$\boldsymbol{X}=\begin{bmatrix}\boldsymbol{x}\\ \boldsymbol{z}\end{bmatrix}, \quad \boldsymbol{A}_{\mathrm{c}}=\begin{bmatrix}\boldsymbol{A}+\boldsymbol{BMC} & \boldsymbol{BN}\\ \boldsymbol{HC} & \boldsymbol{F}\end{bmatrix}, \quad \boldsymbol{B}_{\mathrm{c}}=\begin{bmatrix}\boldsymbol{BG}\\ \boldsymbol{L}\end{bmatrix}, \quad \boldsymbol{C}_{\mathrm{c}}=[\boldsymbol{C} \quad 0] \tag{6.1.13}$$

其结构方块图如图 6.1.3 所示。

显而易见,动态补偿器与前述的状态反馈律(6.1.2)和输出反馈律(6.1.7)的最大区别在于,它增加了系统的动态环节。

下面来揭示输出反馈律和动态补偿器在设计方面的一个内在联系。

引入矩阵

$$\begin{aligned}\boldsymbol{A}'=\begin{bmatrix}\boldsymbol{A} & 0\\ 0 & 0\end{bmatrix}, \quad \boldsymbol{B}'=\begin{bmatrix}\boldsymbol{B} & 0\\ 0 & \boldsymbol{I}_p\end{bmatrix}\\ \boldsymbol{C}'=\begin{bmatrix}\boldsymbol{C} & 0\\ 0 & \boldsymbol{I}_p\end{bmatrix}, \quad \boldsymbol{G}'=\begin{bmatrix}\boldsymbol{G}\\ \boldsymbol{L}\end{bmatrix}\end{aligned} \tag{6.1.14}$$

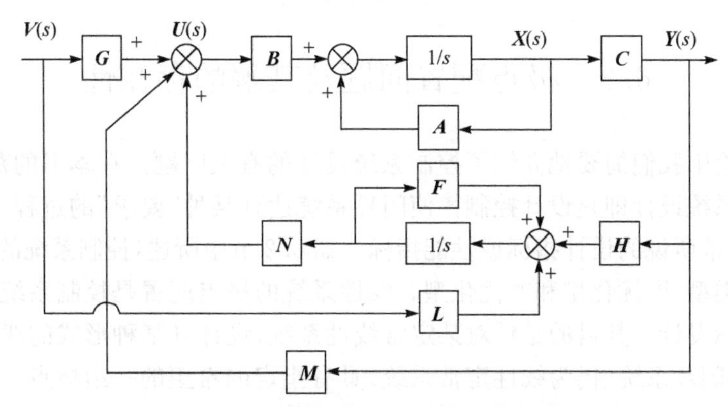

图 6.1.3　动态补偿器作用下的控制系统方块图

则下述事实成立。

命题 6.1.5　线性定常系统(6.1.1)(其中 $\boldsymbol{D}=0,\boldsymbol{E}=0$)在动态补偿器(6.1.11)下的控制作用等效于增广系统

$$\begin{cases}\dot{\boldsymbol{X}}=\boldsymbol{A}'\boldsymbol{X}+\boldsymbol{B}'\boldsymbol{U}\\ \boldsymbol{Y}=\boldsymbol{C}'\boldsymbol{X}\end{cases} \tag{6.1.15}$$

在如下静态输出反馈下的控制作用：

$$\boldsymbol{U}=\boldsymbol{K}\boldsymbol{Y}+\boldsymbol{G}'\boldsymbol{v},\quad \boldsymbol{K}=\begin{bmatrix}\boldsymbol{M} & \boldsymbol{N}\\ \boldsymbol{H} & \boldsymbol{F}\end{bmatrix} \tag{6.1.16}$$

证明　利用式(6.1.14)可以容易地验证，输出反馈控制系统式(6.1.15)和式(6.1.16)的闭环系统的状态方程与动态补偿器控制系统式(6.1.12)和式(6.1.13)的状态方程一致；其输出方程可分解为

$$\boldsymbol{y}_2=\boldsymbol{z}\in\mathbf{R}^p$$

$$\boldsymbol{y}_1=\boldsymbol{C}\boldsymbol{x}$$

而上式即为动态补偿器控制系统式(6.1.12)和式(6.1.13)的输出方程。

ΔΔΔ

上述命题告诉我们，一个系统的动态补偿器的设计可以转化为一个增广系统的静态输出反馈律的设计。另外，在后两节中我们将会看到，静态输出反馈对于系统的“控制作用”的强弱与量 $m+r-n$ 的大小有关。当原系统的这个量较小，利用输出反馈不能达到预期的控制目的时，我们可以利用一个 p 阶的动态补偿器来实现这种控制作用。根据上述命题，此时由于$(m+p)+(r+p)-(n+p)>m+r-n$，故改用动态补偿器后可改善对于系统的“控制作用”，实现预期的控制目标。最后我们指出，线性系统的状态观测器实际上也是一种重要的控制律。它是一种特殊的动态补偿器。状态观测器设计是控制系统设计中的一个重要内容，将于第 10 章中讨论。

6.2 极点配置问题及其解的存在性

在绪论中我们简要地介绍了控制系统设计的有关问题。在本书的范围内,所谓的控制系统设计即是设计控制律使闭环系统达到某种“要求”的过程。这种“要求”即是通常所说的设计指标或性能指标。如 0.2 节中所述,控制系统的性能指标分为两大类型,即优化型和非优化型。线性系统的极点配置是控制系统的一种非优化型指标设计。其目的是针对某定常线性系统,设计其某种形式的线性定常控制律,使得闭环系统(仍为线性定常系统)具有指定的希望的一组极点。这种指标的背景主要有两个方面:一方面,由第 5 章的稳定性理论知,系统的极点完全决定了系统的稳定性(指渐近稳定性);另一方面,由第 3 章中线性系统的响应分析理论可知,系统的极点还决定了系统的响应速度。

6.2.1 极点配置问题的描述

极点是定常线性系统所特有的概念,它是线性系统的系统矩阵的特征值。因而极点配置问题亦常称为特征值配置问题,且也是线性定常控制系统设计中所特有的,它不像后面介绍的镇定问题,可以存在于非线性控制系统设计之中。

考虑下述线性定常系统:

$$\begin{cases}\dot{\boldsymbol{x}}=\boldsymbol{A}\boldsymbol{x}+\boldsymbol{B}\boldsymbol{u}\\ \boldsymbol{y}=\boldsymbol{C}\boldsymbol{x}+\boldsymbol{D}\boldsymbol{u}\end{cases}\tag{6.2.1}$$

其中各量同前所述。该系统在某种线性定常控制律作用下的极点配置问题可叙述如下:给定系统(6.2.1),选取某种线性定常反馈控制律,使得系统(6.2.1)在该控制律下的闭环系统具有指定的极点集。

下面具体考虑系统(6.2.1)分别在状态反馈律(6.1.2)、输出反馈律(6.1.7)和动态补偿器(6.1.11)作用下的极点配置问题。由 6.1 节知系统(6.2.1)在状态反馈律(6.1.2)作用下的闭环系统矩阵为

$$\boldsymbol{A}_{\mathrm{c}}=\boldsymbol{A}+\boldsymbol{B}\boldsymbol{K}\tag{6.2.2}$$

因而系统(6.2.1)在状态反馈律(6.1.2)作用下的极点配置问题可抽象地描述成下述代数问题。

问题 6.2.1(状态反馈极点配置问题) 给定矩阵 $\boldsymbol{A}\in\mathbf{R}^{n\times n}$,$\boldsymbol{B}\in\mathbf{R}^{n\times r}$ 及一组共轭封闭复数 $s_i(i=1,2,\cdots,n)$(不必互异),求取矩阵 $\boldsymbol{K}\in\mathbf{R}^{r\times n}$,使得

$$\lambda_i(\boldsymbol{A}+\boldsymbol{B}\boldsymbol{K})=s_i,\quad i=1,2,\cdots,n\tag{6.2.3}$$

完全类似地可将系统(6.2.1)在输出反馈律(6.1.7)作用下的极点配置问题描述如下。

问题 6.2.2(输出反馈极点配置问题)　给定矩阵 $\boldsymbol{A}\in\mathbf{R}^{n\times n}$, $\boldsymbol{B}\in\mathbf{R}^{n\times r}$, $\boldsymbol{C}\in\mathbf{R}^{m\times n}$ 及一组共轭封闭复数 $s_i(i=1,2,\cdots,n)$(不必互异),求取矩阵 $\boldsymbol{K}\in\mathbf{R}^{r\times m}$,使得

$$\lambda_i(\boldsymbol{A}+\boldsymbol{BKC})=s_i,\quad i=1,2,\cdots,n \tag{6.2.4}$$

注意到系统(6.2.1)在动态补偿器(6.1.11)作用下的闭环系统矩阵为

$$\boldsymbol{A}_{\mathrm{c}}=\begin{bmatrix}\boldsymbol{A}+\boldsymbol{BMC} & \boldsymbol{BN}\\ \boldsymbol{HC} & \boldsymbol{F}\end{bmatrix} \tag{6.2.5}$$

则系统(6.2.1)在动态补偿器(6.1.11)作用下的极点配置问题可以描述如下。

问题 6.2.3(动态补偿器极点配置问题)　给定矩阵 $\boldsymbol{A}\in\mathbf{R}^{n\times n}$, $\boldsymbol{B}\in\mathbf{R}^{n\times r}$, $\boldsymbol{C}\in\mathbf{R}^{m\times n}$ 及某正整数 $q>0$ 和一组共轭封闭复数 $s_i(i=1,2,\cdots,n+q)$(不必互异),求取矩阵 $\boldsymbol{F}\in\mathbf{R}^{q\times q}$, $\boldsymbol{H}\in\mathbf{R}^{q\times m}$, $\boldsymbol{N}\in\mathbf{R}^{r\times q}$ 和 $\boldsymbol{M}\in\mathbf{R}^{r\times m}$,使得

$$\lambda_i\left(\begin{bmatrix}\boldsymbol{A}+\boldsymbol{BMC} & \boldsymbol{BN}\\ \boldsymbol{HC} & \boldsymbol{F}\end{bmatrix}\right)=s_i,\quad i=1,2,\cdots,n+q \tag{6.2.6}$$

6.2.2　状态反馈极点配置问题的解的存在性

前面介绍了极点配置问题的描述。下面来考虑其解的存在性,关于极点配置问题的求解方法留在下几节中讨论。

状态反馈极点配置问题的解的存在性与下述概念密切相关。

定义 6.2.1　如果对于任何给定的一组共轭封闭复数 $s_i(i=1,2,\cdots,n)$,前述问题 6.2.1 均有解,则称线性系统(6.2.1)可用状态反馈任意配置极点。

下述的定理给出了线性系统利用状态反馈任意配置极点的条件,它是由加拿大学者 M. Wonham 于 1967 年提出的。

定理 6.2.1　定常线性系统(6.2.1)可用状态反馈任意配置极点的充要条件是系统(6.2.1)完全能控。

为完成上述定理的证明,我们先来做些准备工作。首先回忆循环矩阵的定义。

定义 6.2.2　设 $\boldsymbol{A}\in\mathbf{R}^{n\times n}$,则矩阵 $\boldsymbol{A}$ 称为循环的,当且仅当其特征多项式等同于其最小多项式,或其 Jordan 标准型中相应于每个不同的特征值仅有一个 Jordan 块。

引理 6.2.1　已知 $\boldsymbol{A}\in\mathbf{R}^{n\times n}$, $\boldsymbol{B}\in\mathbf{R}^{n\times r}$,且 $(\boldsymbol{A},\boldsymbol{B})$ 能控。则几乎对于任意的 $\boldsymbol{K}\in\mathbf{R}^{r\times n}$,矩阵 $\boldsymbol{A}+\boldsymbol{BK}$ 具有互异特征值,从而为循环矩阵。

证明　记 k_{ij} 为矩阵 $\boldsymbol{K}$ 的元素,并令

$$D_{\mathrm{c}}(s)=\det(s\boldsymbol{I}-\boldsymbol{A}-\boldsymbol{BK})=s^n+\alpha_{n-1}s^{n-1}+\cdots+\alpha_1 s+\alpha_0 \tag{6.2.7}$$

则 $\alpha_i(i=0,1,\cdots,n-1)$ 为 k_{ij} 的函数。考虑

$$D_{\mathrm{c}}'=\frac{\mathrm{d}}{\mathrm{d}s}D_{\mathrm{c}}(s)=ns^{n-1}+(n-1)\alpha_{n-1}s^{n-2}+\cdots+\alpha_1 \tag{6.2.8}$$

如果矩阵 $\boldsymbol{A}+\boldsymbol{B}\boldsymbol{K}$ 具有重特征值，则 $D_c(s)$ 和 $D_c'(s)$ 非互质，从而由多项式互质条件可知

$$\det\left[\begin{array}{cccccccc}\alpha_0 & \alpha_1 & \cdots & \alpha_{n-1} & 1 & 0 & \cdots & 0\\ 0 & \alpha_0 & \cdots & \alpha_{n-2} & \alpha_{n-1} & 1 & \cdots & 0\\ \vdots & \vdots & & \vdots & & \vdots & & \vdots\\ 0 & 0 & \cdots & \alpha_0 & \alpha_1 & \alpha_2 & \cdots & 1\\ \hdashline \alpha_1 & 2\alpha_2 & \cdots & n & 0 & 0 & \cdots & 0\\ 0 & \alpha_1 & \cdots & (n-1)\alpha_{n-1} & n & 0 & \cdots & 0\\ \vdots & \vdots & & \vdots & & \vdots & & \vdots\\ 0 & 0 & \cdots & \alpha_1 & 2\alpha_2 & 3\alpha_3 & \cdots & 0\end{array}\right]=\gamma(k_{ij})=0 \tag{6.2.9}$$

由于 $(\boldsymbol{A},\boldsymbol{B})$ 能控，则式(6.2.9)为关于 k_{ij} 的非零多项式，而矩阵 $\boldsymbol{K}$ 取于矩阵空间 $\mathbf{R}^{r\times n}$，因此满足上式的所有矩阵 $\boldsymbol{K}$ 可视为 $\mathbf{R}^{r\times n}$ 中的一个超曲面。从而随意取某个矩阵落在该超曲面上的机会是很小的。故对于几乎所有的 $\boldsymbol{K}\in\mathbf{R}^{r\times m}$，有 $\gamma(k_{ij})\neq 0$，也即 $\boldsymbol{A}+\boldsymbol{B}\boldsymbol{K}$ 具有互异特征值。

ΔΔΔ

引理 6.2.2　设 $\boldsymbol{A}\in\mathbf{R}^{n\times n}$，$\boldsymbol{B}\in\mathbf{R}^{n\times r}$，$(\boldsymbol{A},\boldsymbol{B})$ 能控，且 $\boldsymbol{A}$ 为循环的，则对几乎任意的 $\boldsymbol{\rho}\in\mathbf{R}^r$ 有 $(\boldsymbol{A},\boldsymbol{B}\boldsymbol{\rho})$ 能控。

证明　设矩阵 $\boldsymbol{A}$ 有 $l(l\leqslant n)$ 个互异特征值，为 $\lambda_1,\lambda_2,\cdots,\lambda_l$，其对应的特征向量以此为 $\boldsymbol{z}_1,\boldsymbol{z}_2,\cdots,\boldsymbol{z}_l$，由于 $\boldsymbol{A}$ 为循环矩阵，则与特征值 λ_i 对应的所有左特征向量集合为

$$S_i=\{c_i\boldsymbol{z}_i\mid 0\neq c_i\in\mathbf{C}\}$$

这样矩阵 $\boldsymbol{A}$ 的左特征向量全体为

$$S=\bigcup_{i=1}^{l}S_i$$

由 PBH 判据，$(\boldsymbol{A},\boldsymbol{B}\boldsymbol{\rho})$ 不能控等价于存在 $\boldsymbol{A}$ 的左特征向量 $\boldsymbol{z}$，使得 $\boldsymbol{z}^{\mathrm{T}}\boldsymbol{B}\boldsymbol{\rho}=0$，于是

$$\begin{aligned}&\{\boldsymbol{\rho}\mid(\boldsymbol{A},\boldsymbol{B}\boldsymbol{\rho})\text{不能控}\}\\ &=\bigcup_{\boldsymbol{z}\in S}\{\boldsymbol{\rho}\mid\boldsymbol{z}^{\mathrm{T}}\boldsymbol{B}\boldsymbol{\rho}=0\}\\ &=\bigcup_{i=1}^{l}\bigcup_{\boldsymbol{z}\in S_i}\{\boldsymbol{\rho}\mid\boldsymbol{z}^{\mathrm{T}}\boldsymbol{B}\boldsymbol{\rho}=0\}\\ &=\bigcup_{i=1}^{l}\bigcup_{c_i\in\mathbf{C}/\{0\}}\{\boldsymbol{\rho}\mid c_i\boldsymbol{z}_i^{\mathrm{T}}\boldsymbol{B}\boldsymbol{\rho}=0\}\\ &=\bigcup_{i=1}^{l}\{\boldsymbol{\rho}\mid\boldsymbol{z}_i^{\mathrm{T}}\boldsymbol{B}\boldsymbol{\rho}=0\}\end{aligned} \tag{6.2.10}$$

由于 $(\boldsymbol{A},\boldsymbol{B})$ 能控，同样由 PBH 判据可知，对于矩阵 $\boldsymbol{A}$ 的左特征向量 $\boldsymbol{z}_i$ 有 $\boldsymbol{z}_i^{\mathrm{T}}\boldsymbol{B}\neq 0$，从而空间 $\{\boldsymbol{\rho}\mid\boldsymbol{z}_i^{\mathrm{T}}\boldsymbol{B}\boldsymbol{\rho}=0\}$ 的维数必小于 r，于是构成 $\mathbf{R}^r$ 中的一个零测集。由

式(6.2.10)可知,$\{\boldsymbol{\rho}\,|\,(\boldsymbol{A},\boldsymbol{B\rho})$不能控$\}$为一些零测集的有限并,因此也为零测集,从而几乎对于任何的$\boldsymbol{\rho}\in\mathbf{R}^r$,矩阵对$(\boldsymbol{A},\boldsymbol{B\rho})$能控。

△△△

基于上述两个引理,可以给出定理 6.2.1 的证明。

证明　**必要性**　已知系统(6.2.1)可用状态反馈任意配置极点,欲证$(\boldsymbol{A},\boldsymbol{B})$为能控。采用反证法,反设$(\boldsymbol{A},\boldsymbol{B})$不完全能控,则必可通过结构分解而导出

$$\bar{\boldsymbol{A}}=\boldsymbol{PAP}^{-1}=\begin{bmatrix}\bar{\boldsymbol{A}}_c & \bar{\boldsymbol{A}}_{12}\\ 0 & \bar{\boldsymbol{A}}_{\bar{c}}\end{bmatrix},\quad \bar{\boldsymbol{B}}=\boldsymbol{PB}=\begin{bmatrix}\bar{\boldsymbol{B}}_c\\ 0\end{bmatrix}\tag{6.2.11}$$

并且对任一状态反馈增益矩阵$\boldsymbol{K}=[\boldsymbol{K}_1\quad \boldsymbol{K}_2]$,有

$$\begin{aligned}\det(s\boldsymbol{I}-\boldsymbol{A}-\boldsymbol{BK})&=\det(s\boldsymbol{I}-\bar{\boldsymbol{A}}-\bar{\boldsymbol{B}}\boldsymbol{KP}^{-1})\\&=\det\begin{bmatrix}(s\boldsymbol{I}-\bar{\boldsymbol{A}}_c-\bar{\boldsymbol{B}}_c\bar{\boldsymbol{K}}_1) & -\bar{\boldsymbol{A}}_{12}-\bar{\boldsymbol{B}}_c\bar{\boldsymbol{K}}_2\\ 0 & (s\boldsymbol{I}-\bar{\boldsymbol{A}}_{\bar{c}})\end{bmatrix}\\&=\det(s\boldsymbol{I}-\bar{\boldsymbol{A}}_c-\bar{\boldsymbol{B}}_c\bar{\boldsymbol{K}}_1)\det(s\boldsymbol{I}-\bar{\boldsymbol{A}}_{\bar{c}})\end{aligned}\tag{6.2.12}$$

其中,$\bar{\boldsymbol{K}}=\boldsymbol{KP}^{-1}=[\bar{\boldsymbol{K}}_1\quad \bar{\boldsymbol{K}}_2]$。这表明,状态反馈不能改变系统不能控部分的特征值,也即此种情况不可能任意配置全部极点。这显然是和已知前提相矛盾的,故反设不成立,也就是$(\boldsymbol{A},\boldsymbol{B})$为能控。必要性得证。

充分性　已知$(\boldsymbol{A},\boldsymbol{B})$为能控,欲证系统(6.2.1)可用状态反馈任意配置极点。现分成三步来证明。

第 1 步:使系统矩阵$\boldsymbol{A}$具有循环性。如果$\boldsymbol{A}$已为循环,则可由此出发直接去证明。如果$\boldsymbol{A}$不是循环的,由引理 6.2.2 知,则可预置一个状态反馈$\boldsymbol{u}=\boldsymbol{K}_1\boldsymbol{x}+\boldsymbol{w}$,使得

$$\dot{\boldsymbol{x}}=(\boldsymbol{A}+\boldsymbol{BK}_1)\boldsymbol{x}+\boldsymbol{Bw}\tag{6.2.13}$$

其中,$(\boldsymbol{A}+\boldsymbol{BK}_1)=\hat{\boldsymbol{A}}$为循环。

第 2 步:化多输入极点配置问题为等价的单输入系统的极点配置问题。不失一般性,设$\boldsymbol{A}$为循环矩阵,则引入状态反馈$\boldsymbol{u}=\boldsymbol{Kx}+\boldsymbol{v}$,并取$\boldsymbol{K}=\boldsymbol{\rho k}$,其中$\boldsymbol{\rho}$为$r\times1$阵且选取为使$(\boldsymbol{A},\boldsymbol{B\rho})$保持能控,那么就有

$$\dot{\boldsymbol{x}}=(\boldsymbol{A}+\boldsymbol{BK})\boldsymbol{x}+\boldsymbol{Bu}=(\boldsymbol{A}+\boldsymbol{B\rho k})\boldsymbol{x}+\boldsymbol{Bu}=(\boldsymbol{A}+\boldsymbol{bk})\boldsymbol{x}+\boldsymbol{Bu}\tag{6.2.14}$$

其中,$\boldsymbol{b}=\boldsymbol{B\rho}$为$n\times1$阵。并且,成立

$$\det(s\boldsymbol{I}-\boldsymbol{A}-\boldsymbol{BK})=\det(s\boldsymbol{I}-\boldsymbol{A}-\boldsymbol{bk})\tag{6.2.15}$$

这表明,多输入极点配置问题$(\boldsymbol{A},\boldsymbol{B},\boldsymbol{K})$化成了单输入极点配置问题$(\boldsymbol{A},\boldsymbol{b},\boldsymbol{k})$,其中$\boldsymbol{k}$为$1\times n$反馈增益阵。

第 3 步:对单输入问题$(\boldsymbol{A},\boldsymbol{b},\boldsymbol{k})$,证明若$(\boldsymbol{A},\boldsymbol{b})$能控,则必可任意配置其闭环极点。为此,令

$$a(s)=\det(s\boldsymbol{I}-\boldsymbol{A})=s^n+a_{n-1}s^{n-1}+\cdots+a_1s+a_0\tag{6.2.16}$$

且由$(\boldsymbol{A},\boldsymbol{b})$为能控,故可导出如下的能控规范型:

$$\bar{A}=P^{-1}AP=\left[\begin{array}{c:ccc} 0 & & & \\ \vdots & & I_{n-1} & \\ 0 & & & \\ \hdashline -a_0 & -a_1 & \cdots & -a_{n-1} \end{array}\right],\quad \bar{b}=P^{-1}b=\begin{bmatrix} 0 \\ \vdots \\ 0 \\ 1 \end{bmatrix} \tag{6.2.17}$$

再由任意指定的期望闭环极点$\{\lambda_1^*,\lambda_2^*,\cdots,\lambda_n^*\}$导出

$$a^*(s)=\prod_{i=1}^{n}(s-\lambda_i^*)=s^n+a_{n-1}^*s^{n-1}+\cdots+a_1^*s+a_0^* \tag{6.2.18}$$

取

$$\bar{k}=kP=[\bar{k}_0\quad \bar{k}_1\quad \cdots\quad \bar{k}_{n-1}]=[a_0-a_0^*\quad \cdots\quad a_{n-1}-a_{n-1}^*] \tag{6.2.19}$$

于是利用式(6.2.17)和式(6.2.19)就得到

$$\begin{aligned}\bar{A}+\bar{b}\bar{k}&=\left[\begin{array}{c:ccc} 0 & & & \\ \vdots & & I_{n-1} & \\ 0 & & & \\ \hdashline -a_0 & -a_1 & \cdots & -a_{n-1} \end{array}\right]+\begin{bmatrix} 0 \\ \vdots \\ 0 \\ 1 \end{bmatrix}[a_0-a_0^*\quad \cdots\quad a_{n-1}-a_{n-1}^*]\\ &=\left[\begin{array}{c:ccc} 0 & & & \\ \vdots & & I_{n-1} & \\ 0 & & & \\ \hdashline -a_0^* & -a_1^* & \cdots & -a_{n-1}^* \end{array}\right]\end{aligned} \tag{6.2.20}$$

而且成立

$$\det(sI-A-bk)=\det(sI-\bar{A}-\bar{b}\bar{k})=s^n+a_{n-1}^*s^{n-1}+\cdots+a_1^*s+a_0^*=a^*(s) \tag{6.2.21}$$

这表明，对任给的一组$\{\lambda_1^*,\lambda_2^*,\cdots,\lambda_n^*\}$，都必可找到$k=\bar{k}P^{-1}$，使式(6.2.21)成立，即可任意配置闭环极点。综合上面推证结果，就完成了充分性的证明。

ΔΔΔ

6.2.3 输出反馈极点配置问题的解的存在性

这里对静态和动态输出反馈的情形一并讨论。首先来看静态输出反馈的情形。

6.1节已经指出，静态输出反馈亦称为部分状态反馈，相对状态反馈包含了较少的信息量，因而对于系统的控制作用必然要弱一些。上一小节中已经证明能控的线性系统可用状态反馈任意配置其闭环极点，然而对于输出反馈的情形，即使系统完全能控和完全能观，闭环系统的极点也不可能被任意配置。对此我们用下述简单例子说明之。

例 6.2.1　考虑下述既完全能控又完全能观的系统：

$$\dot{\boldsymbol{x}}=\begin{bmatrix}0 & 1\\0 & 0\end{bmatrix}\boldsymbol{x}+\begin{bmatrix}0\\1\end{bmatrix}u,\quad y=\begin{bmatrix}1 & 0\end{bmatrix}\boldsymbol{x}$$

它在输出反馈律 $u=ky$ 下的闭环系统为

$$\dot{\boldsymbol{x}}=\begin{bmatrix}0 & 1\\k & 0\end{bmatrix}\boldsymbol{x},\quad y=\begin{bmatrix}1 & 0\end{bmatrix}\boldsymbol{x}$$

其闭环特征多项式为 s^2-k。从而当 k 的值变化时，闭环系统的极点只能在复平面的实轴和虚轴上变化，不能任意配置。

6.1 节已经指出，输出反馈可以改变系统的极点，但上述例题又说明在一般条件下输出反馈又不能任意改变系统的全部极点，那么，输出反馈可以任意改变系统的极点数目为多少呢？这一问题在 20 世纪 70 年代间得到了广泛的讨论。下面即是有关这一问题的一个重要结果(证明略)。

定理 6.2.2 设($\boldsymbol{A},\boldsymbol{B}$)能控，($\boldsymbol{A},\boldsymbol{C}$)能观，则系统(6.2.1)“几乎”总可用静态输出反馈任意接近地配置 $\min\{n,m+r-1\}$ 个极点。

根据上述定理立即可得下述推论。

推论 6.2.1 设($\boldsymbol{A},\boldsymbol{B}$)能控，($\boldsymbol{A},\boldsymbol{C}$)能观，且 $m+r-1\geqslant n$，则系统(6.2.1)“几乎”总可用静态输出反馈任意配置极点。

另外，注意到动态补偿器和输出反馈设计之间的关系，由上述定理还可以得到关于动态输出反馈极点配置问题的解的存在性的下述结果。

推论 6.2.2 设($\boldsymbol{A},\boldsymbol{B}$)能控，($\boldsymbol{A},\boldsymbol{C}$)能观，则“几乎”总存在

$$q=\begin{cases}0, & m+r-1\geqslant n\\ n-m-r+1, & m+r-1<n\end{cases}$$

阶动态补偿器，使得系统(6.2.1)在该补偿器作用下的闭环系统的极点可以任意配置。

关于动态补偿器极点配置问题的解的存在性，还有下述重要结果。

定理 6.2.3 记 μ 和 ν 分别为系统(6.2.1)的能控性指数和能观性指数，则存在 $p=\min\{\mu,\nu\}$ 阶动态补偿器使得系统(6.2.1)在该动态补偿器作用下的闭环系统的极点可以任意配置。

关于动态补偿器极点配置，到目前还存在一个悬而未决的问题，即对于给定的一个线性系统，当用动态补偿器来实现其控制时，使得闭环系统的极点可任意配置的动态补偿器的最小阶数是多少？此即动态补偿器设计中的“最小阶”问题。对于这一问题，我们从两个方面来做些说明。一方面，从理论上看，“最小阶”问题作为线性系统领域中的遗留理论问题，值得深入研究，以期早日获得解决。而且从应用的角度看，低阶的动态补偿器可以简化设计，节省系统设计中的元件。另一方面，现有理论所提供的非最小阶动态补偿器的设计方法可以适合实际应用，且所设计的动态补偿器在阶次上的保守性并不带来实践上难以解决的问题，相反由于补偿

器的阶次稍高,所带来的设计自由度增多,在设计中还可以考虑同时实现鲁棒性等多种目标。

6.3　状态反馈极点配置问题的求解方法

6.2节给出了状态反馈极点配置问题的解的存在条件,这一节我们进一步考虑问题的求解方法。

6.3.1　单输入系统的情形

单输入系统极点配置问题中状态反馈增益矩阵的计算问题可以描述如下:

给定能控矩阵对$(\boldsymbol{A},\boldsymbol{b})$和一组期望的闭环特征值$\{\lambda_1^*,\lambda_2^*,\cdots,\lambda_n^*\}$,确定$1\times n$的反馈增益矩阵$\boldsymbol{k}$,使$\lambda_i(\boldsymbol{A}+\boldsymbol{bk})=\lambda_i^*(i=1,2,\cdots,n)$成立。

对于上述问题,我们有下述基于单输入系统第二能控规范型的算法。

算法 6.3.1　单输入系统的极点配置设计。

第1步:计算$\boldsymbol{A}$的特征多项式,即

$$\det(s\boldsymbol{I}-\boldsymbol{A})=s^n+a_{n-1}s^{n-1}+\cdots+a_1s+a_0$$

第2步:计算由$\{\lambda_1^*,\lambda_2^*,\cdots,\lambda_n^*\}$所决定的多项式,即

$$a^*(s)=(s-\lambda_1^*)\cdots(s-\lambda_n^*)=s^n+a_{n-1}^*s^{n-1}+\cdots+a_1^*s+a_0^*$$

第3步:计算

$$\bar{\boldsymbol{k}}=[a_0-a_0^* \quad a_1-a_1^* \quad \cdots \quad a_{n-1}-a_{n-1}^*]$$

第4步:计算变换阵

$$\boldsymbol{P}=[\boldsymbol{A}^{n-1}\boldsymbol{b} \quad \cdots \quad \boldsymbol{A}\boldsymbol{b} \quad \boldsymbol{b}]\begin{bmatrix}1 & & & \\ a_{n-1} & 1 & & \\ \vdots & \ddots & \ddots & \\ a_1 & \cdots & a_{n-1} & 1\end{bmatrix}$$

第5步:求$\boldsymbol{Q}=\boldsymbol{P}^{-1}$。

第6步:所求的增益阵$\boldsymbol{k}=\bar{\boldsymbol{k}}\boldsymbol{Q}$。

例 6.3.1　给定单输入线性定常系统为

$$\dot{\boldsymbol{x}}=\begin{bmatrix}0 & 0 & 0\\ 1 & -6 & 0\\ 0 & 1 & -12\end{bmatrix}\boldsymbol{x}+\begin{bmatrix}1\\0\\0\end{bmatrix}u$$

再给定期望的一组闭环特征值为

$$\lambda_1^*=-2,\quad \lambda_2^*=-1+\mathrm{i},\quad \lambda_3^*=-1-\mathrm{i}$$

易知系统为完全能控,故满足闭环极点可任意配置条件。现计算系统的特征多项式

$$\det(s\boldsymbol{I}-\boldsymbol{A})=\det\begin{bmatrix} s & 0 & 0 \\ -1 & s+6 & 0 \\ 0 & -1 & s+12 \end{bmatrix}=s^3+18s^2+72s$$

再由指定闭环极点可得希望的闭环特征多项式为

$$a^*(s)=\prod_{i=1}^{3}(s-\lambda_i^*)=(s+2)(s+1-\mathrm{i})(s+1+\mathrm{i})=s^3+4s^2+6s+4$$

于是可求得

$$\bar{\boldsymbol{k}}=[a_0-a_0^* \quad a_1-a_1^* \quad a_2-a_2^*]=[-4 \quad 66 \quad 14]$$

再来计算变换阵

$$\boldsymbol{P}=[\boldsymbol{A}^2\boldsymbol{b} \quad \boldsymbol{A}\boldsymbol{b} \quad \boldsymbol{b}]\begin{bmatrix} 1 & & \\ a_2 & 1 & \\ a_1 & a_2 & 1 \end{bmatrix}=\begin{bmatrix} 0 & 0 & 1 \\ -6 & 1 & 0 \\ 1 & 0 & 0 \end{bmatrix}\begin{bmatrix} 1 & 0 & 0 \\ 18 & 1 & 0 \\ 72 & 18 & 1 \end{bmatrix}=\begin{bmatrix} 72 & 18 & 1 \\ 12 & 1 & 0 \\ 1 & 0 & 0 \end{bmatrix}$$

并求出其逆

$$\boldsymbol{Q}=\boldsymbol{P}^{-1}=\begin{bmatrix} 0 & 0 & 1 \\ 0 & 1 & -12 \\ 1 & -18 & 144 \end{bmatrix}$$

从而所要确定的反馈增益阵 $\boldsymbol{k}$ 即为

$$\boldsymbol{k}=\bar{\boldsymbol{k}}\boldsymbol{Q}=[-4 \quad 66 \quad 14]\begin{bmatrix} 0 & 0 & 1 \\ 0 & 1 & -12 \\ 1 & -18 & 144 \end{bmatrix}=[14 \quad -186 \quad 1220]$$

6.3.2　多输入系统的情形

多输入系统极点配置问题的状态反馈增益矩阵的求取问题可以描述如下：

给定能控矩阵对$(\boldsymbol{A},\boldsymbol{B})$和一组所期望的闭环特征值$\{\lambda_1^*,\lambda_2^*,\cdots,\lambda_n^*\}$，要确定 $r\times n$ 的反馈增益矩阵$\boldsymbol{K}$，使 $\lambda_i(\boldsymbol{A}+\boldsymbol{BK})=\lambda_i^*$ $(i=1,2,\cdots,n)$成立。

对于上述问题，我们有两种常用算法。

1. 化为单变量系统的极点配置设计

定理 6.2.1 的充分性证明实际上给出了能控系统极点配置问题的状态反馈增益阵的一种一般求取方法，这里我们重新将它归纳为如下算法。

算法 6.3.2　极点配置 —— 化为单变量系统的设计。

第 1 步：判断 $\boldsymbol{A}$ 是否为循环矩阵。若否，选取 $r\times n$ 常阵 $\boldsymbol{K}_1$，使 $\boldsymbol{A}+\boldsymbol{BK}_1$ 为循环，并表 $\bar{\boldsymbol{A}}=\boldsymbol{A}+\boldsymbol{BK}_1$；若是，则直接表 $\bar{\boldsymbol{A}}=\boldsymbol{A}$。

第 2 步：对循环矩阵 $\bar{\boldsymbol{A}}$，通过适当选取一个 $r\times 1$ 实常向量 $\boldsymbol{\rho}$，表 $\boldsymbol{b}=\boldsymbol{B\rho}$，且$(\bar{\boldsymbol{A}},\boldsymbol{b})$为能控。

第 3 步:对于等价单输入问题$(\bar{\boldsymbol{A}},\boldsymbol{b})$,利用单输入极点配置问题的算法,求出增益向量$\boldsymbol{k}$。

第 4 步:当$\boldsymbol{A}$为循环时,所求的增益矩阵$\boldsymbol{K}=\boldsymbol{\rho k}$;当$\boldsymbol{A}$为非循环时,所求的增益矩阵则为$\boldsymbol{K}=\boldsymbol{\rho k}+\boldsymbol{K}_1$。

容易看出,在这一算法中,$\boldsymbol{K}_1$和$\boldsymbol{\rho}$的选取不是唯一的,有着一定的任意性。从工程实现的角度而言,通常总是希望使得$\boldsymbol{K}_1$和$\boldsymbol{\rho}$的选取以达到的各个元素为尽可能地小。但是,总的来说,由这种算法得到的各反馈增益值往往偏大。

2. 利用能控标准型的设计

在第 4 章中我们介绍了线性系统的能控规范型。能控规范型的特殊形式为极点配置问题中的反馈增益阵的求取提供了方便的条件。

算法 6.3.3 极点配置——基于能控规范型的设计。

第 1 步:把能控矩阵对$(\boldsymbol{A},\boldsymbol{B})$化成为 Wonham 第二能控规范型$(\boldsymbol{A}_{\mathrm{W}},\boldsymbol{B}_{\mathrm{W}})$或 Luenberger 第二能控规范型$(\boldsymbol{A}_{\mathrm{L}},\boldsymbol{B}_{\mathrm{L}})$,即按 4.7 节的方法求得变换阵$\boldsymbol{S}$,使得

$$\begin{cases}\boldsymbol{A}_{\mathrm{W}}=\boldsymbol{SAS}^{-1}\\ \boldsymbol{B}_{\mathrm{W}}=\boldsymbol{SB}\end{cases}\quad 或 \quad\begin{cases}\boldsymbol{A}_{\mathrm{L}}=\boldsymbol{SAS}^{-1}\\ \boldsymbol{B}_{\mathrm{L}}=\boldsymbol{SB}\end{cases}$$

第 2 步:根据能控规范型的分块结构将给定的期望闭环特征值$\{\lambda_1^*,\lambda_2^*,\cdots,\lambda_n^*\}$分成若干个自共轭的组,并计算出每组特征值所对应的多项式。对于 Wonham 规范型的情形,所分组数为l,第i组的个数为v_i;对于 Luenberger 规范型的情形,所分组数为r,第i组的个数为μ_i。此处各量含义见 4.7 节。

第 3 步:根据第 1 步中所得规范型的特殊分块形式和第 2 步中所得闭环多项式因子求取矩阵$\boldsymbol{K}'$,使得$\boldsymbol{A}_{\mathrm{Wc}}=\boldsymbol{A}_{\mathrm{W}}+\boldsymbol{B}_{\mathrm{W}}\boldsymbol{K}'$或$\boldsymbol{A}_{\mathrm{Lc}}=\boldsymbol{A}_{\mathrm{L}}+\boldsymbol{B}_{\mathrm{L}}\boldsymbol{K}'$具有希望的特征值。事实上,对于 Wonham 规范型的情形,可以获得一个分块对角矩阵$\boldsymbol{K}'$,它使得$\boldsymbol{A}_{\mathrm{Wc}}=\boldsymbol{A}_{\mathrm{W}}+\boldsymbol{B}_{\mathrm{W}}\boldsymbol{K}'$具有分块下三角的形式;对于 Luenberger 规范型的情形,也可以很容易地获得一个矩阵$\boldsymbol{K}'$使得$\boldsymbol{A}_{\mathrm{Lc}}=\boldsymbol{A}_{\mathrm{L}}+\boldsymbol{B}_{\mathrm{L}}\boldsymbol{K}'$具有分块对角矩阵的形式。而且无论对于哪种情形,闭环系统矩阵$\boldsymbol{A}_{\mathrm{Wc}}$或$\boldsymbol{A}_{\mathrm{Lc}}$的对角线上的第$i$块以第 2 步中的第$i$组特征值对应的多项式为特征多项式。

第 4 步:所求的状态反馈增益矩阵即为$\boldsymbol{K}=\boldsymbol{K}'\boldsymbol{S}^{-1}$。

对于上述算法的第 2 步和第 3 步,读者一时可能无法完全理解。为此,我们下面给出两个示例对其加以说明。

例 6.3.2 设某 5 维输入的 9 阶系统$(\boldsymbol{A},\boldsymbol{B})$的 Wonham 第二能控规范型具有下述形式:

$$
\boldsymbol{A}_{\mathrm{W}}=\boldsymbol{SAS}^{-1}=\left[\begin{array}{ccc|cc|cccc}
0 & 1 & 0 & 0 & 0 & 0 & 0 & 0 & 0 \\
0 & 0 & 1 & 0 & 0 & 0 & 0 & 0 & 0 \\
-a_{10} & -a_{11} & -a_{12} & 0 & 0 & 0 & 0 & 0 & 0 \\
\hline
0 & 0 & 0 & 0 & 1 & 0 & 0 & 0 & 0 \\
\beta_{21} & \beta_{22} & \beta_{23} & -a_{20} & -a_{21} & 0 & 0 & 0 & 0 \\
\hline
0 & 0 & 0 & 0 & 0 & 0 & 1 & 0 & 0 \\
0 & 0 & 0 & 0 & 0 & 0 & 0 & 1 & 0 \\
0 & 0 & 0 & 0 & 0 & 0 & 0 & 0 & 1 \\
\beta_{31} & \beta_{32} & \beta_{33} & \beta_{34} & \beta_{35} & -a_{30} & -a_{31} & -a_{32} & -a_{33}
\end{array}\right]
$$

$$
\boldsymbol{B}_{\mathrm{W}}=\boldsymbol{SB}=\left[\begin{array}{ccccc}
0 & 0 & 0 & * & * \\
0 & 0 & 0 & * & * \\
1 & 0 & 0 & * & * \\
\hline
0 & 0 & 0 & * & * \\
0 & 1 & 0 & * & * \\
\hline
0 & 0 & 0 & * & * \\
0 & 0 & 0 & * & * \\
0 & 0 & 0 & * & * \\
0 & 0 & 1 & * & *
\end{array}\right]
$$

即 $l=3$，且 $v_1=3, v_2=2, v_3=4$。此时在算法的第 2 步中可以将期望闭环特征值 $\{\lambda_1^*, \lambda_2^*, \cdots, \lambda_n^*\}$ 分为三组，且计算它们对应的多项式为

$$a_1^*(s)=(s-\lambda_1^*)(s-\lambda_2^*)(s-\lambda_3^*)=s^3+a_{12}^*s^2+a_{11}^*s+a_{10}^*$$

$$a_2^*(s)=(s-\lambda_4^*)(s-\lambda_5^*)=s^2+a_{21}^*s+a_{20}^*$$

$$a_3^*(s)=(s-\lambda_6^*)(s-\lambda_7^*)(s-\lambda_8^*)(s-\lambda_9^*)=s^4+a_{33}^*s^3+a_{32}^*s^2+a_{31}^*s+a_{30}^*$$

在算法的第 3 步中，我们可以取

$$
\boldsymbol{K}'=\left[\begin{array}{ccc|cc|cccc}
a_{10}-a_{10}^* & a_{11}-a_{11}^* & a_{12}-a_{12}^* & 0 & 0 & 0 & 0 & 0 & 0 \\
0 & 0 & 0 & a_{20}-a_{20}^* & a_{21}-a_{21}^* & 0 & 0 & 0 & 0 \\
0 & 0 & 0 & 0 & 0 & a_{30}-a_{30}^* & a_{31}-a_{31}^* & a_{32}-a_{32}^* & a_{33}-a_{33}^* \\
0 & 0 & 0 & 0 & 0 & 0 & 0 & 0 & 0 \\
0 & 0 & 0 & 0 & 0 & 0 & 0 & 0 & 0
\end{array}\right]
$$

此时易见

$$A_W+B_WK'=\left[\begin{array}{ccc:cc:cccc}0&1&0&0&0&0&0&0&0\\0&0&1&0&0&0&0&0&0\\-a_{10}^*&-a_{11}^*&-a_{12}^*&0&0&0&0&0&0\\\hdashline 0&0&0&0&1&0&0&0&0\\\beta_{21}&\beta_{22}&\beta_{23}&-a_{20}^*&-a_{21}^*&0&0&0&0\\\hdashline 0&0&0&0&0&0&1&0&0\\0&0&0&0&0&0&0&1&0\\0&0&0&0&0&0&0&0&1\\\beta_{31}&\beta_{32}&\beta_{33}&\beta_{34}&\beta_{35}&-a_{30}^*&-a_{31}^*&-a_{32}^*&-a_{33}^*\end{array}\right]$$

且

$$\det(sI-A_W-B_WK')=a_1^*(s)a_2^*(s)a_3^*(s)=\prod_{i=1}^{9}(s-\lambda_i^*)$$

例 6.3.3 设某 3 维输入的 9 阶系统($\boldsymbol{A},\boldsymbol{B}$)的 Luenberger 第二能控规范型具有下述形式:

$$A_L=SAS^{-1}=\left[\begin{array}{ccc:cc:cccc}0&1&0&0&0&0&0&0&0\\0&0&1&0&0&0&0&0&0\\-a_{10}&-a_{11}&-a_{12}&\beta_{14}&\beta_{15}&\beta_{16}&\beta_{17}&\beta_{18}&\beta_{19}\\\hdashline 0&0&0&0&1&0&0&0&0\\\beta_{21}&\beta_{22}&\beta_{23}&-a_{20}&-a_{21}&\beta_{26}&\beta_{27}&\beta_{28}&\beta_{29}\\\hdashline 0&0&0&0&0&0&1&0&0\\0&0&0&0&0&0&0&1&0\\0&0&0&0&0&0&0&0&1\\\beta_{31}&\beta_{32}&\beta_{33}&\beta_{34}&\beta_{35}&-a_{30}&-a_{31}&-a_{32}&-a_{33}\end{array}\right]$$

$$B_L=SB=\left[\begin{array}{ccc}0&0&0\\0&0&0\\1&\gamma&0\\\hdashline 0&0&0\\0&1&0\\\hdashline 0&0&0\\0&0&0\\0&0&0\\0&0&1\end{array}\right]$$

即 $\mu_1=3,\mu_2=2,\mu_3=4$。此时算法的第 2 步同例 6.3.2。在算法的第 3 步中可取

$$
\boldsymbol{K}'=\left[\begin{array}{ccc:cc:cccc}
a_{10}-a_{10}^{*}+\gamma\beta_{21} & a_{11}-a_{11}^{*}+\gamma\beta_{22} & a_{12}-a_{12}^{*}+\gamma\beta_{23} & \gamma(a_{20}^{*}-a_{20})-\beta_{14} & \gamma(a_{21}^{*}-a_{21})-\beta_{15} & \gamma\beta_{26}-\beta_{16} & \gamma\beta_{27}-\beta_{17} & \gamma\beta_{28}-\beta_{18} & \gamma\beta_{29}-\beta_{19} \\
-\beta_{21} & -\beta_{22} & -\beta_{23} & a_{20}-a_{20}^{*} & a_{21}-a_{21}^{*} & -\beta_{26} & -\beta_{27} & -\beta_{28} & -\beta_{29} \\
-\beta_{31} & -\beta_{32} & -\beta_{33} & -\beta_{34} & -\beta_{35} & a_{30}-a_{30}^{*} & a_{31}-a_{31}^{*} & a_{32}-a_{32}^{*} & a_{33}-a_{33}^{*}
\end{array}\right]
$$

且由此即可导出

$$
\boldsymbol{A}_{\mathrm{L}}+\boldsymbol{B}_{\mathrm{L}}\boldsymbol{K}'=\left[\begin{array}{ccc:cc:cccc}
0 & 1 & 0 & & & & & & \\
0 & 0 & 1 & & & & & & \\
-a_{10}^{*} & -a_{11}^{*} & -a_{12}^{*} & & & & & & \\
\hdashline
 & & & 0 & 1 & & & & \\
 & & & -a_{20}^{*} & -a_{21}^{*} & & & & \\
\hdashline
 & & & & & 0 & 1 & 0 & 0 \\
 & & & & & 0 & 0 & 1 & 0 \\
 & & & & & 0 & 0 & 0 & 0 \\
 & & & & & -a_{30}^{*} & -a_{31}^{*} & -a_{32}^{*} & -a_{33}^{*}
\end{array}\right]
$$

$$
\det(s\boldsymbol{I}-\boldsymbol{A}_{\mathrm{L}}-\boldsymbol{B}_{\mathrm{L}}\boldsymbol{K})=a_1^{*}(s)a_2^{*}(s)a_3^{*}(s)=\prod_{i=1}^{9}(s-\lambda_i^{*})
$$

算法 6.3.3 的计算过程是很规范化的。计算过程中，主要的计算工作是计算变换阵和导出能控规范型。而且，由这一算法所求得的 $\boldsymbol{K}$ 中，各反馈增益元的值常比由算法 6.3.2 定出的结果要小很多，这是此算法的一个优点。

6.4　状态反馈特征结构配置

前两节中我们讨论了线性系统的极点配置问题，细心的读者可能已经发现了这样一种现象：对于一个确定的状态反馈极点配置问题，当采用不同的方法去求解时，可以得到不同的状态增益阵。这说明了状态反馈极点配置问题的解的不唯一性。那么有没有这样一种方法，利用它可以给出一个确定的极点配置问题的一切解呢？有，特征结构配置设计即是这样一种方法。

一个系统的特征结构包含下述与系统矩阵相关的三个方面：

(1) 系统的特征值；

(2) 系统特征值的重数；

(3) 系统矩阵的特征向量和广义特征向量。

因而，一个线性系统在某种形式的控制律下的特征结构配置问题即是要确定所有这样的控制律,使得闭环系统具有希望的特征值和重数,同时确定闭环系统对应的特征向量和广义特征向量。由线性系统的运动分析理论我们知道,线性定常系统的响应不仅与系统的特征值有关,而且还与系统的特征向量有关。因而线性系统的特征结构配置设计较极点配置设计更能把握系统的特性。这里我们只介绍状态反馈特征结构配置问题,有关输出反馈和动态补偿器的情形于6.5节介绍。

6.4.1 问题的描述

考虑下述系统:

$$\dot{\boldsymbol{x}}=\boldsymbol{A}\boldsymbol{x}+\boldsymbol{B}\boldsymbol{u} \tag{6.4.1}$$

其中,$\boldsymbol{A}\in\mathbf{R}^{n\times n}$,$\boldsymbol{B}\in\mathbf{R}^{n\times r}$,且$(\boldsymbol{A},\boldsymbol{B})$能控。如果我们选取下述状态反馈控制律:

$$\boldsymbol{u}=\boldsymbol{K}\boldsymbol{x},\quad \boldsymbol{K}\in\mathbf{R}^{r\times n} \tag{6.4.2}$$

则得闭环系统为

$$\dot{\boldsymbol{x}}=\boldsymbol{A}_{\mathrm{c}}\boldsymbol{x},\quad \boldsymbol{A}_{\mathrm{c}}=\boldsymbol{A}+\boldsymbol{B}\boldsymbol{K} \tag{6.4.3}$$

设$\boldsymbol{A}_{\mathrm{c}}$具有$n'(\leqslant n)$个互异特征值$s_i(i=1,2,\cdots,n')$,且其第$i(1\leqslant i\leqslant n')$个特征值的代数重数与几何重数分别为$m_i$和$q_i$,则在矩阵$\boldsymbol{A}_{\mathrm{c}}$的Jordan标准型$\boldsymbol{F}$中有$q_i$个与特征值$s_i$相关的Jordan块。若记这些Jordan块的阶数为$p_{ij}(j=1,2,\cdots,q_i)$,则有

$$m_i=p_{i1}+p_{i2}+\cdots+p_{iq_i},\quad m_1+m_2+\cdots+m_{n'}=n \tag{6.4.4}$$

进一步记矩阵$\boldsymbol{A}_{\mathrm{c}}$的与其第$i$个特征值$s_i$相关的特征向量链为$\boldsymbol{v}_{ij}^{k}(k=1,2,\cdots,p_{ij};j=1,2,\cdots,q_i;i=1,2,\cdots,n')$,则依定义有

$$\begin{gathered}(\boldsymbol{A}+\boldsymbol{B}\boldsymbol{K}-s_i\boldsymbol{I})\boldsymbol{v}_{ij}^{k}=\boldsymbol{v}_{ij}^{k-1},\quad \boldsymbol{v}_{ij}^{0}=0\\ k=1,2,\cdots,p_{ij};j=1,2,\cdots,q_i;i=1,2,\cdots,n'\end{gathered} \tag{6.4.5}$$

本节将要解决的状态反馈特征结构配置问题可以描述如下。

问题6.4.1 给定复封闭点集$\boldsymbol{\Gamma}=\{s_i,i=1,2,\cdots,n'\}$及满足关系(6.4.4)的正整数$m_i$和$q_i(i=1,2,\cdots,n')$和$p_{ij}(j=1,2,\cdots,q_i;i=1,2,\cdots,n')$,求取满足下述条件的一切矩阵$\boldsymbol{K}\in\mathbf{R}^{r\times n}$和向量组$\boldsymbol{v}_{ij}^{k}(k=1,2,\cdots,p_{ij};j=1,2,\cdots,q_i;i=1,2,\cdots,n')$:

(1) 方程(6.4.5)成立;

(2) 向量组$\boldsymbol{v}_{ij}^{k}(k=1,2,\cdots,p_{ij};j=1,2,\cdots,q_i;i=1,2,\cdots,n')$线性无关。

6.4.2 特征结构配置问题与Sylvester方程

根据上小节对矩阵$\boldsymbol{A}_{\mathrm{c}}$的特征结构的描述,可将矩阵$\boldsymbol{A}_{\mathrm{c}}$的Jordan标准型$\boldsymbol{F}$写成下述形式:

$$\boldsymbol{F}=\mathrm{diag}(\boldsymbol{F}_1,\boldsymbol{F}_2,\cdots,\boldsymbol{F}_{n'}) \tag{6.4.6a}$$

$$\boldsymbol{F}_i=\mathrm{diag}(\boldsymbol{F}_{i1},\boldsymbol{F}_{i2},\cdots,\boldsymbol{F}_{iq_i}) \tag{6.4.6b}$$

$$F_{ij}=\begin{bmatrix} s_i & 1 & & \\ & s_i & \ddots & \\ & & \ddots & 1 \\ & & & s_i \end{bmatrix}_{p_{ij}\times p_{ij}} \tag{6.4.6c}$$

与 Jordan 阵 $\boldsymbol{F}$ 的形式相对应，我们可由向量组 $\boldsymbol{v}_{ij}^k(k=1,2,\cdots,p_{ij};j=1,2,\cdots,q_i;i=1,2,\cdots,n')$，按下述方式构成矩阵 $\boldsymbol{A}_c$ 的特征向量矩阵：

$$\begin{cases} \boldsymbol{V}=[\boldsymbol{V}_1 \quad \boldsymbol{V}_2 \quad \cdots \quad \boldsymbol{V}_{n'}] \\ \boldsymbol{V}_i=[\boldsymbol{V}_{i1} \quad \boldsymbol{V}_{i2} \quad \cdots \quad \boldsymbol{V}_{iq_i}] \\ \boldsymbol{V}_{ij}=[\boldsymbol{v}_{ij}^1 \quad \boldsymbol{v}_{ij}^2 \quad \cdots \quad \boldsymbol{v}_{ij}^{p_{ij}}] \end{cases} \tag{6.4.7}$$

基于式(6.4.6)和式(6.4.7)，我们不难证得下述结论。

引理 6.4.1　设矩阵 $\boldsymbol{F},\boldsymbol{V}\in\mathbf{C}^{n\times n}$ 分别由式(6.4.6)和式(6.4.7)给出，则向量方程组(6.4.5)可等价地改写成下述矩阵方程：

$$(\boldsymbol{A}+\boldsymbol{BK})\boldsymbol{V}=\boldsymbol{VF} \tag{6.4.8}$$

在假设矩阵 $\boldsymbol{V}$ 可逆的条件下，令

$$\boldsymbol{K}=\boldsymbol{WV}^{-1} \tag{6.4.9}$$

则式(6.4.8)便转化为第 1 章中曾讨论过的下述 Sylvester 矩阵代数方程：

$$\boldsymbol{AV}+\boldsymbol{BW}=\boldsymbol{VF} \tag{6.4.10}$$

上述推导过程揭示了状态反馈特征结构配置问题和矩阵方程(6.4.10)的下述联系。

引理 6.4.2　问题 6.4.1 中的解 $\boldsymbol{v}_{ij}^k(k=1,2,\cdots,p_{ij};\ j=1,2,\cdots,q_i;i=1,2,\cdots,n')$ 和 $\boldsymbol{K}$ 分别由式(6.4.7)和式(6.4.9)给出，其中矩阵 $\boldsymbol{V}\in\mathbf{C}^{n\times n}$，$\boldsymbol{W}\in\mathbf{C}^{r\times n}$ 为任何满足 Sylvester 矩阵方程(6.4.10)及下述约束的矩阵：

约束 6.4.1　$\det(\boldsymbol{V})\neq 0$。

6.4.3　问题的求解

6.4.2 节将问题 6.4.1 的求解归结为 Sylvester 矩阵代数方程(6.4.10)的求解，对此我们于第 1 章中已给出讨论，在此我们结合引理 6.4.2 和定理 1.7.1 或定理 1.7.2 来给出问题 6.4.1 的解。

由于$(\boldsymbol{A},\boldsymbol{B})$能控，则存在幺模阵 $\boldsymbol{P}(s)$ 和 $\boldsymbol{Q}(s)$ 满足

$$\boldsymbol{P}(s)[\boldsymbol{A}-s\boldsymbol{I} \quad \boldsymbol{B}]\boldsymbol{Q}(s)=[0 \quad \boldsymbol{I}] \tag{6.4.11}$$

以及右互质多项式矩阵 $\boldsymbol{N}(s)\in\mathbf{R}^{n\times r}$ 和 $\boldsymbol{D}(s)\in\mathbf{R}^{r\times r}$ 满足

$$(s\boldsymbol{I}-\boldsymbol{A})^{-1}\boldsymbol{B}=\boldsymbol{N}(s)\boldsymbol{D}^{-1}(s) \tag{6.4.12}$$

从而结合引理 6.4.2 和定理 1.7.1 或定理 1.7.2 可得关于问题 6.4.1 求解的下述定理。

定理 6.4.1 设$(\boldsymbol{A},\boldsymbol{B})$能控，则问题 6.4.1 的一切解可由式(6.4.9)和公式

$$\begin{bmatrix}\boldsymbol{v}_{ij}^k\\ \boldsymbol{w}_{ij}^k\end{bmatrix}=\boldsymbol{Q}(s_i)\begin{bmatrix}\boldsymbol{f}_{ij}^k\\ \boldsymbol{P}(s_i)\boldsymbol{v}_{ij}^{k-1}\end{bmatrix},\quad \boldsymbol{v}_{ij}^0=0 \tag{6.4.13}$$

$$k=1,2,\cdots,p_{ij};j=1,2,\cdots,q_i;i=1,2,\cdots,n'$$

迭代给出，或由式(6.4.9)和公式

$$\begin{bmatrix}\boldsymbol{v}_{ij}^k\\ \boldsymbol{w}_{ij}^k\end{bmatrix}=\begin{bmatrix}\boldsymbol{N}(s_i)\\ \boldsymbol{D}(s_i)\end{bmatrix}\boldsymbol{f}_{ij}^k+\cdots+\frac{1}{(k-1)!}\frac{\mathrm{d}^{k-1}}{\mathrm{d}s^{k-1}}\begin{bmatrix}\boldsymbol{N}(s_i)\\ \boldsymbol{D}(s_i)\end{bmatrix}\boldsymbol{f}_{ij}^1 \tag{6.4.14}$$

$$k=1,2,\cdots,p_{ij};j=1,2,\cdots,q_i;i=1,2,\cdots,n'$$

显式给出，其中 $\boldsymbol{f}_{ij}^k\in\mathbf{C}^r(k=1,2,\cdots,p_{ij};j=1,2,\cdots,q_i;i=1,2,\cdots,n')$为任何满足以下约束的参数向量。

约束 6.4.2 当 $s_i=\bar{s}_l$ 时，$\boldsymbol{f}_{ij}^k=\bar{\boldsymbol{f}}_{lj}^k$。

约束 6.4.3 $\det[\boldsymbol{V}(\boldsymbol{f}_{ij}^k)]\neq 0$。

而$\boldsymbol{P}(s)$和$\boldsymbol{Q}(s)$为满足式(6.4.11)的幺模阵；$\boldsymbol{N}(s)$和$\boldsymbol{D}(s)$为满足式(6.4.12)的右互质多项式矩阵。

证明 注意到前面所述的问题 6.4.1 与 Sylvester 矩阵方程的联系及定理 1.7.1和定理 1.7.2，这里我们只需再解释清楚约束 6.4.2 和约束 6.4.3 是问题 6.4.1 中条件(2)的要求，而约束 6.4.2 的矩阵$\boldsymbol{K}$为实的。

△△△

当闭环极点 $s_i(i=1,2,\cdots,n)$给定时，根据定理 1.6.1，我们可以对矩阵$[\boldsymbol{A}-s_i\boldsymbol{I}\quad \boldsymbol{B}]$应用奇异值分解，从而有

$$\boldsymbol{\Psi}_i[\boldsymbol{A}-s_i\boldsymbol{I}\quad \boldsymbol{B}]\boldsymbol{\Phi}_i=[\boldsymbol{\Sigma}_i\quad 0] \tag{6.4.15}$$

其中，$\boldsymbol{\Psi}_i,\boldsymbol{\Phi}_i(i=1,2,\cdots,n)$分别为左、右奇异值向量矩阵；$\boldsymbol{\Sigma}_i(i=1,2,\cdots,n)$为一系列对角矩阵，其对角线元素为矩阵$[\boldsymbol{A}-s_i\boldsymbol{I}\quad \boldsymbol{B}]$的奇异值。注意到能控性假设，矩阵$\boldsymbol{\Sigma}_i(i=1,2,\cdots,n)$均非奇异。进一步定义一对矩阵$\boldsymbol{N}_i,\boldsymbol{D}_i$如下：

$$\boldsymbol{\Phi}_i=\begin{bmatrix}* & \boldsymbol{N}_i\\ * & \boldsymbol{D}_i\end{bmatrix},\quad \boldsymbol{N}_i\in\mathbf{R}^{n\times r},\quad \boldsymbol{D}_i=\mathbf{R}^{r\times r},\quad i=1,2,\cdots,n \tag{6.4.16}$$

则对于闭环系统为非退化的情形，根据定理 1.7.2 和定理 1.7.3，我们有下述推论。

推论 6.4.1 设$\boldsymbol{A}\in\mathbf{R}^{n\times n},\boldsymbol{B}\in\mathbf{R}^{n\times r},(\boldsymbol{A},\boldsymbol{B})$能控；$s_i(i=1,2,\cdots,n)$为一组共轭封闭复数(不必互异)，则满足关系

$$\boldsymbol{A}_\mathrm{c}=\boldsymbol{A}+\boldsymbol{BK}=V\mathrm{diag}(s_1,s_2,\cdots,s_n)\boldsymbol{V}^{-1} \tag{6.4.17}$$

的矩阵$\boldsymbol{K}\in\mathbf{R}^{r\times n}$由式(6.4.9)给出，而矩阵$\boldsymbol{V}\in\mathbf{C}^{n\times n}$和$\boldsymbol{W}\in\mathbf{C}^{r\times n}$由下述公式给出：

$$\begin{cases}\boldsymbol{V}=[\boldsymbol{v}_1\quad \boldsymbol{v}_2\quad \cdots\quad \boldsymbol{v}_n], & \boldsymbol{v}_i=\boldsymbol{N}(s_i)\boldsymbol{f}_i\\ \boldsymbol{W}=[\boldsymbol{w}_1\quad \boldsymbol{w}_2\quad \cdots\quad \boldsymbol{w}_n], & \boldsymbol{w}_i=\boldsymbol{D}(s_i)\boldsymbol{f}_i\end{cases} \tag{6.4.18}$$

或

$$\begin{cases} \boldsymbol{V}=[\boldsymbol{v}_1 \quad \boldsymbol{v}_2 \quad \cdots \quad \boldsymbol{v}_n], \quad \boldsymbol{v}_i=\boldsymbol{N}_i\boldsymbol{f}_i \\ \boldsymbol{W}=[\boldsymbol{w}_1 \quad \boldsymbol{w}_2 \quad \cdots \quad \boldsymbol{w}_n]_2, \quad \boldsymbol{w}_i=\boldsymbol{D}_i\boldsymbol{f}_i \end{cases} \tag{6.4.19}$$

其中，$\boldsymbol{f}_i\in\mathbf{C}^r(i=1,2,\cdots,n)$为满足约束 6.4.2 且使 $\det(\boldsymbol{V})\neq0$ 的任何一组参向量；而 $\boldsymbol{N}(s)$和 $\boldsymbol{D}(s)$为满足右既约分解式(6.4.12)的右互质多项式矩阵，$\boldsymbol{N}_i$ 和 $\boldsymbol{D}_i(i=1,2,\cdots,n)$为由式(6.4.15)和式(6.4.16)决定的定常矩阵。

关于满足(6.4.11)的幺模阵 $\boldsymbol{P}(s)$和 $\boldsymbol{Q}(s)$的求取，以及满足(6.4.12)的右互质矩阵 $\boldsymbol{N}(s)$和 $\boldsymbol{D}(s)$的求取，我们在第 1 章中已经给出了具体的方法。

当闭环极点 $s_i(i=1,2,\cdots,n)$给定，且闭环系统非退化时，由上述推论给出的解式(6.4.19)不再涉及多项式矩阵运算。事实上，对于这种情形我们的解式(6.4.13)实际上也是依赖于闭环极点 $s_i(i=1,2,\cdots,n)$的一组定常矩阵

$$\boldsymbol{P}_i=\boldsymbol{P}(s_i), \quad \boldsymbol{Q}_i=\boldsymbol{Q}(s_i), \quad i=1,2,\cdots,n$$

它们满足

$$\boldsymbol{P}_i[\boldsymbol{A}-s_i\boldsymbol{I} \quad \boldsymbol{B}]\boldsymbol{Q}_i=[0 \quad \boldsymbol{I}]$$

因而可通过化定常矩阵$[\boldsymbol{A}-s_i\boldsymbol{I} \quad \boldsymbol{B}]$为 Smith 标准型来获得。显然上述求取$\boldsymbol{P}(s_i)$和 $\boldsymbol{Q}(s_i)$的过程较先求取幺模阵 $\boldsymbol{P}(s)$，$\boldsymbol{Q}(s)$，然后再代入 s_i 的过程包含了较多的重复过程，似乎浪费了计算量，但从另一方面看，它将整个过程中的运算全部归结为常值矩阵的运算，给应用计算机求解创造了方便的条件。

下面我们针对定理 6.4.1 给出几点说明。

说明 6.4.1　定理 6.4.1 以明确的方式告诉我们，多输入系统的极点配置问题的解是不唯一的。因而如特别选取定理中的参向量，可以得到具有某种特定性质的闭环系统(参见 6.7 节)。

说明 6.4.2　由定理 6.2.1 可知，至少对于$(\boldsymbol{A},\boldsymbol{B})$能控、闭环特征值互异的情形，满足定理 6.4.1 中的约束 6.4.2 和约束 6.4.3 的参向量$\{\boldsymbol{f}_{ij}^k\}$存在。

说明 6.4.3　不难理解，$\det\boldsymbol{V}(\boldsymbol{f}_{ij}^k)=0$ 代表了 $r\times n$ 维参数空间中的一个超曲面，因而任取一组参数$\{\boldsymbol{f}_{ij}^k\}$落于该曲面上的机会是很小的。由于这一点，在具体问题的求解时约束 6.4.3 往往可以不予考虑。

说明 6.4.4　由定理 6.4.1 可见，单输入系统的极点配置问题的解是唯一的，且容易证明其具有重极点的非循环结构是不可实现的。

6.4.4　算例

例 6.4.1　考虑具有下述参数的完全能控系统：

$$\boldsymbol{A}=\begin{bmatrix}0&1&0\\0&0&1\\0&0&1\end{bmatrix}, \quad \boldsymbol{B}=\begin{bmatrix}0&0\\0&1\\1&0\end{bmatrix}$$

由算法 1.4.1 易得

$$\boldsymbol{N}(s)=\begin{bmatrix}1 & 0\\ s & 0\\ 0 & 1\end{bmatrix},\quad \boldsymbol{D}(s)=\begin{bmatrix}0 & s-1\\ s^2 & -1\end{bmatrix}$$

下面我们考虑几种不同的闭环特征结构配置。

情形 $s_1=-1, s_2=-2, s_3=-3$。

在这种情形下，矩阵 $\boldsymbol{V}$ 和 $\boldsymbol{W}$ 的一般表达式为

$$\boldsymbol{V}=[\boldsymbol{N}(-1)\boldsymbol{f}_{11}^1\quad \boldsymbol{N}(-2)\boldsymbol{f}_{21}^1\quad \boldsymbol{N}(-3)\boldsymbol{f}_{31}^1]$$
$$\boldsymbol{W}=[\boldsymbol{D}(-1)\boldsymbol{f}_{11}^1\quad \boldsymbol{D}(-2)\boldsymbol{f}_{21}^1\quad \boldsymbol{D}(-3)\boldsymbol{f}_{31}^1]$$

如特别选取

$$\boldsymbol{f}_{11}^1=\boldsymbol{f}_{31}^1=[1\quad 0]^{\mathrm{T}},\quad \boldsymbol{f}_{21}^1=[0\quad 1]^{\mathrm{T}}$$

则得

$$\boldsymbol{V}=\begin{bmatrix}1 & 0 & 1\\ -1 & 0 & -3\\ 0 & 1 & 0\end{bmatrix},\quad \boldsymbol{W}=\begin{bmatrix}0 & -3 & 0\\ 1 & -1 & 9\end{bmatrix}$$

从而对应的状态反馈增益阵为

$$\boldsymbol{K}=\boldsymbol{W}\boldsymbol{V}^{-1}=\begin{bmatrix}0 & 0 & -3\\ -3 & -4 & -1\end{bmatrix}$$

情形 $s_1=-1, s_2=-2+\mathrm{i}, s_3=-2-\mathrm{i}$。

在这种情形下，矩阵 $\boldsymbol{V}$ 和 $\boldsymbol{W}$ 的一般表达式为

$$\boldsymbol{V}=[\boldsymbol{N}(-1)\boldsymbol{f}_{11}^1\quad \boldsymbol{N}(-2+\mathrm{i})\boldsymbol{f}_{21}^1\quad \boldsymbol{N}(-2-\mathrm{i})\boldsymbol{f}_{31}^1]$$
$$\boldsymbol{W}=[\boldsymbol{D}(-1)\boldsymbol{f}_{11}^1\quad \boldsymbol{D}(-2+\mathrm{i})\boldsymbol{f}_{21}^1\quad \boldsymbol{D}(-2-\mathrm{i})\boldsymbol{f}_{31}^1]$$

如特别选取

$$\boldsymbol{f}_{11}^1=[0\quad 1]^{\mathrm{T}},\quad \boldsymbol{f}_{21}^1=\boldsymbol{f}_{31}^1=[1\quad 0]^{\mathrm{T}}$$

则得

$$\boldsymbol{V}=\begin{bmatrix}0 & 1 & 1\\ 0 & -2+\mathrm{i} & -2-\mathrm{i}\\ 1 & 0 & 0\end{bmatrix},\quad \boldsymbol{W}=\begin{bmatrix}-2 & 0 & 0\\ -1 & 3-4\mathrm{i} & 3+4\mathrm{i}\end{bmatrix}$$

从而对应的状态反馈增益阵为

$$\boldsymbol{K}=\boldsymbol{W}\boldsymbol{V}^{-1}=\begin{bmatrix}0 & 0 & -2\\ -5 & -4 & -1\end{bmatrix}$$

情形 $s_1=-1, s_2=-3, q_1=m_1=2$。

在这种情形下，矩阵 $\boldsymbol{V}$ 和 $\boldsymbol{W}$ 的一般表达式为

$$V=\left[N(-1)f_{11}^1 \quad N(-1)f_{12}^1 \quad N(-3)f_{21}^1\right]$$

$$W=\left[D(-1)f_{11}^1 \quad D(-1)f_{12}^1 \quad D(-3)f_{21}^1\right]$$

如特别选取

$$f_{11}^1=f_{21}^1=[1 \quad 0]^{\mathrm{T}}, \quad f_{12}^1=[0 \quad 1]^{\mathrm{T}}$$

则得

$$V=\begin{bmatrix} 1 & 0 & 1 \\ -1 & 0 & -3 \\ 0 & 1 & 0 \end{bmatrix}, \quad W=\begin{bmatrix} 0 & -2 & 0 \\ 1 & -1 & 9 \end{bmatrix}$$

从而对应的状态反馈增益阵为

$$K=WV^{-1}=\begin{bmatrix} 0 & 0 & -2 \\ -3 & -4 & -1 \end{bmatrix}$$

情形 $s_1=-1, s_2=-3, q_1=1, m_1=2$。

在这种情形下，矩阵 V 和 W 的一般表达式为

$$V=\left[N(-1)f_{11}^1 \quad \frac{\mathrm{d}}{\mathrm{d}s}N(-1)f_{11}^1+N(-1)f_{11}^2 \quad N(-3)f_{21}^1\right]$$

$$W=\left[D(-1)f_{11}^1 \quad \frac{\mathrm{d}}{\mathrm{d}s}D(-1)f_{11}^1+D(-1)f_{11}^2 \quad D(-3)f_{21}^1\right]$$

如果特别取

$$f_{11}^1=f_{21}^1=[1 \quad 0]^{\mathrm{T}}, \quad f_{11}^2=[0 \quad 1]^{\mathrm{T}}$$

可得一组特解为

$$V=\begin{bmatrix} 1 & 0 & 1 \\ -1 & 0 & -3 \\ 0 & 1 & 0 \end{bmatrix}, \quad W=\begin{bmatrix} 0 & -2 & 0 \\ 1 & -3 & 9 \end{bmatrix}$$

从而对应的状态反馈增益阵为

$$K=WV^{-1}=\begin{bmatrix} 0 & 0 & -2 \\ -3 & -4 & 1 \end{bmatrix}$$

*6.5 输出反馈特征结构配置

6.4 节讨论了线性系统的状态反馈特征结构配置问题。从中可以看出线性系统的特征结构配置即是在配置闭环系统特征值的同时，也配置了闭环特征值的重数和闭环特征向量。从这个意义上讲，我们已不需要再对线性系统的输出反馈特征结构配置问题加以描述，而只是直接给出几种途径的求解方法。

6.5.1 配置闭环右特征向量的求解方法

考虑系统

$$\begin{cases}\dot{\boldsymbol{x}}=\boldsymbol{A}\boldsymbol{x}+\boldsymbol{B}\boldsymbol{u}\\ \boldsymbol{y}=\boldsymbol{C}\boldsymbol{x}\end{cases}\tag{6.5.1}$$

其中各量同前述。在 6.1 节中我们已经指出,系统(6.5.1)的输出反馈控制律是该系统的一个特殊的状态反馈控制律,其含义如下:

设

$$\boldsymbol{u}=\boldsymbol{K}_{\mathrm{s}}\boldsymbol{x}+\boldsymbol{v},\quad \boldsymbol{K}_{\mathrm{s}}\in\mathbf{R}^{r\times n}\tag{6.5.2}$$

为系统(6.5.1)的一个状态反馈律。如果存在一个 $r\times m$ 的矩阵$\boldsymbol{K}$,使得

$$\boldsymbol{K}_{\mathrm{s}}=\boldsymbol{K}\boldsymbol{C}\tag{6.5.3}$$

则状态反馈律(6.5.2)便等同于下述输出反馈律

$$\boldsymbol{u}=\boldsymbol{K}\boldsymbol{y}+\boldsymbol{v}\tag{6.5.4}$$

在 6.4 节中,我们给出了使得闭环系统具有希望的特征结构的一切状态反馈律的集合

$$\mathcal{K}=\{\boldsymbol{K}_{\mathrm{s}}\,|\,\boldsymbol{K}_{\mathrm{s}}=\boldsymbol{W}\boldsymbol{V}^{-1},\boldsymbol{W}\text{ 和 }\boldsymbol{V}\text{ 由式(6.4.13)或式(6.4.14)给出}\}$$

利用上述线性系统的状态反馈律和输出反馈律之间的关系,为求解线性系统(6.5.1)在输出反馈控制律(6.5.2)下的特征结构配置问题,我们只需于集合 $\mathcal{K}$ 中找出这样的$\boldsymbol{K}_{\mathrm{s}}$ 阵,对于这样的$\boldsymbol{K}_{\mathrm{s}}$ 阵,存在矩阵$\boldsymbol{K}$,使得式(6.5.3)成立。

将集合 $\mathcal{K}$中元素$\boldsymbol{K}_{\mathrm{s}}$ 的表达式代入式(6.5.3)中,可得

$$\boldsymbol{W}=\boldsymbol{K}\boldsymbol{C}\boldsymbol{V}\tag{6.5.5}$$

显然,上式关于矩阵$\boldsymbol{K}$有解的充要条件是

$$\operatorname{rank}\begin{bmatrix}\boldsymbol{C}\boldsymbol{V}\\ \boldsymbol{W}\end{bmatrix}=\operatorname{rank}(\boldsymbol{C}\boldsymbol{V})$$

注意到矩阵$\boldsymbol{V}$可逆,在矩阵$\boldsymbol{C}$满秩的条件下上式化为下述约束条件。

约束 6.5.1 $\operatorname{rank}\begin{bmatrix}\boldsymbol{C}\boldsymbol{V}\\ \boldsymbol{W}\end{bmatrix}=m$。

当上述约束满足时,矩阵$\boldsymbol{K}$可由式(6.5.5)解得,即

$$\boldsymbol{K}=\boldsymbol{W}(\boldsymbol{C}\boldsymbol{V})^{\mathrm{T}}\left[(\boldsymbol{C}\boldsymbol{V})(\boldsymbol{C}\boldsymbol{V})^{\mathrm{T}}\right]^{-1}\tag{6.5.6}$$

根据上面的分析,并结合定理 6.4.1,我们可以给出求解系统(6.5.1)在输出反馈控制律(6.5.4)下的特征结构配置的下述算法。

算法 6.5.1 输出反馈特征结构配置方法之一。

第 1 步:求解满足右既约分解式(6.4.12)的右互质多项式矩阵$\boldsymbol{N}(s)$和$\boldsymbol{D}(s)$。

第 2 步:根据闭环特征值及其重数信息,按式(6.4.14)求出矩阵$\boldsymbol{W}$和$\boldsymbol{V}$的一般表达式。

第 3 步：确定参数 $\boldsymbol{f}_{ij}^{k}(k=1,2,\cdots,p_{ij};j=1,2,\cdots,q_i;i=1,2,\cdots,n')$，使得满足约束 6.4.2、约束 6.4.3 和约束 6.5.1。当这样的参数不存在时，说明指定的闭环特征结构不能用输出反馈律实现配置。

第 4 步：基于上步中的参数 $\boldsymbol{f}_{ij}^{k}(k=1,2,\cdots,p_{ij};j=1,2,\cdots,q_i;i=1,2,\cdots,n')$ 确定矩阵 $\boldsymbol{W}$ 和 $\boldsymbol{V}$。

第 5 步：依式(6.5.6)求取输出反馈增益阵 $\boldsymbol{K}$，同时求取闭环左特征向量矩阵 $\boldsymbol{T}=\boldsymbol{V}^{-\mathrm{T}}$。

说明 6.5.1　上述算法采用了定理 1.7.2 给出的基于右既约分解的方法求解相关的 Sylvester 矩阵方程(6.4.10)。在闭环极点事先指定的情况下，还可以采用定理 1.7.3 或者推论 1.7.3(当闭环系统为非退化时)来求解相关的 Sylvester 矩阵方程(6.4.10)。事实上我们更加推荐后者，因为此时不涉及矩阵多项式运算，而且所基于的奇异值分解还具有非常好的数值稳定性。

本小节介绍的方法是从配置闭环特征值及其重数和闭环右特征向量着手的。下面我们来考虑求解线性系统输出反馈特征结构配置的另外一种方法。

6.5.2　配置闭环左特征向量的求解方法

系统(6.5.1)在输出反馈律(6.5.4)作用下的闭环系统为

$$\dot{\boldsymbol{x}}=\boldsymbol{A}_{\mathrm{c}}\boldsymbol{x}+\boldsymbol{B}\boldsymbol{v},\quad \boldsymbol{A}_{\mathrm{c}}=\boldsymbol{A}+\boldsymbol{BKC} \tag{6.5.7}$$

设系统(6.5.7)的闭环特征值及其重数如 6.4.1 节中所述。记矩阵 $\boldsymbol{A}_{\mathrm{c}}$ 与其第 i 个特征值 s_i 相关的左特征向量链为 $\boldsymbol{t}_{ij}^{k}(k=1,2,\cdots,p_{ij};j=1,2,\cdots,q_i;i=1,2,\cdots,n')$，则依定义有

$$\begin{gathered}(\boldsymbol{A}+\boldsymbol{BKC}-s_i\boldsymbol{I})^{\mathrm{T}}\boldsymbol{t}_{ij}^{k}=\boldsymbol{t}_{ij}^{k+1},\quad \boldsymbol{t}_{ij}^{p_{ij}+1}=0\\ k=p_{ij},p_{ij}-1,\cdots,2,1;j=1,2,\cdots,q_i;i=1,2,\cdots,n'\end{gathered} \tag{6.5.8}$$

取 $\boldsymbol{F}\in\mathbf{C}^{n\times n}$ 如式(6.4.6)所示，再令

$$\begin{cases}\boldsymbol{T}=[\boldsymbol{T}_1\quad \boldsymbol{T}_2\quad \cdots\quad \boldsymbol{T}_{n'}]\\ \boldsymbol{T}_i=[\boldsymbol{T}_{i1}\quad \boldsymbol{T}_{i2}\quad \cdots\quad \boldsymbol{T}_{iq_i}]\\ \boldsymbol{T}_{ij}=[\boldsymbol{t}_{ij}^{1}\quad \boldsymbol{t}_{ij}^{2}\quad \cdots\quad \boldsymbol{t}_{ij}^{p_{ij}}]\end{cases} \tag{6.5.9}$$

则类似于 6.4.2 节中的过程，可以将式(6.5.8)等价地表为下述矩阵方程：

$$\boldsymbol{T}^{\mathrm{T}}\boldsymbol{A}+\boldsymbol{Z}^{\mathrm{T}}\boldsymbol{C}=\boldsymbol{F}\boldsymbol{T}^{\mathrm{T}} \tag{6.5.10}$$

其中

$$\boldsymbol{Z}^{\mathrm{T}}=\boldsymbol{T}^{\mathrm{T}}\boldsymbol{BK} \tag{6.5.11}$$

至此可见，我们的任务即是求取实矩阵 $\boldsymbol{K}$，可逆矩阵 $\boldsymbol{T}\in\mathbf{C}^{n\times n}$ 满足式(6.5.10)和式(6.5.11)。注意到式(6.5.10)经转置后化为一个 Sylvester 矩阵方程，应用定理 1.7.1 和定理 1.7.2，有如下引理。

引理 6.5.1 设$(\boldsymbol{A},\boldsymbol{C})$能观,则满足矩阵方程(6.5.10)的一切矩阵$\boldsymbol{T}$和$\boldsymbol{Z}$可由下述公式给出:

$$\begin{bmatrix} \boldsymbol{t}_{ij}^{k} \\ \boldsymbol{z}_{ij}^{k} \end{bmatrix} = \boldsymbol{Q}'(s_i)\begin{bmatrix} \boldsymbol{g}_{ij}^{k} \\ \boldsymbol{P}(s_i)\boldsymbol{t}_{ij}^{k+1} \end{bmatrix},\quad \boldsymbol{t}_{ij}^{p_{ij}+1}=0 \tag{6.5.12}$$

$$k=1,2,\cdots,p_{ij};j=1,2,\cdots,q_i;i=1,2,\cdots,n'$$

或

$$\begin{bmatrix} \boldsymbol{t}_{ij}^{p_{ij}-k+1} \\ \boldsymbol{z}_{ij}^{p_{ij}-k+1} \end{bmatrix} = \begin{bmatrix} \boldsymbol{H}(s_i) \\ \boldsymbol{L}(s_i) \end{bmatrix}\boldsymbol{g}_{ij}^{k}+\cdots+\frac{1}{(k-1)!}\frac{\mathrm{d}^{k-1}}{\mathrm{d}s^{k-1}}\begin{bmatrix} \boldsymbol{H}(s_i) \\ \boldsymbol{L}(s_i) \end{bmatrix}\boldsymbol{g}_{ij}^{1} \tag{6.5.13}$$

$$k=1,2,\cdots,p_{ij};j=1,2,\cdots,q_i;i=1,2,\cdots,n'$$

其中,$\boldsymbol{P}'(s)$和$\boldsymbol{Q}'(s)$为满足下式的幺模阵:

$$\boldsymbol{P}'(s)[\boldsymbol{A}^{\mathrm{T}}-s\boldsymbol{I}\quad \boldsymbol{C}^{\mathrm{T}}]\boldsymbol{Q}'(s)=[0\quad \boldsymbol{I}] \tag{6.5.14}$$

$\boldsymbol{H}(s)$和$\boldsymbol{L}(s)$为满足下述右既约分解的多项式矩阵:

$$(s\boldsymbol{I}-\boldsymbol{A}^{\mathrm{T}})^{-1}\boldsymbol{C}^{\mathrm{T}}=\boldsymbol{H}(s)\boldsymbol{L}^{-1}(s) \tag{6.5.15}$$

$\boldsymbol{g}_{ij}^{k}\in\mathbf{C}^{m}(k=1,2,\cdots,p_{ij};j=1,2,\cdots,q_i;i=1,2,\cdots,n')$为自由选取的一组参向量。

上述引理为我们的问题求解提供了方便的条件,我们只需进一步选取参向量$\boldsymbol{g}_{ij}^{k}(k=1,2,\cdots,p_{ij};j=1,2,\cdots,q_i;i=1,2,\cdots,n')$以使某些条件满足即可。首先,为保证特征向量矩阵的可逆性,需有下述约束成立。

约束 6.5.2 $\det\boldsymbol{T}\neq 0$。

其次,式(6.5.11)关于矩阵$\boldsymbol{K}$有解,需要求下述条件:

$$\mathrm{rank}[\boldsymbol{T}^{\mathrm{T}}\boldsymbol{B}\quad \boldsymbol{Z}^{\mathrm{T}}]=\mathrm{rank}[\boldsymbol{T}^{\mathrm{T}}\boldsymbol{B}] \tag{6.5.16}$$

当$\boldsymbol{B}$为满秩矩阵时该条件化为

约束 6.5.3 $\mathrm{rank}[\boldsymbol{T}^{\mathrm{T}}\boldsymbol{B}\quad \boldsymbol{Z}^{\mathrm{T}}]=r$。

当上述约束条件 6.5.2 和约束 6.5.3 满足时,矩阵$\boldsymbol{K}$可由公式

$$\boldsymbol{K}=[(\boldsymbol{T}^{\mathrm{T}}\boldsymbol{B})^{\mathrm{T}}(\boldsymbol{T}^{\mathrm{T}}\boldsymbol{B})]^{-1}(\boldsymbol{T}^{\mathrm{T}}\boldsymbol{B})^{\mathrm{T}}\boldsymbol{Z}^{\mathrm{T}} \tag{6.5.17}$$

表出。注意到该公式的形式,我们不难发现,矩阵$\boldsymbol{K}$为实的充要条件是下述约束满足:

约束 6.5.4 当$s_i=\bar{s}_l$时,有$\boldsymbol{g}_{ij}^{k}=\bar{\boldsymbol{g}}_{lj}^{k}$。

基于上述,我们可以给出求解系统(6.5.1)的输出反馈特征结构配置的下述算法。

算法 6.5.2 输出反馈特征结构配置方法之二。

第 1 步:选取满足右既约分解式(6.5.15)的右互质多项式矩阵$\boldsymbol{H}(s)$和$\boldsymbol{L}(s)$。

第 2 步:根据闭环特征值及其重数要求和式(6.5.13)列写出矩阵$\boldsymbol{T},\boldsymbol{Z}$的参数表达式。

第 3 步:求取参数$\boldsymbol{g}_{ij}^{k}(k=1,2,\cdots,p_{ij};j=1,2,\cdots,q_i;i=1,2,\cdots,n')$满足约

束 6.5.2～约束 6.5.4。如果这样的参数不存在，则所求之特征结构配置问题无解。

第 4 步：基于上步求得的参数计算矩阵 $\boldsymbol{T}$ 和 $\boldsymbol{Z}$。

第 5 步：根据式(6.5.17)计算输出反馈增益阵 $\boldsymbol{K}$，根据 $\boldsymbol{V}=\boldsymbol{T}^{-\mathrm{T}}$ 计算闭环右特征向量矩阵。

说明 6.5.2　上述算法采用了基于右既约分解的方法求解相关的 Sylvester 矩阵方程(6.5.10)。在闭环极点事先指定的情况下，我们仍然可以采用定理 1.7.3 或者推论 1.7.3(当闭环系统为非退化时)来求解相关的 Sylvester 矩阵方程(6.5.10)，此时只需先对方程(6.5.10)做一下转置运算。事实上我们更加推荐后者，因为此时不涉及矩阵多项式运算，而且所基于的奇异值分解还具有非常好的数值稳定性。

6.5.3　同时配置闭环左、右特征向量的求解方法

该闭环系统(6.5.7)的希望特征结构如前所述。另外由上两小节可见矩阵 $\boldsymbol{T}$, $\boldsymbol{V}\in\mathbf{C}^{n\times n}$ 为矩阵 $\boldsymbol{A}_{\mathrm{c}}$ 的左、右特征向量矩阵的充要条件是，它们满足

$$\boldsymbol{AV}+\boldsymbol{BW}=\boldsymbol{VF} \tag{6.5.18}$$

$$\boldsymbol{T}^{\mathrm{T}}\boldsymbol{A}+\boldsymbol{Z}^{\mathrm{T}}\boldsymbol{C}=\boldsymbol{F}\boldsymbol{T}^{\mathrm{T}} \tag{6.5.19}$$

其中

$$\boldsymbol{W}=\boldsymbol{KCV},\quad \boldsymbol{Z}^{\mathrm{T}}=\boldsymbol{T}^{\mathrm{T}}\boldsymbol{BK} \tag{6.5.20}$$

且 $\boldsymbol{T},\boldsymbol{V}$ 均非奇异，不失一般性，我们可以将矩阵 $\boldsymbol{T}$ 和 $\boldsymbol{V}$ 的非奇异条件代之以下述条件：

$$\boldsymbol{T}^{\mathrm{T}}\boldsymbol{V}=\boldsymbol{I} \tag{6.5.21}$$

从而系统(6.5.1)的输出反馈特征结构配置问题，实质上化为求取矩阵 $\boldsymbol{T},\boldsymbol{V}\in\mathbf{C}^{n\times n}$ 和 $\boldsymbol{K}\in\mathbf{R}^{r\times m}$ 满足式(6.5.18)～式(6.5.21)这样一个代数问题。

关于 Sylvester 矩阵方程(6.5.18)和方程(6.5.19)的求解，前面已经讨论过，这里不再重复。

当矩阵 $\boldsymbol{T}$ 和 $\boldsymbol{V}$ 的参数表达式求出后，式(6.5.21)实际上相当于关于参数 $\boldsymbol{f}_{ij}^{k}$ 和 $\boldsymbol{g}_{ij}^{k}$ $(k=1,2,\cdots,p_{ij};j=1,2,\cdots,q_i;i=1,2,\cdots,n')$ 的一个约束。该约束可以显式地表示出来，但形式较为复杂。对于闭环系统为非退化，即 $\boldsymbol{A}_{\mathrm{c}}$ 的 Jordan 标准型 $\boldsymbol{F}$ 为对角阵的情况，$\boldsymbol{f}_{ij}^{k}$ 和 $\boldsymbol{g}_{ij}^{k}$ 可简记为 $\boldsymbol{f}_i$ 和 $\boldsymbol{g}_i$。此时该约束可描述如下。

约束 6.5.5　$\boldsymbol{g}_i^{\mathrm{T}}\boldsymbol{H}^{\mathrm{T}}(s_i)\boldsymbol{N}(s_i)\boldsymbol{f}_j=\delta_{ij}\,(i,j=1,2,\cdots,n)$。

δ_{ij} 为如下定义的 Kronecker 函数：

$$\delta_{ij}=\begin{cases}0, & i\neq j\\ 1, & i=j\end{cases}$$

关于矩阵 $\boldsymbol{K}$ 的求取，有下述引理。

引理 6.5.2 设矩阵 $\boldsymbol{T},\boldsymbol{V},\boldsymbol{W},\boldsymbol{Z}$ 为一组满足式(6.5.18)、式(6.5.19)和式(6.5.21)的适当阶的矩阵,则唯一存在一个 $r\times m$ 矩阵 $\boldsymbol{K}$ 满足式(6.5.20),且该矩阵 $\boldsymbol{K}$ 可由公式

$$\boldsymbol{K}=\boldsymbol{W}(\boldsymbol{CV})^{\mathrm{T}}[(\boldsymbol{CV})(\boldsymbol{CV})^{\mathrm{T}}]^{-1} \tag{6.5.22}$$

或

$$\boldsymbol{K}=[(\boldsymbol{T}^{\mathrm{T}}\boldsymbol{B})^{\mathrm{T}}(\boldsymbol{T}^{\mathrm{T}}\boldsymbol{B})]^{-1}(\boldsymbol{T}^{\mathrm{T}}\boldsymbol{B})^{\mathrm{T}}\boldsymbol{Z}^{\mathrm{T}} \tag{6.5.23}$$

给出。

证明 在式(6.5.18)两端同时左乘矩阵 $\boldsymbol{T}^{\mathrm{T}}$,在式(6.5.19)两端同时右乘矩阵 $\boldsymbol{V}$,并注意到式(6.5.21),可得

$$\boldsymbol{T}^{\mathrm{T}}\boldsymbol{AV}+\boldsymbol{T}^{\mathrm{T}}\boldsymbol{BW}=\boldsymbol{F}$$
$$\boldsymbol{T}^{\mathrm{T}}\boldsymbol{AV}+\boldsymbol{Z}^{\mathrm{T}}\boldsymbol{CV}=\boldsymbol{F}$$

比较上述两式,可得

$$\boldsymbol{T}^{\mathrm{T}}\boldsymbol{BW}=\boldsymbol{Z}^{\mathrm{T}}\boldsymbol{CV} \tag{6.5.24}$$

下面我们利用上式来说明由式(6.5.22)表出的 $\boldsymbol{K}$ 满足式(6.5.20)。对式(6.5.24)两端同时左乘$(\boldsymbol{T}^{\mathrm{T}}\boldsymbol{B})^{\mathrm{T}}$、右乘$(\boldsymbol{CV})^{\mathrm{T}}$可得

$$(\boldsymbol{T}^{\mathrm{T}}\boldsymbol{B})^{\mathrm{T}}\boldsymbol{T}^{\mathrm{T}}\boldsymbol{BW}(\boldsymbol{CV})^{\mathrm{T}}=(\boldsymbol{T}^{\mathrm{T}}\boldsymbol{B})^{\mathrm{T}}\boldsymbol{Z}^{\mathrm{T}}\boldsymbol{CV}(\boldsymbol{CV})^{\mathrm{T}}$$

即

$$\boldsymbol{W}(\boldsymbol{CV})^{\mathrm{T}}[(\boldsymbol{CV})(\boldsymbol{CV})^{\mathrm{T}}]^{-1}=[(\boldsymbol{T}^{\mathrm{T}}\boldsymbol{B})^{\mathrm{T}}(\boldsymbol{T}^{\mathrm{T}}\boldsymbol{B})]^{-1}(\boldsymbol{T}^{\mathrm{T}}\boldsymbol{B})^{\mathrm{T}}\boldsymbol{Z}^{\mathrm{T}}$$

这就是说式(6.5.22)给出的 $\boldsymbol{K}$ 与式(6.5.23)给出的 $\boldsymbol{K}$ 是相等的。利用式(6.5.24)和式(6.5.22)得

$$\begin{aligned}\boldsymbol{T}^{\mathrm{T}}\boldsymbol{BK}&=\boldsymbol{T}^{\mathrm{T}}\boldsymbol{BW}(\boldsymbol{CV})^{\mathrm{T}}[(\boldsymbol{CV})(\boldsymbol{CV})^{\mathrm{T}}]^{-1}\\&=\boldsymbol{Z}^{\mathrm{T}}(\boldsymbol{CV})(\boldsymbol{CV})^{\mathrm{T}}[(\boldsymbol{CV})(\boldsymbol{CV})^{\mathrm{T}}]^{-1}\\&=\boldsymbol{Z}^{\mathrm{T}}\end{aligned}$$

从而式(6.5.22)给出的 $\boldsymbol{K}$ 阵满足式(6.5.20)中后一式。完全类似地可证明由式(6.5.23)给出的矩阵 $\boldsymbol{K}$ 满足式(6.5.20)中前一式。又因为式(6.5.22)给出的 $\boldsymbol{K}$ 与式(6.5.23)给出的 $\boldsymbol{K}$ 相等,于是式(6.5.22)与式(6.5.23)给出的矩阵 $\boldsymbol{K}$ 均满足式(6.5.20)。

现假设 $\boldsymbol{K}_1$ 和 $\boldsymbol{K}_2$ 均满足式(6.5.20),则易得

$$(\boldsymbol{K}_1-\boldsymbol{K}_2)\boldsymbol{CV}=0,\quad \boldsymbol{T}^{\mathrm{T}}\boldsymbol{B}(\boldsymbol{K}_1-\boldsymbol{K}_2)=0$$

注意到 $\boldsymbol{CV}$ 行满秩,$\boldsymbol{T}^{\mathrm{T}}\boldsymbol{B}$ 列满秩,故有 $\boldsymbol{K}_1-\boldsymbol{K}_2=0$。从而满足式(6.5.20)的矩阵 $\boldsymbol{K}$ 为唯一的。

ΔΔΔ

最后我们指出,根据矩阵 $\boldsymbol{T},\boldsymbol{Z},\boldsymbol{V},\boldsymbol{W}$ 的参数表达式,由式(6.5.22)和式(6.5.23)给出的矩阵 $\boldsymbol{K}$ 为实的充要条件是参数向量 $\boldsymbol{f}_{ij}^{k}$ 和 $\boldsymbol{g}_{ij}^{k}$ $(k=1,2,\cdots,p_{ij};\ j=1,2,\cdots,q_i;\ i=1,2,\cdots,n')$满足下述约束。

约束 6.5.6　当 $s_i=\bar{s}_l$ 时，有 $\boldsymbol{f}_{ij}^k=\bar{\boldsymbol{f}}_{lj}^k$ 和 $\boldsymbol{g}_{ij}^k=\bar{\boldsymbol{g}}_{lj}^k$。

基于上述分析，现在我们可以给出求解系统(6.5.1)的输出反馈特征结构配置问题的下述算法：

算法 6.5.3　输出反馈特征结构配置方法之三。

第 1 步：求取满足右既约分解式(6.4.12)和式(6.5.15)的右多项式矩阵 $\boldsymbol{N}(s)$ 和 $\boldsymbol{D}(s)$，$\boldsymbol{H}(s)$ 和 $\boldsymbol{L}(s)$。

第 2 步：根据式(6.4.14)以及式(6.5.13)和闭环结构列写出矩阵 $\boldsymbol{V}$，$\boldsymbol{W}$，$\boldsymbol{T}$ 和 $\boldsymbol{Z}$ 的参数表达式。

第 3 步：求取满足约束 6.5.5 的两组参数 $\boldsymbol{f}_{ij}^k$ 和 g_{ij}^k $(k=1,2,\cdots,p_{ij};j=1,2,\cdots,q_i;i=1,2,\cdots,n')$，使得 $\boldsymbol{T}^{\mathrm{T}}\boldsymbol{V}=\boldsymbol{I}$。若这样的参数不存在，则所求的特征结构配置问题无解。

第 4 步：基于上步中求得的参数，确定矩阵 $\boldsymbol{V}$，$\boldsymbol{W}$，$\boldsymbol{T}$ 和 $\boldsymbol{Z}$。

第 5 步：根据式(6.5.19)或式(6.5.20)，计算矩阵 $\boldsymbol{K}$。

说明 6.5.3　上述算法采用了基于右既约分解的方法求解相关的 Sylvester 矩阵方程(6.5.18)和方程(6.5.19)。在闭环极点事先指定的情况下，我们可以采用定理 1.7.3 或者推论 1.7.3(当闭环系统为非退化时)来求解这两个方程。事实上我们更加推荐后者，因为此时不涉及矩阵多项式运算，而且所基于的奇异值分解还具有非常好的数值稳定性。

6.5.4　关于方法的几点讨论

在 6.5 节中我们分别讨论了求解线性系统输出反馈特征结构配置问题的三种方法。这里我们围绕这三种方法做几点说明。

说明 6.5.4　读者或许已经看出算法 6.5.1 和算法 6.5.2 实际上是相互对偶的两个算法。我们知道，从计算量和数值稳定性的角度讲，一个算法中应尽量含有少的矩阵求逆运算，且被求逆的矩阵的阶数越低越好，从这一点出发，由式(6.5.6)和式(6.5.17)可见，当 $m<r$ 时选用算法 6.5.1 求解较好，反之选用算法 6.5.2 求解。

说明 6.5.5　算法 6.5.1 和算法 6.5.2 中均含有一个秩条件约束。一般说来这种形式的约束在低阶系统的情形下能比较灵活地求解，但当系统的阶次较高时便很难处理。此时算法 6.5.3 中的公式条件约束 $\boldsymbol{T}^{\mathrm{T}}\boldsymbol{V}=\boldsymbol{I}$ 或约束 6.5.3 便显示了优越性。

说明 6.5.6　前面已经指出，多变量线性系统的输出反馈极点配置问题还没有彻底解决。那么可想而知，要想给出线性系统输出反馈特征结构配置问题的切实可行的判据是困难的。但是基于定理 6.2.2 我们至少有下述结论。

命题 6.5.1　设系统(6.5.1)能控、能观，且 $m+r-1\geqslant n$，则该系统的具有互

异闭环特征值的特征结构配置问题可以实现。

说明 6.5.7 由于单输入或单输出系统的极点配置问题解是唯一的,通过特别选取参向量 $\boldsymbol{f}_{ij}^k,\boldsymbol{g}_{ij}^k(k=1,2,\cdots,p_{ij};j=1,2,\cdots,q_i;i=1,2,\cdots,n')$,可得下述结论。

命题 6.5.2 单输入或单输出线性系统可用输出反馈实现的闭环特征结构只有各闭环特征值的几何重数为 1 的一种情况,即循环系统的情况。

由上述命题可知,单输入或单输出线性系统的具有重极点的非退化闭环结构不可实现。

说明 6.5.8 特征结构配置设计可视为求解极点配置设计的一种途径。但显然它比极点配置更精确地把握了闭环结构和系统的性能。特征结构配置另一方面的重要性在于它提供了系统设计中的全部自由度。通过适当选取这些自由设计参数,可以实现具有特定性能的控制系统的设计。这一点在 6.7 节中以模型匹配问题为例给出了充分的说明。

6.5.5 算例

考虑具有下述参数的系统:

$$\boldsymbol{A}=\begin{bmatrix}2&1&0\\0&2&0\\0&0&0\end{bmatrix},\quad \boldsymbol{B}=\begin{bmatrix}0&0\\1&0\\0&1\end{bmatrix},\quad \boldsymbol{C}=\begin{bmatrix}1&0&0\\0&0&1\end{bmatrix}$$

依算法 6.5.3,有

第 1 步:容易求得

$$\boldsymbol{N}(s)=\begin{bmatrix}1&0\\s-2&0\\0&1\end{bmatrix},\quad \boldsymbol{H}(s)=\begin{bmatrix}s-2&0\\1&0\\0&1\end{bmatrix}$$

$$\boldsymbol{D}(s)=\boldsymbol{L}(s)=\begin{bmatrix}(s-2)^2&0\\0&1\end{bmatrix}$$

第 2 步:取闭环极点 $s_i(i=1,2,3)$为三个互异实数,并记

$$\boldsymbol{f}_i=\begin{bmatrix}1\\x_i\end{bmatrix},\quad \boldsymbol{g}_i=\begin{bmatrix}y_i\\z_i\end{bmatrix},\quad i=1,2,3$$

则有

$$\boldsymbol{V}=\begin{bmatrix}1&1&1\\s_1-2&s_2-2&s_3-2\\x_1&x_2&x_3\end{bmatrix}\tag{6.5.25a}$$

$$\boldsymbol{W}=\begin{bmatrix}(s_1-2)^2&(s_2-2)^2&(s_3-2)^2\\s_1x_1&s_2x_2&s_3x_3\end{bmatrix}\tag{6.5.25b}$$

$$\boldsymbol{T}=\begin{bmatrix}(s_1-2)y_1 & (s_2-2)y_2 & (s_3-2)y_3\\ y_1 & y_2 & y_3\\ z_1 & z_2 & z_3\end{bmatrix} \tag{6.5.25c}$$

$$\boldsymbol{Z}=\begin{bmatrix}(s_1-2)^2y_1 & (s_2-2)^2y_2 & (s_3-2)^2y_3\\ z_1 & z_2 & z_3\end{bmatrix} \tag{6.5.25d}$$

第 3 步：此时约束 6.5.3 化为

$$y_i(s_i+s_j-4)+z_ix_j=\delta_{ij},\quad i,j=1,2,3 \tag{6.5.26}$$

经过适当推导可以解出上述约束条件(6.5.26)的显式解析解为

$$\begin{cases}x_1=x_0\\ x_2=\dfrac{s_{23}}{s_{31}}x_0\\ x_3=\dfrac{s_{23}}{s_{21}}x_0\end{cases},\quad \begin{cases}y_1=-\dfrac{s_{23}}{D_{23}}\\ y_2=-\dfrac{s_{13}}{D_{13}}\\ y_3=-\dfrac{s_{12}}{D_{12}}\end{cases},\quad \begin{cases}z_1=\dfrac{s_{12}s_{13}}{D_{23}x_0}\\ z_2=\dfrac{s_{12}s_{13}}{D_{13}x_0}\\ z_3=\dfrac{s_{13}s_{12}}{D_{12}x_0}\end{cases} \tag{6.5.27}$$

其中

$$s_{ij}=s_i+s_j-4,\quad i,j=1,2,3 \tag{6.5.28}$$

D_{ij} 为矩阵 $[s_{ij}]_{3\times3}$ 的元 s_{ij} 的代数余子式；x_0 为一非零实参数。

第 4 步：将式(6.5.27)代入式(6.5.25)，可得

$$\boldsymbol{V}=\begin{bmatrix}1 & 1 & 1\\ s_1-2 & s_2-2 & s_3-2\\ x_0 & \dfrac{s_{23}}{s_{31}}x_0 & \dfrac{s_{23}}{s_{21}}x_0\end{bmatrix} \tag{6.5.29a}$$

$$\boldsymbol{W}=\begin{bmatrix}(s_1-2)^2 & (s_2-2)^2 & (s_3-2)^2\\ x_0s_1 & \dfrac{s_{23}}{s_{31}}x_0s_2 & \dfrac{s_{23}}{s_{21}}x_0s_3\end{bmatrix} \tag{6.5.29b}$$

$$\boldsymbol{T}=\begin{bmatrix}\dfrac{(2-s_1)s_{23}}{D_{23}} & \dfrac{(2-s_2)s_{13}}{D_{13}} & \dfrac{(2-s_3)s_{12}}{D_{12}}\\ -\dfrac{s_{23}}{D_{23}} & -\dfrac{s_{13}}{D_{13}} & -\dfrac{s_{12}}{D_{12}}\\ \dfrac{s_{12}s_{13}}{D_{23}x_0} & \dfrac{s_{12}s_{13}}{D_{13}x_0} & \dfrac{s_{13}s_{12}}{D_{12}x_0}\end{bmatrix} \tag{6.5.29c}$$

$$\boldsymbol{Z}=\begin{bmatrix}-\dfrac{(s_1-2)^2s_{23}}{D_{23}} & -\dfrac{(s_2-2)^2s_{13}}{D_{13}} & -\dfrac{(s_3-2)^2s_{12}}{D_{12}}\\ \dfrac{s_{12}s_{13}}{D_{23}x_0} & \dfrac{s_{12}s_{13}}{D_{13}x_0} & \dfrac{s_{13}s_{12}}{D_{12}x_0}\end{bmatrix} \tag{6.5.29d}$$

第 5 步:由式(6.5.22)易得所求输出反馈律的增益阵 $\boldsymbol{K}=[k_{ij}]_{2\times2}$ 的元素为

$$k_{11}=\frac{x_0^2}{\Delta}\left\{[(s_1-2)^2+(s_2-2)^2+(s_3-2)^2]\left(1+\frac{s_{23}^2}{s_{31}^2}+\frac{s_{23}^2}{s_{21}^2}\right)\right.$$
$$\left.-\left[(s_1-2)^2+\frac{s_{23}}{s_{31}}(S_2-2)^2+\frac{s_{23}}{s_{21}}(s_3-2)^2\right]\left(1+\frac{s_{23}}{s_{31}}+\frac{s_{23}}{s_{21}}\right)\right\}$$

$$k_{12}=\frac{x_0}{\Delta}\left\{3\left[(s_1-2)^2+\frac{s_{23}}{s_{31}}(s_2-2)^2+\frac{s_{23}^2}{s_{21}^2}(s_3-2)^2\right]\right.$$
$$\left.-[(s_1-2)^2+(s_2-2)^2+(s_3-2)^2]\left(1+\frac{s_{23}}{s_{31}}+\frac{s_{23}^2}{s_{21}^2}\right)\right\}$$

$$k_{21}=\frac{x_0^3}{\Delta}\left[\left(s_1+\frac{s_{23}}{s_{31}}s_2+\frac{s_{23}}{s_{21}}s_3\right)\left(1+\frac{s_{23}^2}{s_{31}^2}+\frac{s_{23}^2}{s_{21}^2}\right)\right.$$
$$\left.-\left(s_1+\frac{s_{23}^2}{s_{31}^2}s_2+\frac{s_{23}^2}{s_{21}^2}s_3\right)\left(1+\frac{s_{23}}{s_{31}}+\frac{s_{23}}{s_{21}}\right)\right]$$

$$k_{22}=\frac{x_0^2}{\Delta}\left[3\left(s_1+\frac{s_{23}^2}{s_{31}^2}s_2+\frac{s_{23}^2}{s_{21}^2}s_3\right)\right.$$
$$\left.-\left(s_1+\frac{s_{23}}{s_{31}}s_2+\frac{s_{23}}{s_{21}}s_3\right)\left(1+\frac{s_{23}}{s_{31}}+\frac{s_{23}}{s_{21}}\right)\right]$$

其中

$$\Delta=\left[3\left(1+\frac{s_{23}^2}{s_{31}^2}+\frac{s_{23}^2}{s_{21}^2}\right)-\left(1+\frac{s_{23}}{s_{31}}+\frac{s_{23}}{s_{21}}\right)^2\right]x_0^2$$

在上例的求解过程中,我们待定了系统的闭环极点和所有的设计自由度,给出了闭环特征向量矩阵 $\boldsymbol{T}$ 和 $\boldsymbol{V}$ 以及反馈增益阵 $\boldsymbol{K}$ 的最一般的关于非零自由参数 x_0 和闭环极点 $s_i(i=1,2,3)$ 的表达式。特别选取 x_0 和 $s_i(i=1,2,3)$,便可得出具体的 $\boldsymbol{T}$,$\boldsymbol{V}$ 和 $\boldsymbol{K}$ 阵。

*6.6　动态补偿器特征结构配置

在 6.2 节我们已经看到,静态输出反馈的控制作用是很有限的,通过它可能达不到预期的控制效果。而利用动态补偿器可以通过调整动态阶 p 来改善对系统的控制作用,以期实现预期的控制目标。由 6.1.3 节知道,动态补偿器等价于增广的静态输出反馈,由此可利用 6.5.3 节中的输出反馈特征结构配置结果给出带有动态补偿器的闭环系统的特征结构配置问题的参数化解法。

6.6.1　问题的描述

考虑线性定常受控系统

$$\begin{cases}\dot{\boldsymbol{x}}=\boldsymbol{A}\boldsymbol{x}+\boldsymbol{B}\boldsymbol{u}\\ \boldsymbol{y}=\boldsymbol{C}\boldsymbol{x}\end{cases}\tag{6.6.1}$$

各量定义同前述，且 $\boldsymbol{B}$ 和 $\boldsymbol{C}$ 分别为列满秩和行满秩。选取如下形式的动态补偿器：

$$\begin{cases}\dot{\boldsymbol{z}}=\boldsymbol{F}\boldsymbol{z}+\boldsymbol{H}\boldsymbol{y}\\ \boldsymbol{u}=\boldsymbol{N}\boldsymbol{z}+\boldsymbol{M}\boldsymbol{y}\end{cases}\tag{6.6.2}$$

其中，$z\in\mathbf{R}^p$ 为动态补偿器的状态向量，p 为动态补偿器的阶；$\boldsymbol{F},\boldsymbol{H},\boldsymbol{N},\boldsymbol{M}$ 为适当阶的实矩阵，于是可得闭环系统

$$\begin{bmatrix}\dot{\boldsymbol{x}}\\ \dot{\boldsymbol{z}}\end{bmatrix}=\boldsymbol{A}_{\mathrm{c}}\begin{bmatrix}\boldsymbol{x}\\ \boldsymbol{z}\end{bmatrix},\quad \boldsymbol{A}_{\mathrm{c}}=\begin{bmatrix}\boldsymbol{A}+\boldsymbol{BMC} & \boldsymbol{BN}\\ \boldsymbol{HC} & \boldsymbol{F}\end{bmatrix}\tag{6.6.3}$$

设 $\boldsymbol{A}_{\mathrm{c}}$ 具有 $n'(n'\leqslant n+p)$ 个互异的特征值 $s_i(i=1,2,\cdots,n')$，且其第 $i(1\leqslant i\leqslant n')$ 个特征值的代数重数与几何重数分别为 m_i 和 q_i，于是在矩阵 $\boldsymbol{A}_{\mathrm{c}}$ 的 Jordan 标准型 $\boldsymbol{J}$ 中有 q_i 个与特征值 s_i 相关的 Jordan 块，记这些 Jordan 块的阶数为 $p_{ij}(j=1,2,\cdots,q_i)$，则有

$$m_i=p_{i1}+p_{i2}+\cdots+p_{iq_i},\quad m_1+m_2+\cdots+m_{n'}=n+p\tag{6.6.4}$$

记矩阵 $\boldsymbol{A}_{\mathrm{c}}$ 的与其第 i 个特征值 s_i 相关的右特征向量链和左特征向量链分别为 $\boldsymbol{v}_{ij}^k$ 和 $\boldsymbol{t}_{ij}^k(k=1,2,\cdots,p_{ij};j=1,2,\cdots,q_i)$，于是依定义有

$$\begin{gathered}(\boldsymbol{A}_{\mathrm{c}}-s_i\boldsymbol{I})\boldsymbol{v}_{ij}^k=\boldsymbol{v}_{ij}^{k-1},\quad \boldsymbol{v}_{ij}^0=0\\ k=1,2,\cdots,p_{ij};j=1,2,\cdots,q_i;\ i=1,2,\cdots,n'\end{gathered}\tag{6.6.5}$$

和

$$\begin{gathered}(\boldsymbol{A}_{\mathrm{c}}-s_i\boldsymbol{I})^{\mathrm{T}}\boldsymbol{t}_{ij}^k=\boldsymbol{t}_{ij}^{k+1},\quad \boldsymbol{t}_{ij}^{p_{ij}+1}=0\\ k=p_{ij},p_{ij}-1,\cdots,2,1;j=1,2,\cdots,q_i;i=1,2,\cdots,n'\end{gathered}\tag{6.6.6}$$

按式(6.4.7)的方式引入右特征向量构成的矩阵 $\boldsymbol{V}$，左特征向量构成的矩阵 $\boldsymbol{T}$，则式(6.6.5)和式(6.6.6)可写为如下矩阵形式：

$$\boldsymbol{A}_{\mathrm{c}}\boldsymbol{V}=\boldsymbol{V}\boldsymbol{J},\quad \boldsymbol{T}^{\mathrm{T}}\boldsymbol{A}_{\mathrm{c}}=\boldsymbol{J}\boldsymbol{T}^{\mathrm{T}}\tag{6.6.7}$$

基于上述准备，系统(6.6.1)在动态补偿器(6.6.2)下的闭环特征结构配置问题可描述如下。

问题 6.6.1 给定系统(6.6.1)及任意指定的一组自共轭复数 $s_i(i=1,2,\cdots,n')$，及满足关系式(6.6.4)的正整数 $m_i(q_i,i=1,2,\cdots,n')$ 和 $p_{ij}(j=1,2,\cdots,q_i;i=1,2,\cdots,n')$，求取满足下述条件的所有矩阵 $\boldsymbol{F},\boldsymbol{H},\boldsymbol{N},\boldsymbol{M}$ 及矩阵 $\boldsymbol{T},\boldsymbol{V}\in\mathbf{C}^{(n+p)\times(n+p)}$：

(1) 式(6.6.7)中的两个方程成立，其中 $\boldsymbol{A}_{\mathrm{c}}$ 由式(6.6.5)表示；

(2) 矩阵 $\boldsymbol{T},\boldsymbol{V}$ 满足

$$\boldsymbol{T}^{\mathrm{T}}\boldsymbol{V}=\boldsymbol{I}\tag{6.6.8}$$

6.6.2 准备工作

由命题 6.1.5 可知,系统(6.6.1)在动态补偿器(6.6.2)下的闭环特征结构配置问题等价于下述系统:

$$\begin{cases}\dot{\boldsymbol{X}}=\boldsymbol{A}'\boldsymbol{X}+\boldsymbol{B}'\boldsymbol{U}\\ \boldsymbol{Y}=\boldsymbol{C}'\boldsymbol{X}\end{cases} \tag{6.6.9}$$

在输出反馈律 $\boldsymbol{U}=\boldsymbol{K}\boldsymbol{Y}$ 下的闭环特征结构配置问题,其中

$$\boldsymbol{A}'=\begin{bmatrix}\boldsymbol{A} & 0\\ 0 & 0\end{bmatrix},\quad \boldsymbol{B}'=\begin{bmatrix}\boldsymbol{B} & 0\\ 0 & \boldsymbol{I}_p\end{bmatrix},\quad \boldsymbol{C}'=\begin{bmatrix}\boldsymbol{C} & 0\\ 0 & \boldsymbol{I}_p\end{bmatrix},\quad \boldsymbol{K}=\begin{bmatrix}\boldsymbol{M} & \boldsymbol{N}\\ \boldsymbol{H} & \boldsymbol{F}\end{bmatrix} \tag{6.6.10}$$

设系统(6.6.1)能控、能观,则存在右互质多项式矩阵 $\boldsymbol{N}(s)\in\mathbf{R}^{n\times r}[s]$ 和 $\boldsymbol{D}(s)\in\mathbf{R}^{r\times r}[s]$,$\boldsymbol{H}(s)\in\mathbf{R}^{n\times m}[s]$ 和 $\boldsymbol{L}(s)\in\mathbf{R}^{m\times m}[s]$ 满足下述右互质分解:

$$(s\boldsymbol{I}-\boldsymbol{A})^{-1}\boldsymbol{B}=\boldsymbol{N}(s)\boldsymbol{D}^{-1}(s),(s\boldsymbol{I}-\boldsymbol{A}^{\mathrm{T}})^{-1}\boldsymbol{C}^{\mathrm{T}}=\boldsymbol{H}(s)\boldsymbol{L}^{-1}(s) \tag{6.6.11}$$

现令

$$\widetilde{\boldsymbol{N}}(s)=\begin{bmatrix}0 & \boldsymbol{N}(s)\\ \boldsymbol{I}_p & 0\end{bmatrix},\quad \widetilde{\boldsymbol{D}}(s)=\begin{bmatrix}0 & \boldsymbol{D}(s)\\ s\boldsymbol{I}_p & 0\end{bmatrix} \tag{6.6.12}$$

$$\widetilde{\boldsymbol{H}}(s)=\begin{bmatrix}0 & \boldsymbol{H}(s)\\ \boldsymbol{I}_p & 0\end{bmatrix},\quad \widetilde{\boldsymbol{L}}(s)=\begin{bmatrix}0 & \boldsymbol{L}(s)\\ s\boldsymbol{I}_p & 0\end{bmatrix} \tag{6.6.13}$$

容易证得下述引理。

引理 6.6.1 设$(\boldsymbol{A},\boldsymbol{B})$能控,$(\boldsymbol{A},\boldsymbol{C})$能观,则由式(6.6.9)～式(6.6.11)决定的多项式矩阵 $\widetilde{\boldsymbol{N}},\widetilde{\boldsymbol{D}},\widetilde{\boldsymbol{H}}$ 及 $\widetilde{\boldsymbol{L}}$ 满足下述右互质分解:

$$(s\boldsymbol{I}-\boldsymbol{A}')^{-1}\boldsymbol{B}'=\widetilde{\boldsymbol{N}}(s)\widetilde{\boldsymbol{D}}^{-1}(s),\quad (s\boldsymbol{I}-\boldsymbol{A}'^{\mathrm{T}})^{-1}\boldsymbol{C}'^{\mathrm{T}}=\widetilde{\boldsymbol{H}}(s)\widetilde{\boldsymbol{L}}^{-1}(s) \tag{6.6.14}$$

6.6.3 问题的求解

引入参数向量 $\boldsymbol{f}_{0ij}^{k}\in\mathbf{C}^{r}$,$\boldsymbol{g}_{0ij}^{k}\in\mathbf{C}^{r}$$(k=1,2,\cdots,p_{ij};j=1,2,\cdots,q_i;i=1,2,\cdots,n')$,并按下述方式定义矩阵 $\boldsymbol{V}_0=[\boldsymbol{v}_{0ij}^{k}]$,$\boldsymbol{W}_0=[\boldsymbol{w}_{0ij}^{k}]$,$\boldsymbol{T}_0=[\boldsymbol{t}_{0ij}^{k}]$及 $\boldsymbol{Z}_0=[\boldsymbol{z}_{0ij}^{k}]$$(k=1,2,\cdots,p_{ij};j=1,2,\cdots,q_i;\ i=1,2,\cdots,n')$

$$\begin{bmatrix}\boldsymbol{v}_{0ij}^{k}\\ \boldsymbol{w}_{0ij}^{k}\end{bmatrix}=\begin{bmatrix}\boldsymbol{N}(s_i)\\ \boldsymbol{D}(s_i)\end{bmatrix}\boldsymbol{f}_{0ij}^{k}+\cdots+\frac{1}{(k-1)!}\frac{\mathrm{d}^{k-1}}{\mathrm{d}s^{k-1}}\begin{bmatrix}\boldsymbol{N}(s_i)\\ \boldsymbol{D}(s_i)\end{bmatrix}\boldsymbol{f}_{0ij}^{1} \tag{6.6.15}$$

$$\begin{bmatrix}\boldsymbol{t}_{0i}^{p_i-k+1}\\ \boldsymbol{z}_{0i}^{p_i-k+1}\end{bmatrix}=\begin{bmatrix}\boldsymbol{H}(s_i)\\ \boldsymbol{L}(s_i)\end{bmatrix}\boldsymbol{g}_{0ij}^{k}+\cdots+\frac{1}{(k-1)!}\frac{\mathrm{d}^{k-1}}{\mathrm{d}s^{k-1}}\begin{bmatrix}\boldsymbol{H}(s_i)\\ \boldsymbol{L}(s_i)\end{bmatrix}\boldsymbol{g}_{0ij}^{1} \tag{6.6.16}$$

则有如下定理。

定理 6.6.1 设系统(6.6.1)能控、能观,则有如下结论:

(1) 问题 6.6.1 有解的充要条件是存在参数 $\boldsymbol{s}_i$,$\boldsymbol{f}_{hij}^{k}$,$\boldsymbol{g}_{hij}^{k}$$(h=0,1;j=1,2,\cdots,$

q_i；$i=1,2,\cdots,n'$；$k=1,2,\cdots,p_{ij}$），使得下述约束满足：

约束 6.6.1 当 $s_i=\bar{s}_l$ 时有 $\boldsymbol{f}_{hij}^k=\bar{\boldsymbol{f}}_{hlj}^k$，$\boldsymbol{g}_{hij}^k=\bar{\boldsymbol{g}}_{hlj}^k$，$h=0,1$；

约束 6.6.2 $\boldsymbol{T}_0^{\mathrm{T}}\boldsymbol{V}_0+\boldsymbol{T}_1^{\mathrm{T}}\boldsymbol{V}_1=\boldsymbol{I}$。

其中 $\boldsymbol{V}_1=[\boldsymbol{f}_{1ij}^k]$，$\boldsymbol{T}_1=[\boldsymbol{g}_{1ij}^k]$，矩阵 $\boldsymbol{V}_0=[\boldsymbol{v}_{0ij}^k]$ 和 $\boldsymbol{T}_0=[\boldsymbol{g}_{0ij}^k]$ 由式(6.6.15)和式(6.6.16)定义。

(2) 当上述条件满足时，闭环系统的系统矩阵 $\boldsymbol{A}_{\mathrm{c}}$ 的左、右特征向量矩阵为

$$\boldsymbol{T}=[\boldsymbol{T}_0\quad \boldsymbol{T}_1]^{\mathrm{T}},\quad \boldsymbol{V}=[\boldsymbol{V}_0\quad \boldsymbol{V}_1]^{\mathrm{T}} \tag{6.6.17}$$

所求的动态补偿器的系数矩阵为

$$\boldsymbol{M}=\boldsymbol{W}_0\boldsymbol{\Phi},\quad \boldsymbol{N}=(\boldsymbol{W}_0-\boldsymbol{MCV}_0)\boldsymbol{\Psi} \tag{6.6.18}$$

$$\boldsymbol{H}=\boldsymbol{V}_1\boldsymbol{J}\boldsymbol{\Phi},\quad \boldsymbol{F}=(\boldsymbol{V}_1\boldsymbol{J}-\boldsymbol{HCV}_0)\boldsymbol{\Psi} \tag{6.6.19}$$

其中

$$\boldsymbol{\Psi}=\boldsymbol{V}_1^{\mathrm{T}}\,(\boldsymbol{V}_1\boldsymbol{V}_1^{\mathrm{T}})^{-1},\quad \boldsymbol{\Phi}=\boldsymbol{\Gamma}\,(\boldsymbol{CV}_0\boldsymbol{\Gamma})^{-1},\quad \boldsymbol{\Gamma}=(\boldsymbol{I}-\boldsymbol{\Psi}\boldsymbol{V}_1)(\boldsymbol{CV}_0)^{\mathrm{T}} \tag{6.6.20}$$

或

$$\boldsymbol{M}=\hat{\boldsymbol{\Phi}}\boldsymbol{Z}_0^{\mathrm{T}},\quad \boldsymbol{H}=\hat{\boldsymbol{\Psi}}(\boldsymbol{Z}_0^{\mathrm{T}}-\boldsymbol{B}^{\mathrm{T}}\boldsymbol{T}_0\boldsymbol{M}) \tag{6.6.21}$$

$$\boldsymbol{N}=\hat{\boldsymbol{\Phi}}\,(\boldsymbol{T}_1\boldsymbol{J})^{\mathrm{T}},\quad \boldsymbol{F}=\hat{\boldsymbol{\Psi}}((\boldsymbol{T}_1\boldsymbol{J})^{\mathrm{T}}-\boldsymbol{B}^{\mathrm{T}}\boldsymbol{T}_0\boldsymbol{H}) \tag{6.6.22}$$

其中

$$\hat{\boldsymbol{\Psi}}=(\boldsymbol{T}_1\boldsymbol{T}_1^{\mathrm{T}})^{-1}\boldsymbol{T}_1,\quad \hat{\boldsymbol{\Phi}}=(\hat{\boldsymbol{\Gamma}}\,\boldsymbol{T}_0^{\mathrm{T}}\boldsymbol{B})^{-1}\hat{\boldsymbol{\Gamma}},\quad \hat{\boldsymbol{\Gamma}}=\boldsymbol{B}^{\mathrm{T}}\boldsymbol{T}_0(\boldsymbol{I}-\boldsymbol{T}_1\hat{\boldsymbol{\Psi}}) \tag{6.6.23}$$

证明 令

$$\boldsymbol{K}=\begin{bmatrix}\boldsymbol{M} & \boldsymbol{N}\\ \boldsymbol{H} & \boldsymbol{F}\end{bmatrix}$$

则式(6.6.7)中两式可写为

$$(\boldsymbol{A}'+\boldsymbol{B}'\boldsymbol{K}\boldsymbol{C}')\boldsymbol{V}=\boldsymbol{V}\boldsymbol{J},\quad \boldsymbol{T}^{\mathrm{T}}(\boldsymbol{A}'+\boldsymbol{B}'\boldsymbol{K}\boldsymbol{C}')=\boldsymbol{J}\boldsymbol{T}^{\mathrm{T}} \tag{6.6.24}$$

此即是一同时配置闭环左右特征向量的输出反馈特征结构配置问题，于是由 6.5 节输出反馈的结果可以得到矩阵 $\boldsymbol{T}=[\boldsymbol{t}_{ij}^k]$，$\boldsymbol{V}=[\boldsymbol{v}_{ij}^k]$ 为

$$\boldsymbol{t}_{ij}^{p_i-k+1}=\widetilde{\boldsymbol{H}}(s_i)\begin{bmatrix}\boldsymbol{g}_{1ij}^k\\ \boldsymbol{g}_{0ij}^k\end{bmatrix}+\cdots+\frac{1}{(k-1)\,!}\frac{\mathrm{d}^{k-1}}{\mathrm{d}s^{k-1}}\widetilde{\boldsymbol{H}}(s_i)\begin{bmatrix}\boldsymbol{g}_{1ij}^1\\ \boldsymbol{g}_{0ij}^1\end{bmatrix} \tag{6.6.25}$$

$$k=p_{ij},p_{ij}-1,\cdots,2,1;j=1,2,\cdots,q_i;i=1,2,\cdots,n'$$

$$\boldsymbol{v}_{ij}^k=\widetilde{\boldsymbol{N}}(s_i)\begin{bmatrix}\boldsymbol{f}_{1ij}^k\\ \boldsymbol{f}_{0ij}^k\end{bmatrix}+\cdots+\frac{1}{(k-1)\,!}\frac{\mathrm{d}^{k-1}}{\mathrm{d}s^{k-1}}\widetilde{\boldsymbol{N}}(s_i)\begin{bmatrix}\boldsymbol{f}_{1ij}^1\\ \boldsymbol{f}_{0ij}^1\end{bmatrix} \tag{6.6.26}$$

$$k=1,2,\cdots,p_{ij};j=1,2,\cdots,q_i;i=1,2,\cdots,n'$$

$$\boldsymbol{K}=\boldsymbol{W}\,(\boldsymbol{C}'\boldsymbol{V})^{\mathrm{T}}\,[(\boldsymbol{C}'\boldsymbol{V})(\boldsymbol{C}'\boldsymbol{V})^{\mathrm{T}}]^{-1} \tag{6.6.27}$$

$$\boldsymbol{K}=[(\boldsymbol{T}^{\mathrm{T}}\boldsymbol{B})^{\mathrm{T}}(\boldsymbol{T}^{\mathrm{T}}\boldsymbol{B})]^{-1}(\boldsymbol{T}^{\mathrm{T}}\boldsymbol{B})^{\mathrm{T}}\boldsymbol{Z}^{\mathrm{T}} \tag{6.6.28}$$

其中，$\widetilde{\boldsymbol{N}}(s)$，$\widetilde{\boldsymbol{D}}(s)$，$\widetilde{\boldsymbol{H}}(s)$，$\widetilde{\boldsymbol{L}}(s)$ 由式(6.6.12)和式(6.6.13)给出，而矩阵 $\boldsymbol{W}$，$\boldsymbol{Z}$ 由如下公式给出：

$$w_{ij}^{k}=\widetilde{\boldsymbol{D}}(s_i)\begin{bmatrix}\boldsymbol{f}_{1ij}^{k}\\ \boldsymbol{f}_{0ij}^{k}\end{bmatrix}+\cdots+\frac{1}{(k-1)!}\frac{\mathrm{d}^{k-1}}{\mathrm{d}s^{k-1}}\widetilde{\boldsymbol{D}}(s_i)\begin{bmatrix}\boldsymbol{f}_{1ij}^{1}\\ \boldsymbol{f}_{0ij}^{1}\end{bmatrix} \tag{6.6.29}$$

$$k=1,2,\cdots,p_{ij};j=1,2,\cdots,q_i;i=1,2,\cdots,n'$$

$$z_{ij}^{p_i-k+1}=\widetilde{\boldsymbol{L}}(s_i)\begin{bmatrix}\boldsymbol{g}_{1ij}^{k}\\ \boldsymbol{g}_{0ij}^{k}\end{bmatrix}+\cdots+\frac{1}{(k-1)!}\frac{\mathrm{d}^{k-1}}{\mathrm{d}s^{k-1}}\widetilde{\boldsymbol{L}}(s_i)\begin{bmatrix}\boldsymbol{g}_{1ij}^{1}\\ \boldsymbol{g}_{0ij}^{1}\end{bmatrix} \tag{6.6.30}$$

$$k=p_{ij},p_{ij}-1,\cdots,2,1;j=1,2,\cdots,q_i;i=1,2,\cdots,n'$$

结合式(6.6.10)和式(6.6.11)及矩阵$\boldsymbol{V}_0=[\boldsymbol{v}_{0ij}^{k}]$,$\boldsymbol{W}_0=[\boldsymbol{w}_{0ij}^{k}]$,$\boldsymbol{T}_0=[\boldsymbol{t}_{0ij}^{k}]$及$\boldsymbol{Z}_0=[\boldsymbol{z}_{0ij}^{k}]$的形式,可得如下关系:

$$\boldsymbol{V}=\begin{bmatrix}\boldsymbol{V}_0\\ \boldsymbol{V}_1\end{bmatrix},\quad \boldsymbol{W}=\begin{bmatrix}\boldsymbol{W}_0\\ \boldsymbol{V}_1 J\end{bmatrix},\quad \boldsymbol{T}=\begin{bmatrix}\boldsymbol{T}_0\\ \boldsymbol{T}_1\end{bmatrix},\quad \boldsymbol{Z}=\begin{bmatrix}\boldsymbol{Z}_0\\ \boldsymbol{T}_1 J\end{bmatrix} \tag{6.6.31}$$

于是式(6.6.8)变为约束6.6.2。为保证矩阵$\boldsymbol{K}$是实的,约束6.6.1成立。

在约束6.6.1及约束6.6.2的条件下,式(6.6.27)为

$$\begin{aligned}\boldsymbol{K}&=\begin{bmatrix}\boldsymbol{M}&\boldsymbol{N}\\ \boldsymbol{H}&\boldsymbol{F}\end{bmatrix}\\ &=\boldsymbol{W}(\boldsymbol{C}'\boldsymbol{V})^{\mathrm{T}}\left[(\boldsymbol{C}'\boldsymbol{V})(\boldsymbol{C}'\boldsymbol{V})^{\mathrm{T}}\right]^{-1}\\ &=\begin{bmatrix}\boldsymbol{W}_0\\ \boldsymbol{V}_1\boldsymbol{J}\end{bmatrix}\left[(\boldsymbol{C}\boldsymbol{V}_0)^{\mathrm{T}}\quad \boldsymbol{V}_1^{\mathrm{T}}\right]\left[\begin{bmatrix}\boldsymbol{C}\boldsymbol{V}_0\\ \boldsymbol{V}_1\end{bmatrix}\left[(\boldsymbol{C}\boldsymbol{V}_0)^{\mathrm{T}}\quad \boldsymbol{V}_1^{\mathrm{T}}\right]\right]^{-1}\\ &=\begin{bmatrix}\boldsymbol{W}_0(\boldsymbol{C}\boldsymbol{V}_0)^{\mathrm{T}}&\boldsymbol{W}_0\boldsymbol{V}_1^{\mathrm{T}}\\ \boldsymbol{V}_1\boldsymbol{J}(\boldsymbol{C}\boldsymbol{V}_0)^{\mathrm{T}}&\boldsymbol{V}_1\boldsymbol{J}\boldsymbol{V}_1^{\mathrm{T}}\end{bmatrix}\begin{bmatrix}\boldsymbol{C}\boldsymbol{V}_0(\boldsymbol{C}\boldsymbol{V}_0)^{\mathrm{T}}&\boldsymbol{C}\boldsymbol{V}_0\boldsymbol{V}_1^{\mathrm{T}}\\ \boldsymbol{V}_1(\boldsymbol{C}\boldsymbol{V}_0)^{\mathrm{T}}&\boldsymbol{V}_1\boldsymbol{V}_1^{\mathrm{T}}\end{bmatrix}^{-1}\end{aligned} \tag{6.6.32}$$

又因为$\boldsymbol{V}$是非奇异的,必有矩阵$(\boldsymbol{V}_1\boldsymbol{V}_1^{\mathrm{T}})^{-1}$存在,这样利用分块矩阵求逆公式,可得

$$\begin{aligned}&\begin{bmatrix}\boldsymbol{C}\boldsymbol{V}_0(\boldsymbol{C}\boldsymbol{V}_0)^{\mathrm{T}}&\boldsymbol{C}\boldsymbol{V}_0\boldsymbol{V}_1^{\mathrm{T}}\\ \boldsymbol{V}_1(\boldsymbol{C}\boldsymbol{V}_0)^{\mathrm{T}}&\boldsymbol{V}_1\boldsymbol{V}_1^{\mathrm{T}}\end{bmatrix}^{-1}\\ =&\begin{bmatrix}\boldsymbol{\Theta}&-\boldsymbol{\Theta}\boldsymbol{C}\boldsymbol{V}_0\boldsymbol{V}_1^{\mathrm{T}}(\boldsymbol{V}_1\boldsymbol{V}_1)^{-1}\\ -(\boldsymbol{V}_1\boldsymbol{V}_1^{\mathrm{T}})^{-1}\boldsymbol{V}_1(\boldsymbol{C}\boldsymbol{V}_0)^{\mathrm{T}}\boldsymbol{\Theta}&(\boldsymbol{V}_1\boldsymbol{V}_1^{\mathrm{T}})^{-1}(\boldsymbol{I}+\boldsymbol{V}_1(\boldsymbol{C}\boldsymbol{V}_0)^{\mathrm{T}}\boldsymbol{\Theta}\boldsymbol{C}\boldsymbol{V}_0\boldsymbol{V}_1^{\mathrm{T}}(\boldsymbol{V}_1\boldsymbol{V}_1^{\mathrm{T}})^{-1})\end{bmatrix}\end{aligned} \tag{6.6.33}$$

其中

$$\boldsymbol{\Theta}=\left[(\boldsymbol{C}\boldsymbol{V}_0)(\boldsymbol{C}\boldsymbol{V}_0)^{\mathrm{T}}-\boldsymbol{C}\boldsymbol{V}_0\boldsymbol{V}_1^{\mathrm{T}}(\boldsymbol{V}_1\boldsymbol{V}_1^{\mathrm{T}})^{-1}\boldsymbol{V}_1(\boldsymbol{C}\boldsymbol{V}_0)^{\mathrm{T}}\right]^{-1}$$

把式(6.6.33)代入式(6.6.32)展开,经整理可得到矩阵$\boldsymbol{M}$,$\boldsymbol{N}$,$\boldsymbol{H}$和$\boldsymbol{F}$为

$$\boldsymbol{M}=\boldsymbol{W}_0(\boldsymbol{I}-\boldsymbol{V}_1^{\mathrm{T}}(\boldsymbol{V}_1\boldsymbol{V}_1^{\mathrm{T}})^{-1}\boldsymbol{V}_1)(\boldsymbol{C}\boldsymbol{V}_0)^{\mathrm{T}}(\boldsymbol{C}\boldsymbol{V}_0(\boldsymbol{I}-\boldsymbol{V}_1^{\mathrm{T}}(\boldsymbol{V}_1\boldsymbol{V}_1^{\mathrm{T}})^{-1}\boldsymbol{V}_1)(\boldsymbol{C}\boldsymbol{V}_0)^{\mathrm{T}})^{-1} \tag{6.6.34}$$

$$\boldsymbol{H}=\boldsymbol{V}_1\boldsymbol{J}(\boldsymbol{I}-\boldsymbol{V}_1^{\mathrm{T}}(\boldsymbol{V}_1\boldsymbol{V}_1^{\mathrm{T}})^{-1}\boldsymbol{V}_1)(\boldsymbol{C}\boldsymbol{V}_0)^{\mathrm{T}}(\boldsymbol{C}\boldsymbol{V}_0(\boldsymbol{I}-\boldsymbol{V}_1^{\mathrm{T}}(\boldsymbol{V}_1\boldsymbol{V}_1^{\mathrm{T}})^{-1}\boldsymbol{V}_1)(\boldsymbol{C}\boldsymbol{V}_0)^{\mathrm{T}})^{-1} \tag{6.6.35}$$

$$\boldsymbol{N}=\boldsymbol{W}_0\boldsymbol{V}_1^{\mathrm{T}}(\boldsymbol{V}_1\boldsymbol{V}_1^{\mathrm{T}})^{-1}-\boldsymbol{W}_0(\boldsymbol{I}-\boldsymbol{V}_1^{\mathrm{T}}(\boldsymbol{V}_1\boldsymbol{V}_1^{\mathrm{T}})^{-1}\boldsymbol{V}_1)(\boldsymbol{C}\boldsymbol{V}_0)^{\mathrm{T}}$$

$$\cdot (\boldsymbol{CV}_0(\boldsymbol{I}-\boldsymbol{V}_1^{\mathrm{T}}(\boldsymbol{V}_1\boldsymbol{V}_1^{\mathrm{T}})^{-1}\boldsymbol{V}_1)(\boldsymbol{CV}_0)^{\mathrm{T}})^{-1}\boldsymbol{CV}_0\boldsymbol{V}_1^{\mathrm{T}}(\boldsymbol{V}_1\boldsymbol{V}_1^{\mathrm{T}})^{-1} \tag{6.6.36}$$

$$\boldsymbol{F}=\boldsymbol{V}_1\boldsymbol{J}\boldsymbol{V}_1^{\mathrm{T}}(\boldsymbol{V}_1\boldsymbol{V}_1^{\mathrm{T}})^{-1}-\boldsymbol{V}_1\boldsymbol{J}(\boldsymbol{I}-\boldsymbol{V}_1^{\mathrm{T}}(\boldsymbol{V}_1\boldsymbol{V}_1^{\mathrm{T}})^{-1}\boldsymbol{V}_1)(\boldsymbol{CV}_0)^{\mathrm{T}}$$

$$\cdot (\boldsymbol{CV}_0(\boldsymbol{I}-\boldsymbol{V}_1^{\mathrm{T}}(\boldsymbol{V}_1\boldsymbol{V}_1^{\mathrm{T}})^{-1}\boldsymbol{V}_1)(\boldsymbol{CV}_0)^{\mathrm{T}})^{-1}\boldsymbol{CV}_0\boldsymbol{V}_1^{\mathrm{T}}(\boldsymbol{V}_1\boldsymbol{V}_1^{\mathrm{T}})^{-1} \tag{6.6.37}$$

由式(6.6.34)和式(6.6.35)可以看出下述关系：

$$\boldsymbol{N}=\boldsymbol{W}_0\boldsymbol{V}_1^{\mathrm{T}}\ (\boldsymbol{V}_1\boldsymbol{V}_1^{\mathrm{T}})^{-1}-\boldsymbol{MCV}_0\boldsymbol{V}_1^{\mathrm{T}}\ (\boldsymbol{V}_1\boldsymbol{V}_1^{\mathrm{T}})^{-1} \tag{6.6.38}$$

$$\boldsymbol{F}=\boldsymbol{V}_1\boldsymbol{J}\boldsymbol{V}_1^{\mathrm{T}}\ (\boldsymbol{V}_1\boldsymbol{V}_1^{\mathrm{T}})^{-1}-\boldsymbol{HCV}_0\boldsymbol{V}_1^{\mathrm{T}}\ (\boldsymbol{V}_1\boldsymbol{V}_1^{\mathrm{T}})^{-1} \tag{6.6.39}$$

引入由式(6.6.20)定义的中间变量 $\boldsymbol{\Psi}$,$\boldsymbol{\Gamma}$ 和 $\boldsymbol{\Phi}$,则式(6.6.34)、式(6.6.35)和式(6.6.38)、式(6.6.39)可写为式(6.6.17)、式(6.6.18)的形式。

同理,由式(6.6.28),矩阵 $\boldsymbol{M}$,$\boldsymbol{N}$,$\boldsymbol{H}$ 和 $\boldsymbol{F}$ 还可以由式(6.6.20)和式(6.6.21)表示。

ΔΔΔ

说明 6.6.1　约束 6.6.2 保证了矩阵 $\boldsymbol{\Phi}$ 及 $\hat{\boldsymbol{\Phi}}$ 的表达式中逆矩阵的存在性。

说明 6.6.2　当 $\boldsymbol{J}$ 为对角阵时,约束 6.6.2 化为

$$\boldsymbol{g}_{0i}^{\mathrm{T}}\boldsymbol{H}^{\mathrm{T}}(s_i)\boldsymbol{N}(s_j)\boldsymbol{f}_{0j}+\boldsymbol{g}_{1i}^{\mathrm{T}}\boldsymbol{f}_{1j}=\delta_{ij},\quad i,j=1,2,\cdots,n+p \tag{6.6.40}$$

其中,δ_{ij} 代表 Kronecker 函数。

6.6.4　算法

算法 6.6.1　动态补偿特征结构配置。

第 1 步:利用式(6.6.9),求解开环系统(6.6.1)的右互质分解式 $\boldsymbol{N}(s)$,$\boldsymbol{D}(s)$,$\boldsymbol{H}(s)$和 $\boldsymbol{L}(s)$,并置 $p=0$。

第 2 步:根据式(6.6.15)和式(6.6.16)求取矩阵 $\boldsymbol{T}_0$,$\boldsymbol{V}_0$ 的参数表达式。

第 3 步:求取满足约束 6.6.1 及约束 6.6.2 的一组参数 $\boldsymbol{f}_{0ij}^k\in\mathbf{C}^r$,$\boldsymbol{g}_{0ij}^k\in\mathbf{C}^r(k=1,2,\cdots,p_{ij};j=1,2,\cdots,q_i;i=1,2,\cdots,n')$,$\boldsymbol{V}_1$ 及 $\boldsymbol{T}_1$,如果这样的参数不存在,置 $p=p+1$后转入第 2 步。

第 4 步:基于第 3 步中求得的参数并利用式(6.6.17)求取矩阵 $\boldsymbol{T}$ 和 $\boldsymbol{V}$,并利用式(6.6.17)、式(6.6.18)或式(6.6.20)、式(6.6.21)求出动态补偿器的系数矩阵 $\boldsymbol{M}$,$\boldsymbol{N}$,$\boldsymbol{F}$ 和 $\boldsymbol{H}$。

6.6.5　算例

考虑下述电流控制的磁浮轴承系统的简单线性化模型:

$$\boldsymbol{A}=\begin{bmatrix}0 & 1\\ \omega^2 & 0\end{bmatrix},\quad \boldsymbol{B}=\begin{bmatrix}0\\ \sigma\end{bmatrix},\quad \boldsymbol{C}=[1\quad 0]$$

其中,σ 和 ω 是由系统的物理参数确定的常量;而系统的输出 y 和输入 u 分别表示电机的位移和控制电流。

运用线性系统的能控性和能观性理论很容易证明,当 $\sigma\neq0$ 和 $\omega\neq0$ 时,此系统

既能控又能观的。

依算法 6.6.1,有如下步骤:

第 1 步:容易求得

$$\boldsymbol{N}(s)=\begin{bmatrix}1\\s\end{bmatrix},\quad \boldsymbol{H}(s)=\begin{bmatrix}s\\1\end{bmatrix}$$

$$D(s)=\frac{1}{\sigma}(s^2-\omega^2),\quad L(s)=s^2-\omega^2$$

第 2 步:为保留系统更多的设计自由度,我们使闭环极点 $s_i(i=1,2,3)$待定;

第 3 步:满足约束 6.6.1 和约束 6.6.2 的所有参数为

$$f_{0i}=1,\quad f_{1i}=\frac{\Delta_i}{\Delta_3}\gamma,\quad i=1,2,3$$

$$g_{0i}=\frac{\pi_i}{\theta_i},\quad g_{1i}=-\frac{\Delta_i}{\theta_i\gamma},\quad i=1,2,3$$

其中,γ 是一任意的非零实数;π_i 和 θ_i 定义如下:

$$\pi_i=s_1+s_2+s_3-s_i,\quad i=1,2,3$$

$$\begin{cases}\theta_1=-(s_1-s_2)(s_1-s_3)\\\theta_2=-(s_2-s_1)(s_2-s_3)\\\theta_3=-(s_3-s_1)(s_3-s_2)\end{cases}$$

第 4 步:此闭环系统的左右特征向量矩阵 $\boldsymbol{T}$ 和 $\boldsymbol{V}$ 为

$$\boldsymbol{T}=\begin{bmatrix}\dfrac{\pi_1 s_1}{\theta_1} & \dfrac{\pi_2 s_2}{\theta_2} & \dfrac{\pi_3 s_3}{\theta_3}\\ \dfrac{\pi_1}{\theta_1} & \dfrac{\pi_2}{\theta_2} & \dfrac{\pi_3}{\theta_3}\\ -\dfrac{\Delta_3}{\theta_1\gamma} & -\dfrac{\Delta_3}{\theta_2\gamma} & -\dfrac{\Delta_3}{\theta_3\gamma}\end{bmatrix},\quad \boldsymbol{V}=\begin{bmatrix}1 & 1 & 1\\ s_1 & s_2 & s_3\\ \dfrac{\gamma\Delta_1}{\Delta_3} & \dfrac{\gamma\Delta_2}{\Delta_3} & \gamma\end{bmatrix}$$

其中

$$\begin{cases}\Delta_1=(s_1+s_2)(s_1+s_3)\\\Delta_2=(s_2+s_1)(s_2+s_3)\\\Delta_3=(s_3+s_1)(s_3+s_2)\end{cases}$$

利用方程(6.6.15)和方程(6.6.16)可求出

$$\boldsymbol{W}_0=\begin{bmatrix}\dfrac{1}{\sigma}(s_1^2-\omega^2) & \dfrac{1}{\sigma}(s_2^2-\omega^2) & \dfrac{1}{\sigma}(s_3^2-\omega^2)\end{bmatrix}$$

$$\boldsymbol{Z}_0=\begin{bmatrix}\dfrac{\pi_1}{\theta_1}(s_1^2-\omega^2) & \dfrac{\pi_2}{\theta_2}(s_2^2-\omega^2) & \dfrac{\pi_3}{\theta_3}(s_3^2-\omega^2)\end{bmatrix}$$

由式(6.6.18)、式(6.6.19)或式(6.6.21)、式(6.6.22)易得所求的动态补偿器的系

数为

$$\begin{cases} M=\dfrac{1}{\sigma\Delta_0}[\Sigma_2(s_1^2+s_2^2+s_3^2-3\omega^2)-\Sigma_1(\Sigma_{12}-\Sigma_1\omega^2)] \\ H=\dfrac{\gamma}{\Delta_0\Delta_3}(\Sigma_2\Sigma_{11}-\Sigma_1\Sigma_{21}) \\ N=\dfrac{\Delta_3}{\sigma\gamma\Sigma_2}(\Sigma_{12}-\Sigma_1\omega^2)-\dfrac{\Delta_3\Sigma_1}{\gamma\Sigma_2}M \\ F=\dfrac{\Sigma_{21}}{\Sigma_2}-\dfrac{\Delta_3\Sigma_1}{\gamma\Sigma_2}H \end{cases}$$

其中

$$\Delta_0=3\Sigma_2-\Sigma_1^2=\Sigma_2-2(s_1+s_2)(s_2+s_3)(s_3+s_1)(s_1+s_2+s_3)$$

$$\begin{cases} \Sigma_1=\Delta_1+\Delta_2+\Delta_3 \\ \Sigma_2=\Delta_1^2+\Delta_2^2+\Delta_3^2 \end{cases}$$

$$\begin{cases} \Sigma_{11}=\Delta_1 s_1+\Delta_2 s_2+\Delta_3 s_3 \\ \Sigma_{12}=\Delta_1 s_1^2+\Delta_2 s_2^2+\Delta_3 s_3^2 \\ \Sigma_{21}=\Delta_1^2 s_1+\Delta_2^2 s_2+\Delta_3^2 s_3 \end{cases}$$

在上例的求解过程中，我们待定了系统的闭环极点和所有的设计自由度，给出了闭环特征向量矩阵 $\boldsymbol{T}$ 和 $\boldsymbol{V}$ 及动态补偿器的系数 M,N,H 和 F 的最一般的关于非零自由参数 γ 和闭环极点 $s_i(i=1,2,3)$ 的表达式。特别选取 γ 和 $s_i(i=1,2,3)$ 便可得出具体的 $\boldsymbol{T},\boldsymbol{V}$ 阵及系数 M,N,H 和 F。

*6.7　模型匹配问题

在前面几节中我们已经看到，线性系统的特征结构配置可以提供设计中的所有自由度，这一节我们利用特征结构配置设计中的自由度来考虑线性系统的模型匹配(model matching)问题。

6.7.1　问题的描述

线性系统的模型匹配是线性系统性能设计中的一个重要问题，其一般提法如下：

已知受控线性系统

$$\dot{\boldsymbol{x}}=\boldsymbol{A}\boldsymbol{x}+\boldsymbol{B}\boldsymbol{u} \tag{6.7.1}$$

和目标系统

$$\dot{\boldsymbol{x}}=\boldsymbol{A}_0\boldsymbol{x} \tag{6.7.2}$$

其中，$\boldsymbol{x}\in\mathbf{R}^n$ 为系统的状态向量；$\boldsymbol{u}\in\mathbf{R}^r$ 为受控系统的输入向量；$\boldsymbol{A}\in\mathbf{R}^{n\times n}$，$\boldsymbol{B}\in\mathbf{R}^{n\times r}$

分别为受控系统的系统矩阵和控制输入矩阵；$\boldsymbol{A}_0\in\mathbf{R}^{n\times n}$为目标系统的系统矩阵。目标系统(6.7.2)代表控制系统的希望特性，为此我们希望求取一状态反馈控制律

$$\boldsymbol{u}=\boldsymbol{K}\boldsymbol{x},\quad \boldsymbol{K}\in\mathbf{R}^{r\times n} \tag{6.7.3}$$

使得闭环系统

$$\dot{\boldsymbol{x}}=\boldsymbol{A}_c\boldsymbol{x},\quad \boldsymbol{A}_c=\boldsymbol{A}+\boldsymbol{B}\boldsymbol{K} \tag{6.7.4}$$

能够和目标系统(6.7.2)充分接近。

对于上述问题，许多研究者都是从指标

$$J=\|\boldsymbol{A}_c-\boldsymbol{A}_0\| \tag{6.7.5}$$

的极小化入手的。由于这一指标的优化归结为一个非线性规划问题，不但求解复杂，而且一般情况下很难获得关于其解的最优性的确定结论。更为严重的是，尽管目标系统是稳定的，但基于这一指标求出的解却可能保证不了闭环系统的稳定性。这里，我们将从另一个角度来考虑这一问题。

对目标系统矩阵做 Jordan 分解可得

$$\boldsymbol{A}_0=\boldsymbol{V}_0\boldsymbol{J}_0\boldsymbol{V}_0^{-1} \tag{6.7.6}$$

其中，$\boldsymbol{J}_0$ 和 $\boldsymbol{V}_0$ 分别为矩阵 $\boldsymbol{A}_0$ 的 Jordan 标准型和特征向量矩阵。考虑到目标系统(6.7.2)代表了系统的希望特性，那鲁棒性自然是一项重要的要求。注意到非退化矩阵与退化矩阵相比有较小的特征值灵敏度(段广仁和陈福生，1995)，我们限定 $\boldsymbol{J}_0$ 为下述对角阵：

$$\boldsymbol{J}_0=\mathrm{diag}(s_1,s_2,\cdots,s_n) \tag{6.7.7}$$

而此时矩阵 $\boldsymbol{V}_0$ 具有下述结构：

$$\boldsymbol{V}_0=[\boldsymbol{v}_1^0\quad \boldsymbol{v}_2^0\quad \cdots\quad \boldsymbol{v}_n^0] \tag{6.7.8}$$

显然 s_i 为目标系统的特征值，$\boldsymbol{v}_i^0$ 为对应的特征向量。为了使闭环系统(6.7.4)能够匹配目标模型(6.7.2)，一种自然的做法是使矩阵 $\boldsymbol{A}_c$ 具有目标系统矩阵 $\boldsymbol{A}_0$ 的特征结构。基于此我们可以将要解决的模型匹配问题描述如下。

问题 6.7.1　已知矩阵 $\boldsymbol{A},\boldsymbol{A}_0\in\mathbf{R}^{n\times n}$，$\boldsymbol{B}\in\mathbf{R}^{n\times r}$，$(\boldsymbol{A},\boldsymbol{B})$能控，$\boldsymbol{A}_0$ 非退化，并记矩阵 $\boldsymbol{A}_0$ 的特征值和特征向量分别为 s_i 和 $\boldsymbol{v}_i^0(i=1,2,\cdots,n)$，求取矩阵 $\boldsymbol{K}\in\mathbf{R}^{r\times n}$，使得矩阵 $\boldsymbol{A}_c=\boldsymbol{A}+\boldsymbol{B}\boldsymbol{K}$ 满足下述条件：

(1) 矩阵 $\boldsymbol{A}_c$ 非退化。

(2) 矩阵 $\boldsymbol{A}_c$ 的特征值为 $s_i(i=1,2,\cdots,n)$。

(3) 矩阵 $\boldsymbol{A}_c$ 的特征向量 $\boldsymbol{v}_i$ 与 $\boldsymbol{A}_0$ 特征向量 $\boldsymbol{v}_i^0$ 尽量接近，即

$$\|\boldsymbol{v}_i-\boldsymbol{v}_i^0\|^2=\min,\quad i=1,2,\cdots,n \tag{6.7.9}$$

不同于式(6.7.5)中指标 J 的优化，上述问题首先保证了闭环系统的稳定性和性能，在此基础上来使闭环系统和目标系统尽量接近。

6.7.2　问题的求解

这里我们先来重新叙述 6.4 节中线性系统特征结构配置的一个简化结果。

由$(\boldsymbol{A},\boldsymbol{B})$的能控性可知，存在右互质多项式矩阵$\boldsymbol{N}(s)\in\mathbf{R}^{n\times r}[s]$，$\boldsymbol{D}(s)\in\mathbf{R}^{r\times r}[s]$满足下述矩阵右既约分解：

$$(s\boldsymbol{I}-\boldsymbol{A})^{-1}\boldsymbol{B}=\boldsymbol{N}(s)\boldsymbol{D}^{-1}(s) \tag{6.7.10}$$

引理 6.7.1　设$\boldsymbol{A}\in\mathbf{R}^{n\times n}$，$\boldsymbol{B}\in\mathbf{R}^{n\times r}$，$(\boldsymbol{A},\boldsymbol{B})$能控；$s_i(i=1,2,\cdots,n)$为一组自共轭复数，则满足关系式

$$\boldsymbol{A}+\boldsymbol{B}\boldsymbol{K}=\boldsymbol{V}\mathrm{diag}(s_1,s_2,\cdots,s_n)\boldsymbol{V}^{-1} \tag{6.7.11}$$

的所有矩阵$\boldsymbol{K}\in\mathbf{R}^{r\times n}$，$\boldsymbol{V}\in\mathbf{C}^{n\times n}$，$\det(\boldsymbol{V})\neq 0$，由下述公式给出：

$$\boldsymbol{K}=\boldsymbol{W}\boldsymbol{V}^{-1} \tag{6.7.12}$$

$$\boldsymbol{V}=[\boldsymbol{v}_1\quad \boldsymbol{v}_2\quad \cdots\quad \boldsymbol{v}_n],\qquad \boldsymbol{v}_i=\boldsymbol{N}(s_i)\boldsymbol{f}_i \tag{6.7.13}$$

$$\boldsymbol{W}=[\boldsymbol{w}_1\quad \boldsymbol{w}_2\quad \cdots\quad \boldsymbol{w}_n],\qquad \boldsymbol{w}_i=\boldsymbol{D}(s_i)\boldsymbol{f}_i \tag{6.7.14}$$

其中，$\boldsymbol{f}_i\in\mathbf{C}^r(i=1,2,\cdots,n)$，为任何一组满足下述约束的参向量。

约束 6.7.1　当$s_i=\bar{s}_l$时，有$\boldsymbol{f}_i=\bar{\boldsymbol{f}}_l$。

约束 6.7.2　$\det(V[\boldsymbol{f}_i,i=1,2,\cdots,n])\neq 0$。

$\boldsymbol{N}(s)$和$\boldsymbol{D}(s)$为满足右既约分解式(6.7.10)的右互质多项式矩阵。

显然，当式(6.7.11)成立时，$\boldsymbol{A}_c=\boldsymbol{A}+\boldsymbol{B}\boldsymbol{K}$具有非退化结构且以$s_i(i=1,2,\cdots,n)$为特征值。再注意到矩阵$\boldsymbol{A}_c$的特征向量$\boldsymbol{v}_i$具有式(6.7.13)的形式，则条件(6.7.9)可化为

$$\|\boldsymbol{N}(s_i)\boldsymbol{f}_i-\boldsymbol{v}_i^0\|^2=\min,\quad i=1,2,\cdots,n \tag{6.7.15}$$

而满足上式的向量$\boldsymbol{f}_i$具有下述解析表示：

$$\boldsymbol{f}_i=[\boldsymbol{N}^{\mathrm{T}}(s_i)\boldsymbol{N}(s_i)]^{-1}\boldsymbol{N}^{\mathrm{T}}(s_i)\boldsymbol{v}_i^0,\quad i=1,2,\cdots,n \tag{6.7.16}$$

根据上述分析和引理，我们可以给出求解问题 6.7.1 的下述算法。

算法 6.7.1　模型匹配控制系统设计。

第 1 步：求取满足式(6.7.10)的右互质多项式矩阵$\boldsymbol{N}(s)$和$\boldsymbol{D}(s)$。

第 2 步：根据式(6.7.16)计算向量$\boldsymbol{f}_i(i=1,2,\cdots,n)$。

第 3 步：根据式(6.7.13)和式(6.7.14)计算矩阵$\boldsymbol{V}$和$\boldsymbol{W}$。

第 4 步：依式(6.7.12)计算增益阵$\boldsymbol{K}$。

第 5 步：计算系统矩阵$\boldsymbol{A}_c=\boldsymbol{V}\boldsymbol{J}_c\boldsymbol{V}^{-1}$和匹配误差$\|\boldsymbol{v}_i-\boldsymbol{v}_i^0\|^2(i=1,2,\cdots,n)$。

值得说明的是，上述算法完全忽略了约束 6.7.1 和约束 6.7.2 的验证问题，其原因如下：

由于特征值$s_i(i=1,2,\cdots,n)$和特征向量$\boldsymbol{v}_i^0(i=1,2,\cdots,n)$的复共轭关系是一致的，即当$s_i=\bar{s}_l$时有$\boldsymbol{v}_i^0=\bar{\boldsymbol{v}}_l^0$，容易写出，由式(6.7.16)给出的参向量$\boldsymbol{f}_i(i=1,2,\cdots,n)$的复共轭关系亦与$s_i(i=1,2,\cdots,n)$的复共轭关系是一致的，因而约束 6.7.1 自动成立。根据说明 6.4.3，对于算法第 2 步中给出的参向量，约束 6.7.2

几乎总是满足的。在极特殊的情况下,当所获取的参数$\boldsymbol{f}_i(i=1,2,\cdots,n)$不满足约束 6.7.2 时,注意到约束 6.7.2 为$\boldsymbol{f}_i(i=1,2,\cdots,n)$的一个代数等式条件,只需对某个$\boldsymbol{f}_i$中的某个元素稍加变动即可使约束 6.7.2 满足,而此时目标条件(6.7.15)并不会遭到大的破坏。

6.7.3 算例

我们来考虑具有下述参数:

$$\boldsymbol{A}=\begin{bmatrix}-5 & 1 & 0\\ 0 & 1 & 1\\ 1 & 1 & 1\end{bmatrix},\quad \boldsymbol{B}=\begin{bmatrix}0 & 0\\ 0 & 1\\ 1 & 0\end{bmatrix}$$

的系统的状态反馈模型匹配控制问题,其目标系统矩阵为

$$\boldsymbol{A}_0=\begin{bmatrix}-1 & & \\ & -2 & \\ & & -3\end{bmatrix}$$

它具有互异特征值$s_1=-1,s_2=-2$和$s_3=-3$,其对应的特征向量为

$$\boldsymbol{v}_1^0=\begin{bmatrix}1\\0\\0\end{bmatrix},\quad \boldsymbol{v}_2^0=\begin{bmatrix}0\\1\\0\end{bmatrix},\quad \boldsymbol{v}_3^0=\begin{bmatrix}0\\0\\1\end{bmatrix}$$

下面我们来利用算法 6.7.1 求解。

第 1 步:满足右既约分解式(6.7.10)的多项式矩阵为

$$\boldsymbol{N}(s)=\begin{bmatrix}1 & 0\\ s+5 & 0\\ 0 & 1\end{bmatrix},\quad \boldsymbol{D}(s)=\begin{bmatrix}-(s+6) & s-1\\ (s+5)(s-1) & -1\end{bmatrix}$$

第 2 步:式(6.7.16)给出的参向量为

$$\boldsymbol{f}_1=\begin{bmatrix}1/17\\0\end{bmatrix},\quad \boldsymbol{f}_2=\begin{bmatrix}3/10\\0\end{bmatrix},\quad \boldsymbol{f}_3=\begin{bmatrix}0\\1\end{bmatrix}$$

第 3 步:矩阵$\boldsymbol{V}$和$\boldsymbol{W}$为

$$\boldsymbol{V}=\begin{bmatrix}1/17 & 3/10 & 0\\ 4/17 & 9/10 & 0\\ 0 & 0 & 1\end{bmatrix},\quad \boldsymbol{W}=\begin{bmatrix}-5/17 & -6/5 & -4\\ -8/17 & -27/10 & -1\end{bmatrix}$$

第 4 步:反馈增益阵为

$$\boldsymbol{K}=\begin{bmatrix}-1 & -1 & -4\\ -12 & 1 & -1\end{bmatrix}$$

第 5 步:闭环系统矩阵

$$\boldsymbol{A}_c=\begin{bmatrix}-5 & 1 & 0\\ -12 & 2 & 0\\ 0 & 0 & -3\end{bmatrix}$$

匹配误差为

$$\|\boldsymbol{v}_1-\boldsymbol{v}_1^0\|^2=0.94$$

$$\|\boldsymbol{v}_2-\boldsymbol{v}_2^0\|^2=0.10$$

$$\|\boldsymbol{v}_3-\boldsymbol{v}_3^0\|^2=0$$

6.8 小　结

从本章开始我们已经将内容转向了控制系统设计。

从本章和以后各章可以看出，现代的控制系统设计与古典的控制系统设计有着很大的区别。古典理论多半是通过对系统方块图的某些环节进行"修正"来实现系统设计，但在现代理论中，则主要是基于系统模型和设计目标通过求解控制规律来实现系统设计的。

极点配置设计和特征结构配置设计是线性系统的两类紧密相关的非目标化设计。我们要清楚问题的提法和解的存在条件。对于状态反馈的情形，还要熟练掌握问题的基本求解方法。在这一章中，我们已经清楚地看到了 1.7 节介绍的广义 Sylvester 矩阵方程与极点配置问题和特征结构配置问题的紧密联系。

由本章可见，线性系统的能控性决定了其极点是否可以利用状态反馈进行任意配置。这一点可用能控规范型得到，它进一步揭示了能控性的含义。在第 10 章的观测器设计中，我们将得到与此对偶的和能观性相关的结果。

状态反馈包含了系统全部状态的信息量，是一种重要的控制方式。作者近年来在线性系统的状态反馈极点配置方面做了大量的工作，对这方面感兴趣的读者可以参阅文献段广仁和黄玲(2007)，吴爱国和段广仁(2006)，武云丽和段广仁(2005)，Lv、Duan 和 Zhou(2010)，Zhou、Li 和 Duan 等(2009)，Duan 和 Yu(2008)，Duan 和 Wu(2005)，Duan 和 Patton(1999)。然而，当系统的状态不能全部获取时，则需用输出反馈或动态补偿器和状态观测器。线性系统的状态观测器将在第 10 章中介绍。关于输出反馈和动态补偿器极点配置问题的解存在条件和求解方法请参阅文献张福恩(1987)、陈树中和韩正之(1986)、张正方和成邦文(1983)、Duan 和 Zhang(2007)、Chen 和 Hsu(1987)、Munro 和 Novin-Hirbod(1979)、Portor 和 Bradshaw(1979)、Kimura(1978)、Rosenbrock 和 Hayton(1978)、Davison 和 Wang(1975)、Kimura(1975)、Topaloglu 和 Seborg(1974)、Ahmari 和 Vacroux(1973)、Davison 和 Chatterjee(1971)、Brash 和 Pearson(1970)、Davison(1970)。不像状态反馈那样，输出反馈不能任意配置系统的极点。粗而论之，输出反馈几乎能配置的极点数目等于 $\min\{n,\operatorname{rank}(\boldsymbol{B})+\operatorname{rank}(\boldsymbol{C})-1\}$。在这种配置中,不允许有重复的极点,而且这种配置不是准确的而是任意接近的。对于动态补偿器的情形,为了实现闭环极点的任意配置,需要一个 $p=\min\{\mu,\nu\}$ 阶的动态补偿器,这里 μ 和 ν 分别为系统的能控性指数和能观性指数。

相对于极点配置,特征结构配置要算一个较新的概念了。不同于极点配置,特征结构配置不但配置闭环系统的极点,而且还把握它们的重数并同时配置闭环特征向量,因而可以更准确地掌握系统的性能。通过 6.4 节、6.5 节的介绍,我们已经发现,特征结构配置的意义不仅在于其自身的含义,还在于它提供了系统设计中的全部设计自由度,可以作为线性系统设计的一种基本的参数化方法。在实际应用中,通过合适地选择设计参数便可以实现对于系统的某种希望的设计要求。注意到我们的方法将闭环极点显式地表示在系统的特征向量之中,因而在许多必要的情形下,闭环极点也可以作为设计参数在复平面左半平面内按照某种指标来选取。

我们这里介绍的状态反馈特征结构配置结果是很漂亮的,而且也很有用。6.7 节的模型匹配问题即为该结果应用的一个例子。

作者近年来在线性系统的特征结构配置及其相关方面做了大量的工作,对这方面感兴趣的读者可以参阅文献段广仁(1992b),段广仁和强文义(1992),段广仁、周连山和许耀铭(1991),段广仁、吴广玉和黄文虎(1990a;1990b),Duan(2015;2010;2004;2003;2002;2001;1999;1998;1995b;1994;1993a;1993b;1992a;1992b),Yu 和 Duan(2010;2009),Duan、Lam 和 Liu(2004),Duan、Liu 和 Thompson(2003),Duan、Irwin 和 Liu(2002;1999a),Duan 和 Liu(2002),Duan、Wang 和 Liu(2002),Zhang 和 Duan(2002),Liu 和 Duan(2000;1998),Liu、Duan 和 Daley(2000),Liu、Duan 和 Patton(2000),Duan、Howe 和 Liu(1999),Duan 和 Patton(1998a;1997)和 Duan、Wu 和 Huang(1991)。

思考与练习

6.1 对一个定常线性系统而言,其极点不但决定了其稳定性,而且还决定了它的动态响应性能。你对后者如何理解?

6.2 线性定常系统的特征向量对于系统的响应有无影响?试分析其影响方式。

6.3 为什么说单输入能控系统的状态反馈极点配置问题的解存在且唯一?你对多输入系统的状态反馈极点配置问题的解的不唯一性如何理解?

6.4 如何理解线性系统的极点配置与特征结构配置的联系及区别?它们的意义何在?

6.5 极点配置对于时变线性系统是没有意义的,但是特征结构配置是否可以推广到时变性系统的情形?

6.6 判断下列系统能否用状态反馈任意地配置极点:

(1) $\dot{\boldsymbol{x}}=\begin{bmatrix}1 & 2\\3 & 1\end{bmatrix}\boldsymbol{x}+\begin{bmatrix}1\\0\end{bmatrix}\boldsymbol{u}$

(2) $\dot{\boldsymbol{x}}=\begin{bmatrix}1 & 0 & 0\\0 & -2 & 1\\0 & 0 & -2\end{bmatrix}\boldsymbol{x}+\begin{bmatrix}1 & 0\\0 & 1\\0 & 0\end{bmatrix}\boldsymbol{u}$

(3) $\dot{\boldsymbol{x}}=\begin{bmatrix}0 & 1 & 0 & 0\\0 & 0 & 1 & 0\\0 & 0 & 0 & 1\\-2 & -4 & -3 & -5\end{bmatrix}\boldsymbol{x}+\begin{bmatrix}0 & 0 & 0\\0 & 0 & 1\\0 & 1 & 0\\1 & 0 & 0\end{bmatrix}\boldsymbol{u}$

6.7 给定受控系统

$$\dot{\boldsymbol{x}}=\begin{bmatrix}1 & 2\\3 & 1\end{bmatrix}\boldsymbol{x}+\begin{bmatrix}1\\0\end{bmatrix}\boldsymbol{u}$$

试确定一个状态反馈阵$\boldsymbol{K}$,使闭环极点配置为$\lambda_1^*=-2+\mathrm{i}$和$\lambda_2^*=-2-\mathrm{i}$。

6.8 给定受控系统的传递函数为

$$g_0(s)=\frac{1}{s(s+4)(s+8)}$$

试确定一个状态反馈阵$\boldsymbol{K}$,使闭环极点配置为$\lambda_1^*=-2$,$\lambda_2^*=-4$和$\lambda_3^*=-7$。

6.9 对上题的受控系统,确定一个状态反馈阵$\boldsymbol{K}$,使相对于单位阶跃参考输入的输出过渡过程满足指标:超调量$\sigma\leqslant 20\%$,超调点时间$t_\sigma\leqslant 0.4\mathrm{s}$。

6.10 给定受控系统

$$\dot{\boldsymbol{x}}=\begin{bmatrix}1 & 1\\0 & 1\end{bmatrix}\boldsymbol{x}+\begin{bmatrix}0\\1\end{bmatrix}u,\quad \boldsymbol{y}=\begin{bmatrix}2 & 0\\0 & 1\end{bmatrix}\boldsymbol{x}$$

试确定一个输出反馈阵$\boldsymbol{K}$,使闭环极点配置为$\lambda_1^*=-2$和$\lambda_2^*=-4$。

6.11 给定受控系统

$$\dot{\boldsymbol{x}}=\begin{bmatrix}2 & 1 & 0 & 0\\0 & 2 & 0 & 0\\0 & 0 & -2 & 0\\0 & 0 & 0 & -2\end{bmatrix}\boldsymbol{x}+\begin{bmatrix}0\\1\\1\\1\end{bmatrix}u$$

试问能否找到一个状态反馈阵$\boldsymbol{K}$,使闭环极点配置到下列位置:

(1) $\lambda_1^*=-2,\lambda_2^*=-2,\lambda_3^*=-2,\lambda_4^*=-2$

(2) $\lambda_1^*=-3,\lambda_2^*=-3,\lambda_3^*=-3,\lambda_4^*=-2$

(3) $\lambda_1^*=-3,\lambda_2^*=-3,\lambda_3^*=-3,\lambda_4^*=-3$

6.12　给定受控系统为

$$\dot{\boldsymbol{x}}=\begin{bmatrix}2 & 1 & 0\\0 & 1 & 0\\1 & 0 & 1\end{bmatrix}\boldsymbol{x}+\begin{bmatrix}0\\1\\0\end{bmatrix}\boldsymbol{u}$$

试求一个状态反馈阵$\boldsymbol{K}$,使$(\boldsymbol{A}+\boldsymbol{bK})$相似于

$$\boldsymbol{F}=\begin{bmatrix}-3 & 0 & 0\\0 & -2 & 0\\0 & 0 & -1\end{bmatrix}$$

6.13　给定受控系统为

$$\dot{\boldsymbol{x}}=\begin{bmatrix}1 & 1 & 0\\0 & 1 & 0\\0 & 0 & 2\end{bmatrix}\boldsymbol{x}+\begin{bmatrix}0 & 0\\1 & 0\\0 & -1\end{bmatrix}\boldsymbol{u}$$

试确定两个不同的状态反馈阵$\boldsymbol{K}_1$和$\boldsymbol{K}_2$,使闭环极点配置为$\lambda_1^*=-2$,$\lambda_2^*=-1+2\mathrm{i}$和$\lambda_3^*=-1-2\mathrm{i}$。

6.14　对于上题中的系统,试问能否找到一个状态反馈控制律,使得闭环系统的Jordan标准型为

(1) $\boldsymbol{F}=\begin{bmatrix}-1 & 1 & 0\\0 & -1 & 1\\0 & 0 & -1\end{bmatrix}$　　(2) $\boldsymbol{F}=\begin{bmatrix}-1 & 1 & 0\\0 & -1 & 0\\0 & 0 & -1\end{bmatrix}$

(3) $\boldsymbol{F}=\begin{bmatrix}-1 & 1 & 0\\0 & -1 & 0\\0 & 0 & -2\end{bmatrix}$　　(4) $\boldsymbol{F}=\begin{bmatrix}-1 & 0 & 0\\0 & -1 & 0\\0 & 0 & -1\end{bmatrix}$

(5) $\boldsymbol{F}=\begin{bmatrix}-1 & 0 & 0\\0 & -2 & 0\\0 & 0 & -3\end{bmatrix}$

对于上述有解的情形,给出实现这种配置的状态反馈控制律的一般形式及对应的闭环系统的特征向量矩阵。

6.15　给定受控系统

$$\dot{\boldsymbol{x}}=\begin{bmatrix}0 & 2 & 0 & 0\\0 & 0 & 1 & 0\\-3 & 1 & 2 & 3\\2 & 1 & 0 & 0\end{bmatrix}\boldsymbol{x}+\begin{bmatrix}0 & 0\\0 & 0\\1 & 2\\0 & 2\end{bmatrix}\boldsymbol{u}$$

试确定两个不同的状态反馈阵$\boldsymbol{K}_1$和$\boldsymbol{K}_2$,使闭环极点配置为$\lambda_{1,2}^*=-2\pm 3\mathrm{i}$和$\lambda_{3,4}^*=-5\pm 6\mathrm{i}$。

6.16　已知$\boldsymbol{A}\in\mathbf{R}^{n\times n}$,证明:对于某个$p<n$,存在$\boldsymbol{Q}_1\in\mathbf{C}^{n\times p}$,$\boldsymbol{Q}_2\in\mathbf{C}^{n\times(n-p)}$满足

$$Q_1^* Q_1 = I_p, \quad Q_2^* Q_2 = I_{n-p}, \quad Q_1^* Q_2 = 0, \quad Q_2^* Q_1 = 0$$

使得

$$Q_1^* A Q_1 = A_1, \quad Q_2^* A Q_2 = A_2$$

此处,$A_1 \in \mathbf{C}^{p\times p}$,$A_2 \in \mathbf{C}^{(n-p)\times(n-p)}$为两个下三角矩阵,$\sigma(A)=\sigma(A_1)\cup\sigma(A_2)$。

6.17　在上题中,进一步引入$B\in \mathbf{R}^{n\times r}$,并令

$$B_1 = Q_1^{\mathrm{T}} B \in \mathbf{C}^{p\times r}$$

证明:当(A,B)能控时亦有(A_1,B_1)能控,且对于

$$K = K_1 Q_1^{\mathrm{T}}, \quad K_1 \in \mathbf{R}^{r\times p}$$

有

$$\sigma(A+BK)=\sigma(A_1+B_1K_1)\cup\sigma(A_2)$$

第7章 镇定问题与渐近跟踪问题

第6章讨论了线性系统的极点配置和特征结构配置问题，它们要求系统具有希望的极点和特征结构，相当于对于系统的性能附加了一定的要求。本章讨论线性系统的镇定问题。镇定问题只注重了系统的稳定性，即要求闭环系统的极点位于复平面的左半平面内。镇定问题的重要性表现在三个方面：首先，稳定性是控制系统工作的必要条件，是对控制系统的最基本的要求；其次，许多实际的控制系统是以稳定为最终设计目标(如卫星的姿态控制等)；此外，稳定性往往是确保控制系统具有某些其他性能的前提条件。正是因为最后一点，本章还讨论了两类信号跟踪问题。这两类跟踪问题的共同特点是它们与系统镇定问题密切相关。

7.1 镇定问题及其解的存在性

本节介绍镇定问题及其解的存在性。关于问题的求解方法将于7.2节中讨论。

7.1.1 镇定问题的描述

考虑下述线性定常系统：

$$\begin{cases}\dot{\boldsymbol{x}}=\boldsymbol{A}\boldsymbol{x}+\boldsymbol{B}\boldsymbol{u}\\ \boldsymbol{y}=\boldsymbol{C}\boldsymbol{x}+\boldsymbol{D}\boldsymbol{u}\end{cases} \tag{7.1.1}$$

其中各量意义同前述。如果存在某种形式的线性定常反馈控制律，使得系统(7.1.1)在该控制律作用下的闭环系统渐近稳定，则称系统(7.1.1)可用该控制律镇定。下面我们给出系统(7.1.1)在状态反馈、输出反馈和动态补偿器作用下的镇定问题的确切描述。

系统(7.1.1)在状态反馈律

$$\boldsymbol{u}=\boldsymbol{K}\boldsymbol{x}+\boldsymbol{G}\boldsymbol{v},\quad \boldsymbol{K}\in\mathbf{R}^{r\times n},\quad \boldsymbol{G}\in\mathbf{R}^{r\times p} \tag{7.1.2}$$

作用下的闭环系统的系统矩阵为 $\boldsymbol{A}_{\mathrm{c}}=\boldsymbol{A}+\boldsymbol{B}\boldsymbol{K}$，因而系统(7.1.1)的状态反馈镇定问题可以描述如下。

问题7.1.1(状态反馈镇定问题) 给定系统 $\boldsymbol{A}\in\mathbf{R}^{n\times n}$，$\boldsymbol{B}\in\mathbf{R}^{n\times r}$，求取矩阵 $\boldsymbol{K}\in\mathbf{R}^{r\times n}$，使得

$$\mathrm{Re}\lambda_i(\boldsymbol{A}+\boldsymbol{B}\boldsymbol{K})<0,\quad i=1,2,\cdots,n \tag{7.1.3}$$

注意到系统(7.1.1)在输出反馈律

$$\boldsymbol{u}=\boldsymbol{K}\boldsymbol{y}+\boldsymbol{G}\boldsymbol{v},\quad \boldsymbol{K}\in\mathbf{R}^{r\times m},\quad \boldsymbol{G}\in\mathbf{R}^{r\times p} \tag{7.1.4}$$

作用下的闭环系统矩阵为 $\boldsymbol{A}_c=\boldsymbol{A}+\boldsymbol{BKC}$,则系统(7.1.1)在输出反馈律(7.1.4)作用下的镇定问题可以描述如下。

问题 7.1.2(输出反馈镇定问题)　已知 $\boldsymbol{A}\in\mathbf{R}^{n\times n}$,$\boldsymbol{B}\in\mathbf{R}^{n\times r}$,$\boldsymbol{C}\in\mathbf{R}^{m\times n}$,求取矩阵$\boldsymbol{K}\in\mathbf{R}^{r\times m}$,使得

$$\mathrm{Re}\lambda_i(\boldsymbol{A}+\boldsymbol{BKC})<0,\quad i=1,2,\cdots,n \tag{7.1.5}$$

再注意到系统(7.1.1)在 q 阶动态补偿器

$$\begin{cases}\dot{\boldsymbol{z}}=\boldsymbol{F}\boldsymbol{z}+\boldsymbol{H}\boldsymbol{y}\\ \boldsymbol{u}=\boldsymbol{N}\boldsymbol{z}+\boldsymbol{M}\boldsymbol{y}\end{cases} \tag{7.1.6}$$

作用下的闭环系统矩阵为

$$\boldsymbol{A}_c=\begin{bmatrix}\boldsymbol{A}+\boldsymbol{BMC} & \boldsymbol{BN}\\ \boldsymbol{HC} & \boldsymbol{F}\end{bmatrix} \tag{7.1.7}$$

则系统(7.1.1)在动态补偿器(7.1.6)作用下的镇定问题可以描述如下。

问题 7.1.3(动态补偿器镇定问题)　给定矩阵 $\boldsymbol{A}\in\mathbf{R}^{n\times n}$,$\boldsymbol{B}\in\mathbf{R}^{n\times r}$,$\boldsymbol{C}\in\mathbf{R}^{m\times n}$及某正整数 q,求取矩阵 $\boldsymbol{F}\in\mathbf{R}^{q\times q}$,$\boldsymbol{H}\in\mathbf{R}^{q\times m}$,$\boldsymbol{N}\in\mathbf{R}^{r\times q}$和$\boldsymbol{M}\in\mathbf{R}^{r\times m}$,使得

$$\mathrm{Re}\lambda_i\left(\begin{bmatrix}\boldsymbol{A}+\boldsymbol{BMC} & \boldsymbol{BN}\\ \boldsymbol{HC} & \boldsymbol{F}\end{bmatrix}\right)<0,\quad i=1,2,\cdots,n+q \tag{7.1.8}$$

7.1.2　状态反馈镇定问题的解的存在性

7.1.1 节中我们给出了线性系统在状态反馈、输出反馈和动态补偿器作用下的镇定问题的数学描述。但在本书中我们只侧重于讨论状态反馈的情形,对于输出反馈和动态补偿器的情形,请读者参阅有关文献。

为叙述方便,我们引入下述定义。

定义 7.1.1　给定线性系统(7.1.1),如前述状态反馈镇定问题(问题 7.1.1)有解,则称系统(7.1.1)可稳或矩阵对$(\boldsymbol{A},\boldsymbol{B})$可稳。

基于上述定义,讨论状态反馈镇定问题 7.1.1 的解的存在性问题便化为讨论系统(7.1.1)或矩阵对$(\boldsymbol{A},\boldsymbol{B})$的可稳条件了。为此回忆一下能控振型的概念(见说明 4.8.2)。

当$(\boldsymbol{A},\boldsymbol{B})$能控时,系统(7.1.1)可用状态反馈任意极点配置,当然更能用状态反馈实现镇定。下面不妨设$(\boldsymbol{A},\boldsymbol{B})$不完全能控,此时由线性系统的能控性分解理论可知系统

$$\dot{\boldsymbol{x}}=\boldsymbol{A}\boldsymbol{x}+\boldsymbol{B}\boldsymbol{u} \tag{7.1.9}$$

与下述系统

$$\dot{\boldsymbol{x}}=\begin{bmatrix}\boldsymbol{A}_c & \boldsymbol{A}_{12}\\ 0 & \boldsymbol{A}_{\bar{c}}\end{bmatrix}\boldsymbol{x}+\begin{bmatrix}\boldsymbol{B}_c\\ 0\end{bmatrix}\boldsymbol{u} \tag{7.1.10}$$

代数等价。这里 $A_c \in \mathbf{R}^{p\times p}, A_{\bar{c}} \in \mathbf{R}^{(n-p)\times(n-p)}, A_{12} \in \mathbf{R}^{p\times(n-p)}, B_c \in \mathbf{R}^{p\times r}$,且$(A_c, B_c)$完全能控。由于代数等价的系统具有相同的极点,有

$$\sigma(A)=\sigma(A_c)\cup\sigma(A_{\bar{c}})$$

系统的极点亦称为振型。显然,只要$\sigma(A_{\bar{c}})$非空,系统(7.1.1)便为不能控的,因此$\lambda\in\sigma(A_{\bar{c}})$称为系统(7.1.9)或系统(7.1.1)的不能控振型,而$\lambda\in\sigma(A_c)$称为系统(7.1.9)或系统(7.1.1)的能控振型。

定义 7.1.2　系统(7.1.9)的某极点或振型称为是稳定的,如果它具有负实部。

下面的命题阐述了不能控振型与输入解耦零点的关系。

命题 7.1.1　线性系统(7.1.9)的不能控振型集等同于其输入解耦零点集。

证明　由于代数等价的系统具有相同的输入解耦零点,故我们只需证明系统(7.1.10)的输入解耦零点集为$\sigma(A_{\bar{c}})$。

考虑

$$\begin{aligned}
&\operatorname{rank}\left[sI-\begin{bmatrix}A_c & A_{12}\\ 0 & A_{\bar{c}}\end{bmatrix}\ \ \begin{bmatrix}B_c\\ 0\end{bmatrix}\right]\\
&=\operatorname{rank}\begin{bmatrix}sI-A_c & -A_{12} & B_c\\ 0 & sI-A_{\bar{c}} & 0\end{bmatrix}\\
&=\operatorname{rank}\begin{bmatrix}sI-A_c & B_c & -A_{12}\\ 0 & 0 & sI-A_{\bar{c}}\end{bmatrix}\\
&=\operatorname{rank}\begin{bmatrix}0 & I & -A_{12}\\ 0 & 0 & sI-A_{\bar{c}}\end{bmatrix}\\
&=\operatorname{rank}\begin{bmatrix}0 & I & 0\\ 0 & 0 & sI-A_{\bar{c}}\end{bmatrix}
\end{aligned}$$

由上式可见,s为系统(7.1.10)的输入解耦零点的充要条件是$s\in\sigma(A_{\bar{c}})$。

△△△

下述命题说明可稳性是线性定常系统在坐标变换下的另一不变性。

命题 7.1.2　相互代数等价的定常线性系统具有相同的可稳性。

证明　设有两个相互代数等价的系统(A_1, B_1)和(A_2, B_2)。它们满足下述代数等价关系:

$$A_2=PA_1P^{-1},\quad B_2=PB_1$$

其中,P为一可逆实矩阵,如果存在K_1,使得$A_1+B_1K_1$稳定的话,则当取$K_2=K_1P^{-1}$时有

$$A_2+B_2K_2=PA_1P^{-1}+PB_1K_1P^{-1}=P(A_1+B_1K_1)P^{-1}$$

稳定,此即说明若某线性系统可稳,则与之代数等价的所有系统亦可稳。

△△△

基于不能控振型的概念和上述命题,可以给出本节的下述主要定理。

定理 7.1.1 设$\boldsymbol{A}\in\mathbf{R}^{n\times n}$,$\boldsymbol{B}\in\mathbf{R}^{n\times r}$,则系统(7.1.9)或$(\boldsymbol{A},\boldsymbol{B})$可稳的充要条件是该系统的一切不能控振型或输入解耦零点均为稳定的。

证明 根据命题 7.1.2,只需针对具有能控性标准结构分解的系统(7.1.10)证之即可。为此取反馈增益阵为

$$\boldsymbol{K}=[\boldsymbol{K}_1 \quad \boldsymbol{K}_2],\quad \boldsymbol{K}_1\in\mathbf{R}^{r\times p},\quad \boldsymbol{K}_2\in\mathbf{R}^{r\times(n-p)}$$

则有

$$\begin{aligned}
&\det\left(s\boldsymbol{I}-\begin{bmatrix}\boldsymbol{A}_{\mathrm{c}} & \boldsymbol{A}_{12}\\ 0 & \boldsymbol{A}_{\bar{\mathrm{c}}}\end{bmatrix}-\begin{bmatrix}\boldsymbol{B}_{\mathrm{c}}\\ 0\end{bmatrix}[\boldsymbol{K}_1 \quad \boldsymbol{K}_2]\right)\\
&=\det\begin{bmatrix}s\boldsymbol{I}-\boldsymbol{A}_{\mathrm{c}}-\boldsymbol{B}_{\mathrm{c}}\boldsymbol{K}_1 & -\boldsymbol{A}_{12}-\boldsymbol{B}_{\mathrm{c}}\boldsymbol{K}_2\\ 0 & s\boldsymbol{I}-\boldsymbol{A}_{\bar{\mathrm{c}}}\end{bmatrix}\\
&=\det(s\boldsymbol{I}-\boldsymbol{A}_{\mathrm{c}}-\boldsymbol{B}_{\mathrm{c}}\boldsymbol{K}_1)\cdot\det(s\boldsymbol{I}-\boldsymbol{A}_{\bar{\mathrm{c}}})
\end{aligned}$$

由于$(\boldsymbol{A}_{\mathrm{c}},\boldsymbol{B}_{\mathrm{c}})$能控,故存在$\boldsymbol{K}_1$使多项式$\det(s\boldsymbol{I}-\boldsymbol{A}_{\mathrm{c}}-\boldsymbol{B}_{\mathrm{c}}\boldsymbol{K}_1)$稳定。从而系统(7.1.10)可稳的充要条件是多项式$\det(s\boldsymbol{I}-\boldsymbol{A}_{\bar{\mathrm{c}}})$稳定,即系统的不能控振型稳定。

ΔΔΔ

一般说来,给定一个系统,要判定其可稳性时,需要对其进行能控性分解求出其不能控振型,然后通过检验不能控振型的稳定性来判定系统的可稳性。

例 7.1.1 考虑第 4 章例 4.8.1 中的线性定常系统

$$\begin{cases}\dot{\boldsymbol{x}}=\begin{bmatrix}1 & 1 & 1\\ 0 & 1 & 0\\ 1 & 1 & 1\end{bmatrix}\boldsymbol{x}+\begin{bmatrix}0 & 1\\ 1 & 0\\ 0 & 1\end{bmatrix}\boldsymbol{u}\\ y=[1 \quad 0 \quad 1]\boldsymbol{x}\end{cases}$$

由例 4.8.1 知,该系统按能控性分解的表达式为

$$\begin{bmatrix}\dot{\bar{\boldsymbol{x}}}_{\mathrm{c}}\\ \dot{\bar{\boldsymbol{x}}}_{\bar{\mathrm{c}}}\end{bmatrix}=\left[\begin{array}{cc:c}1 & 0 & 0\\ 1 & 2 & 1\\ \hdashline 0 & 0 & 0\end{array}\right]\begin{bmatrix}\bar{\boldsymbol{x}}_{\mathrm{c}}\\ \bar{x}_{\bar{\mathrm{c}}}\end{bmatrix}+\left[\begin{array}{cc}1 & 0\\ 0 & 1\\ \hdashline 0 & 0\end{array}\right]\boldsymbol{u}$$

$$y=\left[\begin{array}{cc:c}0 & 2 & 1\end{array}\right]\begin{bmatrix}\bar{\boldsymbol{x}}_{\mathrm{c}}\\ \bar{x}_{\bar{\mathrm{c}}}\end{bmatrix}$$

由此可见,系统的能控振型为$\lambda_{1,2}=1,2$,不能控振型为$\lambda_3=0$。由于系统具有不稳定的不能控振型,从而是不可稳的。

7.2　线性系统的状态反馈镇定律设计

本节讨论线性系统

$$\dot{\boldsymbol{x}}=\boldsymbol{A}\boldsymbol{x}+\boldsymbol{B}\boldsymbol{u} \tag{7.2.1}$$

在状态反馈控制律

$$\boldsymbol{u}=\boldsymbol{K}\boldsymbol{x}+\boldsymbol{G}\boldsymbol{v} \tag{7.2.2}$$

下的镇定问题的求解方法。如果控制律(7.2.2)能够使得系统(7.2.1)在其作用下的闭环系统渐近稳定,则称(7.2.2)为系统(7.2.1)的一个状态反馈镇定控制律。下面我们分两种情况考虑系统(7.2.1)的状态反馈镇定律的设计。

7.2.1　能控条件下的镇定律设计

由第6章可知,当$(\boldsymbol{A},\boldsymbol{B})$能控时,系统(7.2.1)可用状态反馈实现系统极点的任意配置。从而对于这种情况,求解一个给定系统的状态反馈镇定问题便可通过求解该系统的状态反馈极点配置问题来解决,具体的求解方法详见第6章。下面我们给出一种基于Gram能控性矩阵的设计方法。

由线性系统的Gram能控性矩阵判据可知,当$(\boldsymbol{A},\boldsymbol{B})$能控时,对于任何$T>0$,下述矩阵

$$\boldsymbol{W}(T)=\int_0^T \mathrm{e}^{-\boldsymbol{A}t}\boldsymbol{B}\boldsymbol{B}^{\mathrm{T}}\mathrm{e}^{-\boldsymbol{A}^{\mathrm{T}}t}\mathrm{d}t \tag{7.2.3}$$

为对称正定的。

定理 7.2.1　设$(\boldsymbol{A},\boldsymbol{B})$能控,则

$$\boldsymbol{u}=-\boldsymbol{B}^{\mathrm{T}}\boldsymbol{W}^{-1}(T)\boldsymbol{x}$$

为系统(7.2.1)的一个镇定律。其中$\boldsymbol{W}(T)$由式(7.2.3)定义,T为一适当的正数。

证明　系统(7.1.1)在定理所述控制律作用下的闭环系统矩阵为

$$\boldsymbol{A}_{\mathrm{c}}=\boldsymbol{A}-\boldsymbol{B}\boldsymbol{B}^{\mathrm{T}}\boldsymbol{W}^{-1}(T) \tag{7.2.4}$$

由式(7.2.3)和式(7.2.4)可得

$$\begin{aligned}
&\boldsymbol{A}_{\mathrm{c}}\boldsymbol{W}(T)+\boldsymbol{W}(T)\boldsymbol{A}_{\mathrm{c}}^{\mathrm{T}}\\
&=\boldsymbol{A}\boldsymbol{W}+\boldsymbol{W}\boldsymbol{A}^{\mathrm{T}}-2\boldsymbol{B}\boldsymbol{B}^{\mathrm{T}}\\
&=\int_0^T(\boldsymbol{A}\mathrm{e}^{-\boldsymbol{A}t}\boldsymbol{B}\boldsymbol{B}^{\mathrm{T}}\mathrm{e}^{-\boldsymbol{A}^{\mathrm{T}}t}+\mathrm{e}^{-\boldsymbol{A}t}\boldsymbol{B}\boldsymbol{B}^{\mathrm{T}}\mathrm{e}^{-\boldsymbol{A}^{\mathrm{T}}t}\boldsymbol{A}^{\mathrm{T}})\mathrm{d}t-2\boldsymbol{B}\boldsymbol{B}^{\mathrm{T}}\\
&=-\int_0^T\frac{\mathrm{d}}{\mathrm{d}t}(\mathrm{e}^{-\boldsymbol{A}t}\boldsymbol{B}\boldsymbol{B}^{\mathrm{T}}\mathrm{e}^{-\boldsymbol{A}^{\mathrm{T}}t})\mathrm{d}t-2\boldsymbol{B}\boldsymbol{B}^{\mathrm{T}}\\
&=-\mathrm{e}^{-\boldsymbol{A}T}\boldsymbol{B}\boldsymbol{B}^{\mathrm{T}}\mathrm{e}^{-\boldsymbol{A}^{\mathrm{T}}T}-\boldsymbol{B}\boldsymbol{B}^{\mathrm{T}}
\end{aligned}$$

即

$$A_c W(T)+W(T)A_c^{\mathrm{T}}=-\mathrm{e}^{-AT}BB^{\mathrm{T}}\mathrm{e}^{-A^{\mathrm{T}}T}-BB^{\mathrm{T}} \tag{7.2.5}$$

令 λ 为 A_c 的任意一个特征值，z 是相应的左特征向量，则有 $z\neq 0$，且

$$z^{\mathrm{T}}A_c=\lambda z^{\mathrm{T}}$$

设 λ^* 与 λ 复共轭，它也是 A 的特征值。再设 z^* 是 z 的复共轭向量，它是 A 的相应于 λ^* 的特征向量。在方程(7.2.5)两边左乘 $z^{*\mathrm{T}}$、右乘 z，得

$$(\lambda^*+\lambda)z^{*\mathrm{T}}W(T)z=-z^{*\mathrm{T}}BB^{\mathrm{T}}z-z^{*\mathrm{T}}\mathrm{e}^{-AT}BB^{\mathrm{T}}\mathrm{e}^{-A^{\mathrm{T}}T}z$$

由于(A,B)能控，因此由能控性的 PBH 判据有 $z^{\mathrm{T}}B\neq 0$，又由于 $z^{*\mathrm{T}}\mathrm{e}^{-AT}BB^{\mathrm{T}}\mathrm{e}^{-A^{\mathrm{T}}T}z\geqslant 0$，从而上式右端小于 0。再注意到 $W(T)$ 为对称正定的，由上式可得 $\lambda+\lambda^*<0$。若 λ 为实数，则 $\lambda=\lambda^*$，$\lambda+\lambda^*=2\lambda$，由此得 $\lambda<0$。若 λ 为复数，则 $\lambda+\lambda^*=2\mathrm{Re}\lambda<0$，故 $\mathrm{Re}\lambda<0$。再由 λ 的任意性得出 A_c 的所有特征值都有负实部，因而 A_c 稳定。

ΔΔΔ

7.2.2 可稳条件下的镇定控制律设计

这里探讨两种在系统(7.2.1)可稳条件下求取镇定控制律(7.2.2)的方法。

方法　利用能控性分解的设计。

给定可稳系统(7.2.1)，求解其状态反馈镇定律的过程可依下述算法进行。

算法 7.2.1　基于能控性分解实现系统镇定。

第 1 步：将系统(7.2.1)进行能控性分解，获得变换阵 P 及

$$\bar{A}=PAP^{-1}=\begin{bmatrix}A_c & A_{12}\\ 0 & A_{\bar{c}}\end{bmatrix},\quad \bar{B}=PB=\begin{bmatrix}B_c\\ 0\end{bmatrix} \tag{7.2.6}$$

其中，(A_c,B_c)能控，另外由系统的可稳条件知矩阵 $A_{\bar{c}}$ 稳定。

第 2 步：利用极点配置算法求取矩阵 K_c，使得矩阵 $A_c+B_cK_c$ 具有一组稳定特征值。

第 3 步：计算状态反馈镇定律增益阵

$$K=[K_c\quad 0]P \tag{7.2.7}$$

至于为什么依据上述算法求得的状态反馈律为系统(7.2.1)的一个镇定律，请读者自行证明。

例 7.2.1　给定线性定常系统

$$\dot{x}=\begin{bmatrix}0 & 1 & 2\\ 0 & 1 & 0\\ 1 & 1 & 1\end{bmatrix}x+\begin{bmatrix}0 & 1\\ 1 & 0\\ 0 & 1\end{bmatrix}u$$

求其镇定控制律。

解　第 1 步：进行系统的能控性分解。

已知 $n=3$，$\mathrm{rank}B=2$，故只需判断$[B\quad AB]$是否为行满秩。现知

$$\text{rank}[\boldsymbol{B}\quad \boldsymbol{AB}]=\text{rank}\begin{bmatrix}0 & 1 & 1 & 2\\ 1 & 0 & 1 & 0\\ 0 & 1 & 1 & 2\end{bmatrix}=2<n=3$$

表明系统为不完全能控。在 $\boldsymbol{Q}_c$ 中取线性无关的列 $\boldsymbol{q}_1=[0\quad 1\quad 0]^T$ 和 $\boldsymbol{q}_2=[1\quad 0\quad 1]^T$,再任取 $\boldsymbol{q}_3=[1\quad 0\quad 0]^T$,使构成矩阵

$$\boldsymbol{P}^{-1}=\boldsymbol{Q}=\left[\begin{array}{cc:c}0 & 1 & 1\\ 1 & 0 & 0\\ 0 & 1 & 0\end{array}\right]$$

于是可算得

$$\begin{aligned}\bar{\boldsymbol{A}}&=\boldsymbol{PAP}^{-1}\\ &=\begin{bmatrix}0 & 1 & 0\\ 0 & 0 & 1\\ 1 & 0 & -1\end{bmatrix}\begin{bmatrix}0 & 1 & 2\\ 0 & 1 & 0\\ 1 & 1 & 1\end{bmatrix}\begin{bmatrix}0 & 1 & 1\\ 1 & 0 & 0\\ 0 & 1 & 0\end{bmatrix}\\ &=\left[\begin{array}{cc:c}1 & 0 & 0\\ 1 & 2 & 1\\ \hdashline 0 & 0 & -1\end{array}\right]\end{aligned}$$

$$\bar{\boldsymbol{B}}=\boldsymbol{PB}=\begin{bmatrix}0 & 1 & 0\\ 0 & 0 & 1\\ 1 & 0 & -1\end{bmatrix}\begin{bmatrix}0 & 1\\ 1 & 0\\ 0 & 1\end{bmatrix}=\left[\begin{array}{cc}1 & 0\\ 0 & 1\\ \hdashline 0 & 0\end{array}\right]$$

这样就导出了系统按能控性分解的表达式为

$$\begin{bmatrix}\dot{\bar{\boldsymbol{x}}}_c\\ \dot{\bar{x}}_{\bar{c}}\end{bmatrix}=\left[\begin{array}{cc:c}1 & 0 & 0\\ 1 & 2 & 1\\ \hdashline 0 & 0 & -1\end{array}\right]\begin{bmatrix}\bar{\boldsymbol{x}}_c\\ \bar{x}_{\bar{c}}\end{bmatrix}+\left[\begin{array}{cc}1 & 0\\ 0 & 1\\ \hdashline 0 & 0\end{array}\right]\boldsymbol{u}$$

该系统具有一个稳定的不能控振型 -1,从而为可稳的。

第 2 步:能控部分的极点配置。

系统的能控部分为

$$\boldsymbol{A}_c=\begin{bmatrix}1 & 0\\ 1 & 2\end{bmatrix},\quad \boldsymbol{B}_c=\begin{bmatrix}1 & 0\\ 0 & 1\end{bmatrix}$$

由于矩阵 $\boldsymbol{B}_c$ 的特殊形式,我们可以取

$$\boldsymbol{K}_c=\boldsymbol{A}_s-\boldsymbol{A}_c$$

其中,矩阵 $\boldsymbol{A}_s$ 为任何具有希望特征值的矩阵。如果特别取

$$\boldsymbol{A}_s=\begin{bmatrix}-3 & 0\\ 0 & -2\end{bmatrix}$$

则有

$$\boldsymbol{K}_{\mathrm{c}}=\begin{bmatrix}-4 & 0\\ -1 & -4\end{bmatrix}$$

第 3 步:求取反馈镇定律的增益阵。

基于上述两步中的矩阵 $\boldsymbol{P}$ 和 $\boldsymbol{K}_{\mathrm{c}}$,由式(7.2.7)可得该系统的反馈镇定律的增益阵为

$$\boldsymbol{K}=\begin{bmatrix}-4 & 0 & 0\\ -1 & -4 & 0\end{bmatrix}\begin{bmatrix}0 & 1 & 0\\ 0 & 0 & 1\\ 1 & 0 & -1\end{bmatrix}=\begin{bmatrix}0 & -4 & 0\\ 0 & -1 & -4\end{bmatrix}$$

方法　基于 Riccati 代数方程的设计。

在$(\boldsymbol{A},\boldsymbol{B})$可稳条件下,我们还可以依下述算法来求解系统(7.2.1)的状态反馈镇定律。

算法 7.2.2　基于 Riccati 代数方程实现系统镇定。

第 1 步:任取对称正定矩阵 $\boldsymbol{Q}\in\mathbf{R}^{n\times n}$,求取 Riccati 代数方程

$$\boldsymbol{A}^{\mathrm{T}}\boldsymbol{P}+\boldsymbol{P}\boldsymbol{A}-\boldsymbol{P}\boldsymbol{B}\boldsymbol{B}^{\mathrm{T}}\boldsymbol{P}+\boldsymbol{Q}=0 \tag{7.2.8}$$

的唯一对称非负定解。若这样的解不存在,则系统不可稳,镇定律不存在。

第 2 步:计算状态反馈增益阵

$$\boldsymbol{K}=-\boldsymbol{B}^{\mathrm{T}}\boldsymbol{P} \tag{7.2.9}$$

上述步骤的理论依据是下述定理。

定理 7.2.2　设 $\boldsymbol{A}\in\mathbf{R}^{n\times n}$,$\boldsymbol{B}\in\mathbf{R}^{n\times r}$,$(\boldsymbol{A},\boldsymbol{B})$可稳,$\boldsymbol{Q}\in\mathbf{R}^{n\times n}$为对称正定,则 Riccati 代数方程(7.2.8)关于 $\boldsymbol{P}$ 具有唯一非负定解,且该非负定解还使得矩阵 $\boldsymbol{A}-\boldsymbol{B}\boldsymbol{B}^{\mathrm{T}}\boldsymbol{P}$ 稳定。

证明　我们首先来证明对于方程(7.2.8)的任何非负定解 $\boldsymbol{P}$ 均有 $\boldsymbol{A}-\boldsymbol{B}\boldsymbol{B}^{\mathrm{T}}\boldsymbol{P}$ 稳定。为此我们将方程(7.2.8)改写为下述形式:

$$(\boldsymbol{A}-\boldsymbol{B}\boldsymbol{B}^{\mathrm{T}}\boldsymbol{P})^{\mathrm{T}}\boldsymbol{P}+\boldsymbol{P}(\boldsymbol{A}-\boldsymbol{B}\boldsymbol{B}^{\mathrm{T}}\boldsymbol{P})+\boldsymbol{P}\boldsymbol{B}\boldsymbol{B}^{\mathrm{T}}\boldsymbol{P}+\boldsymbol{Q}=0 \tag{7.2.10}$$

假若矩阵 $\boldsymbol{A}-\boldsymbol{B}\boldsymbol{B}^{\mathrm{T}}\boldsymbol{P}$ 有某特征值λ具有非负实部,记其对应的特征向量为 $\boldsymbol{x}$,则依定义有

$$(\boldsymbol{A}-\boldsymbol{B}\boldsymbol{B}^{\mathrm{T}}\boldsymbol{P})\boldsymbol{x}=\lambda\boldsymbol{x} \tag{7.2.11}$$

于式(7.2.10)两端同时左乘 $\boldsymbol{x}^*$ 、右乘 $\boldsymbol{x}$,并注意到式(7.2.11),可得

$$2\mathrm{Re}\lambda\boldsymbol{x}^*\boldsymbol{P}\boldsymbol{x}+\boldsymbol{x}^*\boldsymbol{P}\boldsymbol{B}\boldsymbol{B}^{\mathrm{T}}\boldsymbol{P}\boldsymbol{x}+\boldsymbol{x}^*\boldsymbol{Q}\boldsymbol{x}=0 \tag{7.2.12}$$

由于 $\mathrm{Re}\lambda\geqslant0$,矩阵 $\boldsymbol{P}$ 非负定,因而式(7.2.12)中的三项均非负,故必全为零。但 $\boldsymbol{x}^*\boldsymbol{Q}\boldsymbol{x}=0$,显然与 $\boldsymbol{Q}$ 的对称正定性矛盾。这一矛盾说明矩阵 $\boldsymbol{A}-\boldsymbol{B}\boldsymbol{B}^{\mathrm{T}}\boldsymbol{P}$ 不具有非负实部的特值,从而稳定。

下面证明方程(7.2.8)具有唯一对称非负定解。假定方程(7.2.8)具有两个非负定对称解 $\boldsymbol{P}_1$ 和 $\boldsymbol{P}_2$,则有

$$\boldsymbol{A}^{\mathrm{T}}\boldsymbol{P}_1+\boldsymbol{P}_1\boldsymbol{A}-\boldsymbol{P}_1\boldsymbol{B}\boldsymbol{B}^{\mathrm{T}}\boldsymbol{P}_1+\boldsymbol{Q}=0 \tag{7.2.13}$$

$$A^{\mathrm{T}}P_2+P_2A-P_2BB^{\mathrm{T}}P_2+Q=0 \tag{7.2.14}$$

由上述两式易得

$$(A-BB^{\mathrm{T}}P_1)^{\mathrm{T}}(P_1-P_2)+(P_1-P_2)(A-BB^{\mathrm{T}}P_2)=0 \tag{7.2.15}$$

由上半部分的证明可知 $A-BB^{\mathrm{T}}P_1$ 和 $A-BB^{\mathrm{T}}P_2$ 均稳定,故二者无互为相反数的特征值,从而方程(7.2.15)关于 P_1-P_2 具有唯一解,故 $P_1=P_2$。到此定理证毕。

ΔΔΔ

Riccati 代数方程(7.2.8)在控制理论中占有非常重要的地位。与 Riccati 方程的解的存在性和求解相关的内容很丰富。有兴趣的读者可参考有关文献(须田信英,旧玉慎三和池田雅夫,1979)。

上述两种可稳条件下的状态反馈镇定问题的求解方法都具有一般性。相对说来算法 7.2.1 较为直接,它与系统的能控性结构分解和极点配置相联系,每一步都具有明确的含义,易于理解,且求解过程也较为灵活。算法 7.2.2 则是一种间接方法,它将问题的求解归解为一个 Riccati 矩阵代数方程的求解,比较规范化。到第 8 章我们会发现,这种方法与二次型最优控制问题有着直接的联系。

7.3 渐近跟踪问题——定常参考信号的情形

前两节讨论了线性系统的状态反馈镇定问题,本节和 7.4 节基于系统的镇定实现控制系统设计中的渐近跟踪问题。信号跟踪是控制理论的重要内容之一,在许多工程实际问题中有着广泛的应用。

在本节中我们先考虑定常参考信号的情形。

7.3.1 问题的描述

考虑下述线性定常系统:

$$\begin{cases}\dot{x}=Ax+Bu+Fd\\ y=Cx\end{cases} \tag{7.3.1}$$

其中,$d\in\mathbf{R}^l$ 为干扰向量;$F\in\mathbf{R}^{n\times l}$ 为已知的干扰分布矩阵;其他各量同前述。

当采用下述状态反馈控制律时:

$$u=Kx+v,\quad K\in\mathbf{R}^{r\times n} \tag{7.3.2}$$

可得闭环系统

$$\begin{cases}\dot{x}=A_{\mathrm{c}}x+Bv+Fd\\ y=Cx\end{cases} \tag{7.3.3}$$

其中

$$A_{\mathrm{c}}=A+BK \tag{7.3.4}$$

在前面介绍的两种控制系统设计中,分别以闭环极点和闭环稳定性为设计目标。在许多实际问题中，人们希望控制系统(7.3.1)、系统(7.3.2)能够实现这样的任务，即对于给定的某一连续信号 $\boldsymbol{y}_{\mathrm{r}}(t)$，控制系统(7.3.1)、系统(7.3.2)或系统(7.3.3)、系统(7.3.4)的输出 $\boldsymbol{y}(t)$满足下述条件：

$$\lim_{t\to\infty}[\boldsymbol{y}(t)-\boldsymbol{y}_{\mathrm{r}}(t)]=0 \tag{7.3.5}$$

我们称以式(7.3.5)为设计目标的设计问题为渐近跟踪问题；其中的被跟踪信号 $\boldsymbol{y}_{\mathrm{r}}(t)$称为参考信号。本节考虑参考信号 $\boldsymbol{y}_{\mathrm{r}}(t)=\boldsymbol{y}_{\mathrm{r}}$ 为定常的情形。7.4 节将考虑一般的模型参考问题。

7.3.2　控制律设计

首先回忆古典控制理论中的伺服设计思想。为使系统做到静态无差，通常采用 PI 调节器，即对误差 $\boldsymbol{e}$ 进行比例积分控制(见图 7.3.1)。由于 PI 调节器的积分作用，只要闭环系统是稳定的，且当 d,v 为阶跃信号时有 $\boldsymbol{e}(\infty)=0$。

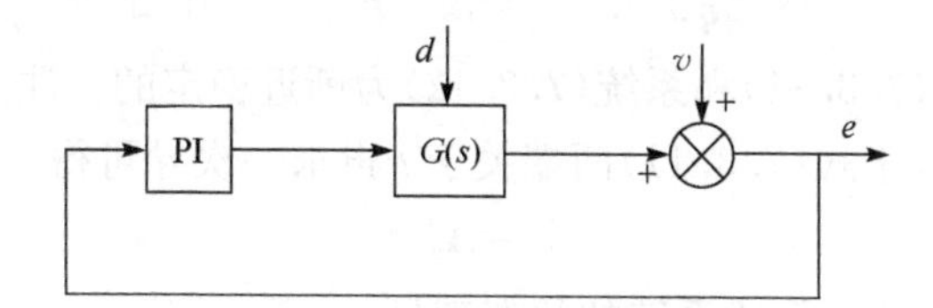

图 7.3.1　静态无差伺服系统

将上述思想推广到多变量系统(7.3.1)上去，需要在误差向量的每一个分量后面串入积分器，从而使静态误差 $\boldsymbol{e}(\infty)$的每一个分量都为零。故在控制 $\boldsymbol{u}$ 中需含有误差 $\boldsymbol{e}(t)$的积分项。记

$$\boldsymbol{q}(t)=\int_0^t \boldsymbol{e}(\tau)\mathrm{d}\tau=\int_0^t[\boldsymbol{y}(\tau)-\boldsymbol{y}_{\mathrm{r}}]\mathrm{d}\tau \tag{7.3.6}$$

则有

$$\dot{\boldsymbol{q}}=\boldsymbol{y}(t)-\boldsymbol{y}_{\mathrm{r}} \tag{7.3.7}$$

联立式(7.3.1)和式(7.3.7)，可得下述增广系统：

$$\begin{cases}\begin{bmatrix}\dot{\boldsymbol{x}}\\ \dot{\boldsymbol{q}}\end{bmatrix}=\begin{bmatrix}\boldsymbol{A} & 0\\ \boldsymbol{C} & 0\end{bmatrix}\begin{bmatrix}\boldsymbol{x}\\ \boldsymbol{q}\end{bmatrix}+\begin{bmatrix}\boldsymbol{B}\\ 0\end{bmatrix}\boldsymbol{u}-\begin{bmatrix}0\\ \boldsymbol{y}_{\mathrm{r}}\end{bmatrix}+\begin{bmatrix}\boldsymbol{F}\\ 0\end{bmatrix}\boldsymbol{d}\\ \boldsymbol{y}=[\boldsymbol{C}\quad 0]\begin{bmatrix}\boldsymbol{x}\\ \boldsymbol{q}\end{bmatrix}\end{cases} \tag{7.3.8}$$

该增广系统的状态反馈控制律

$$\boldsymbol{u}=[\boldsymbol{K}_x\quad \boldsymbol{K}_q]\begin{bmatrix}\boldsymbol{x}\\ \boldsymbol{q}\end{bmatrix}=\boldsymbol{K}_x\boldsymbol{x}+\boldsymbol{K}_q\boldsymbol{q} \tag{7.3.9}$$

也即

$$u = K_x x + K_q \int_0^t [y(\tau) - y_r] d\tau \qquad (7.3.10)$$

相对于原系统而言为一个广义的 PI 控制器。类似于单变量伺服系统的情形,有如下定理。

定理 7.3.1　如果式(7.3.9)是增广系统(7.3.8)的一个状态反馈镇定律,则在干扰 d 为定常的条件下,系统(7.3.1)可在控制律(7.3.10)的作用下实现其输出对于阶跃信号的渐近跟踪。

证明　系统(7.3.8)在状态反馈律(7.3.9)作用下的闭环系统为

$$\dot{z} = A_c^+ z - \begin{bmatrix} 0 \\ y_r \end{bmatrix} + \begin{bmatrix} F \\ 0 \end{bmatrix} d \qquad (7.3.11)$$

其中

$$z = \begin{bmatrix} x \\ q \end{bmatrix}, \quad A_c^+ = \begin{bmatrix} A+BK_x & BK_q \\ C & 0 \end{bmatrix} \qquad (7.3.12)$$

由定理条件知系统(7.3.11)和系统(7.3.12)为渐近稳定的。注意到参考信号和干扰信号的定常性质,于式(7.3.11)两端关于 t 再求一次导可得

$$\ddot{z} = A_c^+ \dot{z}$$

由于 A_c^+ 是稳定的,从而上述系统的状态满足

$$\dot{z} = \begin{bmatrix} \dot{x} \\ \dot{q} \end{bmatrix} \to 0, \quad t \to \infty$$

从而由式(7.3.7)可得

$$\lim_{t\to\infty} y_r(t) = y_r$$

△△△

上述定理告诉我们,系统(7.3.1)的定常信号跟踪控制器设计问题的求解可以化为增广系统(7.3.8)的状态反馈镇定问题。那么系统(7.3.8)的状态反馈镇定问题是否有解呢?下面的定理回答了这个问题。

定理 7.3.2　设(A,B)能控,则增广系统(7.3.8)完全能控的充要条件是

$$\operatorname{rank}\begin{bmatrix} A & B \\ C & 0 \end{bmatrix} = n+m \qquad (7.3.13)$$

证明　记

$$Q_k = [B \quad AB \quad \cdots \quad A^k B]$$

则由(A,B)的能控性可知,当 $k \geqslant n-1$ 时矩阵 Q_k 满秩。特别注意到 $n+m-2 \geqslant n-1$,则有

$$\operatorname{rank} Q_{n+m-2} = n \qquad (7.3.14)$$

考虑增广系统(7.3.8)的能控性矩阵

$$
\begin{aligned}
\boldsymbol{Q}_{\mathrm{c}} &= \begin{bmatrix} \boldsymbol{B} & \boldsymbol{AB} & \boldsymbol{A}^2\boldsymbol{B} & \cdots & \boldsymbol{A}^{n+m-1}\boldsymbol{B} \\ 0 & \boldsymbol{CB} & \boldsymbol{CAB} & \cdots & \boldsymbol{CA}^{n+m-2}\boldsymbol{B} \end{bmatrix} \\
&= \begin{bmatrix} \boldsymbol{B} & \boldsymbol{AQ}_{n+m-2} \\ 0 & \boldsymbol{CQ}_{n+m-2} \end{bmatrix} \\
&= \begin{bmatrix} \boldsymbol{A} & \boldsymbol{B} \\ \boldsymbol{C} & 0 \end{bmatrix} \begin{bmatrix} 0 & \boldsymbol{Q}_{n+m-2} \\ \boldsymbol{I} & 0 \end{bmatrix}
\end{aligned} \tag{7.3.15}
$$

则由式(7.3.14)和式(7.3.15)可知，矩阵 $\boldsymbol{Q}_{\mathrm{c}}$ 满秩的充要条件是式(7.3.13)成立。

△△△

根据上述定理，当$(\boldsymbol{A},\boldsymbol{B})$能控且式(7.3.13)满足时，系统(7.3.8)可用状态反馈任意配置闭环极点。从而系统(7.3.1)的常值参考信号跟踪问题便可通过求解系统(7.3.8)的状态反馈极点配置问题来解。

说明 7.3.1　值得指出，由定理 7.3.1 可见，通过求解增广系统的镇定问题，不仅可以实现原系统的输出对于阶跃信号的渐近跟踪，还可以同时实现系统的输出关于定常干扰信号的静态解耦，即当时间充分长后，系统中的定常干扰信号对于系统输出没有影响。关于这一问题我们将于第 9 章中详细讨论。

7.3.3　算例

例 7.3.1　给定受控系统为

$$
\begin{cases} \dot{\boldsymbol{x}} = \begin{bmatrix} 0 & 1 \\ -2 & 1 \end{bmatrix}\boldsymbol{x} + \begin{bmatrix} 0 \\ 1 \end{bmatrix}u + \begin{bmatrix} d_1 \\ d_2 \end{bmatrix} \\ y = \begin{bmatrix} 1 & 0 \end{bmatrix}\boldsymbol{x} \end{cases}
$$

其中，参考信号 $y_{\mathrm{r}}(t)$和干扰 $d_1(t)$，$d_2(t)$均为阶跃信号，要求设计系统的渐近跟踪控制器 $u(t)$。

解　由于

$$
\operatorname{rank}\begin{bmatrix} \boldsymbol{A} & \boldsymbol{B} \\ \boldsymbol{C} & 0 \end{bmatrix} = \operatorname{rank}\left[\begin{array}{cc:c} 0 & 1 & 0 \\ -2 & 1 & 1 \\ \hdashline 1 & 0 & 0 \end{array}\right] = 3 = n+m
$$

所以存在渐近跟踪控制器。

令 $\dot{q}(t) = e(t) = y(t) - y_{\mathrm{r}}(t)$，得到增广系统

$$
\begin{aligned}
\begin{bmatrix} \dot{\boldsymbol{x}} \\ \dot{q} \end{bmatrix} &= \begin{bmatrix} \boldsymbol{A} & 0 \\ \boldsymbol{C} & 0 \end{bmatrix}\begin{bmatrix} \boldsymbol{x} \\ q \end{bmatrix} + \begin{bmatrix} \boldsymbol{b} \\ 0 \end{bmatrix}u + \begin{bmatrix} d \\ -y_{\mathrm{r}} \end{bmatrix} \\
&= \begin{bmatrix} 0 & 1 & 0 \\ -2 & 1 & 0 \\ 1 & 0 & 0 \end{bmatrix}\begin{bmatrix} x_1 \\ x_2 \\ q \end{bmatrix} + \begin{bmatrix} 0 \\ 1 \\ 0 \end{bmatrix}u + \begin{bmatrix} d_1 \\ d_2 \\ -y_{\mathrm{r}} \end{bmatrix}
\end{aligned}
$$

$$y=[\boldsymbol{C}\quad 0]\begin{bmatrix}\boldsymbol{x}\\q\end{bmatrix}$$

$$=[1\quad 0\quad 0]\begin{bmatrix}x_1\\x_2\\q\end{bmatrix}$$

设希望的闭环极点是$-1\pm \mathrm{i},-2$,则希望的闭环特征多项式为

$$\psi^*(s)=s^3+4s^2+6s+4$$

采用状态反馈律

$$u=\boldsymbol{K}_x\boldsymbol{x}+K_q q=k_1x_1+k_2x_2+k_3q$$

则增广系统的闭环特征多项式为

$$\psi(s)=s^3-(k_2+1)s^2+(2-k_1)s-k_3$$

使$\psi(s)$和$\psi^*(s)$的对应系数相等,得

$$k_1=-4,\quad k_2=-5,\quad k_3=-4$$

因此所求反馈控制律为

$$u=\boldsymbol{K}_x\boldsymbol{x}+K_q q=[-4\quad -5]\boldsymbol{x}-4q$$

*7.4 模型参考输出跟踪问题

7.3 节考虑了参考信号为阶跃时的输出渐近跟踪控制系统设计。这一节考虑一种一般的情形——参考信号由某参考模型所生成。

7.4.1 问题的描述

给定线性受控系统

$$\begin{cases}\dot{\boldsymbol{x}}=\boldsymbol{A}\boldsymbol{x}+\boldsymbol{B}\boldsymbol{u}\\ \boldsymbol{y}=\boldsymbol{C}\boldsymbol{x}+\boldsymbol{D}\boldsymbol{u}\end{cases}\tag{7.4.1}$$

其中,$\boldsymbol{x}\in\mathbf{R}^n,\boldsymbol{u}\in\mathbf{R}^r,\boldsymbol{y}\in\mathbf{R}^m$ 分别为系统的状态、输入和输出向量;$\boldsymbol{A},\boldsymbol{B},\boldsymbol{C},\boldsymbol{D}$ 为适当阶的已知矩阵。我们的目的是要为系统(7.4.1)设计一个控制律,使得闭环系统的输出 $\boldsymbol{y}(t)$渐近某一给定的参考信号 $\boldsymbol{y}_{\mathrm{m}}(t)$,即

$$\lim_{t\to\infty}[\boldsymbol{y}(t)-\boldsymbol{y}_{\mathrm{m}}(t)]=0\tag{7.4.2}$$

不同于 7.3 节,这里的参考信号不再是定常的,它由下述参考模型所生成:

$$\begin{cases}\dot{\boldsymbol{x}}_{\mathrm{m}}=\boldsymbol{A}_{\mathrm{m}}\boldsymbol{x}_{\mathrm{m}}\\ \boldsymbol{y}_{\mathrm{m}}=\boldsymbol{C}_{\mathrm{m}}\boldsymbol{x}_{\mathrm{m}}\end{cases}\tag{7.4.3}$$

其中,$\boldsymbol{x}_{\mathrm{m}}\in\mathbf{R}^p$ 为参考模型的状态;$\boldsymbol{A}_{\mathrm{m}}$ 和 $\boldsymbol{C}_{\mathrm{m}}$ 分别为 $p\times p$ 和 $m\times p$ 的已知矩阵。

参考模型(7.4.3)的含义可能是多方面的,它既可代表所要设计的控制系统的

希望响应特性，又可代表被跟踪对象的模型。

不难想象，要使闭环控制系统满足条件(7.4.2)，所设计的控制律应该是受控模型和参考模型的状态组合，即

$$\boldsymbol{u}=\boldsymbol{K}\boldsymbol{x}+\boldsymbol{K}_{\mathrm{m}}\boldsymbol{x}_{\mathrm{m}} \tag{7.4.4}$$

这样，我们的问题便归结为下述问题。

问题 7.4.1　已知受控系统(7.4.1)和参考模型(7.4.3)，求取控制律(7.4.4)，使得控制系统的输出满足条件(7.4.2)。

7.4.2　解的存在性

关于问题 7.4.1 的解的存在性，我们有下述定理。

定理 7.4.1　设$(\boldsymbol{A},\boldsymbol{B})$可稳，且存在矩阵$\boldsymbol{G}\in\mathbf{R}^{n\times p}$和$\boldsymbol{H}\in\mathbf{R}^{r\times p}$满足

$$\boldsymbol{AG}+\boldsymbol{BH}=\boldsymbol{GA}_{\mathrm{m}} \tag{7.4.5}$$

$$\boldsymbol{CG}+\boldsymbol{DH}=\boldsymbol{C}_{\mathrm{m}} \tag{7.4.6}$$

则对于系统(7.4.1)的任何一个状态反馈镇定律的增益阵$\boldsymbol{K}$和如下定义的

$$\boldsymbol{K}_{\mathrm{m}}=\boldsymbol{H}-\boldsymbol{KG} \tag{7.4.7}$$

控制律式(7.4.3)、式(7.4.4)均能使系统(7.4.1)的输出满足式(7.4.2)。

证明　记

$$\delta\boldsymbol{x}=\boldsymbol{x}-\boldsymbol{G}\boldsymbol{x}_{\mathrm{m}},\quad \delta\boldsymbol{u}=\boldsymbol{u}-\boldsymbol{H}\boldsymbol{x}_{\mathrm{m}},\quad \delta\boldsymbol{y}=\boldsymbol{y}-\boldsymbol{y}_{\mathrm{m}} \tag{7.4.8}$$

则有

$$\begin{cases}\delta\dot{\boldsymbol{x}}=\dot{\boldsymbol{x}}-\boldsymbol{G}\dot{\boldsymbol{x}}_{\mathrm{m}}=\boldsymbol{Ax}+\boldsymbol{Bu}-\boldsymbol{GA}_{\mathrm{m}}\boldsymbol{x}_{\mathrm{m}}=\boldsymbol{A}\delta\boldsymbol{x}+\boldsymbol{B}\delta\boldsymbol{u}+(\boldsymbol{AG}+\boldsymbol{BH}-\boldsymbol{GA}_{\mathrm{m}})\boldsymbol{x}_{\mathrm{m}}\\ \delta\boldsymbol{y}=\boldsymbol{Cx}+\boldsymbol{Du}-\boldsymbol{C}_{\mathrm{m}}\boldsymbol{x}_{\mathrm{m}}=\boldsymbol{C}\delta\boldsymbol{x}+\boldsymbol{D}\delta\boldsymbol{u}+(\boldsymbol{CG}+\boldsymbol{DH}-\boldsymbol{C}_{\mathrm{m}})\boldsymbol{x}_{\mathrm{m}}\end{cases}$$

即

$$\begin{cases}\delta\dot{\boldsymbol{x}}=\boldsymbol{A}\delta\boldsymbol{x}+\boldsymbol{B}\delta\boldsymbol{u}+(\boldsymbol{AG}+\boldsymbol{BH}-\boldsymbol{GA}_{\mathrm{m}})\boldsymbol{x}_{\mathrm{m}}\\ \delta\boldsymbol{y}=\boldsymbol{C}\delta\boldsymbol{x}+\boldsymbol{D}\delta\boldsymbol{u}+(\boldsymbol{CG}+\boldsymbol{DH}-\boldsymbol{C}_{\mathrm{m}})\boldsymbol{x}_{\mathrm{m}}\end{cases} \tag{7.4.9}$$

当式(7.4.5)和式(7.4.6)成立时，上式化为

$$\begin{cases}\delta\dot{\boldsymbol{x}}=\boldsymbol{A}\delta\boldsymbol{x}+\boldsymbol{B}\delta\boldsymbol{u}\\ \delta\boldsymbol{y}=\boldsymbol{C}\delta\boldsymbol{x}+\boldsymbol{D}\delta\boldsymbol{u}\end{cases} \tag{7.4.10}$$

注意到系统(7.4.10)与系统(7.4.1)具有完全相同的结构，因此对于任何镇定系统(7.4.1)的状态反馈律

$$\boldsymbol{u}=\boldsymbol{Kx} \tag{7.4.11}$$

系统(7.4.10)的状态反馈律

$$\delta\boldsymbol{u}=\boldsymbol{K}\delta\boldsymbol{x} \tag{7.4.12}$$

也必能镇定系统(7.4.10)，也即系统

$$\begin{cases}\delta\dot{\boldsymbol{x}}=(\boldsymbol{A}+\boldsymbol{BK})\delta\boldsymbol{x}\\ \delta\boldsymbol{y}=(\boldsymbol{C}+\boldsymbol{DK})\delta\boldsymbol{x}\end{cases} \tag{7.4.13}$$

渐近稳定,从而

$$\lim_{t\to\infty}\delta\boldsymbol{y}=\lim_{t\to\infty}[\boldsymbol{y}(t)-\boldsymbol{y}_{\mathrm{m}}(t)]=0 \tag{7.4.14}$$

该式即为我们要证的渐近跟踪条件(7.4.2)。另由式(7.4.8)易知,式(7.4.12)等价于

$$\boldsymbol{u}=\boldsymbol{Kx}+(\boldsymbol{H}-\boldsymbol{KG})\boldsymbol{x}_{\mathrm{m}} \tag{7.4.15}$$

从而结论得证。

△△△

根据上述定理,今后我们称控制律(7.4.4)中的 $\boldsymbol{K}$ 阵为反馈镇定器,而 $\boldsymbol{K}_{\mathrm{m}}=\boldsymbol{H}-\boldsymbol{KG}$ 为前馈补偿器。

从应用方便的角度出发,定理 7.4.1 只给出了一个充分条件。我们主张在求解问题 7.4.1 时基于定理 7.4.1 来求解。当定理 7.4.1 的条件不成立时,我们可再考虑由下述定理给出的较为复杂一些的充要条件。

定理 7.4.2　设$(\boldsymbol{A},\boldsymbol{B})$可稳,则问题 7.4.1 有解的充要条件是存在一个系统(7.4.1)的一个状态反馈镇定律 $\boldsymbol{K}\in\mathbf{R}^{r\times n}$ 和矩阵 $\boldsymbol{G}\in\mathbf{R}^{n\times p}$ 及 $\boldsymbol{H}\in\mathbf{R}^{r\times p}$ 满足

$$-(\boldsymbol{C}+\boldsymbol{DK})(\boldsymbol{A}+\boldsymbol{BK})^{-1}(\boldsymbol{AG}+\boldsymbol{BH}-\boldsymbol{GA}_{\mathrm{m}})+\boldsymbol{CG}+\boldsymbol{DH}-\boldsymbol{C}_{\mathrm{m}}=0 \tag{7.4.16}$$

证明　重复定理 7.4.1 的前半段证明过程,可以得到误差方程(7.4.9)。注意到与系统(7.4.9)的状态和控制相关的部分的结构和定理 7.4.1 的情形完全一致,因而对于系统(7.4.1)的任何一个状态反馈镇定律 $\boldsymbol{K}$,状态反馈控制律(7.4.12)亦为系统(7.4.9)的一个状态反馈镇定律,且系统(7.4.9)在该状态反馈作用下的闭环系统为

$$\begin{cases}\delta\dot{\boldsymbol{x}}=(\boldsymbol{A}+\boldsymbol{BK})\delta\boldsymbol{x}+(\boldsymbol{AG}+\boldsymbol{BH}-\boldsymbol{GA}_{\mathrm{m}})\boldsymbol{x}_{\mathrm{m}}\\ \delta\boldsymbol{y}=(\boldsymbol{C}+\boldsymbol{DK})\delta\boldsymbol{x}+(\boldsymbol{CG}+\boldsymbol{DH}-\boldsymbol{C}_{\mathrm{m}})\boldsymbol{x}_{\mathrm{m}}\end{cases} \tag{7.4.17}$$

记 $\delta\boldsymbol{x}$,$\delta\boldsymbol{y}$ 和 $\boldsymbol{x}_{\mathrm{m}}$ 的 Laplace 变换分别为 $\delta\boldsymbol{X}(s)$,$\delta\boldsymbol{Y}(s)$和 $\boldsymbol{X}_{\mathrm{m}}(s)$,则通过对式(7.4.17) Laplace 变换,可得

$$\delta\boldsymbol{Y}(s)=\boldsymbol{W}_{\mathrm{m}}(s)\boldsymbol{X}_{\mathrm{m}}(s) \tag{7.4.18}$$

其中

$$\begin{aligned}\boldsymbol{W}_{\mathrm{m}}(s)=&\boldsymbol{CG}+\boldsymbol{DH}-\boldsymbol{C}_{\mathrm{m}}\\ &+(\boldsymbol{C}+\boldsymbol{DK})[s\boldsymbol{I}-(\boldsymbol{A}+\boldsymbol{BK})]^{-1}(\boldsymbol{AG}+\boldsymbol{BH}-\boldsymbol{GA}_{\mathrm{m}})\end{aligned} \tag{7.4.19}$$

为了保证对于任何 $\boldsymbol{x}_{\mathrm{m}}(t)$均有式(7.4.14)成立,其充要条件是

$$\lim_{s\to 0}\boldsymbol{W}_{\mathrm{m}}(s)=0$$

而由式(7.4.19)易见,上式与式(7.4.16)等价,再注意到式(7.4.12)与式(7.4.15)的等价性,定理得证。

△△△

7.4.3 问题的求解

这里我们基于定理 7.4.1 给出问题 7.4.1 的一种参数化求解方法。

当$(\boldsymbol{A},\boldsymbol{B})$能控时，存在右既约多项式矩阵$\boldsymbol{N}(s)\in\mathbf{R}^{n\times r}[s]$及$\boldsymbol{L}(s)\in\mathbf{R}^{r\times r}[s]$满足下述有理右既约分解：

$$(s\boldsymbol{I}-\boldsymbol{A})^{-1}\boldsymbol{B}=\boldsymbol{N}(s)\boldsymbol{L}^{-1}(s) \tag{7.4.20}$$

1. 前馈跟踪器的存在性与参数表示

对矩阵$\boldsymbol{A}_{\mathrm{m}}$做 Jordan 分解，有

$$\boldsymbol{A}_{\mathrm{m}}=\boldsymbol{T}\boldsymbol{F}\boldsymbol{T}^{-1} \tag{7.4.21}$$

其中，$\boldsymbol{F}$为$\boldsymbol{A}_{\mathrm{m}}$的 Jordan 标准型。设$\boldsymbol{F}$具有$p'$个 Jordan 块，且第$i$个 Jordan 块的特征值和阶次分别为$\lambda_i$和$p_i$。如果记与第$i$个 Jordan 块相对应的广义特征向量链为$\boldsymbol{t}_{ij}(j=1,2,\cdots,p_i)$，则矩阵$\boldsymbol{T}$具有下述结构：

$$\boldsymbol{T}=[\boldsymbol{t}_{11}\quad\cdots\quad\boldsymbol{t}_{1p_1}\quad\cdots\quad\boldsymbol{t}_{p'1}\quad\cdots\quad\boldsymbol{t}_{p'p_{p'}}] \tag{7.4.22}$$

定理 7.4.3　设$(\boldsymbol{A},\boldsymbol{B})$能控，则有以下结论：

(1) 联立矩阵方程(7.4.5)和(7.4.6)关于$\boldsymbol{G},\boldsymbol{H}$有解的充要条件是下述关系成立：

$$\operatorname{rank}[\boldsymbol{\Phi}_i]=\operatorname{rank}[\boldsymbol{\Phi}_i\quad\boldsymbol{T}_i],\quad i=1,2,\cdots,p' \tag{7.4.23}$$

其中

$$\boldsymbol{\Phi}_i=\begin{bmatrix}\boldsymbol{CN}(\lambda_i)+\boldsymbol{DL}(\lambda_i) & \cdots & \cdots & \dfrac{1}{(p_i-1)!}\dfrac{\mathrm{d}^{p_i-1}}{\mathrm{d}\lambda^{p_i-1}}[\boldsymbol{CN}(\lambda_i)+\boldsymbol{DL}(\lambda_i)]\\ 0 & \ddots & & \vdots\\ \vdots & & \ddots & \vdots\\ 0 & \cdots & 0 & \boldsymbol{CN}(\lambda_i)+\boldsymbol{DL}(\lambda_i)\end{bmatrix} \tag{7.4.24}$$

$$\boldsymbol{T}_i=[\boldsymbol{C}_{\mathrm{m}}\boldsymbol{t}_{ip_i}^{\mathrm{T}}\quad\cdots\quad\boldsymbol{C}_{\mathrm{m}}\boldsymbol{t}_{i2}^{\mathrm{T}}\quad\boldsymbol{C}_{\mathrm{m}}\boldsymbol{t}_{i1}^{\mathrm{T}}]^{\mathrm{T}},\quad i=1,2,\cdots,p' \tag{7.4.25}$$

(2) 当式(7.4.23)满足时，一切满足式(7.4.5)和式(7.4.6)的实矩阵$\boldsymbol{G}$和$\boldsymbol{H}$的全体由下述参数公式表出

$$\boldsymbol{G}=[\boldsymbol{\xi}_{11}\quad\cdots\quad\boldsymbol{\xi}_{1p_1}\quad\cdots\quad\boldsymbol{\xi}_{p'1}\quad\cdots\quad\boldsymbol{\xi}_{p'p_{p'}}]\boldsymbol{T}^{-1} \tag{7.4.26}$$

$$\boldsymbol{H}=[\boldsymbol{\eta}_{11}\quad\cdots\quad\boldsymbol{\eta}_{1p_1}\quad\cdots\quad\boldsymbol{\eta}_{p'1}\quad\cdots\quad\boldsymbol{\eta}_{p'p_{p'}}]\boldsymbol{T}^{-1} \tag{7.4.27}$$

其中

$$\boldsymbol{\xi}_{ij}=\boldsymbol{N}(\lambda_i)\boldsymbol{f}_{ij}+\cdots+\frac{1}{(j-1)!}\frac{\mathrm{d}^{j-1}}{\mathrm{d}\lambda^{j-1}}\boldsymbol{N}(\lambda_i)\boldsymbol{f}_{i1} \tag{7.4.28}$$

$$\boldsymbol{\eta}_{ij}=\boldsymbol{L}(\lambda_i)\boldsymbol{f}_{ij}+\cdots+\frac{1}{(j-1)!}\frac{\mathrm{d}^{j-1}}{\mathrm{d}\lambda^{j-1}}\boldsymbol{L}(\lambda_i)\boldsymbol{f}_{i1} \tag{7.4.29}$$

$$j=1,2,\cdots,p_i;i=1,2,\cdots,p'$$

而 $\boldsymbol{f}_{ij}\in\mathbf{C}^r$ 为一组参数向量,它们满足

约束 7.4.1 当 $\lambda_i=\bar{\lambda}_l$ 时,有 $\boldsymbol{f}_{ij}=\bar{\boldsymbol{f}}_{lj}$ 成立,以及下述线性方程组系:

$$\boldsymbol{\Phi}_i\boldsymbol{F}_i=\boldsymbol{T}_i,\quad i=1,2,\cdots,p' \tag{7.4.30}$$

这里

$$\boldsymbol{F}_i=[\boldsymbol{f}_{ip_i}^{\mathrm{T}}\quad\cdots\quad\boldsymbol{f}_{i2}^{\mathrm{T}}\quad\boldsymbol{f}_{i1}^{\mathrm{T}}]^{\mathrm{T}},\quad i=1,2,\cdots,p' \tag{7.4.31}$$

证明 以式(7.4.21)代入式(7.4.5),并令

$$\boldsymbol{G}'=\boldsymbol{G}\boldsymbol{T},\quad \boldsymbol{H}'=\boldsymbol{H}\boldsymbol{T} \tag{7.4.32}$$

可得

$$\boldsymbol{A}\boldsymbol{G}'+\boldsymbol{B}\boldsymbol{H}=\boldsymbol{G}'\boldsymbol{F} \tag{7.4.33}$$

由定理 1.7.2 可知,满足式(7.4.33)的矩阵的全体由

$$\boldsymbol{G}'=[\boldsymbol{\xi}_{11}\quad\cdots\quad\boldsymbol{\xi}_{1p_1}\quad\cdots\quad\boldsymbol{\xi}_{p'1}\quad\cdots\quad\boldsymbol{\xi}_{p'p_{p'}}]$$
$$\boldsymbol{H}'=[\boldsymbol{\eta}_{11}\quad\cdots\quad\boldsymbol{\eta}_{1p_1}\quad\cdots\quad\boldsymbol{\eta}_{p'1}\quad\cdots\quad\boldsymbol{\eta}_{p'p_{p'}}]$$

及式(7.4.28)和式(7.4.29)给出。从而方程(7.4.5)的实数解的全体由式(7.4.26)~式(7.4.29)和约束 7.4.1 给出。由式(7.4.26)~式(7.4.29)代入式(7.4.6)可导出线性方程组(7.4.30),从而定理结论显见。

ΔΔΔ

2. *反馈镇定器的参数表示*

直接引用第 6 章中的特征结构配置结果可以给出下述定理。

定理 7.4.4 设$(\boldsymbol{A},\boldsymbol{B})$能控,则一切使得矩阵 $\boldsymbol{A}+\boldsymbol{B}\boldsymbol{K}$ 以一组互异共轭封闭复数 $s_i(i=1,2,\cdots,n)$为特征值的实阵 $\boldsymbol{K}$ 的全体由下述参数公式表示:

$$\boldsymbol{K}=\boldsymbol{W}\boldsymbol{V}^{-1} \tag{7.4.34}$$

其中

$$\boldsymbol{V}=[\boldsymbol{v}_1\quad\boldsymbol{v}_2\quad\cdots\quad\boldsymbol{v}_n],\qquad \boldsymbol{v}_i=\boldsymbol{N}(s_i)\boldsymbol{g}_i \tag{7.4.35}$$

$$\boldsymbol{W}=[\boldsymbol{w}_1\quad\boldsymbol{w}_2\quad\cdots\quad\boldsymbol{w}_n],\quad \boldsymbol{w}_i=\boldsymbol{L}(s_i)\boldsymbol{g}_i \tag{7.4.36}$$

而 $\boldsymbol{g}_i$ 为任何一组满足下述约束的 r 维复向量。

约束 7.4.2 当 $s_i=\bar{s}_l$ 时,有 $\boldsymbol{g}_i=\bar{\boldsymbol{g}}_l$。

约束 7.4.3 $\det[V(s_i,\boldsymbol{g}_i,i=1,2,\cdots,n)]\neq0$。

下面对定理 7.4.3 和定理 7.4.4 做两点说明:

说明 7.4.1 由定理 7.4.3 可见,联立方程组式(7.4.5)和式(7.4.6)的解的存在性和唯一性取决于线性方程组(7.4.30)的解的存在性和唯一性。当线性方程组(7.4.30)的解存在且不唯一时,所求前馈跟踪器参数 $\boldsymbol{G}$ 和 $\boldsymbol{H}$ 则是不唯一的。

说明 7.4.2 定理 7.4.4 中的 s_i 和 $\boldsymbol{g}_i(i=1,2,\cdots,n)$为反馈增益阵 $\boldsymbol{K}$ 的参量。其中 $s_i(i=1,2,\cdots,n)$为闭环系统的极点,可根据系统的稳定性和性能要求适当

取定。

根据上述结果可得求解系统(7.4.1)的模型参考输出跟踪控制律式(7.4.4)或式(7.4.15)的下述算法。

算法 7.4.1　模型参考输出跟踪控制。

第 1 步:求解右既约分解式(7.4.20)及 Jordan 分解(7.4.21)。

第 2 步:判断条件(7.4.23)。如果成立,进行下一步。否则控制律不存在或算法失效。

第 3 步:求解满足方程组(7.4.30)及约束 7.4.1 的一组参数 $\boldsymbol{f}_{ij}$ $(j=1,2,\cdots,p_i;i=1,2,\cdots,p')$,并以之代入式(7.4.26)~式(7.4.29)可得前馈补偿器参数 $\boldsymbol{G}$ 和 $\boldsymbol{H}$。

第 4 步:根据稳定性和跟踪的快速性要求合理选定 s_i $(i=1,2,\cdots,n)$,同时求解满足约束 7.4.2 和约束 7.4.3 的一组参向量 $\boldsymbol{g}_i$ $(i=1,2,\cdots,n)$,并以之代入式(7.4.34)~式(7.4.36)可求得反馈镇定增益阵 $\boldsymbol{K}$。

下面对上述算法作几点说明。

说明 7.4.3　关于第 1 步中右既约分解式(7.4.21)的求取,第 1 章中给出了利用矩阵初等变换求解的非常简单的方法——算法 1.4.1。

说明 7.4.4　第 2 步中式(7.4.23)的验证与第 3 步中方程组(7.4.30)的求解可结合进行。特别对于具有互异特征值的情况,有

$$\boldsymbol{\Phi}_i=\boldsymbol{CN}(\lambda_i)+\boldsymbol{DL}(\lambda_i),\quad i=1,2,\cdots,p \tag{7.4.37}$$

且此时式(7.4.26)~式(7.4.29)退化为下述简单情形:

$$\boldsymbol{G}=[\boldsymbol{\xi}_1\quad \boldsymbol{\xi}_2\quad \cdots\quad \boldsymbol{\xi}_p]\boldsymbol{T}^{-1},\quad \boldsymbol{\xi}_i=\boldsymbol{N}(\lambda_i)\boldsymbol{f}_i \tag{7.4.38}$$

$$\boldsymbol{H}=[\boldsymbol{\eta}_1\quad \boldsymbol{\eta}_2\quad \cdots\quad \boldsymbol{\eta}_p]\boldsymbol{T}^{-1},\quad \boldsymbol{\eta}_i=\boldsymbol{L}(\lambda_i)\boldsymbol{f}_i \tag{7.4.39}$$

说明 7.4.5　根据极点配置理论可以推知,第 4 步中满足约束 7.4.2 和约束 7.4.3 的参向量 $\boldsymbol{g}_i(i=1,2,\cdots,n)$一定存在,且约束 7.4.3"几乎总是"成立的,因而在应用的过程中常可以不予考虑。此外,由矩阵特征向量的不唯一性可知,参向量 $\boldsymbol{g}_i$ 中有一个元素可以事先取定,而不影响反馈阵 $\boldsymbol{K}$ 的解集。

说明 7.4.6　上述算法的主要计算量包含右互质分解式(7.4.20)的求取、一个 p 阶矩阵的 Jordan 分解、一组线性方程组的求解和两个矩阵的求逆。在应用过程中,可以合理地选择设计参数 $\boldsymbol{f}_{ij}$ $(j=1,2,\cdots,p_i;i=1,2,\cdots,p)$和 $\boldsymbol{g}_i$ $(i=1,2,\cdots,n)$,使得在基本要求满足的条件下控制系统还具有其他希望性能。

7.4.4　算例

例 7.4.1　考虑具有下述参数的系统:

$$\boldsymbol{A}=\begin{bmatrix}0&1&0&0\\-1&0&1&0\\0&0&0&0\\1&0&-1&0\end{bmatrix},\quad \boldsymbol{B}=\begin{bmatrix}0\\1\\0\\0\end{bmatrix},\quad \boldsymbol{C}=[0\quad 0\quad 1\quad 0],\quad D=0$$

$$\boldsymbol{A}_{\mathrm{m}}=\begin{bmatrix}0 & 1 & 0\\ -0.08 & -0.3999 & 1\\ 0 & 0 & 0\end{bmatrix},\quad \boldsymbol{C}_{\mathrm{m}}=[1\quad 0\quad 0]$$

受篇幅所限,这里略去了计算过程而只给出各步的主要结果。

第1步:

$$\boldsymbol{N}(s)=[s^2+1\quad s^3+s\quad 1\quad s]^{\mathrm{T}},\quad \boldsymbol{L}(s)=s^4+2s^2$$

$$\boldsymbol{F}=\mathrm{diag}(0,-0.2(1-\mathrm{i}),-0.2(1+\mathrm{i}))$$

$$\boldsymbol{T}=\begin{bmatrix}1 & 1 & 1\\ 0 & -0.2(1-\mathrm{i}) & -0.2(1+\mathrm{i})\\ 0.08 & 0 & 0\end{bmatrix}$$

第2步:由 $CN(s)+DL(s)=C_m t_i=1(i=1,2,3)$可知,条件(7.4.23)满足。

第3步:方程组系(7.4.30)具有唯一解 $f_i=1(i=1,2,3)$,从而前馈补偿器参数为

$$\boldsymbol{G}=\begin{bmatrix}0.92 & -0.4 & 1\\ 0.032 & 1.08 & -0.4\\ 1 & 0 & 0\\ 0 & 1 & 0\end{bmatrix},\quad \boldsymbol{H}=[-0.1664\quad -0.8\quad 2.078]$$

第4步:反馈镇定增益阵为

$$\boldsymbol{K}=\boldsymbol{W}\boldsymbol{V}^{-1}$$

其中

$$\boldsymbol{W}=[s_1^4+2s_1^2\quad s_2^4+2s_2^2\quad s_3^4+2s_3^2\quad s_4^4+2s_4^2]$$

$$\boldsymbol{V}=\begin{bmatrix}s_1^2+1 & s_2^2+1 & s_3^2+1 & s_4^2+1\\ s_1^3+s_1 & s_2^3+s_2 & s_3^3+s_3 & s_4^3+s_4\\ 1 & 1 & 1 & 1\\ s_1 & s_2 & s_3 & s_4\end{bmatrix}$$

通过特别选取闭环极点,可以得到具体的反馈增益阵 $\boldsymbol{K}$。

例 7.4.2　考虑下述系统:

$$\boldsymbol{A}=\begin{bmatrix}-5 & 1 & 0\\ 0 & 1 & 1\\ 1 & 1 & 1\end{bmatrix},\quad \boldsymbol{B}=\begin{bmatrix}0 & 0\\ 0 & 1\\ 1 & 0\end{bmatrix},\quad \boldsymbol{C}=[1\quad 0\quad 0],\quad D=0$$

$$\boldsymbol{A}_{\mathrm{m}}=\begin{bmatrix}\alpha & 1\\ 0 & \beta\end{bmatrix},\quad \boldsymbol{C}_{\mathrm{m}}=[1\quad 0],\quad \alpha\neq\beta$$

依算法7.4.1求解的各步结果如下:

第1步:

$$N(s)=\begin{bmatrix}1 & 0\\ s+5 & 0\\ 0 & 1\end{bmatrix},\quad L(s)=\begin{bmatrix}-(s+6) & s-1\\ (s+5)(s-1) & -1\end{bmatrix}$$

$$F=\mathrm{diag}(\alpha,\beta),\quad T=\begin{bmatrix}1 & 1\\ 0 & \beta-\alpha\end{bmatrix}$$

第2步：条件(7.4.23)满足。

第3步：$f_i=[1\ \ x_i]$，$x_i(i=1,2)$为任何实数。

$$G=\frac{1}{\beta-\alpha}\begin{bmatrix}\beta-\alpha & 0\\ (\beta-\alpha)(5+\alpha) & \beta-\alpha\\ (\beta-\alpha)x_1 & x_2-x_1\end{bmatrix}$$

$$H=\frac{1}{\beta-\alpha}\begin{bmatrix}(\beta-\alpha)[-6-\alpha+(\alpha-1)x_1] & \alpha-\beta+(\beta-1)x_2-(\alpha-1)x_1\\ (\beta-\alpha)[(5+\alpha)(\alpha-1)-x_1] & (5+\beta)(\beta-1)+(5+\alpha)(\alpha-1)+x_1-x_2\end{bmatrix}$$

第4步：反馈镇定增益阵为

$$K=\begin{bmatrix}k_{11} & k_{12} & k_{13}\\ k_{21} & k_{22} & k_{23}\end{bmatrix}$$

其中

$$\begin{aligned}
k_{11}=&[(s_3+5)(s_2-s_1)\beta_1\beta_2+(s_1+5)(s_3-s_2)\beta_2\beta_3\\
&+(s_2+5)(s_1-s_3)\beta_3\beta_1-\Delta]/\Delta\\
k_{12}=&[(s_1+s_2)\beta_1\beta_2+(s_2-s_3)\beta_2\beta_3+(s_3-s_1)\beta_3\beta_1-\Delta]/\Delta\\
k_{13}=&[s_1(s_3-s_2)\beta_1+s_2(s_1-s_3)\beta_2+s_3(s_2-s_1)\beta_3-\Delta]/\Delta\\
k_{21}=&[(s_2-s_3)(s_3+5)(s_2+5)\beta_1+(s_3-s_1)(s_1+5)(s_3+5)\beta_2\\
&+(s_1-s_2)(s_1+5)(s_2+5)\beta_3]/\Delta\\
k_{22}=&[(s_3-s_2)(s_2+s_3+4)\beta_1+(s_1-s_3)(s_1+s_3+4)\beta_2\\
&+(s_2-s_1)(s_1+s_2+4)\beta_3]/\Delta\\
k_{23}=&[s_1^2(s_3-s_2)+s_2^2(s_1-s_3)+s_3^2(s_2-s_1)]/\Delta
\end{aligned}$$

其中，$\Delta=-\beta_1+2\beta_2-\beta_3$；$\beta_i(i=1,2,3)$为任何使$\Delta\neq0$的实数；$s_i(i=1,2,3)$为闭环系统的互异实极点。

说明7.4.7　由上述算例可见，利用我们的算法可以得到非常一般的结果，这无论在计算机上根据给定性能进行参数选择，还是理论上进行某种意义下的参数优化都是很有意义的。

7.5 小　结

镇定是线性系统的另一类非优化设计问题，它是以闭环系统的稳定性为设计的最终目的。对于这一问题我们要清楚问题的提法，特别对于状态反馈的情形，还要掌握问题的求解条件和各种求解方法。有关输出反馈和动态补偿器的情形,感兴趣的读者可以参考有关文献(Emre,1988;Descusse,1982;Anderson and Scott,1977;Denham,1973;Li,1972)。另外,作者还考虑了一些复杂系统的反馈镇定问题,如时变系统(Zhou,Cai and Duan,2013),连续周期系统(Zhou and Duan,2012)和量化控制系统(Zhou,Duan and Lam,2010)。

状态反馈镇定问题的解的存在条件是系统可稳。可稳性是较能控性弱的一个条件,是一个受控系统应该具有的起码的条件。与可稳性对偶的概念是可检测性,将在第 10 章中介绍。

镇定问题是控制系统设计中的一个最基本的问题,它的重要性体现在下述几个方面:

(1) 闭环系统的稳定性常常是某些系统设计的直接目标;

(2) 某些其他类型的控制系统设计问题可以转化为镇定问题;

(3) 某些控制系统设计问题间接地包含了系统镇定问题。

7.3 节处理的定常参考信号的渐近跟踪问题即属于上述第二种情况,通过状态增广,将常值输出渐近跟踪问题转化为一个状态反馈镇定问题。另外,该节中还涉及另一个系统设计概念——干扰解耦。有关这方面的内容我们将在第 9 章中详细讨论。关于控制系统的反馈镇定,还存在基于线性矩阵不等式的设计方法,具体可参见作者的著作(Duan and Yu,2013)。

7.4 节的模型参考输出跟踪问题属于上述第三种情况,我们求得的控制律包含有状态反馈镇定律和一个前馈补偿器。在这里我们又一次看到了 Sylvester 矩阵方程的作用。关于这一节的内容,读者可以参阅作者的工作,如段广仁、强文义和冯文剑等(1994),Huang、You 和 Duan(2010),Duan 和 Huang(2008)和 Duan、Liu W Q 和 Liu G P(2001;2000)。

本章讨论的两类输出跟踪问题都是以系统的镇定为基础的,第 9 章还将讨论另一类基于内模原理的输出跟踪控制问题。

思考与练习

7.1 试举出某些实际控制系统的例子,它们的设计以闭环系统的渐近稳定性为目标。

7.2 试举出某些以信号跟踪为设计目标的实际控制系统的例子。

7.3 如何理解线性系统的可稳性?这一概念对于线性时变系统有意义吗?

7.4 试问本章的模型参考输出跟踪问题与第 6 章中的模型匹配问题有无联系?

7.5 设 $\boldsymbol{A}\in\mathbf{R}^{n\times n}$,$\boldsymbol{B}\in\mathbf{R}^{n\times r}$,$(\boldsymbol{A},\boldsymbol{B})$可稳,证明 $\mathrm{rank}[\boldsymbol{A}\quad\boldsymbol{B}]=n$。

7.6 已知系统

$$\begin{cases}\dot{x}=ax+bu+fd\\ y=cx\end{cases}$$

其中,a,b,c,f 均为标量,再设参考信号为 $y_{\mathrm{r}}=1(t)$,如果用 7.3 节中的方法设计跟踪控制律,试分析当 $d=t$ 时系统的跟踪误差 $e(t)=y(t)-y_{\mathrm{r}}$。

7.7　判断下列各系统能否用状态反馈实现镇定:

(1) $\dot{\boldsymbol{x}}=\begin{bmatrix}1&3\\2&1\end{bmatrix}\boldsymbol{x}+\begin{bmatrix}0\\1\end{bmatrix}u$　　(2) $\dot{\boldsymbol{x}}=\begin{bmatrix}4&2\\0&-2\end{bmatrix}\boldsymbol{x}+\begin{bmatrix}1\\0\end{bmatrix}u$

(3) $\dot{\boldsymbol{x}}=\begin{bmatrix}1&0&0\\0&-2&1\\0&0&-2\end{bmatrix}\boldsymbol{x}+\begin{bmatrix}1&0\\0&1\\0&0\end{bmatrix}\boldsymbol{u}$

7.8　判断下列各系统能否用输出反馈实现镇定:

(1) $\dot{\boldsymbol{x}}=\begin{bmatrix}1&3\\2&1\end{bmatrix}\boldsymbol{x}+\begin{bmatrix}0\\1\end{bmatrix}u,\quad \boldsymbol{y}=\begin{bmatrix}0&2\\1&0\end{bmatrix}\boldsymbol{x}$

(2) $\dot{\boldsymbol{x}}=\begin{bmatrix}4&2\\0&-2\end{bmatrix}\boldsymbol{x}+\begin{bmatrix}1\\0\end{bmatrix}u,\quad \boldsymbol{y}=\begin{bmatrix}1&1\\0&2\end{bmatrix}\boldsymbol{x}$

(3) $\dot{\boldsymbol{x}}=\begin{bmatrix}4&0&0\\0&-1&1\\0&0&1\end{bmatrix}\boldsymbol{x}+\begin{bmatrix}0&1\\1&0\\0&0\end{bmatrix}\boldsymbol{u},\quad \boldsymbol{y}=\begin{bmatrix}1&0&1\\1&1&0\\2&4&3\end{bmatrix}\boldsymbol{x}$

7.9　设某系统的传递函数为

$$g_0(s)=\frac{(s+2)(s+3)}{(s+1)(s-2)(s+4)}$$

试问是否存在状态反馈阵使闭环传递函数为

$$g(s)=\frac{(s+3)}{(s+2)(s+4)}$$

如果存在,求出此状态反馈阵。

7.10　给定受控系统为

$$\dot{\boldsymbol{x}}=\begin{bmatrix}2&1&0\\0&1&0\\1&0&1\end{bmatrix}\boldsymbol{x}+\begin{bmatrix}0\\1\\0\end{bmatrix}u,\quad y=[1\quad 0\quad 0]\boldsymbol{x}$$

和参考信号 $y_{\mathrm{r}}=1(t)$,试求取该系统的状态反馈输出跟踪控制律。

7.11　给定受控系统为

$$\dot{\boldsymbol{x}}=\begin{bmatrix}0&1\\a_1&a_0\end{bmatrix}\boldsymbol{x}+\begin{bmatrix}0\\1\end{bmatrix}u,\quad y=[0\quad 1]\boldsymbol{x}$$

和参考模型

$$\begin{cases}\dot{x}_m = a x_m \\ y_m = x_m\end{cases}$$

试求取该系统的状态反馈模型参考输出跟踪控制律。

7.12　证明按照算法 7.2.1 求得的矩阵 $\boldsymbol{K}$ 为系统(7.2.1)的状态反馈镇定律的增益阵。

7.13　给定可稳系统(7.2.1),设其能控性规范分解具有式(7.2.6)的形式,且能控部分的阶次为 p。记

$$\boldsymbol{V}_c = [\boldsymbol{v}_1^c \quad \boldsymbol{v}_2^c \quad \cdots \quad \boldsymbol{v}_p^c], \quad \boldsymbol{v}_i^c = \boldsymbol{N}_c(s_i)\boldsymbol{f}_i$$

$$\boldsymbol{W}_c = [\boldsymbol{w}_1^c \quad \boldsymbol{w}_2^c \quad \cdots \quad \boldsymbol{w}_p^c], \quad \boldsymbol{w}_i^c = \boldsymbol{D}_c(s_i)\boldsymbol{f}_i$$

其中,$\boldsymbol{N}_c(s)$和$\boldsymbol{D}_c(s)$为满足下述右既约分解的多项式矩阵:

$$(\boldsymbol{A}_c - s\boldsymbol{I})^{-1}\boldsymbol{B}_c = \boldsymbol{N}_c(s)\boldsymbol{D}_c^{-1}(s)$$

证明,对于任何满足下述条件的 s_i 和 $\boldsymbol{f}_i(i=1,2,\cdots,p)$:

(1) $s_i(i=1,2,\cdots,p)$为复平面左半平面的一组互异自共轭复数;

(2) 当 $s_i=\bar{s}_l$ 时,有 $\boldsymbol{f}_i=\bar{\boldsymbol{f}}_l$;

(3) $\det\boldsymbol{V}_c[s_i,\boldsymbol{f}_i,i=1,2,\cdots,p]\neq 0$。

下述控制律

$$\boldsymbol{u} = [\boldsymbol{W}_c\boldsymbol{V}_c^{-1} \quad 0]\boldsymbol{P}\boldsymbol{x}$$

构成系统的一族状态反馈镇定控制律。这里 $\boldsymbol{P}$ 为实现系统能控性规范分解的变换阵。

7.14　对于上题,进一步决定出闭环系统的系统矩阵的 Jordan 标准型和特征向量矩阵。

第8章　线性二次型最优控制

线性二次型最优控制是一类以线性系统为被控对象、以二次型泛函指标为性能指标的最优控制问题。本章侧重介绍三个问题：线性二次型最优状态调节问题、线性二次型最优输出调节问题和线性二次型最优输出跟踪问题。所谓调节，是一种特殊情况的跟踪，即被跟踪信号或参考信号为常值的跟踪过程。在本章中我们将发现，这类最优控制问题的解是非常简单的线性状态反馈。

8.1　变分法简介

最优控制理论是变分法，也即泛函极值理论中的一个分支。为了使读者对最优控制理论在总体上有一个概括的认识，这里我们从泛函的极值及其相关概念谈起，并导出本章中的基本定理，然后在后续各节中将借助于该基本定理来导出各种线性二次型最优控制问题的解。

8.1.1　泛函及其变分

所谓泛函，即“函数的函数”，其严格定义如下：

定义 8.1.1　设$\{\boldsymbol{y}(\boldsymbol{x})\}$为已给的某类函数。如果对于这类函数中的每一个函数，有某数 J 与之对应，则称 J 为这类函数的泛函，记为 $J=J[\boldsymbol{y}(\boldsymbol{x})]$。函数类$\{\boldsymbol{y}(\boldsymbol{x})\}$称为泛函 J 的定义域。

例 8.1.1　设$\{y(x)\}$为定义在$[0,1]$上的具有连续导数的函数的全体，则

$$J[y(x)]=\int_0^1 \sqrt{1+\dot{y}^2}\,\mathrm{d}x$$

为一个泛函。

设 $\boldsymbol{y}(\boldsymbol{x})$为一个以 $\boldsymbol{x}$ 为自变元的函数，$J[\boldsymbol{y}(\boldsymbol{x})]$为一个以 $\boldsymbol{y}(\boldsymbol{x})$为自变元的泛函。下面针对泛函 $J[\boldsymbol{y}(\boldsymbol{x})]$引入一些基本概念：

(1) 泛函 $J[\boldsymbol{y}(\boldsymbol{x})]$的变量 $\boldsymbol{y}(\boldsymbol{x})$的变分：泛函 $J[\boldsymbol{y}(\boldsymbol{x})]$的变量 $\boldsymbol{y}(\boldsymbol{x})$的增量称为变分，记为 $\delta\boldsymbol{y}$，指两个函数间的差，即

$$\delta\boldsymbol{y}=\boldsymbol{y}(\boldsymbol{x})-\boldsymbol{y}_1(\boldsymbol{x}) \tag{8.1.1}$$

这里，$\boldsymbol{y}(\boldsymbol{x})$是在某一类函数中任意改变的。

(2) 泛函 $J[\boldsymbol{y}(\boldsymbol{x})]$的连续性：对于任意给定的正数 ε，如果存在正数 δ，当

$$\|\boldsymbol{y}(\boldsymbol{x})-\boldsymbol{y}_0(\boldsymbol{x})\|<\delta,\ \|\dot{\boldsymbol{y}}(\boldsymbol{x})-\dot{\boldsymbol{y}}_0(\boldsymbol{x})\|<\delta,\cdots,\ \|\boldsymbol{y}^{(k)}(\boldsymbol{x})-\boldsymbol{y}_0^{(k)}(\boldsymbol{x})\|<\delta \tag{8.1.2}$$

时有

$$\| J[\boldsymbol{y}(\boldsymbol{x})] - J[\boldsymbol{y}_0(\boldsymbol{x})] \| < \varepsilon \tag{8.1.3}$$

则称泛函 $J[\boldsymbol{y}(\boldsymbol{x})]$为在 $\boldsymbol{y}_0(x)$处具有 k 阶接近度的连续泛函。当然,这里 $\boldsymbol{y}(\boldsymbol{x})$是使泛函 $J[\boldsymbol{y}(\boldsymbol{x})]$有意义的函数类,也即在 $J[\boldsymbol{y}(\boldsymbol{x})]$的定义域中选取。

(3) 线性泛函:设 $J[\boldsymbol{y}(\boldsymbol{x})]$为一连续泛函。如果对于任意常数 α,β 和 J 之定义域中的任何变量 $\boldsymbol{y}_1(\boldsymbol{x})$和 $\boldsymbol{y}_2(\boldsymbol{x})$,有

$$J[\alpha\boldsymbol{y}_1(\boldsymbol{x}) + \beta\boldsymbol{y}_2(\boldsymbol{x})] = \alpha J[\boldsymbol{y}_1(\boldsymbol{x})] + \beta J[\boldsymbol{y}_2(\boldsymbol{x})] \tag{8.1.4}$$

则称 $J[\boldsymbol{y}(\boldsymbol{x})]$为线性泛函,常记为 $L[\boldsymbol{y}(\boldsymbol{x})]$。

(4) 泛函 $J[\boldsymbol{y}(\boldsymbol{x})]$的增量:由变量 $\boldsymbol{y}(\boldsymbol{x})$的变分导致的泛函的增量,记为 ΔJ,即

$$\Delta J = J[\boldsymbol{y}(\boldsymbol{x}) + \delta\boldsymbol{y}] - J[\boldsymbol{y}(\boldsymbol{x})] \tag{8.1.5}$$

(5) 泛函 $J[\boldsymbol{y}(\boldsymbol{x})]$的变分:泛函 $J[\boldsymbol{y}(\boldsymbol{x})]$的变分记为 δJ,其定义为

$$\delta J = \frac{\partial J[\boldsymbol{y}(\boldsymbol{x}) + \alpha\delta\boldsymbol{y}]}{\partial\alpha} = L[\boldsymbol{y}(\boldsymbol{x}), \delta\boldsymbol{y}] \tag{8.1.6}$$

容易证明,$L[\boldsymbol{y}(\boldsymbol{x}),\delta\boldsymbol{y}]$为 ΔJ 的线性主部,即

$$\Delta J = L[\boldsymbol{y}(\boldsymbol{x}), \delta\boldsymbol{y}] + \beta[\boldsymbol{y}(\boldsymbol{x}), \delta\boldsymbol{y}] \cdot \max|\delta\boldsymbol{y}| \tag{8.1.7}$$

其中,$L[\boldsymbol{y}(\boldsymbol{x}),\delta\boldsymbol{y}]$相对于 δJ 为线性泛函;当 $\max|\delta\boldsymbol{y}|\to 0$ 时,$\beta[\boldsymbol{y}(\boldsymbol{x}),\delta\boldsymbol{y}]\to 0$。

8.1.2 泛函的极值

定义 8.1.2 给定泛函 $J[\boldsymbol{y}(\boldsymbol{x})]$及其定义域中一变量 $\boldsymbol{y}_0(\boldsymbol{x})$。如果对于任何一个与 $\boldsymbol{y}_0(\boldsymbol{x})$接近的变量 $\boldsymbol{y}(\boldsymbol{x})$,都有

$$J[\boldsymbol{y}_0(\boldsymbol{x})] - J[\boldsymbol{y}(\boldsymbol{x})] \geqslant 0 \tag{8.1.8}$$

则称泛函 $J[\boldsymbol{y}(\boldsymbol{x})]$在 $\boldsymbol{y}_0(\boldsymbol{x})$上达到一个相对的极大值。如果上述关系式(8.1.8)对于泛函 $J[\boldsymbol{y}(\boldsymbol{x})]$的定义域中的所有 $\boldsymbol{y}(\boldsymbol{x})$均成立,则称泛函 $J[\boldsymbol{y}(\boldsymbol{x})]$在 $\boldsymbol{y}_0(\boldsymbol{x})$上达到其定义域上的一个绝对极大值。如果式(8.1.8)中的不等号反向,则称泛函 $J[\boldsymbol{y}(\boldsymbol{x})]$在 $\boldsymbol{y}_0(\boldsymbol{x})$上达到极小值。

上述叙述中所谓"$\boldsymbol{y}(\boldsymbol{x})$与 $\boldsymbol{y}_0(\boldsymbol{x})$接近"有两种含义:其一是$\|\boldsymbol{y}(\boldsymbol{x}) - \boldsymbol{y}_0(\boldsymbol{x})\|$很小,即 $\boldsymbol{y}(\boldsymbol{x})$与 $\boldsymbol{y}_0(\boldsymbol{x})$只具有零阶的接近度,此时由式(8.1.8)定义的极值称为强极值;其二是不仅$\|\boldsymbol{y}(\boldsymbol{x}) - \boldsymbol{y}_0(\boldsymbol{x})\|$很小,而且$\|\dot{\boldsymbol{y}}(x) - \dot{\boldsymbol{y}}_0(\boldsymbol{x})\|$也很小,即 $\boldsymbol{y}(\boldsymbol{x})$与 $\boldsymbol{y}_0(\boldsymbol{x})$具有一阶接近度,此时由式(8.1.8)决定的极值称为弱极值。

关于泛函取极值的条件,有下述极值原理。

定理 8.1.1 如果具有变分的泛函 $J[\boldsymbol{y}(\boldsymbol{x})]$在 $\boldsymbol{y} = \boldsymbol{y}_0(\boldsymbol{x})$上达到极值,则 $J[\boldsymbol{y}(\boldsymbol{x})]$沿着 $\boldsymbol{y}_0(\boldsymbol{x})$的变分 δJ 为零。

证明 当 $\boldsymbol{y}_0(\boldsymbol{x})$和 $\delta\boldsymbol{y}$ 固定时,$J[\boldsymbol{y}_0(\boldsymbol{x}) + \alpha\delta\boldsymbol{y}] = \phi(\alpha)$是 α 的函数,且由假设知,当 $\alpha = 0$ 时该函数达到极值,从而由函数极值的必要条件知

$$\frac{\mathrm{d}\phi}{\mathrm{d}\alpha}=\frac{\partial}{\partial\alpha}J\ [\boldsymbol{y}_0(\boldsymbol{x})+\alpha\delta\boldsymbol{y}]_{\alpha=0}=0$$

根据泛函变分的定义，上式即为 $\delta J=\delta J[\boldsymbol{y}_0(\boldsymbol{x})]=0$。

ΔΔΔ

下述数学分析中的结果构成了泛函极值理论的一个基本的理论基础。

引理 8.1.1　设 $\boldsymbol{M}(t)$ 为 $[t_0,t_f]$ 上的 r 维连续向量函数。如果对于任意的、在 $[t_0,t_f]$ 上连续，且满足 $\boldsymbol{y}(t_0)=\boldsymbol{y}(t_f)=0$ 的 r 维向量函数 $\boldsymbol{y}(t)$，有

$$\int_{t_0}^{t_f}\boldsymbol{y}^{\mathrm{T}}(t)\boldsymbol{M}(t)\mathrm{d}t=0$$

则 $\boldsymbol{M}(t)$ 在 $[t_0,t_f]$ 上恒为零。

下面我们利用定理 8.1.1 和上述引理来考虑下述一类具体的泛函：

$$J[\boldsymbol{x}(t)]=\int_{t_0}^{t_f}\phi(\boldsymbol{x},\dot{\boldsymbol{x}},t)\mathrm{d}t \tag{8.1.9}$$

其中，$\boldsymbol{x}=\boldsymbol{x}(t)$ 为 $[t_0,t_f]$ 上的 n 维连续可微函数，$\phi(\boldsymbol{x},\dot{\boldsymbol{x}},t)$ 为一个关于其所有变元连续可微的标量函数。

定理 8.1.2　泛函 $J[\boldsymbol{x}(t)]$ 在 $\boldsymbol{x}^*(t)$ 处取得极值的必要条件是下述 Euler 方程：

$$\frac{\partial\phi}{\partial x}-\frac{\mathrm{d}}{\mathrm{d}t}\frac{\partial\phi}{\partial\dot{\boldsymbol{x}}}=0 \tag{8.1.10}$$

和边界条件

$$\left.\frac{\partial\phi}{\partial\dot{\boldsymbol{x}}}\right|_{t_f}=0,\quad \left.\frac{\partial\phi}{\partial\dot{\boldsymbol{x}}}\right|_{t_0}=0 \tag{8.1.11}$$

对于 $\boldsymbol{x}=\boldsymbol{x}^*(t)$ 成立。

证明　令

$$J(\alpha)=\int_{t_0}^{t_f}\phi(\boldsymbol{x}^*+\alpha\delta\boldsymbol{x},\dot{\boldsymbol{x}}^*+\alpha\delta\dot{\boldsymbol{x}},t)\mathrm{d}t$$

考虑

$$\frac{\mathrm{d}}{\mathrm{d}\alpha}J(\alpha)=\int_{t_0}^{t_f}\left(\delta\boldsymbol{x}^{\mathrm{T}}\frac{\partial\phi}{\partial\boldsymbol{x}}+\delta\dot{\boldsymbol{x}}^{\mathrm{T}}\frac{\partial\phi}{\partial\dot{\boldsymbol{x}}}\right)\mathrm{d}t$$

注意到

$$\int_{t_0}^{t_f}\delta\dot{\boldsymbol{x}}^{\mathrm{T}}\frac{\partial\phi}{\partial\dot{\boldsymbol{x}}}\mathrm{d}t=\int_{t_0}^{t_f}\left(\frac{\partial\phi}{\partial\dot{\boldsymbol{x}}}\right)^{\mathrm{T}}\delta\dot{\boldsymbol{x}}\mathrm{d}t=\left(\frac{\partial\phi}{\partial\dot{\boldsymbol{x}}}\right)^{\mathrm{T}}\delta\boldsymbol{x}\,\Big|_{t_0}^{t_f}-\int_{t_0}^{t_f}\delta\boldsymbol{x}^{\mathrm{T}}\left(\frac{\mathrm{d}}{\mathrm{d}t}\frac{\partial\phi}{\partial\dot{\boldsymbol{x}}}\right)\mathrm{d}t$$

从而

$$\frac{\mathrm{d}}{\mathrm{d}\alpha}J(\alpha)=\int_{t_0}^{t_f}\delta\boldsymbol{x}^{\mathrm{T}}\left(\frac{\partial\phi}{\partial x}-\frac{\mathrm{d}}{\mathrm{d}t}\frac{\partial\phi}{\partial\dot{\boldsymbol{x}}}\right)\mathrm{d}t+\delta\boldsymbol{x}^{\mathrm{T}}(t_f)\left.\frac{\partial\phi}{\partial\dot{\boldsymbol{x}}}\right|_{t_f}-\delta\boldsymbol{x}^{\mathrm{T}}(t_0)\left.\frac{\partial\phi}{\partial\dot{\boldsymbol{x}}}\right|_{t_0} \tag{8.1.12}$$

再注意到 $\delta\boldsymbol{x}$ 的任意性及引理 8.1.1,便可得定理之结论。

ΔΔΔ

在实际问题中,我们接触更多的是条件极值问题,即具有约束的泛函极值问题。类似于函数条件极值的处理,带有等式约束的泛函极值问题可以通过引入 Lagrange 乘子化为无约束的泛函极值问题。

我们来考虑形如式(8.1.9)的泛函,但不同的是此时要求变量满足下述约束:

$$\boldsymbol{F}[\boldsymbol{x},\dot{\boldsymbol{x}},t]=0,\quad t\in[t_0,t_f] \tag{8.1.13}$$

其中,$\boldsymbol{F}$ 为一个关于 $\boldsymbol{x}$ 和 $\dot{\boldsymbol{x}}$ 连续可微的 m 维向量函数。此时泛函 J 在约束(8.1.13)下的条件极值问题即是求取一个 $\boldsymbol{x}^*(t)$,它满足式(8.1.13)并极小化泛函 $J[\boldsymbol{x}(t)]$。关于这类带有等式约束的条件极值问题,有下述结论。

定理 8.1.3　泛函(8.1.9)在约束(8.1.13)下的条件极值问题等价于下述泛函

$$J^*[\boldsymbol{x},\boldsymbol{\lambda}]=\int_{t_0}^{t_f}[\phi(\boldsymbol{x},\dot{\boldsymbol{x}},t)+\boldsymbol{\lambda}^{\mathrm{T}}\boldsymbol{F}(\boldsymbol{x},\dot{\boldsymbol{x}},t)]\mathrm{d}t \tag{8.1.14}$$

的无条件极值问题,即在满足(8.1.13)且极小化泛函 $J[\boldsymbol{x}(t)]$的 $\boldsymbol{x}^*(t)$上泛函 J^* 的 Euler 方程成立。

证明　为简单起见,我们不妨对 $\boldsymbol{x}$ 为二维向量、F 为标量函数的情形加以证明。

根据定理 8.1.1,泛函 J 取得极值的必要条件是

$$\delta J=\int_{t_0}^{t_f}\left[\delta x_1\left(\frac{\partial\phi}{\partial x_1}-\frac{\mathrm{d}}{\mathrm{d}t}\frac{\partial\phi}{\partial\dot{x}_1}\right)+\delta x_2\left(\frac{\partial\phi}{\partial x_2}-\frac{\mathrm{d}}{\mathrm{d}t}\frac{\partial\phi}{\partial\dot{x}_2}\right)\right]\mathrm{d}t=0 \tag{8.1.15}$$

由于约束条件(8.1.13)的存在,使得 δx_1 和 δx_2 不再独立。对式(8.1.13)取变分可得二者之间的相关关系

$$\delta F=\frac{\partial F}{\partial x_1}\delta x_1+\frac{\partial F}{\partial x_2}\delta x_2+\frac{\partial F}{\partial\dot{x}_1}\delta\dot{x}_1+\frac{\partial F}{\partial\dot{x}_2}\delta\dot{x}_2=0 \tag{8.1.16}$$

从而对于任何的 $\lambda(t)$,有

$$\int_{t_0}^{t_f}\lambda(t)\left(\frac{\partial F}{\partial x_1}\delta x_1+\frac{\partial F}{\partial x_2}\delta x_2\right)\mathrm{d}t+\int_{t_0}^{t_f}\lambda(t)\left(\frac{\partial F}{\partial\dot{x}_1}\delta\dot{x}_1+\frac{\partial F}{\partial\dot{x}_2}\delta\dot{x}_2\right)\mathrm{d}t=0 \tag{8.1.17}$$

对上式第二项应用分部积分公式可得

$$\begin{aligned}&\int_{t_0}^{t_f}\lambda(t)\left[\left(\frac{\partial F}{\partial x_1}-\frac{\mathrm{d}}{\mathrm{d}t}\frac{\partial F}{\partial x_1}\right)\delta x_1+\left(\frac{\partial F}{\partial x_2}-\frac{\mathrm{d}}{\mathrm{d}t}\frac{\partial F}{\partial\dot{x}_2}\right)\delta x_2\right]\mathrm{d}t\\&+\frac{\partial F}{\partial\dot{x}_1}\delta\dot{x}_1\Big|_{t_0}^{t_f}+\frac{\partial F}{\partial\dot{x}_2}\delta\dot{x}_2\Big|_{t_0}^{t_f}=0\end{aligned} \tag{8.1.18}$$

将式(8.1.18)加入式(8.1.15),经整理后可得

$$\int_{t_0}^{t_f}\left\{\delta x_1\left[\frac{\partial\phi}{\partial x_1}-\frac{\mathrm{d}}{\mathrm{d}t}\frac{\partial\phi}{\partial\dot{x}_1}+\lambda\left(\frac{\partial F}{\partial x_1}-\frac{\mathrm{d}}{\mathrm{d}t}\frac{\partial F}{\partial\dot{x}_1}\right)\right]+\delta x_2\left[\frac{\partial\phi}{\partial x_2}-\frac{\mathrm{d}}{\mathrm{d}t}\frac{\partial\phi}{\partial\dot{x}_2}+\lambda\left(\frac{\partial F}{\partial x_2}-\frac{\mathrm{d}}{\mathrm{d}t}\frac{\partial F}{\partial\dot{x}_2}\right)\right]\right\}\mathrm{d}t$$
$$+\frac{\partial F}{\partial\dot{x}_1}\delta x_1\Big|_{t_0}^{t_f}+\frac{\partial F}{\partial\dot{x}_2}\delta x_2\Big|_{t_0}^{t_f}=0 \tag{8.1.19}$$

现设 δx_1 依赖于 δx_2 变化，则可视 δx_2 任意。特别取 $\lambda=\lambda^*(t)$，使得

$$\frac{\partial\phi}{\partial x_1}-\frac{\mathrm{d}}{\mathrm{d}t}\frac{\partial\phi}{\partial\dot{x}_1}+\lambda^*\left(\frac{\partial F}{\partial x_1}-\frac{\mathrm{d}}{\mathrm{d}t}\frac{\partial F}{\partial\dot{x}_1}\right)=0 \tag{8.1.20}$$

则式(8.1.19)化为

$$\int_{t_0}^{t_f}\delta x_2\left[\frac{\partial\phi}{\partial x_2}-\frac{\mathrm{d}}{\mathrm{d}t}\frac{\partial\phi}{\partial\dot{x}_2}+\lambda^*\left(\frac{\partial F}{\partial x_2}-\frac{\mathrm{d}}{\mathrm{d}t}\frac{\partial F}{\partial\dot{x}_2}\right)\right]\mathrm{d}t+\frac{\partial F}{\partial\dot{x}_1}\delta x_1\Big|_{t_0}^{t_f}+\frac{\partial F}{\partial\dot{x}_2}\delta x_2\Big|_{t_0}^{t_f}=0$$

再注意到 δx_2 的任意性，又有

$$\frac{\partial\phi}{\partial x_2}-\frac{\mathrm{d}}{\mathrm{d}t}\frac{\partial\phi}{\partial\dot{x}_2}+\lambda^*\left(\frac{\partial F}{\partial x_2}-\frac{\mathrm{d}}{\mathrm{d}t}\frac{\partial F}{\partial\dot{x}_2}\right)=0 \tag{8.1.21}$$

不难看出式(8.1.20)和式(8.1.21)即为泛函 J^* 的 Euler 方程，从而定理证毕。

ΔΔΔ

8.1.3　最优控制问题

进一步将约束条件(8.1.13)具体化，可获得一类称之为最优控制的条件泛函极值问题，其具体描述如下。

问题 8.1.1　已知一个动态系统

$$\dot{\boldsymbol{x}}=\boldsymbol{f}(\boldsymbol{x},\boldsymbol{u},t) \tag{8.1.22}$$

其中，$\boldsymbol{x}\in\mathbf{R}^n$ 为状态向量；$\boldsymbol{u}\in\mathbf{R}^r$ 为控制向量；$\boldsymbol{f}$ 为一关于所有变量连续可微的向量函数；$t\in[t_0,t_f]$，$\boldsymbol{x}(t_0)=\boldsymbol{x}_0$，$x(t_f)$ 自由。我们的目的是要寻求系统(8.1.22)的一个控制 $\boldsymbol{u}^*(t)$，使得下述泛函性能指标达到极小：

$$J=\int_{t_0}^{t_f}\phi(\boldsymbol{x},\boldsymbol{u},t)\mathrm{d}t+\theta[\boldsymbol{x}(t_f)] \tag{8.1.23}$$

这里 ϕ 和 θ 均是关于所有变元连续可微的标量函数。

关于上述问题 8.1.1 的求解，我们有下述基本定理，它构成了本章后续各节的一个理论基础。

定理 8.1.4(基本定理)　设 $\boldsymbol{u}^*(t)$ 为上述最优控制问题的解，$\boldsymbol{x}^*(t)$ 为系统(8.1.22)在 $\boldsymbol{u}^*(t)$ 驱动下的运动，则存在一个对应的 n 维向量函数 $\boldsymbol{\lambda}^*(t)$，它们满足下述正则方程：

$$\left.\frac{\partial H(\boldsymbol{x},\boldsymbol{u}^*,\boldsymbol{\lambda}^*,t)}{\partial\boldsymbol{x}}\right|_{\boldsymbol{x}=\boldsymbol{x}^*}=-\dot{\boldsymbol{\lambda}}^* \tag{8.1.24}$$

$$\left.\frac{\partial H(\boldsymbol{x}^*,\boldsymbol{u},\boldsymbol{\lambda}^*,t)}{\partial\boldsymbol{u}}\right|_{\boldsymbol{u}=\boldsymbol{u}^*}=0 \tag{8.1.25}$$

状态方程:

$$\dot{\boldsymbol{x}}^*=f(\boldsymbol{x}^*,\boldsymbol{u}^*,t) \tag{8.1.26}$$

以及边界条件 $\boldsymbol{x}^*(t_0)=\boldsymbol{x}_0$ 及横截条件:

$$\boldsymbol{\lambda}^*(t_f)=\left.\frac{\partial\theta}{\partial\boldsymbol{x}}\right|_{t=t_f} \tag{8.1.27}$$

其中

$$H(x,\boldsymbol{u},\boldsymbol{\lambda},t)=\phi(\boldsymbol{x},\boldsymbol{u},t)+\lambda^{\mathrm{T}}\boldsymbol{f}(\boldsymbol{x},\boldsymbol{u},t) \tag{8.1.28}$$

称为 Hamilton 函数。

证明　根据定理 8.1.2,泛函 J 在约束(8.1.22)下的条件极值等价于泛函

$$J^*=\int_{t_0}^{t_f}[\phi+\boldsymbol{\lambda}^{\mathrm{T}}(\boldsymbol{f}-\dot{\boldsymbol{x}})]\mathrm{d}t+\theta[\boldsymbol{x}(t_f)]$$

的无约束极值问题。借助于 Hamilton 函数的表达式(8.1.28),J^* 可表为下述形式:

$$J^*=\int_{t_0}^{t_f}(H-\boldsymbol{\lambda}^{\mathrm{T}}\dot{\boldsymbol{x}})\mathrm{d}t+\theta[\boldsymbol{x}(t_f)]$$

注意到

$$\int_{t_0}^{t_f}\boldsymbol{\lambda}^{\mathrm{T}}\dot{\boldsymbol{x}}\mathrm{d}t=\boldsymbol{\lambda}^{\mathrm{T}}\boldsymbol{x}\,\Big|_{t_0}^{t_f}-\int_{t_0}^{t_f}\dot{\boldsymbol{\lambda}}^{\mathrm{T}}\boldsymbol{x}\mathrm{d}t$$

则进一步有

$$J^*=\int_{t_0}^{t_f}(H+\dot{\boldsymbol{\lambda}}^{\mathrm{T}}\boldsymbol{x})\mathrm{d}t+\theta[\boldsymbol{x}(t_f)]-\boldsymbol{\lambda}^{\mathrm{T}}(t_f)\boldsymbol{x}(t_f)+\boldsymbol{\lambda}^{\mathrm{T}}(t_0)\boldsymbol{x}(t_0) \tag{8.1.29}$$

再根据定理 8.1.1,J^* 于 $\boldsymbol{u}=\boldsymbol{u}^*(t)$,$\boldsymbol{x}=\boldsymbol{x}^*(t)$ 和 $\boldsymbol{\lambda}=\boldsymbol{\lambda}^*(t)$ 处取极值的必要条件为

$$\begin{aligned}\delta J^*=&\int_{t_0}^{t_f}\left\{\left[\frac{\partial H^{\mathrm{T}}(\boldsymbol{x}^*,\boldsymbol{u}^*,\boldsymbol{\lambda}^*,t)}{\partial\boldsymbol{x}}+\boldsymbol{\lambda}^{*\mathrm{T}}\right]\delta\boldsymbol{x}^*\right.\\&\left.+\frac{\partial H^{\mathrm{T}}(\boldsymbol{x}^*,\boldsymbol{u}^*,\boldsymbol{\lambda}^*,t)}{\partial\boldsymbol{u}}\delta\boldsymbol{u}^*\right\}\mathrm{d}t+\left(\frac{\partial\theta^{\mathrm{T}}[\boldsymbol{x}^*(t_f)]}{\partial\boldsymbol{x}}-[\boldsymbol{\lambda}^*(t_f)]^{\mathrm{T}}\right)\delta\boldsymbol{x}^*(t_f)\\=&\,0\end{aligned}$$

由此可推得定理之结论。

ΔΔΔ

最后我们指出,无论是变分法理论还是最优控制理论,其内容都是非常丰富的。我们这里仅是一个粗略的介绍,其目的是要导出本章的基本定理,为后续各节提供一个理论基础。

8.2　有限时间状态调节器问题

状态调节器的任务是在不消耗过多控制能量的情况下,当系统受到外力扰动

时维持系统的状态向量的各个分量接近平衡状态。在研究这类问题时通常是把初始状态向量作为扰动，而把零状态向量取作为平衡状态。这样问题就变为寻找最优控制规律 $\boldsymbol{u}$，使初始状态向量按给定的性能指标 J 在有限的时间区间 $[t_0, t_f]$ 之内转移到原点附近。

8.2.1　问题的描述

给定线性时变受控对象

$$\dot{\boldsymbol{x}}(t)=\boldsymbol{A}(t)\boldsymbol{x}(t)+\boldsymbol{B}(t)\boldsymbol{u}(t), \quad \boldsymbol{x}(t_0)=\boldsymbol{x}_0 \tag{8.2.1}$$

其中，$\boldsymbol{x}, \boldsymbol{u}$ 分别为 n, r 维向量；$\boldsymbol{A}(t), \boldsymbol{B}(t)$ 分别为 $n\times n$ 和 $n\times r$ 维时变矩阵。再给定二次型性能指标

$$J=\frac{1}{2}\int_{t_0}^{t_f}[\boldsymbol{x}^{\mathrm{T}}\boldsymbol{Q}(t)\boldsymbol{x}+\boldsymbol{u}^{\mathrm{T}}\boldsymbol{R}(t)\boldsymbol{u}]\mathrm{d}t+\frac{1}{2}\boldsymbol{x}^{\mathrm{T}}(t_f)\boldsymbol{S}\boldsymbol{x}(t_f) \tag{8.2.2}$$

其中，$\boldsymbol{Q}(t)$ 为 $n\times n$ 维正半定状态加权矩阵；$\boldsymbol{R}(t)$ 为 $r\times r$ 维正定控制加权矩阵；$\boldsymbol{S}$ 为 $n\times n$ 维正半定终端加权矩阵。则有限时间调节器问题可以描述如下。

问题 8.2.1(有限时间的线性二次型最优状态调节问题)　在满足受控对象状态方程(8.2.1)的约束条件下，在容许控制的范围内求取最优控制 $\boldsymbol{u}^*(t)$，使得在该控制律的作用下系统(8.2.1)的状态在限定时间 $[t_0, t_f]$ 内由给定的 $\boldsymbol{x}(t_0)$ 出发转移到某个 $\boldsymbol{x}(t_f)$，且同时使得式(8.2.2)的性能指标 J 取得极小值。

在工程实际中，一般取加权矩阵 $\boldsymbol{Q}(t)$ 和 $\boldsymbol{R}(t)$ 为对称矩阵而且多数选用对角线阵。

8.2.2　有限时间最优状态调节器

该节的主要结果如下。

定理 8.2.1　线性系统(8.2.1)在性能指标(8.2.2)下的二次型最优状态调节器为

$$\boldsymbol{u}(t)=\boldsymbol{K}(t)\boldsymbol{x}(t), \quad \boldsymbol{K}(t)=-\boldsymbol{R}^{-1}(t)\boldsymbol{B}^{\mathrm{T}}(t)\boldsymbol{P}(t) \tag{8.2.3}$$

其中，$\boldsymbol{P}(t)$ 为一个 $n\times n$ 阶矩阵，且满足下述矩阵微分方程：

$$-\dot{\boldsymbol{P}}(t)=\boldsymbol{P}(t)\boldsymbol{A}(t)+\boldsymbol{A}^{\mathrm{T}}(t)\boldsymbol{P}(t)-\boldsymbol{P}(t)\boldsymbol{B}(t)\boldsymbol{R}^{-1}(t)\boldsymbol{B}^{\mathrm{T}}(t)\boldsymbol{P}(t)+\boldsymbol{Q}(t) \tag{8.2.4}$$

及边界条件

$$\boldsymbol{P}(t_f)=\boldsymbol{S} \tag{8.2.5}$$

且最优性能值为

$$J^*[\boldsymbol{x}(t_0)]=\frac{1}{2}\boldsymbol{x}^{\mathrm{T}}(t_0)\boldsymbol{P}(t_0)\boldsymbol{x}(t_0) \tag{8.2.6}$$

证明　我们分四步来完成定理的证明。

第 1 步:列写最优解满足的基本方程式。

根据 8.1 的基本定理,引入协状态变量 $\boldsymbol{\lambda}(t)$,得 Hamilton 函数

$$H[\boldsymbol{x},\boldsymbol{u},\boldsymbol{\lambda}]=\frac{1}{2}[\boldsymbol{x}^{\mathrm{T}}\boldsymbol{Q}(t)\boldsymbol{x}+\boldsymbol{u}^{\mathrm{T}}\boldsymbol{R}(t)\boldsymbol{u}]+\boldsymbol{\lambda}^{\mathrm{T}}[\boldsymbol{A}(t)\boldsymbol{x}+\boldsymbol{B}(t)\boldsymbol{u}] \tag{8.2.7}$$

那么,$\boldsymbol{\lambda}(t)$和 $\boldsymbol{x}(t)$应满足的正则方程组为

$$\left[\frac{\partial H}{\partial \boldsymbol{u}}\right]=\boldsymbol{R}(t)\boldsymbol{u}+\boldsymbol{B}^{\mathrm{T}}(t)\boldsymbol{\lambda}=0 \tag{8.2.8}$$

$$\dot{\boldsymbol{\lambda}}=-\left[\frac{\partial H}{\partial \boldsymbol{x}}\right]=-\boldsymbol{Q}(t)\boldsymbol{x}-\boldsymbol{A}^{\mathrm{T}}(t)\boldsymbol{\lambda} \tag{8.2.9}$$

约束方程为

$$\dot{\boldsymbol{x}}=\boldsymbol{A}(t)\boldsymbol{x}+\boldsymbol{B}(t)\boldsymbol{u} \tag{8.2.10}$$

它们的边界条件是

$$\boldsymbol{x}(t_0)=\boldsymbol{x}_0 \tag{8.2.11}$$

$$\boldsymbol{\lambda}(t_{\mathrm{f}})=\left[\frac{\partial \phi}{\partial \boldsymbol{x}}\right]_{t_{\mathrm{f}}}=\boldsymbol{S}\boldsymbol{x}(t_{\mathrm{f}}) \tag{8.2.12}$$

又由于$\dfrac{\partial^2 H}{\partial \boldsymbol{u}^2}=\boldsymbol{R}(t)>0$,因此上述各条件式给出的 $\boldsymbol{u}(t)$是使 J 取极小的最优控制函数。

第 2 步:设式(8.2.8)~式(8.2.12)成立,我们来证明存在线性变换矩阵$\boldsymbol{P}(t)$,使得

$$\boldsymbol{\lambda}(t)=\boldsymbol{P}(t)\boldsymbol{x}(t) \tag{8.2.13}$$

且最优控制可表为

$$\boldsymbol{u}(t)=-\boldsymbol{R}^{-1}(t)\boldsymbol{B}^{\mathrm{T}}(t)\boldsymbol{P}(t)\boldsymbol{x}(t) \tag{8.2.14}$$

将式(8.2.8)的 $\boldsymbol{u}(t)$代入正则方程组,消去 $\boldsymbol{u}(t)$,可得下列齐次矩阵方程:

$$\begin{bmatrix}\dot{\boldsymbol{x}}(t)\\ \dot{\boldsymbol{\lambda}}(t)\end{bmatrix}=\begin{bmatrix}\boldsymbol{A}(t) & -\boldsymbol{B}\boldsymbol{R}^{-1}\boldsymbol{B}^{\mathrm{T}}\\ -\boldsymbol{Q}(t) & -\boldsymbol{A}^{\mathrm{T}}(t)\end{bmatrix}\begin{bmatrix}\boldsymbol{x}(t)\\ \boldsymbol{\lambda}(t)\end{bmatrix},\quad\begin{cases}\boldsymbol{x}(t_0)=\boldsymbol{x}_0\\ \boldsymbol{\lambda}(t_{\mathrm{f}})=\boldsymbol{S}\boldsymbol{x}(t_{\mathrm{f}})\end{cases}$$

其解为

$$\begin{bmatrix}\boldsymbol{x}(t)\\ \boldsymbol{\lambda}(t)\end{bmatrix}=\boldsymbol{\Phi}(t,t_0)\begin{bmatrix}\boldsymbol{x}(t_0)\\ \boldsymbol{\lambda}(t_0)\end{bmatrix}$$

其中,$\boldsymbol{\Phi}(t,t_0)$是上述系统的 $2n\times 2n$ 维状态转移矩阵。将 $\boldsymbol{\Phi}(t,t_0)$划为分块矩阵,则上式变为

$$\begin{bmatrix}\boldsymbol{x}(t)\\ \boldsymbol{\lambda}(t)\end{bmatrix}=\begin{bmatrix}\boldsymbol{\Phi}_{11}(t,t_0) & \boldsymbol{\Phi}_{12}(t,t_0)\\ \boldsymbol{\Phi}_{21}(t,t_0) & \boldsymbol{\Phi}_{22}(t,t_0)\end{bmatrix}\begin{bmatrix}\boldsymbol{x}(t_0)\\ \boldsymbol{\lambda}(t_0)\end{bmatrix}$$

由此可得从任意 t 到 t_{f} 的解为

$$\begin{bmatrix} \boldsymbol{x}(t_f) \\ \boldsymbol{\lambda}(t_f) \end{bmatrix} = \left[\begin{array}{c:c} \boldsymbol{\Phi}_{11}(t_f,t) & \boldsymbol{\Phi}_{12}(t_f,t) \\ \hdashline \boldsymbol{\Phi}_{21}(t_f,t) & \boldsymbol{\Phi}_{22}(t_f,t) \end{array}\right] \begin{bmatrix} \boldsymbol{x}(t) \\ \boldsymbol{\lambda}(t) \end{bmatrix}$$

即

$$\boldsymbol{x}(t_f) = \boldsymbol{\Phi}_{11}(t_f,t)x(t) + \boldsymbol{\Phi}_{12}(t_f,t)\boldsymbol{\lambda}(t)$$

$$\boldsymbol{\lambda}(t_f) = \boldsymbol{\Phi}_{21}(t_f,t)x(t) + \boldsymbol{\Phi}_{22}(t_f,t)\boldsymbol{\lambda}(t) = \boldsymbol{S}\boldsymbol{x}(t_f)$$

从以上两方程经代数运算不难求得

$$\boldsymbol{\lambda}(t) = [\boldsymbol{\Phi}_{22}(t_f,t) - \boldsymbol{S}\boldsymbol{\Phi}_{12}(t_f,t)]^{-1}[\boldsymbol{S}\boldsymbol{\Phi}_{11}(t_f,t) - \boldsymbol{\Phi}_{21}(t_f,t)]\boldsymbol{x}(t)$$

令

$$\boldsymbol{P}(t) = [\boldsymbol{\Phi}_{22}(t_f,t) - \boldsymbol{S}\boldsymbol{\Phi}_{12}(t_f,t)]^{-1}[\boldsymbol{S}\boldsymbol{\Phi}_{11}(t_f,t) - \boldsymbol{\Phi}_{21}(t_f,t)] \tag{8.2.15}$$

从而得协状态变量 $\boldsymbol{\lambda}(t)$ 与状态变量 $\boldsymbol{x}(t)$ 的关系式(8.2.13)。

$\boldsymbol{P}(t)$ 是一个 $n\times n$ 维的时变矩阵，它只取决于终端时间 t_f 和 $\boldsymbol{S}$ 矩阵，与初始状态无关，它被称为增益矩阵。

将式(8.2.13)代入式(8.2.1)，得最优反馈控制式(8.2.14)。

第 3 步：证明第 2 步中的矩阵 $\boldsymbol{P}(t)$ 满足 Riccati 矩阵微分方程(8.2.4)。

将式(8.2.14)代入式(8.2.1)，可得

$$\dot{\boldsymbol{x}} = [\boldsymbol{A}(t) - \boldsymbol{B}(t)\boldsymbol{R}^{-1}(t)\boldsymbol{B}^{\mathrm{T}}(t)\boldsymbol{P}(t)]\boldsymbol{x}(t) \tag{8.2.16}$$

又由正则方程组的第二方程(8.2.9)和式(8.2.13)得

$$\dot{\boldsymbol{\lambda}} = -\boldsymbol{Q}(t)\boldsymbol{x}(t) - \boldsymbol{A}^{\mathrm{T}}(t)\boldsymbol{\lambda}(t) = -\boldsymbol{Q}(t)\boldsymbol{x}(t) - \boldsymbol{A}^{\mathrm{T}}(t)\boldsymbol{P}(t)\boldsymbol{x}(t) \tag{8.2.17}$$

式(8.2.13)两边对 t 求导，有

$$\dot{\boldsymbol{\lambda}} = \dot{\boldsymbol{P}}(t)\boldsymbol{x}(t) + \boldsymbol{P}(t)\dot{\boldsymbol{x}}(t) \tag{8.2.18}$$

从以上三方程中消去 $\dot{\boldsymbol{x}}$，$\dot{\boldsymbol{\lambda}}$ 和 $\boldsymbol{x}$，最后可得 Riccati 矩阵微分方程(8.2.4)。

从式(8.2.13)知

$$\boldsymbol{\lambda}(t_f) = \boldsymbol{P}(t_f)\boldsymbol{x}(t_f)$$

比较上式和横截条件(8.2.12)可得边界条件(8.2.5)。

第 4 步：最后证明性能指标的最小值 J^* 如式(8.2.6)所示。

对 $\boldsymbol{x}^{\mathrm{T}}(t)\boldsymbol{P}(t)\boldsymbol{x}(t)$ 求导数得

$$\frac{\mathrm{d}}{\mathrm{d}t}(\boldsymbol{x}^{\mathrm{T}}\boldsymbol{P}\boldsymbol{x}) = \dot{\boldsymbol{x}}^{\mathrm{T}}\boldsymbol{P}\boldsymbol{x} + \boldsymbol{x}^{\mathrm{T}}\dot{\boldsymbol{P}}\boldsymbol{x} + \boldsymbol{x}^{\mathrm{T}}\boldsymbol{P}\dot{\boldsymbol{x}}$$

将 $\dot{\boldsymbol{x}}$ 用状态方程代替，$\dot{\boldsymbol{P}}$ 用 Riccati 方程代替，可得

$$\frac{\mathrm{d}}{\mathrm{d}t}(\boldsymbol{x}^{\mathrm{T}}\boldsymbol{P}\boldsymbol{x}) = -\boldsymbol{x}^{\mathrm{T}}\boldsymbol{Q}\boldsymbol{x} - \boldsymbol{u}^{\mathrm{T}}\boldsymbol{R}\boldsymbol{u} + (\boldsymbol{u} + \boldsymbol{R}^{-1}\boldsymbol{B}^{\mathrm{T}}\boldsymbol{P}\boldsymbol{x})^{\mathrm{T}}\boldsymbol{R}(\boldsymbol{u} + \boldsymbol{R}^{-1}\boldsymbol{B}^{\mathrm{T}}\boldsymbol{P}\boldsymbol{x})$$

当 $\boldsymbol{u}(t)$ 和 $\boldsymbol{x}(t)$ 取最优函数 $\boldsymbol{u}^*(t)$ 和 $\boldsymbol{x}^*(t)$ 时，注意到式(8.2.14)，上式化为

$$\frac{\mathrm{d}}{\mathrm{d}t}(\boldsymbol{x}^{*\mathrm{T}}\boldsymbol{P}\boldsymbol{x}) = -\boldsymbol{x}^{*\mathrm{T}}\boldsymbol{Q}\boldsymbol{x}^* - \boldsymbol{u}^{*\mathrm{T}}\boldsymbol{R}\boldsymbol{u}^* \tag{8.2.19}$$

对式(8.2.19)两边积分,并乘以 1/2 得

$$\frac{1}{2}\int_{t_0}^{t_f}\frac{\mathrm{d}}{\mathrm{d}t}(\boldsymbol{x}^{*\mathrm{T}}\boldsymbol{P}\boldsymbol{x}^{*})\mathrm{d}t=-\frac{1}{2}\int_{t_0}^{t_f}(\boldsymbol{x}^{*\mathrm{T}}\boldsymbol{Q}\boldsymbol{x}^{*}+\boldsymbol{u}^{*\mathrm{T}}\boldsymbol{R}\boldsymbol{u}^{*})\mathrm{d}t$$

即

$$\frac{1}{2}(\boldsymbol{x}^{*\mathrm{T}}\boldsymbol{P}\boldsymbol{x}^{*})\Big|_{t_0}^{t_f}=-\frac{1}{2}\int_{t_0}^{t_f}(\boldsymbol{x}^{*\mathrm{T}}\boldsymbol{Q}\boldsymbol{x}^{*}+\boldsymbol{u}^{*\mathrm{T}}\boldsymbol{R}\boldsymbol{u}^{*})\mathrm{d}t$$

以此代入式(8.2.2),得

$$\begin{aligned}J^{*}=J^{*}[\boldsymbol{x}(t_0)]&=\frac{1}{2}\int_{t_0}^{t_f}(\boldsymbol{x}^{*\mathrm{T}}\boldsymbol{Q}\boldsymbol{x}^{*}+\boldsymbol{u}^{*\mathrm{T}}\boldsymbol{R}\boldsymbol{u}^{*})\mathrm{d}t+\frac{1}{2}\boldsymbol{x}^{*\mathrm{T}}(t_f)\boldsymbol{P}(t_f)\boldsymbol{x}^{*}(t_f)\\&=-\frac{1}{2}(\boldsymbol{x}^{*\mathrm{T}}\boldsymbol{P}\boldsymbol{x}^{*})\Big|_{t_0}^{t_f}+\frac{1}{2}\boldsymbol{x}^{*\mathrm{T}}(t_f)\boldsymbol{P}(t_f)\boldsymbol{x}^{*}(t_f)\\&=\frac{1}{2}\boldsymbol{x}^{*\mathrm{T}}(t_0)\boldsymbol{P}(t_0)\boldsymbol{x}^{*}(t_0)\end{aligned}$$

故式(8.2.6)得证。

综合上述四步,定理得证。

△△△

8.2.3 关于结果的几点说明

说明 8.2.1 方程式(8.2.4)称为 Riccati 矩阵微分方程,可以证明其解 $\boldsymbol{P}(t)$ 是一个对称阵。因为对称,所以只需确定其$\frac{1}{2}n(n+1)$个元素,即在 Riccati 矩阵方程的求解中只需解$\frac{1}{2}n(n+1)$个一阶微分方程组。为证明 $\boldsymbol{P}(t)$的对称性,将方程式(8.2.4)和式(8.2.5)两边加以转置,得

$$-\dot{\boldsymbol{P}}^{\mathrm{T}}(t)=\boldsymbol{A}^{\mathrm{T}}(t)\boldsymbol{P}^{\mathrm{T}}(t)+\boldsymbol{P}^{\mathrm{T}}(t)\boldsymbol{A}(t)-\boldsymbol{P}^{\mathrm{T}}(t)\boldsymbol{B}(t)\boldsymbol{R}^{-1}(t)\boldsymbol{B}^{\mathrm{T}}(t)\boldsymbol{P}^{\mathrm{T}}(t)+\boldsymbol{Q}(t)$$

和

$$\boldsymbol{P}^{\mathrm{T}}(t_f)=\boldsymbol{S}$$

即 $\boldsymbol{P}^{\mathrm{T}}(t)$也是满足同一边界条件的 Riccati 微分方程的解,在该方程的解存在且唯一的条件下可得

$$\boldsymbol{P}(t)=\boldsymbol{P}^{\mathrm{T}}(t)$$

故 $\boldsymbol{P}(t)$是对称阵。

说明 8.2.2 Riccati 矩阵微分方程是非线性的,通常不能直接求得解析解,可用数字计算机进行离线计算,并将其解 $\boldsymbol{P}(t)$ 存储起来备用。为将式(8.2.4)离散化,令

$$\dot{\boldsymbol{P}}(t)\approx\frac{\boldsymbol{P}(t+\Delta t)-\boldsymbol{P}(t)}{\Delta t}$$

可得

$$P(t+\Delta t)\approx P(t)+\Delta t[-P(t)A(t)-A^{\mathrm{T}}(t)P(t)+P(t)B(t)R^{-1}(t)B^{\mathrm{T}}(t)P(t)-Q(t)] \tag{8.2.20}$$

已知 $P(t_f)=S$，以此为初始条件，即从终端时刻的 $P(t_f)$ 出发，以 $-\Delta t$ 为单位向着时间倒退的方向可逐次离散地求出各时刻 t 的 $P(t)$。

说明 8.2.3　最优控制式(8.2.3)或式(8.2.14)作用下的最优轨线由系统

$$\dot{x}^*(t)=[A(t)-B(t)R^{-1}(t)B^{\mathrm{T}}(t)P(t)]x^*(t),\quad x^*(t_0)=x_0 \tag{8.2.21}$$

决定。从而任意时刻 t 的性能指标为

$$J^*[x(t)]=\frac{1}{2}x^{*\mathrm{T}}(t)P(t)x^*(t) \tag{8.2.22}$$

据此对于 $t=t_f$ 时的性能指标当为

$$J^*[x(t_f)]=\frac{1}{2}x^{*\mathrm{T}}(t_f)P(t_f)x^*(t_f)=\frac{1}{2}x^{*\mathrm{T}}(t_f)Sx^*(t_f) \tag{8.2.23}$$

显然，它就是式(8.2.2)中终端代价的最优值。

说明 8.2.4　在上述最优控制问题中，我们并没有要求系统是可稳的。事实上，在所论有限时间的最优控制问题中，并不要求系统是可稳的。因为在有限控制时间区间$[t_0,t_f]$内，不能控的不稳定振型对性能指标所呈现的数值总归是有限的。但当 $t_f\to\infty$时，则要求系统至少是可稳的，否则性能指标将趋于无穷大而失去最优控制的意义。

说明 8.2.5　最优控制系统的结构框图如图 8.2.1 所示。

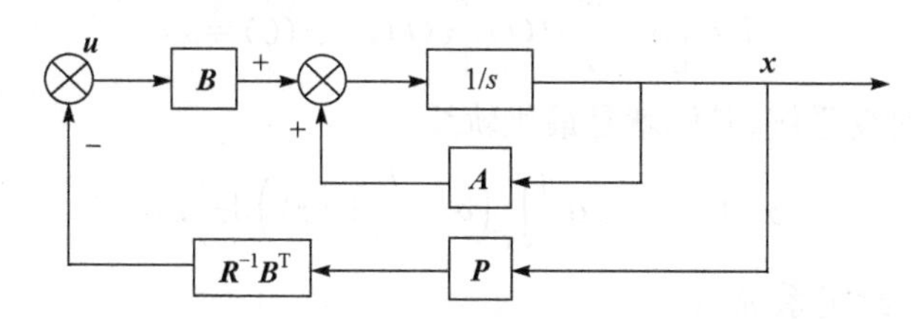

图 8.2.1　最优控制系统的结构框图

8.2.4　算例

例 8.2.1　给定系统

$$\dot{x}(t)=ax(t)+bu(t),\quad x(0)=x_0$$

和性能指标

$$J=\frac{1}{2}\int_{t_0}^{t_f}[qx^2(t)+ru^2(t)]\mathrm{d}t+\frac{1}{2}sx^2(t_f)$$

其中，$q>0,r>0,s\geqslant 0$，求最优控制 $u^*(t)$。

解 从式(8.2.14)知

$$u^*(t)=-\frac{1}{r}bP(t)x(t)$$

其中,$P(t)$应满足 Riccati 方程(8.2.4),即

$$\dot{P}(t)=-2aP(t)+\frac{1}{r}b^2P^2(t)-q$$

及边界条件

$$P(t_f)=s$$

求解上述微分方程有

$$\int_{P(t)}^{s}\frac{\mathrm{d}P(\tau)}{b^2/rP^2(\tau)-2ap(\tau)-q}=\int_{t}^{t_f}\mathrm{d}\tau$$

由此可得

$$P(t)=\frac{r}{b^2}\cdot\frac{\beta+a+(\beta-a)\dfrac{sb^2/r-a-\beta}{sb^2/r-a+\beta}\mathrm{e}^{2\beta(t-t_f)}}{1-\dfrac{sb^2/r-a-\beta}{sb^2/r-a+\beta}\mathrm{e}^{2\beta(t-t_f)}}$$

式中

$$\beta=\sqrt{\frac{qb^2}{r}+a^2}$$

闭环系统的状态方程为

$$\dot{x}=\left[a-\frac{b^2}{r}P(t)\right]x(t),\quad x(0)=x_0$$

它是一个一阶时变系统,其解就是最优轨线

$$x^*(t)=\exp\left\{\int_0^t\left(a-\frac{b^2}{r}P(\tau)\right)\mathrm{d}\tau\right\}x_0$$

例 8.2.2 给定系统

$$\dot{x}_1=x_2,\quad \dot{x}_2=u$$

及性能指标

$$J=\frac{1}{2}[x_1^2(3)+2x_2^2(3)]+\frac{1}{2}\int_0^3\left[2x_1^2(t)+4x_2^2(t)+2x_1(t)x_2(t)+\frac{1}{2}u^2(t)\right]\mathrm{d}t$$

求最优控制 $u^*(t)$。

解 在本系统中,易知

$$\boldsymbol{A}=\begin{bmatrix}0&1\\0&0\end{bmatrix},\quad \boldsymbol{B}=\begin{bmatrix}0\\1\end{bmatrix},\quad \boldsymbol{Q}=\begin{bmatrix}2&1\\1&4\end{bmatrix}$$

$$R=\frac{1}{2},\quad \boldsymbol{S}=\begin{bmatrix}1&0\\0&2\end{bmatrix},\quad t_0=0,\quad t_f=3$$

$\boldsymbol{P}(t)$是 2×2 对称阵，设为

$$\boldsymbol{P}(t)=\begin{bmatrix}P_{11}(t) & P_{12}(t)\\P_{12}(t) & P_{22}(t)\end{bmatrix}$$

最优控制为

$$\begin{aligned}u^*(t)&=-R^{-1}\boldsymbol{B}^{\mathrm{T}}\boldsymbol{P}(t)\boldsymbol{x}(t)\\&=-2\begin{bmatrix}0 & 1\end{bmatrix}\begin{bmatrix}p_{11}(t) & p_{12}(t)(t)\\p_{12}(t) & p_{22}(t)\end{bmatrix}\begin{bmatrix}x_1(t)\\x_2(t)\end{bmatrix}\\&=-2[p_{12}(t)x_1(t)+p_{22}(t)x_2(t)]\end{aligned}$$

其中，$p_{12}(t)$和 $p_{22}(t)$应是下述 Riccati 方程的解。

$$-\begin{bmatrix}\dot{p}_{11} & \dot{p}_{12}\\\dot{p}_{12} & \dot{p}_{22}\end{bmatrix}=\begin{bmatrix}p_{11} & p_{12}\\p_{12} & p_{22}\end{bmatrix}\begin{bmatrix}0 & 1\\0 & 0\end{bmatrix}+\begin{bmatrix}0 & 0\\1 & 0\end{bmatrix}\begin{bmatrix}p_{11} & p_{12}\\p_{12} & p_{22}\end{bmatrix}$$

$$-\begin{bmatrix}p_{11} & p_{12}\\p_{12} & p_{22}\end{bmatrix}\begin{bmatrix}0\\1\end{bmatrix}2\begin{bmatrix}0 & 1\end{bmatrix}\begin{bmatrix}p_{11} & p_{12}\\p_{12} & p_{22}\end{bmatrix}+\begin{bmatrix}2 & 1\\1 & 4\end{bmatrix}$$

其边界条件为 $\boldsymbol{P}(t_{\mathrm{f}})=\boldsymbol{S}$，即

$$\begin{bmatrix}p_{11}(3) & p_{12}(3)\\p_{12}(3) & p_{22}(3)\end{bmatrix}=\begin{bmatrix}1 & 0\\0 & 2\end{bmatrix}$$

将上述矩阵微分方程写为分量形式，得到三个一阶非线性时变微分方程及其终端条件

$$\begin{aligned}&\dot{p}_{11}=2p_{12}^2-2, && p_{11}(3)=1\\&\dot{p}_{12}=-p_{11}+2p_{12}p_{22}-1, && p_{12}(3)=0\\&\dot{p}_{22}=-2p_{12}+2p_{22}^2-4, && p_{22}(3)=2\end{aligned}$$

只有从以上方程解出 $p_{12}(t)$和 $p_{22}(t)$时，才能获得最优控制。对于这组方程，可以采用说明 8.2.2 中的方法求解，此处从略。

8.3　无限长时间状态调节器问题

8.2 节得到的二次型线性时变系统的最优状态调节器，控制时间区间$[t_0,t_{\mathrm{f}}]$是有限的，且闭环系统亦为时变的。事实上，即使受控对象本身和性能指标 J 均是定常的，但由于其状态反馈增益矩阵中含有 $\boldsymbol{P}(t)$阵，它是时间的函数，故最后求得的闭环最优系统也是线性时变的。对于线性时不变系统，若控制时间区间扩展到$[t,\infty)$，即 $t_{\mathrm{f}}\to\infty$，状态反馈增益矩阵在一定条件下将为常数矩阵，此时最优系统将为线性时不变系统。显然这种情况易于在工程上实现，所以受到特别的重视。

8.3.1　问题的描述与调节器形式

区别于有限时间的线性二次型最优状态调节器问题，首先，这里的受控对象是

线性定常的,即

$$\dot{\boldsymbol{x}}(t)=\boldsymbol{A}\boldsymbol{x}(t)+\boldsymbol{B}\boldsymbol{u}(t),\quad \boldsymbol{x}(0)=\boldsymbol{x}_0 \tag{8.3.1}$$

其次,在性能指标中,由于 $t_f\to\infty$,使终端代价函数失去了意义,故应有 $\boldsymbol{P}(t_f)=\boldsymbol{S}=0$。又由于其线性时不变性质,可令 $t_0=0$,故性能指标为

$$J=\frac{1}{2}\int_0^{\infty}(\boldsymbol{x}^{\mathrm{T}}\boldsymbol{Q}\boldsymbol{x}+\boldsymbol{u}^{\mathrm{T}}\boldsymbol{R}\boldsymbol{u})\mathrm{d}t \tag{8.3.2}$$

其中,$\boldsymbol{R}$ 为常数对称正定矩阵;$\boldsymbol{Q}$ 为常数对称正定(或正半定)矩阵。

由于积分区间为无限长,为使性能指标为有限值,受控对象必须是可稳的,不然不能控的不稳定模式将导致性能指标趋于无穷大,而失去求解的意义。

综合上述几个方面,我们可以将线性系统的无限长时间状态调节器问题描述如下。

问题 8.3.1(无限长时间线性二次型最优状态调节问题) 给定系统(8.3.1)及二次型性能指标(8.3.2),其中,$\boldsymbol{Q}\geqslant 0$,$\boldsymbol{R}>0$,求取系统(8.3.1)的最优控制 $\boldsymbol{u}^*(t)$,使由指标(8.3.2)表出的性能指标 J 达到极小。

涉及上述问题的求解,Kalman 曾指出过下述事实。

引理 8.3.1 设 $\boldsymbol{A}(t)=\boldsymbol{A}$,$\boldsymbol{B}(t)=\boldsymbol{B}$,$\boldsymbol{Q}(t)=\boldsymbol{Q}$,$\boldsymbol{R}(t)=\boldsymbol{R}$ 均为常数矩阵,且$(\boldsymbol{A},\boldsymbol{B})$能控,$\boldsymbol{R}>0$,$\boldsymbol{Q}=\boldsymbol{D}^{\mathrm{T}}\boldsymbol{D}\geqslant 0$,$(\boldsymbol{A},\boldsymbol{D})$能观,则此时 Riccati 矩阵微分方程(8.2.4)的满足边界条件 $\boldsymbol{P}(t_f)=0$ 的解 $\boldsymbol{P}(t)$ 在 $t_f\to\infty$时的极限存在,并且是唯一的常数矩阵,即

$$\lim_{t_f\to\infty}\boldsymbol{P}(t)=\boldsymbol{P}$$

此外,该极限 $\boldsymbol{P}$ 为 Riccati 代数方程

$$\boldsymbol{A}^{\mathrm{T}}\boldsymbol{P}+\boldsymbol{P}\boldsymbol{A}-\boldsymbol{P}\boldsymbol{B}\boldsymbol{R}^{-1}\boldsymbol{B}^{\mathrm{T}}\boldsymbol{P}+\boldsymbol{Q}=0 \tag{8.3.3}$$

的唯一对称正定解。

基于上述引理,我们可以得到下述结论。

定理 8.3.1 设$(\boldsymbol{A},\boldsymbol{B})$能控,$\boldsymbol{R}>0$,$\boldsymbol{Q}=\boldsymbol{D}^{\mathrm{T}}\boldsymbol{D}\geqslant 0$,$(\boldsymbol{A},\boldsymbol{D})$能观,则系统(8.3.1)在指标(8.3.2)下的无限长时间线性二次型最优状态调节器为

$$\boldsymbol{u}^*(t)=-\boldsymbol{R}^{-1}\boldsymbol{B}^{\mathrm{T}}\boldsymbol{P}\boldsymbol{x}(t) \tag{8.3.4}$$

它所对应的最优轨迹是下式的解 $\boldsymbol{x}^*(t)$,即

$$\dot{\boldsymbol{x}}^*(t)=(\boldsymbol{A}-\boldsymbol{B}\boldsymbol{R}^{-1}\boldsymbol{B}^{\mathrm{T}}\boldsymbol{P})\boldsymbol{x}^*(t) \tag{8.3.5}$$

式中,$\boldsymbol{x}(t_0)=\boldsymbol{x}_0$;性能指标的最小值为

$$J^*[\boldsymbol{x}^*(t_0)]=\frac{1}{2}\boldsymbol{x}^{*\mathrm{T}}(t_0)\boldsymbol{P}\boldsymbol{x}^*(t_0) \tag{8.3.6}$$

矩阵 $\boldsymbol{P}$ 为 Riccati 代数矩阵方程(8.3.3)的唯一对称正定解。

与有限时间调节器一样,无限长时间最优状态反馈系统的方块结构,也可用图 8.2.1表示。

8.3.2 闭环稳定性

不同于有限时间的情形，在无限时间的二次型最优状态调节系统中存在稳定性问题。关于其稳定性，我们有下述定理。

定理 8.3.2 设定理 8.3.1 的条件成立，则上述无限时间二次型最优状态调节器控制系统的闭环系统(8.3.5)是渐近稳定的，即闭环系统矩阵$(\boldsymbol{A}-\boldsymbol{B}\boldsymbol{R}^{-1}\boldsymbol{B}^{\mathrm{T}}\boldsymbol{P})$具有负实部的特征值。

证明 选闭环系统的 Lyapunov 函数为

$$V(\boldsymbol{x})=\boldsymbol{x}^{\mathrm{T}}\boldsymbol{P}\boldsymbol{x}$$

由引理 8.3.1 知，在定理的条件下矩阵 $\boldsymbol{P}$ 是正定的，故 $V(\boldsymbol{x})$是正定的。利用式(8.3.3)和式(8.3.5)，可得

$$\begin{aligned}\dot{V}(\boldsymbol{x})&=\dot{\boldsymbol{x}}^{\mathrm{T}}\boldsymbol{P}\boldsymbol{x}+\boldsymbol{x}^{\mathrm{T}}\boldsymbol{P}\dot{\boldsymbol{x}}\\&=\boldsymbol{x}^{\mathrm{T}}(\boldsymbol{A}-\boldsymbol{B}\boldsymbol{R}^{-1}\boldsymbol{B}^{\mathrm{T}}\boldsymbol{P})^{\mathrm{T}}\boldsymbol{P}\boldsymbol{x}+\boldsymbol{x}^{\mathrm{T}}\boldsymbol{P}(\boldsymbol{A}-\boldsymbol{B}\boldsymbol{R}^{-1}\boldsymbol{B}^{\mathrm{T}}\boldsymbol{P})\boldsymbol{x}\\&=\boldsymbol{x}^{\mathrm{T}}[(\boldsymbol{A}^{\mathrm{T}}\boldsymbol{P}+\boldsymbol{P}\boldsymbol{A}-\boldsymbol{P}\boldsymbol{B}\boldsymbol{R}^{-1}\boldsymbol{B}^{\mathrm{T}}\boldsymbol{P})-\boldsymbol{P}\boldsymbol{B}\boldsymbol{R}^{-1}\boldsymbol{B}^{\mathrm{T}}\boldsymbol{P}]\boldsymbol{x}\\&=-\boldsymbol{x}^{\mathrm{T}}(\boldsymbol{Q}+\boldsymbol{P}\boldsymbol{B}\boldsymbol{R}^{-1}\boldsymbol{B}^{\mathrm{T}}\boldsymbol{P})\boldsymbol{x}\end{aligned}$$

由于$\boldsymbol{Q}\geqslant 0,\boldsymbol{R}>0$，可知$\dot{V}(\boldsymbol{x})$为负半定。下面证明对一切 $\boldsymbol{x}_0\neq 0$ 的运动解 $\boldsymbol{x}(t)$有$\dot{V}(\boldsymbol{x})\neq 0$。我们采用反证法来证明这一点。反设对某个 $\boldsymbol{x}_0\neq 0$ 的相应解 $\boldsymbol{x}(t)$有$\dot{V}(\boldsymbol{x})=0$，于是利用上述$\dot{V}(\boldsymbol{x})$的表达式可导出

$$\boldsymbol{x}^{\mathrm{T}}(t)\boldsymbol{Q}\boldsymbol{x}(t)\equiv 0,\quad \boldsymbol{x}^{\mathrm{T}}(t)\boldsymbol{P}\boldsymbol{B}\boldsymbol{R}^{-1}\boldsymbol{B}^{\mathrm{T}}\boldsymbol{P}\boldsymbol{x}(t)\equiv 0$$

上式中后一个恒等式意味着

$$0\equiv[\boldsymbol{R}^{-1}\boldsymbol{B}^{\mathrm{T}}\boldsymbol{P}\boldsymbol{x}(t)]^{\mathrm{T}}\boldsymbol{R}[\boldsymbol{R}^{-1}\boldsymbol{B}^{\mathrm{T}}\boldsymbol{P}\boldsymbol{x}(t)]=[\boldsymbol{u}^{*}(t)]^{\mathrm{T}}\boldsymbol{R}[\boldsymbol{u}^{*}(t)]$$

也即有 $\boldsymbol{u}^{*}(t)\equiv 0$；而前一个恒等式表示

$$0\equiv\boldsymbol{x}^{\mathrm{T}}(t)\boldsymbol{D}^{\mathrm{T}}\boldsymbol{D}\boldsymbol{x}(t)=[\boldsymbol{D}\boldsymbol{x}(t)]^{\mathrm{T}}[\boldsymbol{D}\boldsymbol{x}(t)]$$

从而可导出 $\boldsymbol{D}\boldsymbol{x}(t)\equiv 0$。此即说明系统

$$\begin{cases}\dot{\boldsymbol{x}}=\boldsymbol{A}\boldsymbol{x}+\boldsymbol{B}\boldsymbol{u}\\\boldsymbol{y}=\boldsymbol{D}\boldsymbol{x}\end{cases}$$

对于 $\boldsymbol{u}\equiv 0$ 和 $\boldsymbol{x}_0\neq 0$ 的输出响应恒为零，这和$(\boldsymbol{A},\boldsymbol{D})$能观相矛盾，所以反设不成立，即有$\dot{V}(\boldsymbol{x})\neq 0$，从而由 Lyapunov 定理可知，系统(8.3.5)渐近稳定。

$\Delta\Delta\Delta$

说明 8.3.1 无限时间调节器控制系统的闭环系统(8.3.5)的渐近稳定性具有明确的物理意义。事实上，闭环系统(8.3.5)的稳定性是极小化性能指标(8.3.2)的必然结果，否则必有性能指标 J 发散。

8.3.3 算例

例 8.3.1 给定受控对象为

$$\dot{\boldsymbol{x}}=\begin{bmatrix}0 & 1\\0 & 0\end{bmatrix}\boldsymbol{x}+\begin{bmatrix}0\\1\end{bmatrix}u$$

性能指标为

$$J=\frac{1}{2}\int_0^{\infty}(x_1^2+2bx_1x_2+ax_2^2+u^2)\mathrm{d}t$$

求使 J 取极小的最优控制 $u^*(t)$。

解 从指标 J 的表达式可知

$$\boldsymbol{Q}=\begin{bmatrix}1 & b\\b & a\end{bmatrix},\quad R=1$$

为使 $\boldsymbol{Q}$ 正定,假定 $a-b^2>0$。首先容易验证受控对象是能控的,$\boldsymbol{Q}$,R 是正定的。因而最优控制为

$$\begin{aligned}u^*(t)&=-R^{-1}\boldsymbol{B}^{\mathrm{T}}\boldsymbol{P}\boldsymbol{x}(t)\\&=-1\cdot\begin{bmatrix}0 & 1\end{bmatrix}\begin{bmatrix}p_{11} & p_{12}\\p_{12} & p_{22}\end{bmatrix}\begin{bmatrix}x_1(t)\\x_2(t)\end{bmatrix}\\&=-p_{12}x_1(t)-p_{22}x_2(t)\end{aligned}$$

其中,p_{12} 和 p_{22} 为下述 Riccati 方程的正定解中的元:

$$\begin{bmatrix}p_{11} & p_{12}\\p_{12} & p_{22}\end{bmatrix}\begin{bmatrix}0 & 1\\0 & 0\end{bmatrix}+\begin{bmatrix}0 & 0\\1 & 0\end{bmatrix}\begin{bmatrix}p_{11} & p_{12}\\p_{12} & p_{22}\end{bmatrix}$$

$$-\begin{bmatrix}p_{11} & p_{12}\\p_{12} & p_{22}\end{bmatrix}\begin{bmatrix}0\\1\end{bmatrix}[1]^{-1}\begin{bmatrix}0 & 1\end{bmatrix}\begin{bmatrix}p_{11} & p_{12}\\p_{12} & p_{22}\end{bmatrix}+\begin{bmatrix}1 & b\\b & a\end{bmatrix}=\begin{bmatrix}0 & 0\\0 & 0\end{bmatrix}$$

上式给出下列三个方程:

$$p_{12}^2=1,\quad -p_{11}+p_{12}p_{22}-b=0,\quad -2p_{12}+p_{22}^2-a=0$$

解得

$$p_{12}=\pm1,\quad p_{22}=\pm\sqrt{a+2p_{12}},\quad p_{11}=p_{12}p_{22}-b$$

由上式,读者可以自己推算,在保证 $\boldsymbol{P}$ 为正定的条件下,最后可解得

$$p_{12}=1,\quad p_{22}=\sqrt{a+2},\quad p_{11}=\sqrt{a+2}-b \tag{8.3.7}$$

从而最优控制为

$$u^*(t)=-x_1-\sqrt{a+2}x_2+v$$

该控制律作用下的闭环系统的状态方程为

$$\dot{\boldsymbol{x}}=\begin{bmatrix}0 & 1\\-1 & -\sqrt{a+2}\end{bmatrix}\boldsymbol{x}+\begin{bmatrix}0\\1\end{bmatrix}v$$

在以 x_2 为输出，即取

$$y=[1\quad 0]\boldsymbol{x}$$

时，系统的传递函数矩阵为

$$\boldsymbol{W}(s)=\boldsymbol{C}(s\boldsymbol{I}-\boldsymbol{A})^{-1}\boldsymbol{B}=\frac{1}{s^2+s\sqrt{a+2}+1}$$

故系统的极点为

$$s_{1,2}=-\frac{\sqrt{a+2}}{2}\pm\frac{\sqrt{2-a}}{2}\mathrm{i},\quad a<2$$

图 8.3.1 是该系统的以 a 为参量的根轨迹。当 $a=0$ 时，系统极点为 $s_{1,2}=-\frac{\sqrt{2}}{2}\pm\frac{\sqrt{2}}{2}\mathrm{i}$，这相当于性能指标对 x_2 没有提出要求。随着 a 的增加，系统的极点趋向于实轴，使振荡减小，响应变慢，对 x_2（输出 x_1 的导数）权越大，系统的振荡就越小。

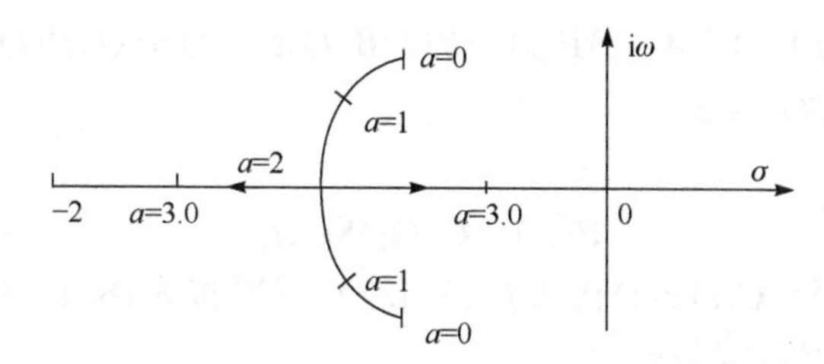

图 8.3.1　闭环系统的根轨迹

从本例可以看到，原受控对象是不稳定的，但求得的闭环最优系统却是渐近稳定的。实际上，为保证闭环系统的稳定性，$\boldsymbol{Q}$ 是正半定的即可，如本例中若 $a=b=0$；$\boldsymbol{Q}=\begin{bmatrix}1&0\\0&0\end{bmatrix}$为正半定的，从式(8.3.7)得 $\boldsymbol{P}=\begin{bmatrix}\sqrt{2}&1\\1&\sqrt{2}\end{bmatrix}$为正定的，此时系统两个极点与上述 $a=0$ 的情形相同，因而此时系统也是稳定的。

*8.4　输出调节器问题

输出调节器的任务是在不消耗过多控制能量的前提下，当系统受到外扰时，维持系统的输出向量接近平衡状态。

8.4.1　线性时变系统的情形

线性时变系统的输出调节器问题的提法如下。

问题 8.4.1(有限时间线性二次型最优输出调节问题)　已知线性时变系统

$$
\begin{cases}\dot{\boldsymbol{x}}=\boldsymbol{A}(t)\boldsymbol{x}+\boldsymbol{B}(t)\boldsymbol{u}, \quad \boldsymbol{x}(t_0)=\boldsymbol{x}_0 \\ \boldsymbol{y}=\boldsymbol{C}(t)\boldsymbol{x}\end{cases} \tag{8.4.1}
$$

和性能指标

$$
J=\frac{1}{2}\int_{t_0}^{t_f}[\boldsymbol{y}^{\mathrm{T}}\boldsymbol{Q}(t)\boldsymbol{y}+\boldsymbol{u}^{\mathrm{T}}\boldsymbol{R}(t)\boldsymbol{u}]\mathrm{d}t+\frac{1}{2}\boldsymbol{y}^{\mathrm{T}}(t_f)\boldsymbol{S}\boldsymbol{y}(t_f) \tag{8.4.2}
$$

其中,$\boldsymbol{R}(t)$是正定对称矩阵;$\boldsymbol{Q}(t)$和$\boldsymbol{S}$是正半定矩阵。要寻求定义在有限时间区间$[t_0,t_f]$上的控制$\boldsymbol{u}(t)$,使得在该控制的作用下,系统(8.4.1)的输出使指标J达到极小。

关于上述问题的求解,有下述结论。

定理 8.4.1 上述线性时变系统(8.4.1)在性能指标(8.4.2)下的线性二次型最优输出调节器为

$$
\boldsymbol{u}^*(t)=-\boldsymbol{R}^{-1}(t)\boldsymbol{B}^{\mathrm{T}}(t)\boldsymbol{P}(t)\boldsymbol{x}(t) \tag{8.4.3}
$$

其中,$\boldsymbol{P}(t)$满足下述 Riccati 方程:

$$
\begin{aligned}&-\dot{\boldsymbol{P}}(t)+\boldsymbol{P}(t)\boldsymbol{A}(t)+\boldsymbol{A}^{\mathrm{T}}(t)\boldsymbol{P}(t)-\boldsymbol{P}(t)\boldsymbol{B}(t)\boldsymbol{R}^{-1}(t)\boldsymbol{B}^{\mathrm{T}}(t)\boldsymbol{P}(t)\\&+\boldsymbol{C}^{\mathrm{T}}(t)\boldsymbol{Q}(t)\boldsymbol{C}(t)=0\end{aligned} \tag{8.4.4}
$$

及其初始条件

$$
\boldsymbol{P}(t_f)=\boldsymbol{C}^{\mathrm{T}}(t_f)\boldsymbol{S}\boldsymbol{C}(t_f)
$$

证明 将$\boldsymbol{y}(t)=\boldsymbol{C}(t)\boldsymbol{x}(t)$代入式(8.4.2),可以将式(8.4.2)转化为类似于状态调节器问题中的性能指标

$$
J=\frac{1}{2}\int_{t_0}^{t_f}\{\boldsymbol{x}^{\mathrm{T}}(\boldsymbol{C}^{\mathrm{T}}\boldsymbol{Q}\boldsymbol{C})\boldsymbol{x}+\boldsymbol{u}^{\mathrm{T}}\boldsymbol{R}\boldsymbol{u}\}\mathrm{d}t+\frac{1}{2}\boldsymbol{x}^{\mathrm{T}}(t_f)(\boldsymbol{C}^{\mathrm{T}}\boldsymbol{S}\boldsymbol{C})\boldsymbol{x}(t_f)
$$

比较式(8.4.3)和式(8.2.2)可知,这里是用$\boldsymbol{C}^{\mathrm{T}}(t)\boldsymbol{Q}(t)\boldsymbol{C}(t)$和$\boldsymbol{C}^{\mathrm{T}}(t_f)\boldsymbol{S}\boldsymbol{C}(t_f)$分别取代了以前的$\boldsymbol{Q}(t)$和$\boldsymbol{S}$。由于$\boldsymbol{Q}(t)$和$\boldsymbol{S}$均是正半定阵,$\boldsymbol{C}^{\mathrm{T}}(t)\boldsymbol{Q}(t)\boldsymbol{C}(t)$阵和$\boldsymbol{C}^{\mathrm{T}}(t_f)\boldsymbol{S}\boldsymbol{C}(t_f)$阵也是正半定阵。直接应用定理 8.2.1 便可得定理之结论。

ΔΔΔ

涉及二次型最优调节系统的最优轨线和最优性能指标等,都与 8.2 节相应的表达式类似,这里不再重复。读者可能会感到疑惑,为什么输出调节器和状态调节器一样,不是所想象的是输出$\boldsymbol{y}(t)$的反馈,而仍然是状态$\boldsymbol{x}(t)$的反馈呢?这是因为状态向量包含了主宰过程未来演变的全部信息,而输出向量只包含部分信息,而由定理 8.2.1 的证明可知最优控制必须利用全部状态信息,所以用$\boldsymbol{x}(t)$而不用$\boldsymbol{y}(t)$作为反馈信息。值得注意,尽管输出调节器与状态调节器在算式上和系统结构上类同,但 Riccati 方程是不同的,因此其解$\boldsymbol{P}(t)$并非一样。

8.4.2 线性定常系统的情形

线性时不变系统的二次型最优输出调节的问题可以描述如下。

问题 8.4.2(无限长时间线性二次型最优输出调节问题)　给定完全能控和完全能观系统

$$\begin{cases}\dot{\boldsymbol{x}}=\boldsymbol{A}\boldsymbol{x}+\boldsymbol{B}\boldsymbol{u}, \quad \boldsymbol{x}(t_0)=\boldsymbol{x}_0\\ \boldsymbol{y}(t)=\boldsymbol{C}\boldsymbol{x}(t)\end{cases} \tag{8.4.5}$$

及性能指标

$$J=\frac{1}{2}\int_0^{\infty}(\boldsymbol{y}^{\mathrm{T}}\boldsymbol{Q}\boldsymbol{y}+\boldsymbol{u}^{\mathrm{T}}\boldsymbol{R}\boldsymbol{u})\mathrm{d}t \tag{8.4.6}$$

其中,$\boldsymbol{R}$ 是正定对称阵;$\boldsymbol{Q}$ 是正定(或半正定)对称矩阵。要寻求系统(8.4.5)的定义在无限长时间$[0,\infty)$上的一个最优控制 $\boldsymbol{u}(t)$,使得在该控制的作用下,系统的输出极小化上述性能指标 J。

基于定理 8.4.1 的证明思想,利用引理 8.3.1 和定理 8.3.1 很容易证得下述结论。

定理 8.4.2　设$(\boldsymbol{A},\boldsymbol{B})$能控,$(\boldsymbol{A},\boldsymbol{C})$能观,$\boldsymbol{R}>0$,$\boldsymbol{Q}=\boldsymbol{D}^{\mathrm{T}}\boldsymbol{D}\geqslant 0$,$(\boldsymbol{A},\boldsymbol{D}\boldsymbol{C})$能观,则系统(8.4.5)在指标(8.4.6)下的上述无限长时间线性二次型最优输出调节问题的解为

$$\boldsymbol{u}^*(t)=-\boldsymbol{R}^{-1}\boldsymbol{B}^{\mathrm{T}}\boldsymbol{P}\boldsymbol{x}(t) \tag{8.4.7}$$

其中,$\boldsymbol{P}$ 是下列 Riccati 代数矩阵方程

$$\boldsymbol{P}\boldsymbol{A}+\boldsymbol{A}^{\mathrm{T}}\boldsymbol{P}-\boldsymbol{P}\boldsymbol{B}\boldsymbol{R}^{-1}\boldsymbol{B}^{\mathrm{T}}\boldsymbol{P}+\boldsymbol{C}^{\mathrm{T}}\boldsymbol{Q}\boldsymbol{C}=0 \tag{8.4.8}$$

的唯一对称正定解。另外该最优控制律作用下的闭环系统是渐近稳定的。

8.4.3　算例

例 8.4.1　已知系统

$$\begin{cases}\dot{x}=bu\\ y=cx\end{cases}$$

其中,$b>0$,$c>0$,性能指标为

$$J=\frac{1}{2}\int_0^{\infty}[y^2(t)+u^2(t)]\mathrm{d}t$$

求取系统的最优控制 $u^*(t)$,使指标 J 达到极小。

解　显然所给系统既是能控的,也是能观的,且

$$\boldsymbol{A}=0, \quad \boldsymbol{B}=b, \quad \boldsymbol{C}=c$$
$$\boldsymbol{Q}=1, \quad \boldsymbol{C}^{\mathrm{T}}\boldsymbol{Q}\boldsymbol{C}=c^2, \quad R=1$$

故

$$u^*(t)=-R^{-1}\boldsymbol{B}^{\mathrm{T}}\boldsymbol{P}x=-bPx$$

其中 P 应满足 Riccati 方程

$$-b^2P^2+c=0$$

其解为

$$P=\frac{c}{b}\left(\text{为保证 } P>0\text{,舍去}-\frac{c}{b}\right)$$

从而

$$u^*(t)=-cx(t)=-y(t)$$

例 8.4.2　设受控系统为

$$\dot{\boldsymbol{x}}=\begin{bmatrix}0 & 1\\ 0 & 0\end{bmatrix}\boldsymbol{x}+\begin{bmatrix}0\\ 1\end{bmatrix}u,\quad y=\begin{bmatrix}1 & 0\end{bmatrix}\boldsymbol{x}$$

性能指标为

$$J=\frac{1}{2}\int_0^{\infty}(y^2+ru^2)\mathrm{d}t$$

求取系统的最优控制 $u^*(t)$,使指标 J 达到极小。

解　首先容易检验此系统是能观的和能控的,而

$$\boldsymbol{C}^{\mathrm{T}}\boldsymbol{Q}\boldsymbol{C}=\begin{bmatrix}1 & 0\\ 0 & 0\end{bmatrix},\quad R=r$$

$$\begin{aligned}u^*(t)&=-\frac{1}{r}\begin{bmatrix}0 & 1\end{bmatrix}\begin{bmatrix}p_{11} & p_{12}\\ p_{12} & p_{22}\end{bmatrix}\begin{bmatrix}x_1\\ x_2\end{bmatrix}\\ &=-\frac{1}{r}\left[p_{12}x_1(t)+p_{22}x_2(t)\right]\end{aligned}$$

求解该问题的 Riccati 方程可得下述三个代数方程:

$$\frac{1}{r}p_{12}^2=1,\quad -p_{11}+\frac{1}{r}p_{12}p_{22}=0,\quad -2p_{12}+\frac{1}{r}p_{22}^2=0$$

为保证 $\boldsymbol{P}$ 正定,必须有

$$p_{11}>0,\quad p_{22}>0$$

$$p_{11}p_{22}-p_{12}^2>0$$

取 $\boldsymbol{P}$ 的正定解为

$$p_{12}=\sqrt{r},\quad p_{22}=\sqrt{2}r^{\frac{3}{4}},\quad p_{11}=\sqrt{2}r^{\frac{1}{4}}$$

从而所求最优控制为

$$u^*(t)=-r^{-\frac{1}{2}}x_1(t)-\sqrt{2}r^{-\frac{1}{4}}x_2(t)=-r^{-\frac{1}{2}}y(t)-\sqrt{2}r^{-\frac{1}{4}}\dot{y}(t)$$

*8.5　输出跟踪问题

跟踪器的任务是,在不消耗过多控制能量的条件下,使系统的输出 $\boldsymbol{y}(t)$ 能紧紧跟随某一要求的输出参考信号 $\boldsymbol{z}(t)$。

8.5.1 线性时变系统的情形

时变线性系统的二次型最优输出跟踪问题可以描述如下。

问题 8.5.1(有限时间的线性二次最优输出跟踪问题)　给定能观的线性时变系统

$$\begin{cases}\dot{\boldsymbol{x}}(t)=\boldsymbol{A}(t)\boldsymbol{x}(t)+\boldsymbol{B}(t)\boldsymbol{u}(t), & \boldsymbol{x}(t_0)=\boldsymbol{x}_0\\ \boldsymbol{y}(t)=\boldsymbol{C}(t)\boldsymbol{x}(t)\end{cases} \tag{8.5.1}$$

及性能指标

$$\begin{aligned}J=&\frac{1}{2}\int_{t_0}^{t_f}[(\boldsymbol{z}-\boldsymbol{y})^{\mathrm{T}}\boldsymbol{Q}(t)(\boldsymbol{z}-\boldsymbol{y})+\boldsymbol{u}^{\mathrm{T}}\boldsymbol{R}(t)\boldsymbol{u}]\mathrm{d}t\\&+\frac{1}{2}[\boldsymbol{z}(t_f)-\boldsymbol{y}(t_f)]^{\mathrm{T}}\boldsymbol{S}[\boldsymbol{z}(t_f)-\boldsymbol{y}(t_f)]\end{aligned} \tag{8.5.2}$$

其中,$\boldsymbol{z}(t)$是一个与 $\boldsymbol{y}(t)$同维的参考输出向量;$\boldsymbol{Q}(t)$,$\boldsymbol{S}$ 为对称正半定矩阵;$\boldsymbol{R}(t)$为正定矩阵。要寻求系统(8.5.1)的一个最优控制 $\boldsymbol{u}(t)$,使得在该控制的作用下,系统(8.5.1)的输出极小化由式(8.5.2)表出的性能指标 J。

下面我们来推导上述问题的求解。

在式(8.5.2)中,将输出 $\boldsymbol{y}(t)$用 $\boldsymbol{Cx}(t)$代替,得 Hamilton 函数

$$H=\frac{1}{2}[(\boldsymbol{z}-\boldsymbol{Cx})^{\mathrm{T}}\boldsymbol{Q}(t)(\boldsymbol{z}-\boldsymbol{Cx})]+\frac{1}{2}\boldsymbol{u}^{\mathrm{T}}\boldsymbol{R}(t)u+\boldsymbol{\lambda}^{\mathrm{T}}[\boldsymbol{A}(t)\boldsymbol{x}+\boldsymbol{B}(t)\boldsymbol{u}]$$

J 取极值的必要条件为$\left[\frac{\partial H}{\partial \boldsymbol{u}}\right]=0$,由此得

$$\boldsymbol{u}(t)=-\boldsymbol{R}^{-1}(t)\boldsymbol{B}^{\mathrm{T}}(t)\boldsymbol{\lambda}(t) \tag{8.5.3}$$

协状态方程为

$$\dot{\boldsymbol{\lambda}}=-\left[\frac{\partial H}{\partial \boldsymbol{x}}\right]$$

即

$$\dot{\boldsymbol{\lambda}}(t)=-\boldsymbol{C}^{\mathrm{T}}(t)\boldsymbol{Q}(t)\boldsymbol{C}(t)\boldsymbol{x}(t)-\boldsymbol{A}^{\mathrm{T}}(t)\boldsymbol{\lambda}(t)+\boldsymbol{C}^{\mathrm{T}}(t)\boldsymbol{Q}(t)\boldsymbol{z}(t) \tag{8.5.4}$$

其终端条件为

$$\begin{aligned}\boldsymbol{\lambda}(t_f)&=\frac{1}{2}\cdot\frac{\partial}{\partial \boldsymbol{x}}[\boldsymbol{z}(t_f)-\boldsymbol{C}(t_f)\boldsymbol{x}(t_f)]^{\mathrm{T}}\boldsymbol{S}[\boldsymbol{z}(t_f)-\boldsymbol{C}(t_f)\boldsymbol{x}(t_f)]\\&=\boldsymbol{C}^{\mathrm{T}}(t_f)\boldsymbol{SC}(t_f)\boldsymbol{x}(t_f)-\boldsymbol{C}^{\mathrm{T}}(t_f)\boldsymbol{Sz}(t_f)\end{aligned} \tag{8.5.5}$$

由式(8.5.1)、式(8.5.3)和式(8.5.4)得

$$\begin{bmatrix}\dot{\boldsymbol{x}}(t)\\ \dot{\boldsymbol{\lambda}}(t)\end{bmatrix}=\left[\begin{array}{c:c}\boldsymbol{A}(t) & -\boldsymbol{BR}^{-1}\boldsymbol{B}^{\mathrm{T}}\\ \hdashline -\boldsymbol{C}^{\mathrm{T}}\boldsymbol{QC} & -\boldsymbol{A}^{\mathrm{T}}\end{array}\right]\begin{bmatrix}\boldsymbol{x}(t)\\ \hdashline \boldsymbol{\lambda}(t)\end{bmatrix}+\begin{bmatrix}0\\ \hdashline \boldsymbol{C}^{\mathrm{T}}\boldsymbol{Q}\end{bmatrix}\boldsymbol{z}(t)$$

记 $\boldsymbol{\Phi}(t,t_0)$为上述系统的状态转移矩阵,则其解可表为

$$\begin{bmatrix}\boldsymbol{x}(t_f)\\\boldsymbol{\lambda}(t_f)\end{bmatrix}=\boldsymbol{\Phi}(t_f,t)\left\{\begin{bmatrix}\boldsymbol{x}(t)\\\hdashline\boldsymbol{\lambda}(t)\end{bmatrix}+\int_t^{t_f}\boldsymbol{\Phi}^{-1}(\tau,t)\begin{bmatrix}0\\\hdashline\boldsymbol{C}^{\mathrm{T}}\boldsymbol{Q}\end{bmatrix}\boldsymbol{z}(\tau)\mathrm{d}\tau\right\}$$

类似于定理 8.2.1 证明中的第 2 步,将 $\boldsymbol{\lambda}(t_f)$ 的终端条件代入上式并予以简化,可得矩阵 $\boldsymbol{P}(t)$ 满足

$$\boldsymbol{\lambda}(t)=\boldsymbol{P}(t)\boldsymbol{x}(t)-\boldsymbol{g}(t) \tag{8.5.6}$$

由此可见 $\boldsymbol{\lambda}(t)$ 与 $\boldsymbol{x}(t)$ 的关系与前述状态调节器的关系式(8.2.13)有差异,即多了一项由 $\boldsymbol{z}(t)$ 所引起的 $\boldsymbol{g}(t)$ 项。将式(8.5.6)的 $\boldsymbol{\lambda}(t)$ 代入式(8.5.3),得

$$\boldsymbol{u}^*(t)=-\boldsymbol{R}^{-1}(t)\boldsymbol{B}^{\mathrm{T}}(t)\boldsymbol{P}(t)\boldsymbol{x}(t)+\boldsymbol{R}^{-1}(t)\boldsymbol{B}^{\mathrm{T}}(t)\boldsymbol{g}(t) \tag{8.5.7}$$

再代入式(8.5.1)的状态方程,得

$$\dot{\boldsymbol{x}}(t)=[\boldsymbol{A}(t)-\boldsymbol{B}(t)\boldsymbol{R}^{-1}(t)\boldsymbol{B}^{\mathrm{T}}(t)\boldsymbol{P}(t)]\boldsymbol{x}(t)+\boldsymbol{B}(t)\boldsymbol{R}^{-1}(t)\boldsymbol{B}^{\mathrm{T}}(t)\boldsymbol{g}(t) \tag{8.5.8}$$

将式(8.5.6)对时间求导,得

$$\dot{\boldsymbol{\lambda}}(t)=\dot{\boldsymbol{P}}(t)\boldsymbol{x}(t)+\boldsymbol{P}(t)\dot{\boldsymbol{x}}(t)-\dot{\boldsymbol{g}}(t) \tag{8.5.9}$$

从式(8.5.4)、式(8.5.6)、式(8.5.8)和式(8.5.9)中消去 $\dot{\boldsymbol{x}}$,$\dot{\boldsymbol{\lambda}}$ 和 $\boldsymbol{\lambda}$,得

$$\begin{aligned}&[\dot{\boldsymbol{P}}(t)+\boldsymbol{P}(t)\boldsymbol{A}+\boldsymbol{A}^{\mathrm{T}}\boldsymbol{P}(t)-\boldsymbol{P}(t)\boldsymbol{B}\boldsymbol{R}^{-1}\boldsymbol{B}^{\mathrm{T}}\boldsymbol{P}(t)+\boldsymbol{C}^{\mathrm{T}}\boldsymbol{Q}(t)\boldsymbol{C}]\boldsymbol{x}\\&=\dot{\boldsymbol{g}}(t)-[\boldsymbol{P}(t)\boldsymbol{B}\boldsymbol{R}^{-1}\boldsymbol{B}^{\mathrm{T}}-\boldsymbol{A}^{\mathrm{T}}]\boldsymbol{g}(t)+\boldsymbol{C}^{\mathrm{T}}\boldsymbol{Q}\boldsymbol{z}(t)\end{aligned} \tag{8.5.10}$$

上式左端是时间函数与状态向量 $\boldsymbol{x}(t)$ 的积,右端则单纯是时间的函数,要使上式对所有 $\boldsymbol{x}(t)$,$\boldsymbol{z}(t)$ 和 t 都成立,必须有

$$\begin{aligned}-\dot{\boldsymbol{P}}(t)&=\boldsymbol{P}(t)\boldsymbol{A}+\boldsymbol{A}^{\mathrm{T}}\boldsymbol{P}(t)-\boldsymbol{P}(t)\boldsymbol{B}\boldsymbol{R}^{-1}\boldsymbol{B}^{\mathrm{T}}\boldsymbol{P}(t)+\boldsymbol{C}^{\mathrm{T}}\boldsymbol{Q}(t)\boldsymbol{C}\\\dot{\boldsymbol{g}}(t)&=[\boldsymbol{P}(t)\boldsymbol{B}\boldsymbol{R}^{-1}\boldsymbol{B}^{\mathrm{T}}-\boldsymbol{A}^{\mathrm{T}}]\boldsymbol{g}(t)-\boldsymbol{C}^{\mathrm{T}}\boldsymbol{Q}(t)\boldsymbol{z}(t)\end{aligned} \tag{8.5.11}$$

从式(8.5.6)可得

$$\boldsymbol{\lambda}(t_f)=\boldsymbol{P}(t_f)\boldsymbol{x}(t_f)-\boldsymbol{g}(t_f)$$

又从式(8.5.5)得

$$\boldsymbol{\lambda}(t_f)=\boldsymbol{C}^{\mathrm{T}}(t_f)\boldsymbol{S}\boldsymbol{C}(t_f)\boldsymbol{x}(t_f)-\boldsymbol{C}^{\mathrm{T}}(t_f)\boldsymbol{S}\boldsymbol{z}(t_f)$$

比较以上两式可知微分方程组(8.5.11)的边界条件为

$$\boldsymbol{P}(t_f)=\boldsymbol{C}^{\mathrm{T}}(t_f)\boldsymbol{S}\boldsymbol{C}(t_f) \tag{8.5.12}$$

$$\boldsymbol{g}(t_f)=\boldsymbol{C}^{\mathrm{T}}(t_f)\boldsymbol{S}\boldsymbol{z}(t_f) \tag{8.5.13}$$

综合上述推导过程,可得下述定理。

定理 8.5.1　系统(8.5.1)在性能指标(8.5.2)下的线性二次型最优输出跟踪问题的解由式(8.5.7)给出,其中 $\boldsymbol{P}(t)$ 和 $\boldsymbol{g}(t)$ 由微分方程(8.5.11)及其边界条件式(8.5.12)和式(8.5.15)决定。

由上述定理可见,最优控制 $\boldsymbol{u}^*(t)$ 包含两部分:一部分是状态向量 $\boldsymbol{x}(t)$ 的线性函数,它与 8.2 节调节器问题的解(8.2.6)是一致的,可由状态反馈获得;另一部分

则是 $\boldsymbol{g}(t)$的线性函数,它是由给定的 $\boldsymbol{z}(t)$所引起的。

8.5.2　线性定常系统的情形

以上讨论了线性时变系统在有限时间$[t_0, t_f]$内的输出跟踪问题。对于线性时不变系统,当要求的输出参考信号 $\boldsymbol{z}(t)=\boldsymbol{z}$ 为常向量,终端时间极大但不等于无穷大时,可以导出一个很有实用意义的近似的最优控制规律。虽然这个近似控制规律对于终端时间等于无穷大的情况在理论上并不成立,但对一般工程控制系统是足够精确的。这里不作详细的推导,而只给出结果。

考虑能控和能观的线性时不变系统

$$\begin{cases}\dot{\boldsymbol{x}}=\boldsymbol{A}\boldsymbol{x}+\boldsymbol{B}\boldsymbol{u}, \quad \boldsymbol{x}(t_0)=\boldsymbol{x}_0 \\ \boldsymbol{y}=\boldsymbol{C}\boldsymbol{x}\end{cases} \tag{8.5.14}$$

要求系统的输出跟踪一常数向量 $\boldsymbol{z}$。考虑 t_f 足够大,此时 $\boldsymbol{P}(t)$趋于常数正定矩阵 $\boldsymbol{P}$,它是下列 Riccati 矩阵代数方程的正定解:

$$\boldsymbol{P}\boldsymbol{A}+\boldsymbol{A}^{\mathrm{T}}\boldsymbol{P}-\boldsymbol{P}\boldsymbol{B}\boldsymbol{R}^{-1}\boldsymbol{B}^{\mathrm{T}}\boldsymbol{P}+\boldsymbol{C}^{\mathrm{T}}\boldsymbol{Q}\boldsymbol{C}=0 \tag{8.5.15}$$

而此时

$$\boldsymbol{g}\approx(\boldsymbol{P}\boldsymbol{B}\boldsymbol{R}^{-1}\boldsymbol{B}^{\mathrm{T}}-\boldsymbol{A}^{\mathrm{T}})^{-1}\boldsymbol{C}^{\mathrm{T}}\boldsymbol{Q}\boldsymbol{z} \tag{8.5.16}$$

有了 $\boldsymbol{P}$ 和 $\boldsymbol{g}$,仿照式(8.5.7),则有次最优控制律

$$\boldsymbol{u}^*(t)=-\boldsymbol{R}^{-1}\boldsymbol{B}^{\mathrm{T}}\boldsymbol{P}\boldsymbol{x}(t)+\boldsymbol{R}^{-1}\boldsymbol{B}^{\mathrm{T}}\boldsymbol{g} \tag{8.5.17}$$

仿照式(8.5.8),则得闭环系统的状态方程为

$$\dot{\boldsymbol{x}}^*(t)=(\boldsymbol{A}-\boldsymbol{B}\boldsymbol{R}^{-1}\boldsymbol{B}^{\mathrm{T}}\boldsymbol{P})\boldsymbol{x}^*+\boldsymbol{B}\boldsymbol{R}^{-1}\boldsymbol{B}^{\mathrm{T}}\boldsymbol{g} \tag{8.5.18}$$

8.5.3　算例

例 8.5.1　给定受控对象为

$$\dot{\boldsymbol{x}}=\begin{bmatrix}0 & 1\\ 0 & -2\end{bmatrix}\boldsymbol{x}+\begin{bmatrix}0\\ 20\end{bmatrix}u$$

$$\boldsymbol{y}=\begin{bmatrix}1 & 0\end{bmatrix}\boldsymbol{x}$$

性能指标为

$$J=\int_0^{\infty}\{[y(t)-z]^2+u^2(t)\}\mathrm{d}t$$

求使性能指标 J 达到极小的次最优控制律 $u^*(t)$。

解　在本例中,有

$$Q=1, \quad R=1$$

$$\boldsymbol{C}^{\mathrm{T}}\boldsymbol{Q}\boldsymbol{C}=\begin{bmatrix}1\\ 0\end{bmatrix}\begin{bmatrix}1 & 0\end{bmatrix}=\begin{bmatrix}1 & 0\\ 0 & 0\end{bmatrix}$$

$$\boldsymbol{A}=\begin{bmatrix}0 & 1\\0 & -2\end{bmatrix},\quad \boldsymbol{B}=\begin{bmatrix}0\\20\end{bmatrix}$$

故最优控制为

$$\begin{aligned}\boldsymbol{u}^*(t)&=-R^{-1}\boldsymbol{B}^{\mathrm{T}}\boldsymbol{P}\boldsymbol{x}+R^{-1}\boldsymbol{B}^{\mathrm{T}}\boldsymbol{g}\\&=-\begin{bmatrix}0 & 20\end{bmatrix}\begin{bmatrix}p_{11} & p_{12}\\p_{12} & p_{22}\end{bmatrix}\begin{bmatrix}x_1\\x_2\end{bmatrix}+\begin{bmatrix}0 & 20\end{bmatrix}\begin{bmatrix}g_1\\g_2\end{bmatrix}\\&=-20p_{12}x_1-20p_{22}x_2+20g_2\end{aligned}$$

由式(8.5.15)有

$$\begin{bmatrix}p_{11} & p_{12}\\p_{12} & p_{22}\end{bmatrix}\begin{bmatrix}0 & 1\\0 & -2\end{bmatrix}+\begin{bmatrix}0 & 0\\1 & -2\end{bmatrix}\begin{bmatrix}p_{11} & p_{12}\\p_{12} & p_{22}\end{bmatrix}$$

$$-\begin{bmatrix}p_{11} & p_{12}\\p_{12} & p_{22}\end{bmatrix}\begin{bmatrix}0\\20\end{bmatrix}\begin{bmatrix}0 & 20\end{bmatrix}\begin{bmatrix}p_{11} & p_{12}\\p_{12} & p_{22}\end{bmatrix}+\begin{bmatrix}1 & 0\\0 & 0\end{bmatrix}=\begin{bmatrix}0 & 0\\0 & 0\end{bmatrix}$$

故有

$$\begin{aligned}&400p_{12}^2-1=0\\&400p_{12}p_{22}-p_{11}+2p_{12}=0\\&400p_{22}^2+4p_{22}-2p_{12}=0\end{aligned}$$

解之,得

$$p_{11}=\frac{6.63}{20},\quad p_{12}=0.05,\quad p_{22}=\frac{4.63}{400}$$

根据式(8.5.16)有

$$\begin{aligned}g&\approx\left[\begin{bmatrix}\frac{6.63}{20} & 0.05\\0.05 & \frac{4.63}{400}\end{bmatrix}\begin{bmatrix}0\\20\end{bmatrix}\begin{bmatrix}0 & 20\end{bmatrix}-\begin{bmatrix}0 & 1\\1 & -2\end{bmatrix}\right]^{-1}\begin{bmatrix}1\\0\end{bmatrix}z\\&=\begin{bmatrix}0 & 20\\-1 & \frac{44.63}{20}\end{bmatrix}^{-1}\begin{bmatrix}1\\0\end{bmatrix}z\\&=\begin{bmatrix}\frac{44.63}{400}\\\frac{1}{20}\end{bmatrix}z\end{aligned}$$

所以所求次最优控制为

$$u^* = -x_1 - \frac{4.63}{20}x_2 + z$$

8.6 小　　结

线性二次型最优控制是线性系统理论中的一类典型的优化型设计问题，也是现代控制理论中的另一分支——最优控制理论中最完美的结果。由于特殊的指标形式和系统对象的线性性质，使所讨论的带有等式约束的动态优化问题可以获得基于 Riccati 方程表达的解析解，而且该解还是一个线性状态反馈。这里我们要清楚问题的提法和求解思想，牢记调节器的形式，特别是无限时间的情形。

为了导出本章的结果，我们在 8.1 节中概括地介绍了变分法的一些知识和一个基本的最优控制结果。我们这样做的目的有两个：其一是为了使全章结构更加清晰；其二是让读者对极值问题有个端倪的认识。但事实上，我们完全可以利用动态优化的思想和矩阵函数的微分理论来直接推导出线性二次型最优控制问题的解。

对于线性定常系统的无限时间调节器，我们利用 Lyapunov 稳定性定理证明了闭环系统的稳定性。这一点也可以采用定理 5.3.3 证之，但若改用直接判据来证明这一点则是比较困难的。

线性二次型最优控制依赖于二次型指标中两个加权矩阵 $\boldsymbol{Q}$ 和 $\boldsymbol{R}$ 的选取。当 $\boldsymbol{Q}$ 和 $\boldsymbol{R}$ 固定时，问题的解唯一确定。但实际上矩阵 $\boldsymbol{Q},\boldsymbol{R}$ 是可在很大程度上任意选取的。虽然对于满足条件的矩阵 $\boldsymbol{Q},\boldsymbol{R}$，都可保证闭环系统稳定，但选择不同的矩阵 $\boldsymbol{Q},\boldsymbol{R}$ 却可以导致系统其他性能的不同。由于这一点，近年来关于如何选取矩阵 $\boldsymbol{Q}$，$\boldsymbol{R}$ 以使闭环极点落于复平面某希望区域之中的问题得到了许多学者的关注。感兴趣的读者可参阅相关文献（Zhou，Duan and Lin，2008；Juang，Hong and Wang，1989；Shieh，Dib and Ganesan，1988；Kim and Furuta，1988；Kawasaki and Shimemura，1988；Shieh，Dib and McInnis，1986；Furuta and Kim，1986）。

由本章可见，线性二次型最优控制与 Riccati 矩阵方程密切相关。关于 Riccati 方程的解的存在性及其解的性质，有着丰富的研究内容。感兴趣的读者请参阅有关文献（Gohberg，Lancaster and Roman，1986；Incertis，1981；Lancaster and Rodman，1980）。

思考与练习

8.1　在有限时间的二次型最优状态调节器问题之中，是否系统的状态或输出一定可在终端时刻被调节到原点？

8.2　无限时间的二次型最优调节系统为渐近稳定的，试解释这一结论的物理意义。另外试给出定理 8.3.2 的另外一种证明方法。

8.3 本章中的输出跟踪问题与第7章的跟踪问题有何联系及区别?

8.4 在二次型最优控制问题的具体应用中,应该如何确定指标中的加权矩阵?

8.5 给定受控系统

$$\dot{\boldsymbol{x}}=\begin{bmatrix}0 & 1\\0 & 0\end{bmatrix}\boldsymbol{x}+\begin{bmatrix}1\\0\end{bmatrix}u,\quad \boldsymbol{x}_0=\begin{bmatrix}x_{10}\\x_{20}\end{bmatrix}$$

和性能指标

$$J=\frac{1}{2}\boldsymbol{x}^{\mathrm{T}}(t_{\mathrm{f}})\begin{bmatrix}s_{11} & 0\\0 & s_{22}\end{bmatrix}\boldsymbol{x}(t_{\mathrm{f}})+\frac{1}{2}\int_0^{t_{\mathrm{f}}}\left\{u^2+\boldsymbol{x}^{\mathrm{T}}\begin{bmatrix}q_{11} & 0\\0 & q_{22}\end{bmatrix}\boldsymbol{x}\right\}\mathrm{d}t$$

试确定最优状态反馈增益阵 $\boldsymbol{K}^*$ 和最优性能 J^*。

8.6 在上题中,令 $t_{\mathrm{f}}=\infty$,$s_i=0(i=1,2)$,试确定此时的最优状态反馈增益阵 $\boldsymbol{K}^*$ 和最优性能 J^*。

8.7 给定受控系统

$$\dot{x}=\begin{bmatrix}0 & 1\\0 & 0\end{bmatrix}\boldsymbol{x}+\begin{bmatrix}1\\0\end{bmatrix}u,\quad \boldsymbol{x}_0=\begin{bmatrix}1\\2\end{bmatrix}$$

和性能指标

$$J=\int_0^{\infty}(2x_1^2+2x_1x_2+x_2^2+u^2)\mathrm{d}t$$

试确定最优状态反馈增益阵 $\boldsymbol{K}^*$ 和最优性能 J^*。

8.8 给定受控系统

$$\dot{\boldsymbol{x}}=\begin{bmatrix}1 & 0\\0 & 2\end{bmatrix}\boldsymbol{x}+\begin{bmatrix}1\\1\end{bmatrix}u,\quad \boldsymbol{x}(0)=\begin{bmatrix}2\\1\end{bmatrix}$$

$$y=[1\quad 2]\boldsymbol{x}$$

和性能指标

$$J=\int_0^{\infty}(y^2+2u^2)\mathrm{d}t$$

试确定最优状态反馈增益阵 $\boldsymbol{K}^*$ 和最优性能值 J^*。

8.9 在上题中,将性能指标换为

$$J=\int_0^{\infty}[(y-\sin t)^2+2u^2]\mathrm{d}t$$

试确定次最优状态反馈增益阵 $\boldsymbol{K}^*$ 和对应的性能值 J^*。

8.10 已知标准调节问题

$$\dot{\boldsymbol{x}}=\boldsymbol{A}\boldsymbol{x}+\boldsymbol{B}\boldsymbol{u},\quad \boldsymbol{x}(0)=\boldsymbol{x}_0$$

$$J=\int_0^{\infty}(\boldsymbol{x}^{\mathrm{T}}\boldsymbol{Q}\boldsymbol{x}+\boldsymbol{u}^{\mathrm{T}}\boldsymbol{R}\boldsymbol{u})\mathrm{d}t$$

的最优控制律和最优性能值为

$$u^*=\boldsymbol{K}\boldsymbol{x},\quad \boldsymbol{K}=\boldsymbol{R}^{-1}\boldsymbol{B}^{\mathrm{T}}\boldsymbol{P}$$

$$J^*=\boldsymbol{x}_0^{\mathrm{T}}\boldsymbol{P}\boldsymbol{x}_0$$

其中，$\boldsymbol{P}$ 为下述 Riccati 代数方程的正定对称解阵：

$$\boldsymbol{A}^{\mathrm{T}}\boldsymbol{P}+\boldsymbol{P}\boldsymbol{A}-\boldsymbol{P}\boldsymbol{B}\boldsymbol{R}^{-1}\boldsymbol{B}^{\mathrm{T}}\boldsymbol{P}+\boldsymbol{Q}=0$$

现若取加权阵为 $\alpha\boldsymbol{Q}$ 和 $\alpha\boldsymbol{R}$，试求此种情况下的最优控制律和最优性能值。

*第 9 章　线性系统中的解耦问题

所谓解耦，即是消除耦合关联作用。本章讨论两类控制系统设计中的解耦问题：一类是输入-输出解耦问题，即消除系统的各个输入对于系统的某个输出的联合作用；另一类是干扰解耦问题，即消除系统干扰对于系统输出响应的影响。

9.1　输入-输出解耦问题

考虑多输入-多输出的线性定常系统：

$$\begin{cases}\dot{\boldsymbol{x}}=\boldsymbol{A}\boldsymbol{x}+\boldsymbol{B}\boldsymbol{u}\\ \boldsymbol{y}=\boldsymbol{C}\boldsymbol{x}\end{cases} \tag{9.1.1}$$

其中，$\boldsymbol{x}$ 为 n 维状态向量；$\boldsymbol{u}$ 为 r 维控制向量；$\boldsymbol{y}$ 为 m 维输出向量。同时，作为解耦控制的基本条件我们要求下述假设：

假设 9.1.1　$r=m$，即输出和输入具有相同的变量个数。

我们采用状态反馈结合输入变换的控制规律，即取

$$\boldsymbol{u}=\boldsymbol{K}\boldsymbol{x}+\boldsymbol{L}\boldsymbol{v} \tag{9.1.2}$$

其中，$\boldsymbol{K}$ 为 $r\times n$ 维反馈增益阵；$\boldsymbol{L}$ 为 $r\times r$ 维输入变换阵；$\boldsymbol{v}$ 为 r 维的参考输入；输入变换阵 $\boldsymbol{L}$ 为非奇异，也即有 $\det\boldsymbol{L}\neq 0$。则在上述包含有输入变换的状态反馈控制律(9.1.2)作用下的闭环系统的状态空间描述为

$$\begin{cases}\dot{\boldsymbol{x}}=(\boldsymbol{A}+\boldsymbol{B}\boldsymbol{K})\boldsymbol{x}+\boldsymbol{B}\boldsymbol{L}\boldsymbol{v}\\ \boldsymbol{y}=\boldsymbol{C}\boldsymbol{x}\end{cases} \tag{9.1.3}$$

而其传递函数矩阵为

$$\boldsymbol{G}_{\mathrm{KL}}(s)=\boldsymbol{C}(s\boldsymbol{I}-\boldsymbol{A}-\boldsymbol{B}\boldsymbol{K})^{-1}\boldsymbol{B}\boldsymbol{L} \tag{9.1.4}$$

并且由于假定 $r=m$，可知 $\boldsymbol{G}_{\mathrm{KL}}(s)$ 为 $r\times r$ 的有理分式矩阵。

线性系统的输入-输出解耦有动态与静态之分，下面分别叙述之。

9.1.1　输入-输出动态解耦问题

线性系统(9.1.1)的输入-输出动态解耦问题可以描述如下。

问题 9.1.1　对由系统(9.1.1)给出的多变量受控系统，寻找一个输入变换和状态反馈矩阵对$(\boldsymbol{L},\boldsymbol{K})$，使得由系统(9.1.3)所定出的状态反馈系统的传递函数矩阵 $\boldsymbol{G}_{\mathrm{KL}}(s)$ 为非奇异对角线有理分式阵，即

$$G_{KL}(s)=\begin{bmatrix}\bar{g}_{11}(s) & & \\ & \ddots & \\ & & \bar{g}_{mm}(s)\end{bmatrix},\quad \bar{g}_{ii}(s)\neq 0,\quad i=1,2,\cdots,m \tag{9.1.5}$$

考虑到关系式

$$\hat{\boldsymbol{y}}(s)=\boldsymbol{G}_{KL}(s)\hat{\boldsymbol{v}}(s) \tag{9.1.6}$$

可知,当系统实现了解耦后,其输出变量和参考输入变量之间有关系式

$$\hat{y}_i(s)=\bar{g}_{ii}(s)\hat{v}_i(s),\quad i=1,2,\cdots,m \tag{9.1.7}$$

这表明,尽管受控系统中包含着变量间的耦合,但通过外部的控制作用(状态反馈和输入变换),可使一个 m 维的多输入-多输出系统化为 m 个相互独立的单输入-单输出控制系统,而实现一个输出变量仅由一个输入变量完全控制。解耦控制大大简化了控制过程,使得对各个输出变量的控制均都可单独地进行。在许多工程问题中,特别是过程控制中,解耦控制有着重要的意义。

9.1.2　输入-输出静态解耦问题

上述输入输出动态解耦问题要求闭环系统的传递函数为对角矩阵,这对于许多系统是不能实现的。在这种情况下,我们可以退一步而只要求系统的输入和输出在系统的输出响应达到稳态之后是解耦的。注意到时域和频域的对应关系,我们可以将线性系统的输入-输出静态解耦问题描述如下。

问题 9.1.2　对由系统(9.1.1)给出的多变量受控系统,寻找一个输入变换和状态反馈矩阵对$(\boldsymbol{L},\boldsymbol{K})$,使得由控制律(9.1.2)作用下的闭环控制系统(9.1.3)是渐近稳定的,且闭环控制系统的传递函数矩阵 $\boldsymbol{G}_{KL}(s)$在 $s\to 0$ 时为对角线非奇异常数矩阵,即

$$\lim_{s\to 0}\boldsymbol{G}_{KL}(s)=\begin{bmatrix}\bar{g}_{11}(0) & & \\ & \ddots & \\ & & \bar{g}_{mm}(0)\end{bmatrix},\quad \bar{g}_{ii}(0)\neq 0,\quad i=1,2,\cdots,m \tag{9.1.8}$$

静态解耦的概念只适用于参考输入 $\boldsymbol{v}$ 的各个分量为阶跃信号的情况。令

$$\boldsymbol{v}(t)=\begin{bmatrix}\beta_1 1(t)\\ \vdots \\ \beta_m 1(t)\end{bmatrix} \tag{9.1.9}$$

其中,$\beta_i(i=1,2,\cdots,m)$为非零常数;$1(t)$为单位阶跃函数。利用 Laplace 终值定理,在系统(9.1.8)为渐近稳定的前提下,可得到系统为稳态时的输出为

$$\lim_{t\to\infty}\boldsymbol{y}(t)=\lim_{s\to 0}s\boldsymbol{G}_{KL}(s)\begin{bmatrix}\beta_1\\ \vdots \\ \beta_m\end{bmatrix}\frac{1}{s}$$

$$=\left[\lim_{s\to 0}\boldsymbol{G}_{\mathrm{KL}}(s)\right]\begin{bmatrix}\beta_1\\ \vdots\\ \beta_m\end{bmatrix}$$

$$=\begin{bmatrix}\bar{g}_{11}(0) & & \\ & \ddots & \\ & & \bar{g}_{mm}(0)\end{bmatrix}\begin{bmatrix}\beta_1\\ \vdots\\ \beta_m\end{bmatrix}$$

$$=\begin{bmatrix}\bar{g}_{11}(0)\beta_1\\ \vdots\\ \bar{g}_{mm}(0)\beta_m\end{bmatrix}$$

也即有

$$\lim_{t\to\infty}y_i(t)=\bar{g}_{ii}(0)\beta_i,\quad i=1,2,\cdots,m \tag{9.1.10}$$

这表明,当系统实现静态解耦时,对于分量为阶跃信号的参考输入,可做到稳定态下每个输出都只受同序号的一个输入的完全控制。但在过渡过程中,则输出和输入的交叉耦合关系并不能消除。这一点,也正是静态解耦和动态解耦之间的基本区别。

9.1.3 静态解耦条件与算法

容易看出,为了综合解耦控制问题,将面临两个有待研究的命题:一个是研究受控系统的可解耦性,即来建立使受控系统可通过状态反馈和输入变换而实现解耦所应遵循的条件;另一个是给出解耦控制问题的综合算法,以便对于可解耦的系统确定所要求的矩阵对($\boldsymbol{L},\boldsymbol{K}$)。

对于受控系统(9.1.1),用以判断其是否可用状态反馈和输入变换实现静态解耦的判据由下述结论给出。

定理 9.1.1 存在($\boldsymbol{L},\boldsymbol{K}$),$\boldsymbol{L}$ 为非奇异,使得受控系统(9.1.1)在控制律(9.1.2)作用下实现静态解耦的充分必要条件是:

(1) 受控系统是可稳的。

(2) 受控系统的系数矩阵满足

$$\operatorname{rank}\begin{bmatrix}\boldsymbol{A} & \boldsymbol{B}\\ \boldsymbol{C} & 0\end{bmatrix}=n+m \tag{9.1.11}$$

证明 分成三步来证明。

第 1 步:证明下述关系式

$$\operatorname{rank}\begin{bmatrix}\boldsymbol{I}_n & 0\\ 0 & \boldsymbol{C}(\boldsymbol{A}+\boldsymbol{B}\boldsymbol{K})^{-1}\boldsymbol{B}\end{bmatrix}=\operatorname{rank}\begin{bmatrix}\boldsymbol{A} & \boldsymbol{B}\\ \boldsymbol{C} & 0\end{bmatrix} \tag{9.1.12}$$

设$(\boldsymbol{A}+\boldsymbol{B}\boldsymbol{K})^{-1}$存在,则由

$$\begin{bmatrix} I_n & 0 \\ 0 & C(A+BK)^{-1}B \end{bmatrix}$$

$$=\begin{bmatrix} I_n & 0 \\ -C(A+BK)^{-1} & I_m \end{bmatrix}\begin{bmatrix} A+BK & B \\ C & 0 \end{bmatrix}\begin{bmatrix} (A+BK)^{-1} & (A+BK)^{-1}B \\ 0 & -I_m \end{bmatrix} \tag{9.1.13}$$

和

$$\begin{bmatrix} A+BK & B \\ C & 0 \end{bmatrix}=\begin{bmatrix} A & B \\ C & 0 \end{bmatrix}\begin{bmatrix} I_n & 0 \\ K & I_m \end{bmatrix} \tag{9.1.14}$$

即可导出。

第 2 步：证明定理的充分性。

已知受控系统可稳，故可以取到 K，使 $(A+BK)$ 的特征值均具有负实部，从而保证了 $(A+BK)$ 为非奇异，也即 $(A+BK)^{-1}$ 存在。进而，由式(9.1.13)和式(9.1.14)可以导出

$$\mathrm{rank}\, C(A+BK)^{-1}B=m \tag{9.1.15}$$

此表明 $C(A+BK)^{-1}B$ 为非奇异，故可取

$$L=-[C(A+BK)^{-1}B]^{-1}\tilde{D} \tag{9.1.16}$$

其中

$$\tilde{D}=\begin{bmatrix} \tilde{d}_{11} & & \\ & \ddots & \\ & & \tilde{d}_{mm} \end{bmatrix},\quad \tilde{d}_{ii}\neq 0,\quad i=1,2,\cdots,m \tag{9.1.17}$$

并且在上述 (L,K) 的选取下，闭环系统为渐近稳定，同时成立

$$\begin{aligned} \lim_{s\to 0} G_{KL}(s) &= \lim_{s\to 0} C(sI-A-BK)^{-1}BL \\ &= -[C(A+BK)^{-1}B]\{-[C(A+BK)^{-1}B]^{-1}\tilde{D}\} \\ &= \tilde{D} \end{aligned} \tag{9.1.18}$$

也即其为非奇异对角线常阵。这说明，在满足结论的两个条件下，必存在 (L,K) 使受控系统实现静态解耦。

第 3 步：证明定理的必要性。

根据定义，受控系统可实现静态解耦，当且仅当存在 (L,K)，使闭环系统为渐近稳定，且 $G_{KL}(0)=-C(A+BK)^{-1}BL$ 为非奇异对角线阵。于是，由闭环系统的渐近稳定要求必有条件(1)成立。再因 L 非奇异，因此，$G_{KL}(0)$ 的非奇异性等价于 $C(A+BK)^{-1}B$ 的非奇异性。由此并利用式(9.1.12)可知，这即等同于要求条件(2)成立。所以，必要性得证。

△△△

不难看出，上述证明过程中还提供了寻找 (L,K) 使受控系统(9.1.1)在控制律(9.1.2)作用下实现静态解耦的算法。现将其归纳如下。

算法 9.1.1　线性系统的输入-输出静态解耦控制。

第 1 步：判断$(\boldsymbol{A},\boldsymbol{B})$是否可稳，系数矩阵的秩条件(9.1.11)是否成立。

第 2 步：对于满足可静态解耦条件的可稳系统，确定一个状态反馈增益矩阵$\boldsymbol{K}$，使$(\boldsymbol{A}+\boldsymbol{BK})$的特征值均具有负实部。

第 3 步：按照静态解耦后各单输入-单输出自治系统的稳态增益要求，确定$\tilde{d}_{ii}(i=1,2,\cdots,m)$的值，且取$\tilde{\boldsymbol{D}}=\mathrm{diag}(\tilde{d}_{11},\cdots,\tilde{d}_{mm})$。

第 4 步：取输入变换阵$\boldsymbol{L}=-[\boldsymbol{C}(\boldsymbol{A}+\boldsymbol{BK})^{-1}\boldsymbol{B}]^{-1}\tilde{\boldsymbol{D}}$，则有$\boldsymbol{G}_{\mathrm{KL}}(0)=\tilde{\boldsymbol{D}}$。

9.1.4　算例

例 9.1.1　已知具有下述系数矩阵的系统：

$$\boldsymbol{A}=\begin{bmatrix}0&1&0\\0&0&1\\0&0&1\end{bmatrix},\quad \boldsymbol{B}=\begin{bmatrix}0&0\\0&1\\1&0\end{bmatrix},\quad \boldsymbol{C}=\begin{bmatrix}1&0&0\\0&0&1\end{bmatrix}$$

求解其状态反馈结合输入变换的静态解耦控制律。

解　我们依算法 9.1.1 求解。

第 1 步：容易验证$(\boldsymbol{A},\boldsymbol{B})$能控，$\begin{bmatrix}\boldsymbol{A}&\boldsymbol{B}\\\boldsymbol{C}&0\end{bmatrix}$满秩。

第 2 步：由第 6 章例 6.4.1 中的情形Ⅰ可知，当取

$$\boldsymbol{K}=\begin{bmatrix}0&0&-3\\-3&-4&-1\end{bmatrix}$$

时，闭环系统的极点为-1，-2和-3。

第 3 步：取$\tilde{d}_{11}=\tilde{d}_{22}=1$，即$\tilde{\boldsymbol{D}}=\boldsymbol{I}_2$。

第 4 步：经计算得

$$\boldsymbol{L}=-[\boldsymbol{C}(\boldsymbol{A}+\boldsymbol{BK})^{-1}\boldsymbol{B}]^{-1}\tilde{\boldsymbol{D}}=\begin{bmatrix}0&2\\3&0\end{bmatrix}$$

从而所求状态反馈结合输入变换的静态解耦控制律为

$$\boldsymbol{u}=\begin{bmatrix}0&0&-3\\-3&-4&-1\end{bmatrix}\boldsymbol{x}+\begin{bmatrix}0&2\\3&0\end{bmatrix}\boldsymbol{v}$$

9.2　输入-输出动态解耦——可解耦条件

9.1 节给出了线性系统输入-输出动态解耦和静态解耦问题的描述，并建立了系统静态解耦的条件和算法。本节和 9.3 节进一步讨论输入-输出动态解耦的条件和算法。

9.2.1　传递函数矩阵的两个特征量

首先引入并讨论传递函数矩阵的两个特征量，下面将看到它们对研究系统的可解耦性有着重要的意义。

设 $\boldsymbol{G}(s)$ 为一个 $m\times m$ 的传递函数矩阵，$\boldsymbol{g}_i(s)$ 为它的第 i 个行传递函数向量，且记

$$\boldsymbol{g}_i(s)=[g_{i1}(s)\quad g_{i2}(s)\quad \cdots\quad g_{im}(s)] \tag{9.2.1}$$

再表 σ_{ij} 为 $g_{ij}(s)$ 的分母多项式的次数和 $g_{ij}(s)$ 的分子多项式的次数之差，则 $\boldsymbol{G}(s)$ 的第一个特征量 d_i 定义为

$$d_i=\min\{\sigma_{i1},\sigma_{i2},\cdots,\sigma_{im}\}-1,\quad i=1,2,\cdots,m \tag{9.2.2}$$

显然 d_i 必为非负整数，当 $\boldsymbol{G}(s)$ 给定后，$\{d_1,d_2,\cdots,d_m\}$ 唯一确定。$\boldsymbol{G}(s)$ 的第二个特征量 $\boldsymbol{E}_i$ 定义为

$$\boldsymbol{E}_i=\lim_{s\to\infty}s^{d_i+1}\boldsymbol{g}_i(s),\quad i=1,2,\cdots,m \tag{9.2.3}$$

它是 $1\times m$ 的常值行向量。

下面我们指出两个特征量 d_i 和 $\boldsymbol{E}_i$ 的一些基本属性。

命题 9.2.1　如果 $\boldsymbol{G}(s)$ 的相应的状态空间描述为 $(\boldsymbol{A},\boldsymbol{B},\boldsymbol{C})$，且表 $\boldsymbol{c}_i$ 为 $\boldsymbol{C}$ 的第 i 个行向量，则有：

(1) $\boldsymbol{G}(s)$ 的第一个特征量可以表为

$$d_i=\begin{cases}\mu, & \boldsymbol{c}_i\boldsymbol{A}^k\boldsymbol{B}=0,\quad k=0,1,\cdots,\mu-1,\quad \boldsymbol{c}_i\boldsymbol{A}^{\mu}\boldsymbol{B}\neq 0\\ n-1, & \boldsymbol{c}_i\boldsymbol{A}^k\boldsymbol{B}=0,\quad k=0,1,\cdots,n-1\end{cases} \tag{9.2.4}$$

(2) $\boldsymbol{G}(s)$ 的第二个特征量可以表为

$$\boldsymbol{E}_i=\boldsymbol{c}_i\boldsymbol{A}^{d_i}\boldsymbol{B} \tag{9.2.5}$$

证明　利用 $\boldsymbol{G}(s)=\boldsymbol{C}(s\boldsymbol{I}-\boldsymbol{A})^{-1}\boldsymbol{B}$ 即可导出

$$\boldsymbol{g}_i(s)=\boldsymbol{c}_i(s\boldsymbol{I}-\boldsymbol{A})^{-1}\boldsymbol{B} \tag{9.2.6}$$

令

$$(s\boldsymbol{I}-\boldsymbol{A})^{-1}=\frac{1}{\alpha(s)}(\boldsymbol{R}_{n-1}s^{n-1}+\cdots+\boldsymbol{R}_1s+\boldsymbol{R}_0) \tag{9.2.7}$$

并将其代入式(9.2.6)，可得

$$\begin{aligned}\boldsymbol{g}_i(s)=\frac{1}{\alpha(s)}(&\boldsymbol{c}_i\boldsymbol{R}_{n-1}\boldsymbol{B}s^{n-1}+\boldsymbol{c}_i\boldsymbol{R}_{n-2}\boldsymbol{B}s^{n-2}+\cdots+\boldsymbol{c}_i\boldsymbol{R}_{n-d_i}\boldsymbol{B}s^{n-d_i}\\&+\boldsymbol{c}_i\boldsymbol{R}_{n-d_i-1}\boldsymbol{B}s^{n-d_i-1}+\cdots+\boldsymbol{c}_i\boldsymbol{R}_1\boldsymbol{B}s+\boldsymbol{c}_i\boldsymbol{R}_0\boldsymbol{B})\end{aligned} \tag{9.2.8}$$

根据 Leverrier 算法(定理 1.2.3)可推知

$$\alpha(s)=\det(s\boldsymbol{I}-\boldsymbol{A})=s^n+\alpha_{n-1}s^{n-1}+\cdots+\alpha_1s+\alpha_0 \tag{9.2.9}$$

且

$$
\begin{cases}
\boldsymbol{R}_{n-1}=\boldsymbol{I} \\
\boldsymbol{R}_{n-2}=\boldsymbol{A}+\alpha_{n-1}\boldsymbol{I} \\
\boldsymbol{R}_{n-1}=\boldsymbol{A}^2+\alpha_{n-1}\boldsymbol{A}+\alpha_{n-2}\boldsymbol{I} \\
\vdots \\
\boldsymbol{R}_0=\boldsymbol{A}^{n-1}+\alpha_{n-1}\boldsymbol{A}^{n-2}+\cdots+\alpha_1\boldsymbol{I}
\end{cases}
\tag{9.2.10}
$$

但根据 d_i 的定义式(9.2.2)可知,$\boldsymbol{g}_i(s)$中各元传递函数的分母和分子多项式的次数之差的最小值为(d_i+1),这表明式(9.2.8)中与 $s^{n-1},s^{n-2},\cdots,s^{n-d_i}$ 相关的各系数矩阵均为零,而与 s^{n-d_i-1} 相关的系数矩阵必不为零。于是得到

$$\boldsymbol{c}_i\boldsymbol{R}_{n-1}\boldsymbol{B}=0,\boldsymbol{c}_i\boldsymbol{R}_{n-2}\boldsymbol{B}=0,\cdots,\boldsymbol{c}_i\boldsymbol{R}_{n-d_i}\boldsymbol{B}=0 \tag{9.2.11}$$

和

$$\boldsymbol{c}_i\boldsymbol{R}_{n-d_i-1}\boldsymbol{B}\neq 0 \tag{9.2.12}$$

再利用式(9.2.10),又可将式(9.2.11)和式(9.2.12)改写为

$$\boldsymbol{c}_i\boldsymbol{B}=0,\boldsymbol{c}_i\boldsymbol{A}\boldsymbol{B}=0,\cdots,\boldsymbol{c}_i\boldsymbol{A}^{d_i-1}\boldsymbol{B}=0 \tag{9.2.13}$$

和

$$\boldsymbol{c}_i\boldsymbol{A}^{d_i}\boldsymbol{B}\neq 0 \tag{9.2.14}$$

这意味着 d_i 是使 $\boldsymbol{c}_i\boldsymbol{A}^k\boldsymbol{B}\neq 0$ 的正整数 k 的最小值,而当 $\boldsymbol{g}_i(s)\equiv 0$ 时,也即 $\boldsymbol{c}_i\boldsymbol{A}^k\boldsymbol{B}=0(i=0,1,\cdots,n-1)$时,则规定 $d_i=n-1$。从而式(9.2.4)得证。再根据 $\boldsymbol{E}_i$ 的定义式(9.2.3)和 $\boldsymbol{g}_i(s)$的关系式(9.2.8),并注意到式(9.2.11)和式(9.2.10),即得

$$\boldsymbol{E}_i=\lim_{s\to\infty}s^{d_i+1}\boldsymbol{g}_i(s)=\boldsymbol{c}_i\boldsymbol{R}_{n-d_i-1}\boldsymbol{B}=\boldsymbol{c}_i\boldsymbol{A}^{d_i}\boldsymbol{B} \tag{9.2.15}$$

于是命题得证。

ΔΔΔ

由上述命题可以进一步推得下述结论。

命题 9.2.2　对于任意的矩阵对$(\boldsymbol{L},\boldsymbol{K})$,其中 $\det\boldsymbol{L}\neq 0$,闭环系统(9.1.3)的传递函数矩阵 $\boldsymbol{G}_{\mathrm{KL}}(s)$的第 i 个行传递函数向量可表为

$$\boldsymbol{g}_{\mathrm{KL}i}(s)=\frac{1}{\bar{\alpha}(s)}(\boldsymbol{c}_i\bar{\boldsymbol{R}}_{n-1}\boldsymbol{B}\boldsymbol{L}s^{n-1}+\boldsymbol{c}_i\bar{\boldsymbol{R}}_{n-2}\boldsymbol{B}\boldsymbol{L}s^{n-2}+\cdots+\boldsymbol{c}_i\bar{\boldsymbol{R}}_1\boldsymbol{B}\boldsymbol{L}s+\boldsymbol{c}_i\bar{\boldsymbol{R}}_0\boldsymbol{B}\boldsymbol{L}) \tag{9.2.16}$$

其中

$$
\begin{aligned}
\bar{\alpha}(s)&=\det(s\boldsymbol{I}-\boldsymbol{A}-\boldsymbol{B}\boldsymbol{K}) \\
&=s^n+\bar{\alpha}_{n-1}s^{n-1}+\cdots+\bar{\alpha}_1 s+\bar{\alpha}_0
\end{aligned}
\tag{9.2.17}
$$

和

$$
\begin{cases}
\bar{\boldsymbol{R}}_{n-1}=\boldsymbol{I} \\
\bar{\boldsymbol{R}}_{n-2}=(\boldsymbol{A}+\boldsymbol{B}\boldsymbol{K})+\bar{\alpha}_{n-1}\boldsymbol{I} \\
\bar{\boldsymbol{R}}_{n-3}=(\boldsymbol{A}+\boldsymbol{B}\boldsymbol{K})^2+\bar{\alpha}_{n-1}(\boldsymbol{A}+\boldsymbol{B}\boldsymbol{K})+\bar{\alpha}_{n-2}\boldsymbol{I} \\
\vdots \\
\bar{\boldsymbol{R}}_0=(\boldsymbol{A}+\boldsymbol{B}\boldsymbol{K})^{n-1}+\bar{\alpha}_{n-1}(\boldsymbol{A}+\boldsymbol{B}\boldsymbol{K})^{n-2}+\cdots+\bar{\alpha}_1 I
\end{cases}
\tag{9.2.18}
$$

而 $\boldsymbol{G}_{\mathrm{KL}}(s)$的两个特征量 $\bar{d}_i$ 和 $\bar{\boldsymbol{E}}_i$ 可表为

$$\bar{d}_i=\begin{cases}\bar{\mu}, & \boldsymbol{c}_i(\boldsymbol{A}+\boldsymbol{BK})^k\boldsymbol{BL}=0,\quad k=0,1,\cdots,\mu-1,\quad \boldsymbol{c}_i(\boldsymbol{A}+\boldsymbol{BK})^{\bar{\mu}}\boldsymbol{BL}\neq 0\\ n-1, & \boldsymbol{c}_i(\boldsymbol{A}+\boldsymbol{BK})^k\boldsymbol{BL}=0,\quad k=0,1,\cdots,n-1;i=1,2,\cdots,m\end{cases}\tag{9.2.19}$$

$$\bar{\boldsymbol{E}}_i=\boldsymbol{c}_i(\boldsymbol{A}+\boldsymbol{BK})^{d_i}\boldsymbol{BL},\quad i=1,2,\cdots,m\tag{9.2.20}$$

命题 9.2.3　对于任意的$(\boldsymbol{L},\boldsymbol{K})$，$\det\boldsymbol{L}\neq 0$，开环系统(9.1.1)和闭环系统(9.1.3)的传递函数矩阵的特征量 d_i 和 $\bar{d}_i$ 之间、$\boldsymbol{E}_i$ 和 $\bar{\boldsymbol{E}}_i$ 之间存在如下关系：

$$\bar{d}_i=d_i,\quad \bar{\boldsymbol{E}}_i=\boldsymbol{E}_i\boldsymbol{L},\quad i=1,2,\cdots,m\tag{9.2.21}$$

证明　对任一 i，由条件

$$\boldsymbol{c}_i\boldsymbol{B}=0,\boldsymbol{c}_i\boldsymbol{AB}=0,\cdots,\boldsymbol{c}_i\boldsymbol{A}^{d_i-1}\boldsymbol{B}=0\tag{9.2.22}$$

可以导出

$$\begin{cases}\boldsymbol{c}_i\boldsymbol{BL}=0\\ \boldsymbol{c}_i(\boldsymbol{A}+\boldsymbol{BK})\boldsymbol{BL}=(\boldsymbol{c}_i\boldsymbol{AB})L+(\boldsymbol{c}_i\boldsymbol{B})\boldsymbol{KAB}=0\\ \boldsymbol{c}_i(\boldsymbol{A}+\boldsymbol{BK})^2\boldsymbol{BL}=(\boldsymbol{c}_i\boldsymbol{A}^2\boldsymbol{B})\boldsymbol{L}+(\boldsymbol{c}_i\boldsymbol{B})\boldsymbol{KABL}+(\boldsymbol{c}_i\boldsymbol{AB})\boldsymbol{KBL}+(\boldsymbol{c}_i\boldsymbol{B})\boldsymbol{KBKBL}=0\\ \qquad\vdots\\ \boldsymbol{c}_i(\boldsymbol{A}+\boldsymbol{BK})^{d_i-1}\boldsymbol{BL}=(\boldsymbol{c}_i\boldsymbol{A}^{d_i-1}\boldsymbol{B})\boldsymbol{L}+(\boldsymbol{c}_i\boldsymbol{A}^{d_i-2}\boldsymbol{B})\boldsymbol{KBL}+\cdots+(\boldsymbol{c}_i\boldsymbol{B})\boldsymbol{K}(\boldsymbol{BK})^{d_i-2}\boldsymbol{BL}=0\end{cases}\tag{9.2.23}$$

再由 $\boldsymbol{c}_i\boldsymbol{A}^{d_i}\boldsymbol{B}\neq 0$ 和式(9.2.22)又可导出

$$\begin{aligned}&\boldsymbol{c}_i(\boldsymbol{A}+\boldsymbol{BK})^{d_i}\boldsymbol{BL}\\ &=\boldsymbol{c}_i\boldsymbol{A}^{d_i}\boldsymbol{BL}+(\boldsymbol{c}_i\boldsymbol{A}^{d_i-1}\boldsymbol{B})\boldsymbol{KBL}+(\boldsymbol{c}_i\boldsymbol{B})\boldsymbol{KA}^{d_i-1}\boldsymbol{BL}+\cdots+(\boldsymbol{c}_i\boldsymbol{B})\boldsymbol{K}(\boldsymbol{BK})^{d_i-1}\boldsymbol{BL}\\ &=\boldsymbol{c}_i\boldsymbol{A}^{d_i}\boldsymbol{BL}\end{aligned}\tag{9.2.24}$$

此外，因 $\boldsymbol{L}$ 为非奇异，可知当 $\boldsymbol{c}_i\boldsymbol{A}^{d_i}\boldsymbol{B}\neq 0$ 时上式将不为零。于是根据 $\bar{d}_i$ 和 $\bar{\boldsymbol{E}}_i$ 的定义，即可由式(9.2.23)和式(9.2.24)断言 $\bar{d}_i=d_i$ 和 $\bar{\boldsymbol{E}}_i=\boldsymbol{E}_i\boldsymbol{L}$。

ΔΔΔ

9.2.2　动态解耦条件

在上述关于传递函数矩阵的两个特征量的讨论的基础上，可以给出受控系统(9.1.1)可用状态反馈和输入变换实现动态解耦的条件。

定理 9.2.1　线性定常受控系统(9.1.1)可采用状态反馈和输入变换，即存在矩阵对$(\boldsymbol{L},\boldsymbol{K})$使得系统(9.1.1)在控制律(9.1.2)的作用下可实现输入-输出动态解耦的充分必要条件是如下的 $m\times m$ 常阵：

$$\boldsymbol{E}=\begin{bmatrix}\boldsymbol{E}_1\\ \vdots\\ \boldsymbol{E}_m\end{bmatrix}\tag{9.2.25}$$

为非奇异。

证明 先证必要性。

已知存在矩阵对$(\boldsymbol{L},\boldsymbol{K})$,其中$\boldsymbol{L}$非奇异,使得系统(9.1.1)在控制律(9.1.2)作用下可以实现输入-输出动态解耦,即使闭环系统(9.1.3)的传递函数矩阵为如下的对角矩阵:

$$\boldsymbol{G}_{\mathrm{KL}}(s)=\begin{bmatrix}\bar{g}_{11}(s) & & \\ & \ddots & \\ & & \bar{g}_{mm}(s)\end{bmatrix},\quad \bar{g}_{ii}(s)\neq 0 \tag{9.2.26}$$

由此并利用式(9.2.3)可得

$$\begin{aligned}\bar{\boldsymbol{E}}&=\begin{bmatrix}\bar{\boldsymbol{E}}_1\\ \vdots \\ \bar{\boldsymbol{E}}_m\end{bmatrix}\\ &=\begin{bmatrix}\lim\limits_{s\to\infty}s^{d_1+1}\boldsymbol{g}_{\mathrm{KL}1}(s)\\ \vdots \\ \lim\limits_{s\to\infty}s^{d_m+1}\boldsymbol{g}_{\mathrm{KL}m}(s)\end{bmatrix}\\ &=\begin{bmatrix}\lim\limits_{s\to\infty}s^{d_1+1}\bar{g}_{11}(s) & & \\ & \ddots & \\ & & \lim\limits_{s\to\infty}s^{d_m+1}\bar{g}_{mm}(s)\end{bmatrix}\end{aligned} \tag{9.2.27}$$

这表明$\bar{\boldsymbol{E}}$为对角线非奇异常阵。再由命题9.2.3知$\bar{\boldsymbol{E}}=\boldsymbol{E}\boldsymbol{L}$,且$\boldsymbol{L}$为非奇异,从而即知$\boldsymbol{E}=\bar{\boldsymbol{E}}\boldsymbol{L}^{-1}$为非奇异。必要性得证。

下面证明充分性。

采用构造性证明。已知$\boldsymbol{E}$为非奇异,故$\boldsymbol{E}^{-1}$存在,从而取$(\boldsymbol{L},\boldsymbol{K})$为

$$\boldsymbol{L}=\boldsymbol{E}^{-1},\quad \boldsymbol{K}=-\boldsymbol{E}^{-1}\boldsymbol{F} \tag{9.2.28}$$

其中$m\times n$阶常阵$\boldsymbol{F}$定义为

$$\boldsymbol{F}=\begin{bmatrix}\boldsymbol{c}_1\boldsymbol{A}^{d_1+1}\\ \vdots \\ \boldsymbol{c}_m\boldsymbol{A}^{d_m+1}\end{bmatrix} \tag{9.2.29}$$

相应地可导出闭环系统的传递函数矩阵为

$$\boldsymbol{G}_{\mathrm{KL}}(s)=\boldsymbol{C}(s\boldsymbol{I}-\boldsymbol{A}-\boldsymbol{B}\boldsymbol{E}^{-1}\boldsymbol{F})^{-1}\boldsymbol{B}\boldsymbol{E}^{-1} \tag{9.2.30}$$

再利用式(9.2.16)可将其第i个行传递函数向量表示为

$$\boldsymbol{g}_{\mathrm{KL}i}(s)=\frac{1}{\bar{\alpha}(s)}(\boldsymbol{c}_i\boldsymbol{B}s^{n-1}+\boldsymbol{c}_i\bar{\boldsymbol{R}}_{n-2}\boldsymbol{B}s^{n-2}+\cdots+\boldsymbol{c}_i\bar{\boldsymbol{R}}_1 s+\boldsymbol{c}_i\bar{\boldsymbol{R}}_0\boldsymbol{B})\boldsymbol{L} \tag{9.2.31}$$

进而注意到$\bar{d}_i=d_i$及特征量$\bar{d}_i$的定义,可知上式中有

$$c_i \boldsymbol{BL}=0, c_i \overline{\boldsymbol{R}}_{n-2} \boldsymbol{BL}=0, \cdots, c_i \overline{\boldsymbol{R}}_{n-d} \boldsymbol{BL}=0 \tag{9.2.32}$$

或等价地有

$$\boldsymbol{c}_i \boldsymbol{BL}=0, \boldsymbol{c}_i (\boldsymbol{A}+\boldsymbol{BK}) \boldsymbol{BL}=0, \cdots, \boldsymbol{c}_i (\boldsymbol{A}+\boldsymbol{BK})^{d_i-1} \boldsymbol{BL}=0 \tag{9.2.33}$$

利用式(9.2.33)和式(9.2.18)还可定出式(9.2.31)中剩下的其他各项为

$$\begin{cases} \boldsymbol{c}_i \overline{\boldsymbol{R}}_{n-d_i-1} \boldsymbol{BL}=\boldsymbol{c}_i (\boldsymbol{A}+\boldsymbol{BK})^{d_i} \boldsymbol{BL}+\bar{\alpha}_{n-1} \boldsymbol{c}_i (\boldsymbol{A}+\boldsymbol{BK})^{d_i-1} \boldsymbol{BL}+\cdots+\bar{\alpha}_{n-d_i} \boldsymbol{c}_i \boldsymbol{BL} \\ \qquad =\boldsymbol{c}_i (\boldsymbol{A}+\boldsymbol{BK})^{d_i} \boldsymbol{BL}=\overline{\boldsymbol{E}}_i=\boldsymbol{E}_i \boldsymbol{L} \\ \boldsymbol{c}_i \overline{\boldsymbol{R}}_{n-d_i-2} \boldsymbol{BL}=\boldsymbol{c}_i (\boldsymbol{A}+\boldsymbol{BK})^{d_i+1} \boldsymbol{BL}+\bar{\alpha}_{n-1} \boldsymbol{c}_i (\boldsymbol{A}+\boldsymbol{BK})^{d_i} \boldsymbol{BL}+\cdots+\bar{\alpha}_{n-d_i-1} \boldsymbol{c}_i \boldsymbol{BL} \\ \qquad =\boldsymbol{c}_i (\boldsymbol{A}+\boldsymbol{BK})^{d_i+1} \boldsymbol{BL}+\bar{\alpha}_{n-1} \boldsymbol{c}_i (\boldsymbol{A}+\boldsymbol{BK})^{d_i} \boldsymbol{BL} \\ \qquad =[\boldsymbol{c}_i \boldsymbol{A}^{d_i} (\boldsymbol{A}+\boldsymbol{BK})] \boldsymbol{BL}+\alpha_{n-1} \boldsymbol{E}_i \boldsymbol{L} \\ \qquad =(\boldsymbol{c}_i \boldsymbol{A}^{d_i+1}+\boldsymbol{c}_i \boldsymbol{A}^{d_i} \boldsymbol{BK}) \boldsymbol{BL}+\bar{\alpha}_{n-1} \boldsymbol{E}_i \boldsymbol{L} \\ \qquad =(\boldsymbol{F}_i-\boldsymbol{E}_i \boldsymbol{E}^{-1} \boldsymbol{F}) \boldsymbol{BL}+\bar{\alpha}_{n-1} \boldsymbol{E}_i \boldsymbol{L} \\ \qquad =[\boldsymbol{F}_i-(0, \cdots, 0, 1, 0, \cdots, 0) \boldsymbol{E}_i \boldsymbol{E}^{-1} \boldsymbol{F}] \boldsymbol{BL}+\bar{\alpha}_{n-1} \boldsymbol{E}_i \boldsymbol{L} \\ \qquad =[\boldsymbol{F}_i-\boldsymbol{F}_i] \boldsymbol{BL}+\bar{\alpha}_{n-1} \boldsymbol{E}_i \boldsymbol{L}=\bar{\alpha}_{n-1} \boldsymbol{E}_i \boldsymbol{L} \\ \qquad \vdots \\ \boldsymbol{c}_i \overline{\boldsymbol{R}}_0 \boldsymbol{BL}=\bar{\alpha}_{d_i+1} \boldsymbol{E}_i \boldsymbol{L} \end{cases} \tag{9.2.34}$$

于是将式(9.2.32)和式(9.2.34)代入式(9.2.31),可进一步得到

$$\boldsymbol{g}_{\mathrm{KL}i}(s)=\frac{1}{\bar{\alpha}(s)}(s^{n-d_i-1}+\bar{\alpha}_{n-1} s^{n-d_i-2}+\cdots+\bar{\alpha}_{d_i+1}) \boldsymbol{E}_i \boldsymbol{L} \tag{9.2.35}$$

另一方面,根据定理 1.2.4(Cayley-Hamilton 定理)有

$$(\boldsymbol{A}+\boldsymbol{BK})^n+\bar{\alpha}_{n-1}(\boldsymbol{A}+\boldsymbol{BK})^{n-1}+\cdots+\bar{\alpha}_0 \boldsymbol{I}=0 \tag{9.2.36}$$

现将等式(9.2.36)两边乘以 $\boldsymbol{c}_i (\boldsymbol{A}+\boldsymbol{BK})^{d_i}$,那么由于

$$\begin{cases} \boldsymbol{c}_i (\boldsymbol{A}+\boldsymbol{BK})^{d_i+1}=0 \\ \boldsymbol{c}_i (\boldsymbol{A}+\boldsymbol{BK})^{d_i+2}=\boldsymbol{c}_i (\boldsymbol{A}+\boldsymbol{BK})^{d_i+1} (\boldsymbol{A}+\boldsymbol{BK})=0 \\ \qquad \vdots \\ \boldsymbol{c}_i (\boldsymbol{A}+\boldsymbol{BK})^{d_i+n}=0 \end{cases} \tag{9.2.37}$$

而 $\boldsymbol{c}_i (\boldsymbol{A}+\boldsymbol{BK})^{d_i} \neq 0$,故得

$$\bar{\alpha}_0=0 \tag{9.2.38}$$

类似地,将式(9.2.36)等式两边乘以 $\boldsymbol{c}_i (\boldsymbol{A}+\boldsymbol{BK})^{d_i-1}$,又可导出

$$\bar{\alpha}_1=0 \tag{9.2.39}$$

照此步骤还可证得

$$\bar{\alpha}_2=0, \cdots, \bar{\alpha}_{d_i}=0 \tag{9.2.40}$$

从而将式(9.2.38)~式(9.2.40)代入式(9.2.17)中,可进而把 $\bar{\alpha}(s)$ 表示为

$$\bar{\alpha}(s)=s^n+\bar{\alpha}_{n-1} s^{n-1}+\cdots+\bar{\alpha}_{d_i+1} s^{d_i+1}$$

$$=s^{d_i+1}(s^{n-d_i-1}+\bar{\alpha}_{n-1}s^{n-d_i-2}+\cdots+\bar{\alpha}_{d_i+1}) \tag{9.2.41}$$

这样,由式(9.2.35)和式(9.2.41)就可把 $\boldsymbol{g}_{\mathrm{KL}i}(s)$表示为

$$\begin{aligned}\boldsymbol{g}_{\mathrm{KL}i}(s)&=\boldsymbol{E}_iL\left(\frac{1}{s^{d_i+1}}\right)\\&=[0\ \cdots\ 0\ 1\ 0\ \cdots\ 0]\boldsymbol{E}\boldsymbol{E}^{-1}\left(\frac{1}{s^{d_i+1}}\right)\\&=\left[0\ \cdots\ 0\ \frac{1}{s^{d_i+1}}\ 0\ \cdots\ 0\right]\end{aligned} \tag{9.2.42}$$

这表明,在式(9.2.28)中$(\boldsymbol{L},\boldsymbol{K})$的选择取下,闭环系统的传递函数矩阵为

$$\boldsymbol{G}_{\mathrm{KL}}(s)=\begin{bmatrix}\frac{1}{s^{d_1+1}}&&\\&\ddots&\\&&\frac{1}{s^{d_m+1}}\end{bmatrix} \tag{9.2.43}$$

即为对角阵且非奇异,也即实现了解耦。于是充分性得证。至此整个证明完成。

ΔΔΔ

在结束本节之前,我们最后做几点说明。

说明 9.2.1 定理 9.2.1 表明,受控系统(9.1.1)能否可采用状态反馈和输入变换来实现解耦,由其传递函数矩阵 $\boldsymbol{G}(s)$的两组特征量 d_i 和 $\boldsymbol{E}_i(i=1,2,\cdots,m)$唯一决定。从表面上看,系统的能控性或可稳性在这里是无关重要的。但是,为了保证解耦后的系统能正常运行并具有良好的动态性能,仍要求受控系统是能控的,或至少是可稳的。否则,若不能保证解耦后的诸单变量系统是可镇定的,则不能保证闭环系统的渐近稳定性,此时解耦控制也就失去了意义。

说明 9.2.2 为了判断受控系统(9.1.1)能否采用状态反馈和输入变换来实现解耦,既可由系统的传递函数矩阵描述根据式(9.2.2)和式(9.2.3)组成判别矩阵 $\boldsymbol{E}$,也可由系统的状态空间描述根据式(9.2.4)和式(9.2.5)组成判别矩阵 $\boldsymbol{E}$。

说明 9.2.3 从定理 9.2.1 的证明过程可以看出,对一个可解耦的控制系统,当选取$(\boldsymbol{L},\boldsymbol{K})$为

$$\boldsymbol{L}=\boldsymbol{E}^{-1},\quad \boldsymbol{K}=-\boldsymbol{E}^{-1}\boldsymbol{F} \tag{9.2.44}$$

时必可使系统实现解耦,且解耦控制系统的传递函数矩阵为

$$\boldsymbol{G}_{\mathrm{KL}}(s)=\begin{bmatrix}\frac{1}{s^{d_1+1}}&&\\&\ddots&\\&&\frac{1}{s^{d_m+1}}\end{bmatrix} \tag{9.2.45}$$

从物理意义上看，解耦后每个单输入-单输出闭环控制系统的传递函数均具有多重积分器的特性，因此常称这类形式的解耦为积分型解耦。积分型解耦系统虽然因其不能令人满意的动态性能导致其本身没有实际应用意义，但由 9.3 节的算法 9.3.1 可见，它常常是综合性能令人满意的解耦控制系统的一个中间步骤，因而仍有研究的价值。

9.3　输入-输出动态解耦——算法与算例

9.2 节讨论了线性系统输入-输出动态解耦问题的条件，本节继续讨论该问题的求解算法。

9.3.1　解耦控制算法

给定受控系统为

$$\begin{cases}\dot{\boldsymbol{x}}=\boldsymbol{A}\boldsymbol{x}+\boldsymbol{B}\boldsymbol{u}\\ \boldsymbol{y}=\boldsymbol{C}\boldsymbol{x}\end{cases} \tag{9.3.1}$$

其中，$\dim(\boldsymbol{u})=\dim(\boldsymbol{y})=m$，$(\boldsymbol{A},\boldsymbol{B})$为能控。我们现在的目标是要实现该系统的输入-输出动态解耦控制，同时对解耦后的每一个单输入-单输出控制系统实现期望的极点配置。对此我们有下述算法。

算法 9.3.1　线性系统的输入-输出动态解耦与极点配置。

第 1 步：计算 $\{d_i,i=1,2,\cdots,m\}$ 和 $\{\boldsymbol{E}_i=\boldsymbol{c}_i\boldsymbol{A}^{d_i}\boldsymbol{B},i=1,2,\cdots,m\}$。判断 $\boldsymbol{E}^{\mathrm{T}}=[\boldsymbol{E}_1^{\mathrm{T}}\ \ \cdots\ \ \boldsymbol{E}_m^{\mathrm{T}}]$是否为非奇异。若是，该系统可用控制律(9.1.2)实现解耦，进入下一步。若否，不能用控制律(9.1.2)实现解耦，退出计算。

第 2 步：计算 $\boldsymbol{E}^{-1}$ 和

$$\boldsymbol{F}=\begin{bmatrix}\boldsymbol{c}_1\boldsymbol{A}^{d_1+1}\\ \vdots\\ \boldsymbol{c}_m\boldsymbol{A}^{d_m+1}\end{bmatrix} \tag{9.3.2}$$

第 3 步：取$(\bar{\boldsymbol{L}},\bar{\boldsymbol{K}})$为

$$\bar{\boldsymbol{L}}=\boldsymbol{E}^{-1},\quad \bar{\boldsymbol{K}}=-\boldsymbol{E}^{-1}\boldsymbol{F}$$

导出积分型解耦系统

$$\begin{cases}\dot{\boldsymbol{x}}=\bar{\boldsymbol{A}}\boldsymbol{x}+\bar{\boldsymbol{B}}\boldsymbol{u}\\ \boldsymbol{y}=\boldsymbol{C}\boldsymbol{x}\end{cases}$$

其中，$\bar{\boldsymbol{A}}=\boldsymbol{A}-\boldsymbol{B}\boldsymbol{E}^{-1}\boldsymbol{F}$，$\bar{\boldsymbol{B}}=\boldsymbol{B}\boldsymbol{E}^{-1}$，且由$(\boldsymbol{A},\boldsymbol{B})$能控可以推知$(\bar{\boldsymbol{A}},\bar{\boldsymbol{B}})$亦为能控。

第 4 步：引入线性非奇异变换 $\tilde{\boldsymbol{x}}=\boldsymbol{Q}\boldsymbol{x}$，把$(\bar{\boldsymbol{A}},\bar{\boldsymbol{B}},\boldsymbol{C})$变换为如下的解耦规范型：

$$\tilde{\boldsymbol{A}}=\left[\begin{array}{ccc:c}\tilde{\boldsymbol{A}}_1 & & & 0\\ & \ddots & & \vdots\\ & & \tilde{\boldsymbol{A}}_p & 0\\ \hdashline \tilde{\boldsymbol{A}}_{c1} & \cdots & \tilde{\boldsymbol{A}}_{cp} & \tilde{\boldsymbol{A}}_{p+1}\end{array}\right] \tag{9.3.3}$$

$$\tilde{\boldsymbol{B}}=\left[\begin{array}{ccc}\tilde{\boldsymbol{b}}_1 & & \\ & \ddots & \\ & & \tilde{\boldsymbol{b}}_p\\ \hdashline \tilde{\boldsymbol{b}}_{c1} & \cdots & \tilde{\boldsymbol{b}}_{cp}\end{array}\right] \tag{9.3.4}$$

$$\tilde{\boldsymbol{C}}=\left[\begin{array}{cccc:c}\tilde{\boldsymbol{c}}_1 & & & & 0\\ & \ddots & & & \vdots\\ & & \ddots & & \vdots\\ & & & \tilde{\boldsymbol{c}}_p & 0\end{array}\right] \tag{9.3.5}$$

其中虚线分块化表示按能观性的结构分解形式。当$(\bar{\boldsymbol{A}},\boldsymbol{C})$能观时,$(\tilde{\boldsymbol{A}},\tilde{\boldsymbol{B}},\tilde{\boldsymbol{C}})$中不出现不能观部分。此外,式(9.3.3)～式(9.3.5)中的子矩阵块具有下述形式:

$$\underset{m_i\times m_i}{\tilde{\boldsymbol{A}}_i}=\left[\begin{array}{c:ccc:c}0 & & & & 0\\ \vdots & & \boldsymbol{I}_{d_i} & & \vdots\\ 0 & & & & 0\\ \hdashline 0 & 0 & \cdots & 0 & 0\\ \hdashline * & & * & & *\end{array}\right]\begin{array}{l}\left.\vphantom{\begin{array}{c}0\\ \vdots\\ 0\\ 0\end{array}}\right\}(d_i+1)\\ \}\,m_i-(d_i+1)\end{array} \tag{9.3.6}$$

$$\underset{m_i\times 1}{\tilde{\boldsymbol{b}}_i}=\begin{bmatrix}0\\ \vdots\\ 0\\ 1\\ 0\\ \vdots\\ 0\end{bmatrix}\begin{array}{l}\\ \\ \\ \leftarrow(d_i+1)\\ \\ \\ \\ \end{array} \tag{9.3.7}$$

$$\underset{1\times m_i}{\tilde{\boldsymbol{c}}_i}=[1\quad 0\quad \cdots\quad 0] \tag{9.3.8}$$

其中,$m_i\geqslant d_i+1$,$m_1+m_2+\cdots+m_{r+1}=n$。

第5步:对解耦规范型$(\tilde{\boldsymbol{A}},\tilde{\boldsymbol{B}},\tilde{\boldsymbol{C}})$,引入状态反馈来实现解耦控制和解耦后的单输入-单输出控制系统的极点配置。状态反馈增益矩阵取为如下形式的$m\times n$

常阵

$$\tilde{\boldsymbol{K}}=\begin{bmatrix}\boldsymbol{k}_1 & & & 0\\ & \ddots & & \vdots\\ & & \boldsymbol{k}_m & 0\end{bmatrix} \tag{9.3.9}$$

其中

$$\underset{1\times m_i}{\tilde{\boldsymbol{k}}_i}=[k_{i0}\quad k_{i1}\quad \cdots\quad k_{id_i}\quad 0\quad \cdots\quad 0] \tag{9.3.10}$$

由此可导出

$$\tilde{\boldsymbol{C}}(s\boldsymbol{I}-\tilde{\boldsymbol{A}}-\tilde{\boldsymbol{B}}\tilde{\boldsymbol{K}})=\begin{bmatrix}\tilde{\boldsymbol{c}}_1(s\boldsymbol{I}-\tilde{\boldsymbol{A}}_1-\tilde{\boldsymbol{b}}_1\tilde{\boldsymbol{k}}_1)^{-1}\tilde{\boldsymbol{b}}_1 & & \\ & \ddots & \\ & & \tilde{\boldsymbol{c}}_m(s\boldsymbol{I}-\tilde{\boldsymbol{A}}_m-\tilde{\boldsymbol{b}}_m\tilde{\boldsymbol{k}}_m)^{-1}\tilde{\boldsymbol{b}}_m\end{bmatrix} \tag{9.3.11}$$

和

$$\tilde{\boldsymbol{A}}_i+\tilde{\boldsymbol{b}}_i\tilde{\boldsymbol{k}}_i=\left[\begin{array}{c:ccc:c}0 & & & & 0\\ \vdots & & \boldsymbol{I}_{d_i} & & \vdots\\ 0 & & & & 0\\ \hdashline k_{i0} & k_{i1} & \cdots & k_{id_i} & 0\\ \hdashline * & & * & & *\end{array}\right] \tag{9.3.12}$$

这表明，$\tilde{\boldsymbol{K}}$ 的结构形式保证了解耦控制的要求，而 $\tilde{\boldsymbol{k}}_i(i=1,2,\cdots,m)$ 的元则由解耦后的第 i 个单输入-单输出控制系统的期望极点组所决定。而且不难看出，由于需保证实现解耦，状态反馈所能控制的不是 $\tilde{\boldsymbol{A}}_i$ 的全部特征值。

第 6 步：对于所讨论的受控系统(9.3.1)，使其实现解耦和对解耦后各单输入-单输出系统进行期望的极点配置的$(\boldsymbol{K},\boldsymbol{L})$为

$$\boldsymbol{K}=-\boldsymbol{E}^{-1}\boldsymbol{F}+\boldsymbol{E}^{-1}\tilde{\boldsymbol{K}}\boldsymbol{Q},\quad \boldsymbol{L}=\boldsymbol{E}^{-1} \tag{9.3.13}$$

不难看出，上述算法存在两点不完备的地方：其一是关于第 4 步中变换矩阵 $\boldsymbol{Q}$ 的求取，没有给出具体的求解方法；其二是关于第 5 步中的极点配置，在最一般的情况下不能保证全部闭环极点的任意配置。

9.3.2　算例

给定双输入-双输出的线性定常受控系统为

$$\dot{\boldsymbol{x}}=\begin{bmatrix}0 & 1 & 0 & 0\\ 3 & 0 & 0 & 2\\ 0 & 0 & 0 & 1\\ 0 & -2 & 0 & 0\end{bmatrix}\boldsymbol{x}+\begin{bmatrix}0 & 0\\ 1 & 0\\ 0 & 0\\ 0 & 1\end{bmatrix}\boldsymbol{u},\quad \boldsymbol{y}=\begin{bmatrix}1 & 0 & 0 & 0\\ 0 & 0 & 1 & 0\end{bmatrix}\boldsymbol{x}$$

易知其为能控且能观。下面我们根据算法 9.3.1 来求解该系统的输入-输出解耦

控制。

第 1 步:计算 $d_i(i=1,2)$和 $\boldsymbol{E}_i(i=1,2)$。

因为

$$\boldsymbol{c}_1\boldsymbol{B}=[1\quad 0\quad 0\quad 0]\begin{bmatrix}0 & 0\\1 & 0\\0 & 0\\0 & 1\end{bmatrix}=[0\quad 0]$$

$$\boldsymbol{c}_1\boldsymbol{A}\boldsymbol{B}=[1\quad 0\quad 0\quad 0]\begin{bmatrix}0 & 1 & 0 & 0\\3 & 0 & 0 & 2\\0 & 0 & 0 & 1\\0 & -2 & 0 & 0\end{bmatrix}\begin{bmatrix}0 & 0\\1 & 0\\0 & 0\\0 & 1\end{bmatrix}=[1\quad 0]$$

$$\boldsymbol{c}_2\boldsymbol{B}=[0\quad 0\quad 1\quad 0]\begin{bmatrix}0 & 0\\1 & 0\\0 & 0\\0 & 1\end{bmatrix}=[0\quad 0]$$

$$\boldsymbol{c}_2\boldsymbol{A}\boldsymbol{B}=[0\quad 0\quad 1\quad 0]\begin{bmatrix}0 & 1 & 0 & 0\\3 & 0 & 0 & 2\\0 & 0 & 0 & 1\\0 & -2 & 0 & 0\end{bmatrix}\begin{bmatrix}0 & 0\\1 & 0\\0 & 0\\0 & 1\end{bmatrix}=[0\quad 1]$$

由此即可定出

$$d_1=1,\quad d_2=1$$

$$\boldsymbol{E}_1=[1\quad 0],\quad \boldsymbol{E}_2=[0\quad 1]$$

第 2 步:判断解耦条件。

显然可解耦性判别阵

$$\boldsymbol{E}=\begin{bmatrix}\boldsymbol{E}_1\\\boldsymbol{E}_2\end{bmatrix}=\begin{bmatrix}1 & 0\\0 & 1\end{bmatrix}$$

为非奇异,因此该系统可利用状态反馈加输入变换进行解耦。

第 3 步:导出积分型解耦系统。

定出

$$\boldsymbol{E}^{-1}=\begin{bmatrix}1 & 0\\0 & 1\end{bmatrix},\quad \boldsymbol{F}=\begin{bmatrix}\boldsymbol{c}_1\boldsymbol{A}^2\\\boldsymbol{c}_2\boldsymbol{A}^2\end{bmatrix}=\begin{bmatrix}3 & 0 & 0 & 2\\0 & -2 & 0 & 0\end{bmatrix}$$

再取

$$\bar{\boldsymbol{L}}=\boldsymbol{E}^{-1}=\begin{bmatrix}1 & 0\\0 & 1\end{bmatrix},\quad \bar{\boldsymbol{K}}=-\boldsymbol{E}^{-1}\boldsymbol{F}=\begin{bmatrix}-3 & 0 & 0 & -2\\0 & 2 & 0 & 0\end{bmatrix}$$

则有

$$\bar{A}=A-BE^{-1}F=\left[\begin{array}{cc:cc}0&1&0&0\\0&0&0&0\\ \hdashline 0&0&0&1\\0&0&0&0\end{array}\right],\quad \bar{B}=BE^{-1}=\left[\begin{array}{c:c}0&0\\1&0\\ \hdashline 0&0\\0&1\end{array}\right]$$

$$\bar{C}=C=\left[\begin{array}{cc:cc}1&0&0&0\\ \hdashline 0&0&1&0\end{array}\right]$$

容易看出$(\bar{A},\bar{C})$保持为能观的。

第 4 步:化解耦规范型。

易见$(\bar{A},\bar{B},\bar{C})$已处于解耦规范型,所以无须再进一步引入变换,也即有 $Q=I$。

第 5 步:相对于解耦规范型确定状态反馈增益矩阵 $\widetilde{K}$,实现希望极点配置。

将 $\widetilde{K}$ 取为

$$\widetilde{K}=\left[\begin{array}{cc:cc}k_{10}&k_{11}&0&0\\ \hdashline 0&0&k_{20}&k_{21}\end{array}\right]$$

则可得

$$\bar{A}+\bar{B}\widetilde{K}=\left[\begin{array}{cc:cc}0&1&&\\k_{10}&k_{11}&&\\ \hdashline &&0&1\\&&k_{20}&-k_{21}\end{array}\right]$$

再来指定解耦后的单输入-单输出系统的期望特征值分别为

$$\lambda_{11}^*=-2,\quad \lambda_{12}^*=-4$$

$$\lambda_{21}^*=-2+\mathrm{i},\quad \lambda_{22}^*=-2-\mathrm{i}$$

于是通过计算

$$\alpha_1^*(s)=(s+2)(s+4)=s^2+6s+8$$

$$\alpha_2^*(s)=(s+2-\mathrm{i})(s+2+\mathrm{i})=s^2+4s+5$$

就可定出

$$k_{10}=-8,\quad k_{11}=-6,\quad k_{20}=-5,\quad k_{21}=-4$$

从而

$$\widetilde{K}=\left[\begin{array}{cc:cc}-8&-6&0&0\\ \hdashline 0&0&-5&-4\end{array}\right]$$

第 6 步:定出对给定控制系统实现解耦控制和极点配置的控制矩阵对(L,K)

$$L=E^{-1}=\begin{bmatrix}1&0\\0&1\end{bmatrix}$$

$$K=-E^{-1}F+E^{-1}\widetilde{K}=-\begin{bmatrix}11&6&0&2\\0&-2&5&4\end{bmatrix}$$

第 7 步:定出解耦后闭环控制系统的状态空间方程和传递函数矩阵。

解耦控制系统的状态方程和输出方程为

$$\dot{x}=(A+BK)x+BLv=\begin{bmatrix}0&1&0&0\\-8&-6&0&0\\0&0&0&1\\0&0&-5&-4\end{bmatrix}x+\begin{bmatrix}0&0\\1&0\\0&0\\0&1\end{bmatrix}v$$

$$y=Cx=\begin{bmatrix}1&0&0&0\\0&0&1&0\end{bmatrix}x$$

从而其传递函数矩阵为

$$G_{\mathrm{KL}}(s)=C(sI-A+BK)^{-1}BL=\begin{bmatrix}\dfrac{1}{s^2+6s+8}&0\\0&\dfrac{1}{s^2+4s+5}\end{bmatrix}$$

9.4 干扰解耦

顾名思义,线性系统的干扰解耦设计即是通过控制作用消除系统干扰对于系统输出的影响。由于许多实际系统都受有干扰的作用,因而干扰解耦便成为控制系统设计中值得考虑的一个重要问题。

9.4.1 问题的描述

给定系统

$$\begin{cases}\dot{x}=Ax+Bu+Gw\\y=Cx\end{cases}\tag{9.4.1}$$

其中,$x\in\mathbf{R}^n$,$u\in\mathbf{R}^r$,$y\in\mathbf{R}^m$ 分别为系统的状态、输入和输出向量;$w\in\mathbf{R}^l$ 为任意的未知干扰向量;A,B,C,G 为适当阶的已知矩阵,且满足下述三点假设。

假设 9.4.1 矩阵 B 列满秩,矩阵 C 行满秩。

假设 9.4.2 (A,B)能控,(A,C)能观。

假设 9.4.3 $m+r-1\geqslant n$。

在上述三个假设下,系统(9.4.1)可用输出反馈进行任意极点配置。为系统(9.4.1)选取如下形式的反馈控制律:

$$u=KC'x+v,\quad C'=I\text{ 或 }C\tag{9.4.2}$$

其中,v 为外部输入向量,则闭环系统为

$$\begin{cases}\dot{x}=A_{\mathrm{c}}x+Bv+Gw\\y=Cx\end{cases}\tag{9.4.3}$$

其中

$$A_c = A + BKC' \tag{9.4.4}$$

显而易见，当取 $C' = I$ 时，式(9.4.2)为一状态反馈控制律，对应的闭环系统(9.4.3)和系统(9.4.4)为一状态反馈控制系统；当 $C' = C$ 时，式(9.4.2)化为下述输出反馈律

$$u = Ky + v$$

对系统(9.4.3)和系统(9.4.4)取 Laplace 变换可得

$$y(s) = W_c(s)v(s) + W_d(s)w(s)$$

其中

$$W_c(s) = C(sI - A_c)^{-1}B \tag{9.4.5}$$

$$W_d(s) = C(sI - A_c)^{-1}G \tag{9.4.6}$$

$W_c(s)$反映了参考输入信号到输出的传递关系，我们自然希望它具有希望的动态特性。$W_d(s)$反映了干扰对系统输出的作用。显然这种作用是不希望存在的，我们希望系统(9.4.1)能够在控制律(9.4.2)的作用下实现

$$W_d(s) = C(sI - A_c)^{-1}G = 0 \tag{9.4.7}$$

这样设计的闭环系统(9.4.3)、系统(9.4.4)的输出响应便完全不受干扰 w 的影响，这便是干扰解耦问题的基本思想。

值得指出的是，条件(9.4.7)是比较苛刻的，在一些情况下无法实现。此时类似于静态输入-输出解耦问题的提法，我们希望当 $t \to \infty$ 时系统(9.4.3)的响应能够不再受干扰 w 的影响。直观地讲，这样要求是希望系统进入正常工作状态后的响应不再受干扰的影响，但在系统的动态响应中则仍含有干扰的作用。显然，这一要求在频域中相当于

$$\lim_{s \to 0} W_d(s) = CA_c^{-1}G = 0 \tag{9.4.8}$$

为区别起见，我们称满足式(9.4.8)的设计为静态干扰解耦设计，而满足式(9.4.7)的设计为动态干扰解耦设计。

综上所述，本节要解决的问题是选取一个适当的状态反馈控制律(9.4.2)，使得闭环系统(9.4.3)、系统(9.4.4)或传函 $W_c(s)$ 具有一组希望的互异极点 $s_i(i=1, 2, \cdots, n)$，同时干扰解耦条件(9.4.7)或条件(9.4.8)成立。

9.4.2 闭环特征结构

下述定理是 6.5.3 节所讨论情形的一个特例，它揭示了具有互异极点的系统的特征结构。

定理 9.4.1 设 $A \in \mathbf{R}^{n \times n}$，$B \in \mathbf{R}^{n \times r}$，$C \in \mathbf{R}^{m \times n}$，$s_i(i=1,2,\cdots,n)$为一组互异自共轭复数；$N(s)$，$D(s)$，$H(s)$和 $L(s)$为满足右既约分解式(6.4.12)和

$$(sI - A^{\mathrm{T}})^{-1}(C')^{\mathrm{T}} = H(s)L^{-1}(s) \tag{9.4.9}$$

的多项式矩阵，则：

(1) 存在矩阵 $\boldsymbol{K}\in\mathbf{R}^{r\times m}$,$\boldsymbol{T},\boldsymbol{V}\in\mathbf{C}^{n\times n}$,使得 $\boldsymbol{T}^{\mathrm{T}}\boldsymbol{V}=\boldsymbol{I}$,且

$$\boldsymbol{A}_{\mathrm{c}}=\boldsymbol{A}+\boldsymbol{B}\boldsymbol{K}\boldsymbol{C}'=\boldsymbol{V}\boldsymbol{\Lambda}\boldsymbol{T}^{\mathrm{T}},\quad \boldsymbol{\Lambda}=\mathrm{diag}(s_1,s_2,\cdots,s_n) \tag{9.4.10}$$

的充要条件是存在两组参向量 $\boldsymbol{f}_i\in\mathbf{C}^r$ 和 $\boldsymbol{g}_i\in\mathbf{C}^m$ $(i=1,2,\cdots,n)$满足约束 6.5.3 和约束 6.5.4。

(2) 当上述条件(1)成立时,所有满足 $\boldsymbol{T}^{\mathrm{T}}\boldsymbol{V}=\boldsymbol{I}$ 和式(9.4.10)的矩阵 $\boldsymbol{T},\boldsymbol{V}$ 如下给出:

$$\boldsymbol{T}=[\boldsymbol{t}_1\quad \boldsymbol{t}_2\quad \cdots\quad \boldsymbol{t}_n],\quad \boldsymbol{t}_i=\boldsymbol{H}(s_i)\boldsymbol{g}_i \tag{9.4.11}$$

$$\boldsymbol{V}=[\boldsymbol{v}_1\quad \boldsymbol{v}_2\quad \cdots\quad \boldsymbol{v}_n],\quad \boldsymbol{v}_i=\boldsymbol{N}(s_i)\boldsymbol{f}_i \tag{9.4.12}$$

对应的矩阵 $\boldsymbol{K}$ 唯一地由公式

$$\boldsymbol{K}=\boldsymbol{W}(\boldsymbol{C}'\boldsymbol{V})^{\mathrm{T}}[(\boldsymbol{C}'\boldsymbol{V})(\boldsymbol{C}'\boldsymbol{V})^{\mathrm{T}}]^{-1} \tag{9.4.13}$$

或

$$\boldsymbol{K}=[(\boldsymbol{T}^{\mathrm{T}}\boldsymbol{B})^{\mathrm{T}}(\boldsymbol{T}^{\mathrm{T}}\boldsymbol{B})]^{-1}(\boldsymbol{T}^{\mathrm{T}}\boldsymbol{B})^{\mathrm{T}}\boldsymbol{Z}^{\mathrm{T}} \tag{9.4.14}$$

给出,其中

$$\boldsymbol{W}=[\boldsymbol{w}_1\quad \boldsymbol{w}_2\quad \cdots\quad \boldsymbol{w}_n],\quad \boldsymbol{w}_i=\boldsymbol{D}(s_i)\boldsymbol{f}_i \tag{9.4.15}$$

$$\boldsymbol{Z}=[\boldsymbol{z}_1\quad \boldsymbol{z}_2\quad \cdots\quad \boldsymbol{z}_n],\quad \boldsymbol{z}_i=\boldsymbol{L}(s_i)\boldsymbol{g}_i \tag{9.4.16}$$

$\boldsymbol{f}_i$ 和 $\boldsymbol{g}_i$ $(i=1,2,\cdots,n)$为满足条件(1)的参向量。

说明 9.4.1　对于状态反馈的情况,即 $\boldsymbol{C}'=\boldsymbol{I}$ 时,容易发现有 $\boldsymbol{H}(s)=\boldsymbol{I}$,此时约束 6.5.3 化为如下约束。

约束 9.4.1　$\det\boldsymbol{V}\neq 0$。

另外式(9.4.15)化为

$$\boldsymbol{K}=\boldsymbol{W}\boldsymbol{V}^{-1} \tag{9.4.17}$$

9.4.3　静态干扰解耦

将式(9.4.10)代入式(9.4.9),可将静态干扰解耦条件化为

$$\boldsymbol{C}\boldsymbol{V}\boldsymbol{\Lambda}^{-1}\boldsymbol{T}^{\mathrm{T}}\boldsymbol{G}=0 \tag{9.4.18}$$

这样,结合定理 9.4.1 可以给出求解静态干扰解耦问题的下述算法。

算法 9.4.1　静态干扰解耦。

第 1 步:求取满足右既约分解式(9.4.9)、式(6.4.12)的多项式矩阵 $\boldsymbol{N}(s)$,$\boldsymbol{D}(s)$,$\boldsymbol{H}(s)$和 $\boldsymbol{L}(s)$。

第 2 步:依式(9.4.11)和式(9.4.14)列写矩阵 $\boldsymbol{T},\boldsymbol{V}$ 的参数表达式。

第 3 步:求取参数 $\boldsymbol{f}_i$ 和 $\boldsymbol{g}_i$ $(i=1,2,\cdots,n)$满足约束 6.5.3 和约束 6.5.4 以及条件(9.4.18)。若这样的参数不存在,则所求问题无解。

第 4 步:基于上步求得的参数,按式(9.4.11)、式(9.4.16)、式(9.4.14)或按式(9.4.12)、式(9.4.15)、式(9.4.13)计算反馈增益阵 $\boldsymbol{K}$。

说明 9.4.2　注意到说明 9.4.1,对于状态反馈的情形,我们除了完全依上述

算法进行外，还可采用另外一种算法：在第 1 步略去 $\boldsymbol{H}(s)$ 和 $\boldsymbol{L}(s)$ 的求取；在第 2 步中只列写 $\boldsymbol{V}$ 的参数表达式；第 3 步中只求 $\boldsymbol{f}_i(i=1,2,\cdots,n)$ 满足约束 6.4.1、约束 9.4.1 和

$$\boldsymbol{CV\Lambda}^{-1}\boldsymbol{V}^{-\mathrm{T}}\boldsymbol{G}=0 \quad \text{或} \quad \boldsymbol{CV\Lambda}^{-1}[\mathrm{adj}(\boldsymbol{V})]^{\mathrm{T}}\boldsymbol{G}=0$$

第 4 步按式(9.4.17)计算增益阵。

9.4.4 动态干扰解耦

不同于静态干扰解耦的情形，这里我们需要进一步对动态干扰解耦条件(9.4.7)进行简化，对此我们有下述引理。

引理 9.4.1　设 $C,\boldsymbol{A}_c,G$ 为适当阶的矩阵，则式(9.4.7)成立的充要条件是

$$\boldsymbol{CA}_c^iG=0,\quad i=0,1,2,\cdots,n-1 \tag{9.4.19}$$

证明　对于 $(s\boldsymbol{I}-\boldsymbol{A})^{-1}$ 我们有下述 Laurent 级数表示：

$$(s\boldsymbol{I}-\boldsymbol{A}_c)^{-1}=\frac{\boldsymbol{I}}{s}+\frac{\boldsymbol{A}_c}{s^2}+\frac{\boldsymbol{A}_c^2}{s^3}+\cdots$$

从而

$$\boldsymbol{C}(s\boldsymbol{I}-\boldsymbol{A})^{-1}\boldsymbol{G}=\sum_{i=0}^{\infty}\frac{\boldsymbol{CA}_c^i\boldsymbol{G}}{s^{i+1}} \tag{9.4.20}$$

进一步应用定理 1.2.4(Cayley-Hamilton 定理)，并注意到 s 的任意性可得引理的结论。

ΔΔΔ

注意　该引理也可以用推论 1.2.2 证明。

将式(9.4.10)代入式(9.4.19)，最终可将干扰解耦条件化成

$$\boldsymbol{CV\Lambda}^i\boldsymbol{T}^{\mathrm{T}}\boldsymbol{G}=0,\quad i=0,1,2,\cdots,n-1 \tag{9.4.21}$$

从而结合定理 9.4.1 可以给出求解动态干扰解耦问题的下述算法。

算法 9.4.2　动态干扰解耦。

第 1 步和第 2 步：同算法 9.4.1。

第 3 步：求取参数 $\boldsymbol{f}_i$ 和 $\boldsymbol{g}_i(i=1,2,\cdots,n)$ 满足约束 6.5.3、约束 6.5.4 及条件(9.4.21)。

第 4 步：同算法 9.4.1。

对于上述算法，也有类似于说明 9.4.2 的事实，此处从略。

9.4.5 算例

考虑具有下述参数矩阵的系统：

$$\boldsymbol{A}=\begin{bmatrix}0&1&0\\0&0&1\\0&0&1\end{bmatrix},\quad \boldsymbol{B}=\begin{bmatrix}0&0\\0&1\\1&0\end{bmatrix},\quad \boldsymbol{C}=\begin{bmatrix}1&0&0\\0&1&0\end{bmatrix},\quad \boldsymbol{G}=\begin{bmatrix}0\\0\\1\end{bmatrix}$$

这里我们考虑利用状态反馈进行系统动态干扰解耦。

首先容易求得

$$N(s)=\begin{bmatrix}1 & 0\\ s & 0\\ 0 & 1\end{bmatrix},\quad D(s)=\begin{bmatrix}0 & s-1\\ s^2 & -1\end{bmatrix}$$

如记

$$f_i=\begin{bmatrix}f_{i1}\\ f_{i2}\end{bmatrix},\quad i=1,2,3$$

则有

$$V=\begin{bmatrix}f_{11} & f_{21} & f_{31}\\ s_1 f_{11} & s_2 f_{21} & s_3 f_{31}\\ f_{12} & f_{22} & f_{32}\end{bmatrix}$$

从而约束 9.4.1 为

$$(s_2-s_1)f_{11}f_{21}f_{33}+(s_3-s_2)f_{21}f_{31}f_{12}+(s_3-s_1)f_{11}f_{22}f_{31}=0 \tag{9.4.22}$$

干扰解耦条件(9.4.21)化为

$$s_1^i(s_3-s_2)f_{11}f_{21}f_{33}+s_2^i(s_1-s_3)f_{11}f_{21}f_{31}+s_3^i(s_2-s_1)f_{11}f_{21}f_{31}=0,\quad i=2,3 \tag{9.4.23}$$

注意 当取 $i=0,1$ 时,上述条件自然满足。

下面考虑两种具体情况。

情形 $s_1=-1, s_2=-2, s_3=-3$。

此时取 $f_{11}=f_{31}=f_{22}=1, f_{12}=f_{32}=f_{21}=0$,则式(9.4.22)和式(9.4.23)成立,此时有

$$V=\begin{bmatrix}1 & 0 & 1\\ -1 & 0 & -3\\ 0 & 1 & 0\end{bmatrix},\quad W=\begin{bmatrix}0 & -3 & 0\\ 1 & -1 & 9\end{bmatrix}$$

从而

$$K=WV^{-1}=\begin{bmatrix}0 & 0 & -3\\ -3 & -4 & -1\end{bmatrix}$$

情形 $s_1=-1, s_{2,3}=-2\pm \mathrm{i}$。

此时取 $f_{11}=f_{22}=f_{32}=0, f_{12}=f_{21}=f_{31}=1$,则式(9.4.22)、式(9.4.23)和约束 6.4.2 均满足,且

$$V=\begin{bmatrix}0 & 1 & 1\\ 0 & -2+\mathrm{i} & -2-\mathrm{i}\\ 1 & 0 & 0\end{bmatrix},\quad W=\begin{bmatrix}-2 & 0 & 0\\ -1 & 3-4\mathrm{i} & 3+4\mathrm{i}\end{bmatrix}$$

从而

$$K = WV^{-1} = \begin{bmatrix} 0 & 0 & -2 \\ -5 & -4 & -1 \end{bmatrix}$$

9.5　跟踪系统中的干扰解耦

9.4 节讨论的干扰解耦问题实际上是极点配置控制系统的干扰解耦问题。一般说来,不存在纯粹的以干扰解耦为目标的设计。本节讨论跟踪控制系统中的干扰解耦问题,即保证控制系统的输出对参考信号的渐近跟踪性不受干扰的影响。这一问题在 7.3 节中曾有过讨论,但那里的输出参考信号和干扰信号均为定常的,我们这里将处理输出信号和干扰信号为一般时变的情形。

在 9.4 节处理的干扰解耦问题中,干扰信号为完全未知的,而干扰解耦的实现实质上是通过调整闭环系统的特征结构和干扰输入矩阵的匹配关系屏蔽掉了干扰输入通道的一切信号对系统输出的影响。与 9.4 节不同,本节虽然也假设干扰是未知的,但却假设其振型或“模式”为已知,另外,对于输出参考信号,我们亦假定其内部模式为已知。在本节中我们将会看到,通过合理地利用干扰信号和参考信号的内模,可以实现系统输出对于参考信号的渐近跟踪及渐近跟踪过程中的干扰解耦。

9.5.1　问题的提法

考虑同时作用有控制和扰动的线性定常受控系统

$$\begin{cases} \dot{x} = Ax + Bu + B_w w \\ y = Cx + Du + D_w w \end{cases} \tag{9.5.1}$$

其中,x 为 n 维状态向量;u 为 r 维控制向量;y 为 m 维输出向量;w 为 m 维扰动向量。假定(A,B)能控,(A,C)能观。此外,再令受控系统的输出 $y(t)$所要跟踪的参考信号为 $y_0(t)$,并表跟踪误差信号为

$$e(t) = y_0(t) - y(t) \tag{9.5.2}$$

则所谓输出跟踪问题,就是要讨论系统(9.5.1)在什么条件下可找到适当的控制规律 u,使 $y(t)$跟踪 $y_0(t)$的目标。由于物理可实现性的限制,要找到对所有的 t 均有 $y(t)=y_0(t)$的控制 u 是不可能的,通常只可能做到

$$\lim_{t\to\infty} e(t) = \lim_{t\to\infty}[y_0(t) - y(t)] = 0 \tag{9.5.3}$$

也即

$$\lim_{t\to\infty} y(t) = \lim_{t\to\infty} y_0(t) \tag{9.5.4}$$

此时我们说实现了系统输出对参考信号的无静差渐近跟踪,简称无静差跟踪。

一般说来,若干扰不存在,即在

$$\boldsymbol{w}(t)=0 \tag{9.5.5}$$

的条件下设计系统(9.5.1)的跟踪控制,使得式(9.5.4)成立,则当干扰 $\boldsymbol{w}$ 存在时,渐近跟踪条件(9.5.4)一般将不再成立。因而我们的目的是要设计系统(9.5.1)的跟踪控制,使得对任意给定的 $\boldsymbol{y}_0(t)$ 和任意给定的 $\boldsymbol{w}(t)$,同时使式(9.5.3)成立。

如果参考信号 $\boldsymbol{y}_0(t)$ 和扰动 $\boldsymbol{w}(t)$ 两者当 $t\to\infty$ 时均趋于零,那么只要寻找控制 $\boldsymbol{u}$ 使系统为渐近稳定,式(9.5.3)就自动地成立,也即无静差跟踪可自动地达到。显然,这是一种比较直观的情况,从而也就没有研究的必要。所以,下面的讨论中我们总是假定

$$\lim_{t\to\infty}\boldsymbol{y}_0(t)\neq 0 \tag{9.5.6}$$

和

$$\lim_{t\to\infty}\boldsymbol{w}(t)\neq 0 \tag{9.5.7}$$

而且,实际的工程问题中,几乎绝大多数的参考信号和扰动都属于这种情况,其例子如阶跃函数、斜坡函数、正弦和余弦函数等。

9.5.2 参考信号和干扰信号的模型

设 $\boldsymbol{y}_0(t)$ 和 $\boldsymbol{w}(t)$ 当 $t\to\infty$ 时均不趋于零,并且对它们的属性没有任何了解,此时就很难实现系统的渐近跟踪和干扰解耦。因此,为了研究跟踪问题,需要对 $\boldsymbol{y}_0(t)$ 和 $\boldsymbol{w}(t)$ 的某些结构性质有所了解,并据此建立起相应的信号模型。

对于标量的情况,设信号为未知幅值的阶跃函数,则其 Laplace 变换就为 β/s;设信号为未知振幅和初始相位的正弦函数,那么它的 Laplace 变换便为 $(\beta_1 s+\beta_0)/(s^2+\alpha^2)$。所以,一般地说,总可将标量 $y_0(t)$ 和 $w(t)$ 的 Laplace 变换 $\hat{y}_0(s)$ 和 $\hat{w}(s)$ 分别表示为

$$\hat{y}_0(s)=n_y(s)/d_y(s) \tag{9.5.8}$$

和

$$\hat{w}(s)=n_w(s)/d_w(s) \tag{9.5.9}$$

由于信号的函数结构为已知,故多项式 $d_y(s)$ 和 $d_w(s)$ 是已知的。又由于信号的非结构性特性为未知,所以多项式 $n_y(s)$ 和 $n_w(s)$ 为未知的,并在保证 $\hat{y}_0(s)$ 和 $\hat{w}(s)$ 均为严格真有理分式函数的条件下为任意的。因而就时间域内而言,上述复频率域关系式(9.5.8)和式(9.5.9)等价于把 $\boldsymbol{y}_0(t)$ 和 $\boldsymbol{w}(t)$ 分别看成是由信号模型

$$\begin{cases}\dot{\boldsymbol{x}}_{\mathrm{r}}=\boldsymbol{A}_{\mathrm{r}}\boldsymbol{x}_{\mathrm{r}}\\ \boldsymbol{y}_0(t)=\boldsymbol{c}_{\mathrm{r}}\boldsymbol{x}_{\mathrm{r}}\end{cases} \tag{9.5.10}$$

和

$$\begin{cases}\dot{\boldsymbol{x}}_w=\boldsymbol{A}_w\boldsymbol{x}_w\\ \boldsymbol{w}(t)=\boldsymbol{c}_w\boldsymbol{x}_w\end{cases} \tag{9.5.11}$$

相对于各自的未知初始条件 $\boldsymbol{x}_{\mathrm{r}}(0)$ 和 $\boldsymbol{x}_w(0)$ 所产生的。并且，$\boldsymbol{A}_{\mathrm{r}}$ 和 $\boldsymbol{A}_w$ 的最小多项式分别为 $d_y(s)$ 和 $d_w(s)$。

推广到向量信号的情况，那么可把参考信号 $\boldsymbol{y}_0(t)$ 看成是在未知的初始状态下由模型

$$\begin{cases}\dot{\boldsymbol{x}}_{\mathrm{r}}=\boldsymbol{A}_{\mathrm{r}}\boldsymbol{x}_{\mathrm{r}}\\ \boldsymbol{y}_0(t)=\boldsymbol{C}_{\mathrm{r}}\boldsymbol{x}_{\mathrm{r}}\end{cases}\tag{9.5.12}$$

所产生的，而扰动 $\boldsymbol{w}(t)$ 则看成是在未知的初始状态下由模型

$$\begin{cases}\dot{\boldsymbol{x}}_w=\boldsymbol{A}_w\boldsymbol{x}_w\\ \boldsymbol{w}(t)=\boldsymbol{C}_w\boldsymbol{x}_w\end{cases}\tag{9.5.13}$$

所产生的。再令 $\phi_{\mathrm{r}}(s)$ 和 $\phi_w(s)$ 分别是 $\boldsymbol{A}_{\mathrm{r}}$ 和 $\boldsymbol{A}_w$ 的最小多项式，那么注意到跟踪问题中只需考虑 $\boldsymbol{y}_0(t)$ 和 $\boldsymbol{w}(t)$ 的当 $t\to\infty$ 时不趋于零的部分，所以只需考虑 $\phi_{\mathrm{r}}(s)$ 和 $\phi_w(s)$ 中根均位于右半闭 s 平面的部分。现表多项式 $\phi_{\mathrm{r}}(s)$ 和 $\phi_w(s)$ 的位于右半闭 s 平面上的根因式的最小公倍式为

$$\phi(s)=s^q+\alpha_{q-1}s^{q-1}+\cdots+\alpha_1 s+\alpha_0\tag{9.5.14}$$

显然 $\phi(s)=0$ 的所有根均具有非负实部。于是，由 $\phi^{-1}(s)\boldsymbol{I}_m$ 可导出 $\boldsymbol{w}(t)$ 和 $\boldsymbol{y}_0(t)$ 的当 $t\to\infty$ 时不趋于零的部分的共同模型的动态部分，如果再将跟踪误差 $\boldsymbol{e}$ 作为它的输入，有

$$\begin{cases}\dot{\boldsymbol{x}}_{\mathrm{c}}=\boldsymbol{A}_{\mathrm{c}}\boldsymbol{x}_{\mathrm{c}}+\boldsymbol{B}_{\mathrm{c}}\boldsymbol{e}\\ \boldsymbol{y}_{\mathrm{c}}=\boldsymbol{x}_{\mathrm{c}}\end{cases}\tag{9.5.15}$$

其中

$$\underset{qm\times qm}{\boldsymbol{A}_{\mathrm{c}}}=\mathrm{blockdiag}\,(\underbrace{\boldsymbol{\Gamma},\boldsymbol{\Gamma},\cdots,\boldsymbol{\Gamma}}_{m\text{重}})\tag{9.5.16}$$

$$\underset{qm\times m}{\boldsymbol{B}_{\mathrm{c}}}=\mathrm{blockdiag}\,(\underbrace{\boldsymbol{\beta},\boldsymbol{\beta},\cdots,\boldsymbol{\beta}}_{m\text{重}})\tag{9.5.17}$$

而

$$\boldsymbol{\Gamma}=\left[\begin{array}{c:ccc}0 & & & \\ \vdots & & \boldsymbol{I}_{q-1} & \\ 0 & & & \\ \hdashline -\alpha_0 & -\alpha_1 & \cdots & -\alpha_{q-1}\end{array}\right],\quad \boldsymbol{\beta}=\begin{bmatrix}0\\ \vdots\\ 0\\ 1\end{bmatrix}\tag{9.5.18}$$

由式(9.5.15)所描述的动态系统就是在研究跟踪问题中对 $\boldsymbol{y}_0(t)$ 和 $\boldsymbol{w}(t)$ 所建立的信号模型。

9.5.3　渐近跟踪与干扰解耦的实现

现考虑由受控系统(9.5.1)和信号模型(9.5.15)组成的复合系统，容易导出此复合系统的状态方程为

$$\begin{bmatrix}\dot{\boldsymbol{x}}\\ \dot{\boldsymbol{x}}_c\end{bmatrix}=\begin{bmatrix}\boldsymbol{A} & 0\\ -\boldsymbol{B}_c\boldsymbol{C} & \boldsymbol{A}_c\end{bmatrix}\begin{bmatrix}\boldsymbol{x}\\ \boldsymbol{x}_c\end{bmatrix}+\begin{bmatrix}\boldsymbol{B}\\ -\boldsymbol{B}_c\boldsymbol{D}\end{bmatrix}\boldsymbol{u}+\begin{bmatrix}\boldsymbol{B}_w\\ -\boldsymbol{B}_c\boldsymbol{D}_w\end{bmatrix}\boldsymbol{w}+\begin{bmatrix}0\\ \boldsymbol{B}_c\end{bmatrix}\boldsymbol{y}_0 \tag{9.5.19}$$

再将 $\boldsymbol{u}$ 取为状态反馈控制律

$$\boldsymbol{u}=[-\boldsymbol{K}\quad \boldsymbol{K}_c]\begin{bmatrix}\boldsymbol{x}\\ \boldsymbol{x}_c\end{bmatrix} \tag{9.5.20}$$

则可得闭环控制系统的结构图如图 9.5.1 所示。

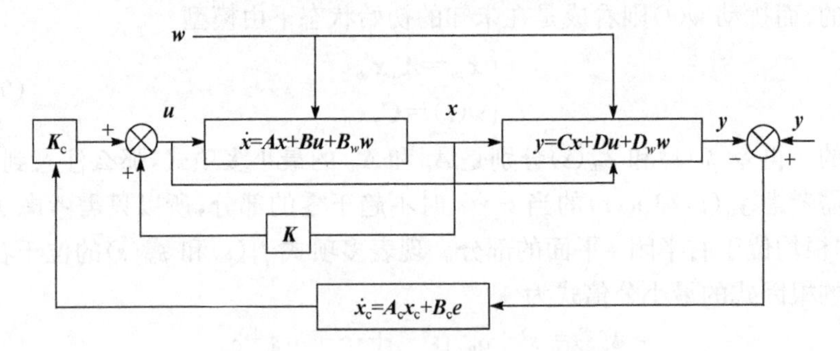

图 9.5.1　跟踪控制系统的结构图

从系统结构图 9.5.1 出发，我们容易给出受控系统可实现无静差跟踪所需满足的条件。

定理 9.5.1　如果系统(9.5.19)可在控制律(9.5.20)下实现镇定，则受控系统(9.5.1)可按图 9.5.1 所示的控制方式实现无静差跟踪，即对于任何由模型(9.5.12)和模型(9.5.13)生成的干扰 $\boldsymbol{w}$ 和参考信号 $\boldsymbol{y}_0$，均有式(9.5.3)成立。

证明　当系统(9.5.19)可在控制律(9.5.20)下实现镇定时，图 9.5.1 所示的反馈系统为渐近稳定，从而对任意 $\boldsymbol{y}_0(t)$ 和 $\boldsymbol{w}(t)$，有

$$\lim_{t\to\infty}\boldsymbol{e}(t)=\lim_{t\to\infty}[\boldsymbol{y}_0(t)-\boldsymbol{y}(t)]=0$$

也即实现无静差跟踪。否则，由于矩阵 $\boldsymbol{A}_c$ 的特征值均不稳定，便有 $\lim_{t\to\infty}\boldsymbol{x}_c=\infty$，这与系统(9.5.19)在控制律(9.5.20)下可镇定相矛盾。

ΔΔΔ

那么在什么条件下系统(9.5.19)可用控制律(9.5.20)实现镇定呢？下面的定理回答了这个问题。

定理 9.5.2　设$(\boldsymbol{A},\boldsymbol{B})$为能控，则受控系统(9.5.1)按图 9.5.2 所示的控制方式组成的系统(9.5.19)为能控的充分必要条件为：①$\dim(\boldsymbol{u})\geqslant\dim(\boldsymbol{y})$；②对于 $\phi(s)=0$ 的每一个根 λ_i，下式成立：

$$\operatorname{rank}\begin{bmatrix}\lambda_i\boldsymbol{I}-\boldsymbol{A} & \boldsymbol{B}\\ -\boldsymbol{C} & \boldsymbol{D}\end{bmatrix}=n+m,\quad i=1,2,\cdots,q \tag{9.5.21}$$

证明　记

$$\boldsymbol{V}(s)=\left[\begin{array}{cc:c} s\boldsymbol{I}-\boldsymbol{A} & 0 & \boldsymbol{B} \\ \boldsymbol{B}_c\boldsymbol{C} & s\boldsymbol{I}-\boldsymbol{A}_c & -\boldsymbol{B}_c\boldsymbol{D} \end{array}\right]$$

根据 PBH 秩判据，当且仅当对每个 $s\in\mathbf{C}$ 有

$$\operatorname{rank}\boldsymbol{V}(s)=\operatorname{rank}\left[\begin{array}{cc:c} s\boldsymbol{I}-\boldsymbol{A} & 0 & \boldsymbol{B} \\ \boldsymbol{B}_c\boldsymbol{C} & s\boldsymbol{I}-\boldsymbol{A}_c & -\boldsymbol{B}_c\boldsymbol{D} \end{array}\right]=n+mq \tag{9.5.22}$$

时，串联系统(9.5.19)能控。按假定知$(\boldsymbol{A},\boldsymbol{B})$能控，故对每一个 $s\in\mathbf{C}$ 均有

$$\operatorname{rank}[s\boldsymbol{I}-\boldsymbol{A}\quad \boldsymbol{B}]=n \tag{9.5.23}$$

此外，对不是 $\boldsymbol{A}_c$ 的特征值，即不是 $\phi(s)$的根的所有 s，显然有

$$\operatorname{rank}(s\boldsymbol{I}-\boldsymbol{A}_c)=mq \tag{9.5.24}$$

这表明，由式(9.5.23)和式(9.5.24)以及 $\boldsymbol{V}(s)$的结构可以断言，对不是 $\phi(s)$的根的所有 s，下式成立：

$$\operatorname{rank}\boldsymbol{V}(s)=n+mq \tag{9.5.25}$$

下面再来证明对 $\phi(s)$的所有根，式(9.5.25)也成立。为此将 $\boldsymbol{V}(s)$表示为

$$\boldsymbol{V}(s)=\begin{bmatrix} \boldsymbol{I}_n & 0 & 0 \\ 0 & -\boldsymbol{B}_c & -(s\boldsymbol{I}-\boldsymbol{A}_c) \end{bmatrix}\begin{bmatrix} s\boldsymbol{I}-\boldsymbol{A} & 0 & \boldsymbol{B} \\ -\boldsymbol{C} & 0 & \boldsymbol{D} \\ 0 & -\boldsymbol{I}_{mq} & 0 \end{bmatrix} \tag{9.5.26}$$

并且，由$(\boldsymbol{A}_c,\boldsymbol{B}_c)$为能控规范型（式(9.5.15)～式(9.5.18)）可以导出，对任一 $s\in\mathbf{C}$，下式成立：

$$\operatorname{rank}\begin{bmatrix} \boldsymbol{I}_n & 0 & 0 \\ 0 & -\boldsymbol{B}_c & -(s\boldsymbol{I}-\boldsymbol{A}_c) \end{bmatrix}=n+mq \tag{9.5.27}$$

另外，当且仅当式(9.5.21)成立时，对 $\phi(s)$的所有根可导出

$$\operatorname{rank}\begin{bmatrix} s\boldsymbol{I}-\boldsymbol{A} & 0 & \boldsymbol{B} \\ -\boldsymbol{C} & 0 & \boldsymbol{D} \\ 0 & -\boldsymbol{I}_{mq} & 0 \end{bmatrix}=n+m+mq,\quad \forall s=\lambda_i \tag{9.5.28}$$

由于对于任何 $l\times r$ 阵 $\boldsymbol{P}$，$r\times k$ 阵 $\boldsymbol{Q}$，下述 Sylvester 不等式成立：

$$\operatorname{rank}\boldsymbol{P}+\operatorname{rank}\boldsymbol{Q}-r\leqslant\operatorname{rank}\boldsymbol{PQ}\leqslant\min\{\operatorname{rank}\boldsymbol{P},\operatorname{rank}\boldsymbol{Q}\}$$

因而由式(9.5.27)和式(9.5.28)可断言，对于 $\phi(s)$的所有根，必有

$$n+mq\leqslant\operatorname{rank}\boldsymbol{V}(s)\leqslant n+mq,\quad \forall s=\lambda_i \tag{9.5.29}$$

也即

$$\operatorname{rank}\boldsymbol{V}(s)=n+mq,\quad \forall s=\lambda_i \tag{9.5.30}$$

将式(9.5.25)和式(9.5.30)联合，就证得

$$\operatorname{rank}\boldsymbol{V}(s)=n+mq,\quad \forall s\in\mathbf{C} \tag{9.5.31}$$

再注意到，当且仅当条件①成立时，条件②才有可能成立。这样就证明了条件①和条件②是串联系统(9.5.19)为能控的充分必要条件。

△△△

说明 9.5.1 把图 9.5.1 所示的无静差跟踪控制系统表示为更一般的形式,如图 9.5.2 所示。

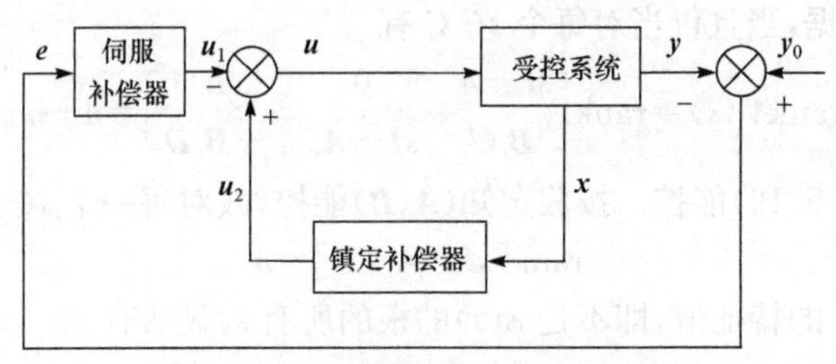

图 9.5.2 跟踪控制系统的一般形式

从图中可以看出,一个无静差跟踪控制系统,实质上是一个包含补偿器的输出反馈系统,其中,伺服补偿器的基本功能是使系统实现渐近跟踪和干扰解耦,它也是一个动态系统,其动态方程可表示为

$$\begin{cases}\dot{\boldsymbol{x}}_c=\boldsymbol{A}_c\boldsymbol{x}_c+\boldsymbol{B}_c\boldsymbol{e}\\ \boldsymbol{u}_1=\boldsymbol{K}_c\boldsymbol{x}_c\end{cases}\tag{9.5.32}$$

而镇定补偿器的功能在于使整个反馈系统实现镇定,它是一个非动态的状态反馈,即

$$\boldsymbol{u}_2=\boldsymbol{K}\boldsymbol{x}\tag{9.5.33}$$

说明 9.5.2 设受控系统(9.5.1)满足定理 9.5.2 中所给出的条件,则可使图 9.5.2的控制系统实现无静差跟踪的充分必要条件是引入系统的补偿器必须满足:①可对系统实现镇定;②伺服补偿器中包含 $\boldsymbol{y}_0(t)$ 和 $\boldsymbol{w}(t)$ 的不稳定信号模型。通常,称这个引入系统的不稳定信号模型为内模。利用在系统内部嵌入一个 $\boldsymbol{y}_0(t)$ 和 $\boldsymbol{w}(t)$ 的不稳定信号模型,来达到完全的渐近跟踪和干扰解耦的原理,称为内模原理。在 M. Wonham 的著作(Wonham,1979)中,对内模原理采用几何方法作了系统和完整的讨论。

说明 9.5.3 利用内模原理实现无静差跟踪控制的一个重要优点是对除了内模以外的受控系统和补偿器的参数的变动不敏感。当这类参数出现摄动,哪怕是相当大的摄动,只要闭环控制系统仍为渐近稳定,就必具有无静差跟踪的属性。但是,上述无静差跟踪控制系统中,内模的参数的变化即 $\boldsymbol{A}_c$ 的最小多项式 $\phi(s)$ 的系数的变化则是不允许的。事实上,内模原理的实质,就是依靠 $\phi(s)$ 的根与 $\boldsymbol{y}_0(t)$ 和 $\boldsymbol{w}(t)$ 的不稳定振型实现精确的对消而达到渐近跟踪和干扰解耦的。内模参数的任何摄动,都将破坏这种精确的对消,从而破坏了渐近跟踪和干扰解耦。然而,这并不是说,由内模原理实现的无静差跟踪控制就没有实际意义了,在绝大多数实际工程问题中,通常 $\boldsymbol{y}_0(t)$ 和 $\boldsymbol{w}(t)$ 总是有界的,在这种情况下即使 $\phi(s)$ 的系数有变动或工程实现中不够精确,输出 $\boldsymbol{y}(t)$ 仍能跟踪参考信号 $\boldsymbol{y}_0(t)$,而只有有限的稳态跟踪误差。

9.5.4 算例

我们通过一个例子来说明无静差跟踪控制问题的综合步骤。

例 9.5.1 给定受控系统

$$\begin{cases}\dot{\boldsymbol{x}}=\boldsymbol{A}\boldsymbol{x}+\boldsymbol{b}u+\boldsymbol{b}_w w=\begin{bmatrix}0&1&0&0\\0&0&-1&0\\0&0&0&1\\0&0&11&0\end{bmatrix}\boldsymbol{x}+\begin{bmatrix}0\\1\\0\\-1\end{bmatrix}u+\begin{bmatrix}0\\4\\0\\6\end{bmatrix}w\\ y=\boldsymbol{c}\boldsymbol{x}=\begin{bmatrix}1&0&0&0\end{bmatrix}\boldsymbol{x}\end{cases}$$

则有 $n=4,p=1,q=1$。再给定参考信号 $y_0(t)$和扰动 $w(t)$均为阶跃函数，要综合使系统实现无静差跟踪的控制律 u。

第 1 步：建立 $y_0(t)$和 $w(t)$的不稳定信号模型。

由 $y_0(t)$和 $w(t)$均为阶跃函数可知

$$\phi_r(s)=s,\quad \phi_w(s)=s$$

从而可导出它们的最小公倍式为

$$\phi(s)=s$$

并且，由 $\phi^{-1}(s)=1/s$ 即可导出 $y_0(t)$和 $w(t)$的不稳定信号模型为

$$\dot{x}_c=A_c x_c+b_c e=[0]x_c+[1]e$$

其中，$e=y_0(t)-y(t)$。

第 2 步：判断受控系统是否可实现无静差跟踪。

考虑到 $\dim(u)=\dim(y)=1$，故定理 9.5.2 中的条件①成立。再因 $\phi(s)=0$ 只有一个根 $\lambda_1=0$，且容易判断

$$\operatorname{rank}\begin{bmatrix}-\boldsymbol{A}&\boldsymbol{b}\\-\boldsymbol{c}&0\end{bmatrix}=\operatorname{rank}\left[\begin{array}{cccc:c}0&-1&0&0&0\\0&0&1&0&1\\0&0&0&-1&0\\0&0&-11&0&-1\\ \hdashline -1&0&0&0&0\end{array}\right]=5=n+m$$

故条件②也成立。这表明受控系统可实现无静差跟踪。

第 3 步：综合系统的控制律。

首先由受控系统和信号模型可导出联合系统的状态方程为

$$\begin{bmatrix}\dot{\boldsymbol{x}}\\ \dot{x}_c\end{bmatrix}=\begin{bmatrix}\boldsymbol{A}&0\\-b_c\boldsymbol{c}&A_c\end{bmatrix}\begin{bmatrix}\boldsymbol{x}\\x_c\end{bmatrix}+\begin{bmatrix}\boldsymbol{b}\\0\end{bmatrix}u+\begin{bmatrix}\boldsymbol{b}_w\\0\end{bmatrix}w+\begin{bmatrix}0\\b_c\end{bmatrix}y_0$$

$$
=\begin{bmatrix} 0 & 1 & 0 & 0 & 0 \\ 0 & 0 & -1 & 0 & 0 \\ 0 & 0 & 0 & 1 & 0 \\ 0 & 0 & 11 & 0 & 0 \\ -1 & 0 & 0 & 0 & 0 \end{bmatrix}\begin{bmatrix} \boldsymbol{x} \\ x_c \end{bmatrix}+\begin{bmatrix} 0 \\ 1 \\ 0 \\ -1 \\ 0 \end{bmatrix}u+\begin{bmatrix} 0 \\ 4 \\ 0 \\ 6 \\ 0 \end{bmatrix}w+\begin{bmatrix} 0 \\ 0 \\ 0 \\ 0 \\ 1 \end{bmatrix}y_0
$$

由受控系统满足定理 9.5.2 的条件可知,此系统为能控,故可任意配置极点。根据镇定要求,不妨取期望的闭环极点为

$$
\lambda_1^*=-1,\quad \lambda_2^*=-1,\quad \lambda_{3,4}^*=-1\pm \mathrm{i},\quad \lambda_5^*=-2
$$

从而可定出

$$
\begin{aligned}
\alpha^*(s)&=(s+1)^2(s+1-\mathrm{i})(s+1+\mathrm{i})(s+2)\\
&=s^5+6s^4+15s^3+20s^2+14s+4
\end{aligned}
$$

取状态反馈控制律为

$$
u=\begin{bmatrix} -k_1 & -k_2 & -k_3 & -k_4 & \vdots & k_c \end{bmatrix}\begin{bmatrix} \boldsymbol{x} \\ x_c \end{bmatrix}=\begin{bmatrix} \boldsymbol{k} & \vdots & k_c \end{bmatrix}\begin{bmatrix} \boldsymbol{x} \\ x_c \end{bmatrix}
$$

可得增广系统的闭环矩阵为

$$
\begin{aligned}
\mathbf{A}&=\begin{bmatrix} \boldsymbol{A}+\boldsymbol{bk} & \boldsymbol{b}k_c \\ -b_c\boldsymbol{c} & A_c \end{bmatrix}\\
&=\begin{bmatrix} 0 & 1 & 0 & 0 & 0 \\ -k_1 & -k_2 & -k_3-1 & -k_4 & k_c \\ 0 & 0 & 0 & 1 & 0 \\ k_1 & k_2 & 11+k_3 & k_4 & -k_c \\ -1 & 0 & 0 & 0 & 0 \end{bmatrix}
\end{aligned}
$$

而其特征多项式为

$$
\begin{aligned}
\alpha(s)&=\det(s\boldsymbol{I}-\bar{\mathbf{A}})\\
&=s^5+(k_3-k_4)s^4+(k_1-k_2-11)s^3+(k_c-10k_2)s^2-10k_1s-10k_c
\end{aligned}
$$

令 $\alpha^*(s)$ 和 $\alpha(s)$ 的各对应系数相等即可定出

$$
k_c=-0.4,\quad k_1=-1.4,\quad k_2=-2.04,\quad k_3=-27.4,\quad k_4=-8.04
$$

从而

$$
\boldsymbol{k}=\begin{bmatrix} -1.4 & -2.04 & -27.4 & -8.04 \end{bmatrix},\quad k_c=-0.4
$$

第 4 步:定出伺服补偿器和镇定补偿器。

对给定受控系统,使其实现无静差跟踪的伺服补偿器和镇定补偿器分别为

$$
\begin{aligned}
\dot{x}_c&=[0]x_c+[1]e=e\\
u_1&=k_cx_c=-0.4x_c
\end{aligned}
$$

和

$$
u_2=\boldsymbol{kx}=\begin{bmatrix} -1.4 & -2.04 & -27.4 & -8.04 \end{bmatrix}\boldsymbol{x}
$$

从而所求控制律为

$$u=u_1-u_2=-0.4x_c+[1.4 \quad 2.04 \quad 27.4 \quad 8.04]\boldsymbol{x}$$

9.6 小　结

线性系统的输入-输出解耦是一个比较古老的问题，也称之为 Morgan 问题(韩正之和陈树中，1991a；1991b；Descusse，Lafay and Malabre，1988)。输入-输出解耦可以分为动态解耦和静态解耦。如果一个系统可实现动态输入-输出解耦，则该系统的控制可转化为诸个单变量系统的控制问题。但由 9.2 节可见，动态输入-输出解耦条件完全由给定的传递函数矩阵的两个特征量决定。当该条件不满足时，可退之实现系统的静态输入-输出解耦。对于一个静态输入-输出解耦系统，在输入信号为阶跃信号的情况下，系统的第 i 个响应在开始阶段可能受所有输入信号的影响，但当时间充分长、系统的运动达到稳态时，系统的第 i 个输出便只与系统的第 i 个输入有关。

关于线性系统的输入-输出解耦，作者还利用线性系统的特征结构配置结果给出了一种参数化求解方法，感兴趣的读者可以参阅有关文献(段广仁和胡文远，1993；1992b)。

本章处理的输入-输出解耦问题考虑的是单个输入变量和单个输出变量之间的解耦关系，其结果可以将系统分成一系列的单输入-单输出系统。当这种意义下的解耦不可实现时，可以将输入变量和输出变量分成对应的几组，而代之考虑这些输入变量组和输出变量组之间的解耦问题，这种意义下的解耦称为块解耦，它将系统化为一系列具有较小输入维数和输出维数的独立系统，对于高阶系统具有特别的意义。此外，块解耦的另一个优点是它不一定要求系统的输入维数和输出维数相等。

干扰解耦的目的是通过设计控制律使闭环系统的输出不受干扰的影响，这显然是一个非常有意义的问题，在 9.4 节中，我们基于特征结构配置结果考虑了极点配置与干扰解耦的组合问题，并给出了求解方法。这里我们没有对干扰做任何假设，关于这方面的内容还可以参阅作者的工作(王国胜，王子华和段广仁，2004；段广仁，1991c；1990；Duan，Irwin and Liu，2000；1999b；1999c；Duan，Liu W Q and Liu G P，2000；Duan，Liu and Thompson，2000a；2000b)。从获得的干扰解耦条件可见，与许多其他问题一样，这种情形的干扰解耦实际上是对于闭环系统的一种结构要求，即闭环系统矩阵和输出矩阵及干扰输入矩阵之间的一种匹配要求，而干扰解耦的实质是通过调整闭环系统结构屏蔽了干扰输入通道中的一切信号对于系统输出响应的影响。

在 9.5 节中我们讨论了渐近跟踪与干扰解耦的组合问题。这里我们假设干扰信号和参考信号的内模为已知,所导出的控制律由两部分组成,即镇定补偿器和伺服补偿器。其中镇定补偿器为系统的一个静态状态反馈,伺服补偿器为一个包含有干扰和参考信号不稳定内模、且以跟踪误差信号为输入的一个动态补偿器,这种设计思想称为内模原理,它的一个重要优点是所设计的控制系统在一定意义下具有鲁棒性。事实上,Davison 的著名的鲁棒伺服机(Davisonet and Scherzinger, 1987; Davison and Ferguson, 1981; Davison, 1976; Davison and Goldenberg, 1975)即是以这种思想为基础的。

思考与练习

9.1 实现线性系统的输入-输出解耦有什么意义?

9.2 对于某线性系统,首先利用状态反馈实现了其输入-输出的解耦,然后,利用古典频率法对每个单输入-单输出系统进行设计,试将这样综合的系统用控制系统的方块图表示出来。

9.3 当系统的系数矩阵存在摄动,利用上题中方法综合的系统的稳定和性能会有何变化?

9.4 如何理解线性系统的干扰解耦条件?试举出一类系统不可实现对于某类干扰的解耦。

9.5 判断下列各系统能否用状态反馈和输入变换进行输入-输出动态解耦:

(1) $\boldsymbol{G}_0(s)=\begin{bmatrix}\dfrac{3}{s^2+2} & \dfrac{2}{s^2+s+1}\\ \dfrac{4s+1}{s^3+2s+1} & \dfrac{1}{s}\end{bmatrix}$

(2) $\dot{\boldsymbol{x}}=\begin{bmatrix}3 & 1 & 0\\ 0 & 0 & -1\\ 0 & 1 & -1\end{bmatrix}\boldsymbol{x}+\begin{bmatrix}0 & 0\\ 1 & 0\\ 0 & 1\end{bmatrix}\boldsymbol{u},\quad \boldsymbol{y}=\begin{bmatrix}2 & -1 & 1\\ 0 & 2 & 1\end{bmatrix}\boldsymbol{x}$

9.6 给定受控系统

$$\dot{\boldsymbol{x}}=\begin{bmatrix}-1 & 0 & 0\\ 0 & -2 & -3\\ 1 & 0 & 1\end{bmatrix}\boldsymbol{x}+\begin{bmatrix}1 & 0\\ 0 & 1\\ 0 & -1\end{bmatrix}\boldsymbol{u},\quad \boldsymbol{y}=\begin{bmatrix}1 & 2 & 0\\ 0 & 1 & 1\end{bmatrix}\boldsymbol{x}$$

(1) 能否利用输入变换结合状态反馈的控制律实现系统的输入-输出静态解耦?

(2) 若能,定出输入变换阵和状态反馈阵$(\boldsymbol{L},\boldsymbol{K})$。

9.7 对于上题给出的受控系统,试问:

(1) 能否利用输入变换结合状态反馈的控制律实现系统的输入-输出动态解耦?

(2) 若能解耦,定出实现积分型解耦的输入变换阵和状态反馈阵($\boldsymbol{L},\boldsymbol{K}$)。

9.8　设线性定常系统

$$\begin{cases}\dot{\boldsymbol{x}}=\boldsymbol{A}\boldsymbol{x}+\boldsymbol{B}\boldsymbol{u}\\ \boldsymbol{y}=\boldsymbol{C}\boldsymbol{x}\end{cases}$$

可用输入变换和状态反馈($\boldsymbol{L},\boldsymbol{K}$)实现输入-输出静态解耦,试证明:

(1) 此系统的任一代数等价系统也一定能利用输入变换结合状态反馈的控制律实现静态输入-输出解耦。

(2) 此系统的任意状态反馈系统也必能够利用输入变换结合状态反馈的控制律实现静态输入-输出解耦。

9.9　给定带有干扰作用的受控系统

$$\begin{cases}\dot{\boldsymbol{x}}=\begin{bmatrix}-1&0&0\\0&-2&-3\\1&0&1\end{bmatrix}\boldsymbol{x}+\begin{bmatrix}1&0\\0&1\\0&-1\end{bmatrix}\boldsymbol{u}+\begin{bmatrix}0\\1\\0\end{bmatrix}w\\ \boldsymbol{y}=\begin{bmatrix}1&2&0\\0&1&1\end{bmatrix}\boldsymbol{x}\end{cases}$$

是否存在一个状态反馈控制律使得闭环极点为$-1,-2$和-3,且输出$\boldsymbol{y}$关于干扰w解耦?

9.10　已知系统

$$\begin{cases}\dot{\boldsymbol{x}}=\begin{bmatrix}1&0\\0&2\end{bmatrix}\boldsymbol{x}+\begin{bmatrix}1\\1\end{bmatrix}u+\begin{bmatrix}0\\1\end{bmatrix}w\\ y=\begin{bmatrix}1&2\end{bmatrix}\boldsymbol{x}+w\end{cases}$$

当输出参考信号y_0为正弦信号、干扰w为阶跃信号时,求系统的无静差渐近跟踪控制。

第10章 状态观测器设计

状态观测器设计问题亦常称为状态重构问题。

前面各章对各种综合问题的讨论已经充分显示了状态反馈的优越性。不管是系统的极点配置、镇定、输入-输出解耦和干扰解耦，还是无静差渐近跟踪和线性二次型最优控制，都依赖于引入适当的状态反馈才得以实现。但是，或者由于不易直接量测，或者由于量测设备在经济性和使用性上的限制，使得许多情况下不可能实际获得系统的全部状态变量，从而使状态反馈的物理实现难以进行。状态反馈在性能上的不可替代性和在物理上的不可实现性形成了一个尖锐的矛盾。解决这个矛盾的途径之一，就是通过重构系统的状态，并用这个重构状态代替系统的真实状态来实现所要求的状态反馈。状态重构问题正是在这种背景下提出的，它是一个既具有理论意义又具应用价值的研究课题。

具体地说，状态重构问题的实质就是重新构造一个系统，利用原系统中可直接量测的变量，如输出向量和输入向量作为它的输入信号，并使其输出信号 $\hat{\boldsymbol{x}}(t)$ 在一定的提法下等价于原系统的状态。通常称 $\hat{\boldsymbol{x}}(t)$ 为 $\boldsymbol{x}(t)$ 的重构状态或估计状态，而称这个用以实现状态重构的系统为观测器。一般情形下，$\hat{\boldsymbol{x}}(t)$ 和 $\boldsymbol{x}(t)$ 间的等价性常采用渐近等价提法，即使得两者间成立：

$$\lim_{t\to\infty}\hat{\boldsymbol{x}}(t)=\lim_{t\to\infty}\boldsymbol{x}(t) \tag{10.0.1}$$

观测器按其功能可分为状态观测器和函数观测器。输出 $\hat{\boldsymbol{x}}(t)$ 渐近等价于原系统状态 $\boldsymbol{x}(t)$ 的观测器，即以(10.0.1)为性能指标综合得到的观测器，称为状态观测器。输出 $\boldsymbol{w}(t)$ 渐近等价于原系统状态的一个函数 $\boldsymbol{Kx}(t)$ 的观测器，也即以

$$\lim_{t\to\infty}\boldsymbol{w}(t)=\lim_{t\to\infty}\boldsymbol{Kx}(t),\quad \boldsymbol{K}\text{ 为常阵} \tag{10.0.2}$$

为性能指标构成的观测器，称为函数观测器。一般地说，函数观测器的维数要低于状态观测器。对于状态观测器，又可按其结构分成全维观测器和降维观测器。维数等同于原系统的状态观测器称为全维观测器，维数小于原系统维数的状态观测器称为降维观测器。降维观测器在结构上一般要较全维观测器简单。

10.1 全维状态观测器

考虑 n 维线性定常系统

$$\begin{cases}\dot{\boldsymbol{x}}=\boldsymbol{Ax}+\boldsymbol{Bu}, & \boldsymbol{x}(0)=\boldsymbol{x}_0, \quad t\geqslant 0\\ \boldsymbol{y}=\boldsymbol{Cx}\end{cases} \tag{10.1.1}$$

其中，$\boldsymbol{A}$，$\boldsymbol{B}$ 和 $\boldsymbol{C}$ 分别为 $n\times n$，$n\times r$ 和 $m\times n$ 实常阵。该系统的状态不能直接加以量测，但输出 $\boldsymbol{y}$ 和输入 $\boldsymbol{u}$ 是可以利用的。所谓系统(10.1.1)的全维状态观测器，就是以 $\boldsymbol{y}$ 和 $\boldsymbol{u}$ 为输入的一个 n 维动态系统，且不论该系统和原系统(10.1.1)的初值为何，该动态系统的输出 $\hat{\boldsymbol{x}}(t)$ 和原系统(10.1.1)的状态 $\boldsymbol{x}(t)$ 之间如下关系式总成立：

$$\lim_{t\to\infty}\hat{\boldsymbol{x}}(t)=\lim_{t\to\infty}\boldsymbol{x}(t) \tag{10.1.2}$$

如果满足这种条件的系统为线性的，则称之为一线性状态观测器，否则称之为非线性状态观测器。由于我们这里所考虑的被观测对象(10.1.1)为线性定常的，因而我们也只关心该系统的线性定常观测器。

10.1.1　全维状态观测器的结构

根据已知的系数矩阵 $\boldsymbol{A}$，$\boldsymbol{B}$ 和 $\boldsymbol{C}$，按与原系统相同的结构形式，复制出一个基本系统，然后取原系统输出和复制系统输出 $\hat{\boldsymbol{y}}$ 之差值信号作为修正变量，并将其经增益矩阵 $\boldsymbol{L}$ 馈送到复制系统中积分器的输入端，构成一个闭环系统，如图 10.1.1 所示。显然，这个重构系统是以原系统的可量测变量 $\boldsymbol{u}$ 和 $\boldsymbol{y}$ 为输入的一个 n 维线性定常系统，其中待确定的系数矩阵只有 $\boldsymbol{L}$。我们希望在被估计系统满足一定的条件下，通过适当地选取增益矩阵 $\boldsymbol{L}$，可使这个重构系统成为给定系统的一个全维状态观测器。

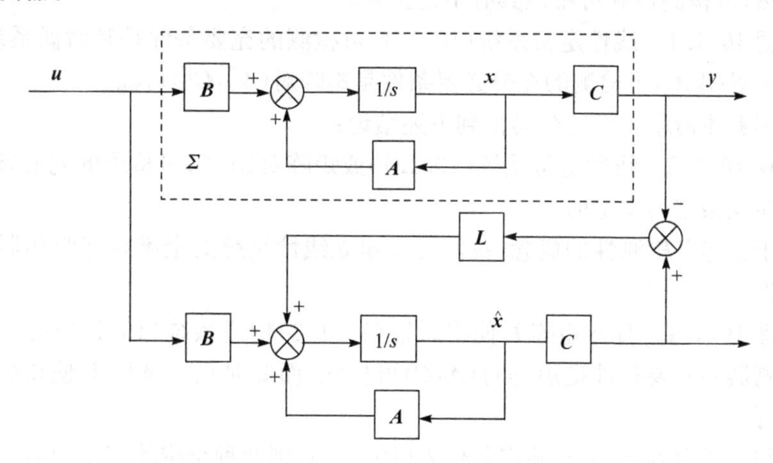

图 10.1.1　全维观测器的结构

从图 10.1.1 可以导出，按上述方式所构成的全维状态观测器的动态方程为

$$\dot{\hat{\boldsymbol{x}}}=\boldsymbol{A}\hat{\boldsymbol{x}}+\boldsymbol{B}\boldsymbol{u}+\boldsymbol{L}(\boldsymbol{C}\hat{\boldsymbol{x}}-\boldsymbol{y}),\quad \hat{\boldsymbol{x}}(0)=\hat{\boldsymbol{x}}_0 \tag{10.1.3}$$

其中修正项 $\boldsymbol{L}(\boldsymbol{C}\hat{\boldsymbol{x}}-\boldsymbol{y})$ 起到了反馈的作用。而且，比较式(10.1.1)和式(10.1.3)还可看出，此状态观测器在维数上显然等同于被估计系统，两者的唯一差别仅在于

式(10.1.3)中引入了修正项$L(C\hat{x}-y)$。为了说明引入此修正项的作用,我们不妨讨论当式(10.1.3)中去掉此修正项后可能会产生的问题,显然如此得到的观测器就是对被估计系统的直接复制,即为

$$\dot{\hat{x}}=A\hat{x}+Bu,\quad \hat{x}(0)=\hat{x}_0 \tag{10.1.4}$$

一般地说可同样达到重构状态的目的,并且如果能做到使初态$\hat{x}_0=x_0$,则理论上可实现对所有$t\geqslant 0$,$\hat{x}(t)=x(t)$均成立,即实现完全的状态重构。但是,这种开环型的观测器实际上是难于应用的,它的两个主要的缺点是:第一,每次用这种观测器前都必须设置初始状态$\hat{x}_0$,使其等同于x_0,这显然是不方便的;第二,也是更为严重的一点,如果系数矩阵A包含不稳定的特征值,那么即使$\hat{x}_0$和x_0间的很小偏差,也会导致随着t的增加,致使$\hat{x}(t)$和$x(t)$间偏差越来越大。修正项$L(C\hat{x}-y)$就是为了克服这些问题而引入的。

10.1.2 全维状态观测器的存在条件

为了讨论线性系统(10.1.1)的全维状态观测器的存在条件,我们先引入一个概念。

定义 10.1.1 已知$A\in\mathbf{R}^{n\times n}$,$C\in\mathbf{R}^{m\times n}$,矩阵对$(A,C)$或系统(10.1.1)称为是可检测的,如果存在实矩阵L,使得矩阵$(A+LC)$稳定。

显然,可检测性和可稳性具有下述关系。

命题 10.1.1 线性定常系统(10.1.1)可检测的充要条件是其对偶系统可稳,也即矩阵对(A,C)可检测的充分必要条件是矩阵对$(A^{\mathrm{T}},C^{\mathrm{T}})$可稳。

利用上述命题我们还容易得到下述结论:

命题 10.1.2 线性定常系统(10.1.1)或矩阵对(A,C)可检测的充要条件是其全部不能观振型为稳定的。

基于上述可检测性的概念,我们可以建立线性系统的全维状态观测器的下述存在条件。

定理 10.1.1 存在矩阵L使得系统(10.1.3)构成系统(10.1.1)的一个全维状态观测器的充要条件是矩阵对(A,C)可检测,而此时只需选取L使得$(A+LC)$稳定即可。

证明 考虑到$y=Cx$,并将其代入(10.1.3),则此种全维状态观测器的动态方程可表为

$$\dot{\hat{x}}=(A+LC)\hat{x}-LCx+Bu,\quad \hat{x}(0)=\hat{x}_0 \tag{10.1.5}$$

再表$\tilde{x}=x-\hat{x}$为真实状态和估计状态间的误差,那么利用式(10.1.1)和式(10.1.5)就可导出$\tilde{x}$所应满足的动态方程为

$$\dot{\tilde{x}}=(A+LC)\tilde{x},\quad \tilde{x}(0)=\tilde{x}_0=x_0-\hat{x}_0 \tag{10.1.6}$$

这表明，不管初始误差 $\tilde{\boldsymbol{x}}_0$ 为多大，要使得

$$\lim_{t\to\infty}\hat{\boldsymbol{x}}(t)=\lim_{t\to\infty}\boldsymbol{x}(t) \tag{10.1.7}$$

其充要条件是存在矩阵 $\boldsymbol{L}$ 使矩阵$(\boldsymbol{A}+\boldsymbol{LC})$的特征值 $\lambda_i(\boldsymbol{A}+\boldsymbol{LC})(i=1,2,\cdots,n)$均具有负实部，也即矩阵对$(\boldsymbol{A},\boldsymbol{C})$可检测。证毕。

ΔΔΔ

观测器(10.1.3)的极点由矩阵$(\boldsymbol{A}+\boldsymbol{LC})$决定。如果可通过选择增益阵 $\boldsymbol{L}$ 而使 $\lambda_i(\boldsymbol{A}+\boldsymbol{LC})(i=1,2,\cdots,n)$任意配置，则 $\tilde{\boldsymbol{x}}(t)$的衰减快慢便是可控制的。显然，若 $\lambda_i(\boldsymbol{A}+\boldsymbol{LC})$均具有小于$-\sigma$ 的负实部，则可断言 $\tilde{\boldsymbol{x}}(t)$的所有分量将以比 $e^{-\sigma t}$要快的速率衰减至零，即可使重构状态 $\tilde{\boldsymbol{x}}(t)$很快地趋于真实状态 $\boldsymbol{x}(t)$。

下面我们给出全维状态观测器(10.1.5)能任意配置极点的条件。

定理 10.1.2　线性定常系统(10.1.1)的全维状态观测器(10.1.5)存在且可以任意配置极点，即可通过选择增益阵 $\boldsymbol{L}$ 任意配置$(\boldsymbol{A}+\boldsymbol{LC})$的全部特征值的充要条件是矩阵对$(\boldsymbol{A},\boldsymbol{C})$能观。

证明　利用对偶原理，$(\boldsymbol{A},\boldsymbol{C})$能观意味着$(\boldsymbol{A}^{\mathrm{T}},\boldsymbol{C}^{\mathrm{T}})$能控。再利用极点配置问题的基本结论可知，对任意给定的 n 个实数或共轭复数特征值$\{\lambda_1^*,\lambda_2^*,\cdots,\lambda_n^*\}$，必可找到一个实常阵 $\boldsymbol{K}$，使

$$\lambda_i(\boldsymbol{A}^{\mathrm{T}}+\boldsymbol{C}^{\mathrm{T}}\boldsymbol{K})=\lambda_i^*,\quad i=1,2,\cdots,n \tag{10.1.8}$$

由于$(\boldsymbol{A}^{\mathrm{T}}+\boldsymbol{C}^{\mathrm{T}}\boldsymbol{K})$与其转置矩阵$(\boldsymbol{A}^{\mathrm{T}}+\boldsymbol{C}^{\mathrm{T}}\boldsymbol{K})^{\mathrm{T}}=(\boldsymbol{A}+\boldsymbol{K}^{\mathrm{T}}\boldsymbol{C})$具有等同的特征值，故当取 $\boldsymbol{L}=\boldsymbol{K}^{\mathrm{T}}$时，有

$$\lambda_i(\boldsymbol{A}+\boldsymbol{LC})=\lambda_i^*,\quad i=1,2,\cdots,n \tag{10.1.9}$$

也即可任意配置$(\boldsymbol{A}+\boldsymbol{LC})$的全部特征值。于是充分性得证。逆推上述过程可证得必要性。

ΔΔΔ

10.1.3　算法与算例

由上述结论及其证明过程容易归纳出设计系统(10.1.1)的全维状态观测器(10.1.5)的下述两个算法。

算法 10.1.1　$(\boldsymbol{A},\boldsymbol{C})$可检测条件下的全维状态观测器设计。

第 1 步：导出对偶系统$(\boldsymbol{A}^{\mathrm{T}},\boldsymbol{C}^{\mathrm{T}},\boldsymbol{B}^{\mathrm{T}})$。

第 2 步：利用线性系统的镇定算法求取矩阵 $\boldsymbol{K}$，使得矩阵 $\boldsymbol{A}^{\mathrm{T}}+\boldsymbol{C}^{\mathrm{T}}\boldsymbol{K}$ 稳定。

第 3 步：取 $\boldsymbol{L}=\boldsymbol{K}^{\mathrm{T}}$，并计算$(\boldsymbol{A}+\boldsymbol{LC})$，则所要设计的全维状态观测器就为

$$\dot{\hat{\boldsymbol{x}}}=(\boldsymbol{A}+\boldsymbol{LC})\hat{\boldsymbol{x}}+\boldsymbol{Bu}-\boldsymbol{Ly}$$

而 $\hat{\boldsymbol{x}}$ 即为 $\boldsymbol{x}$ 估计状态。

算法 10.1.2　$(\boldsymbol{A},\boldsymbol{C})$能观条件下的全维状态观测器设计。

第 1 步:导出对偶系统$(\boldsymbol{A}^{\mathrm{T}},\boldsymbol{C}^{\mathrm{T}},\boldsymbol{B}^{\mathrm{T}})$。

第 2 步:指定所要设计的全维观测器的一组期望极点$\{\lambda_1^*,\lambda_2^*,\cdots,\lambda_n^*\}$,利用极点配置问题的算法,对矩阵$(\boldsymbol{A}^{\mathrm{T}},\boldsymbol{C}^{\mathrm{T}})$来确定使

$$\lambda_i(\boldsymbol{A}^{\mathrm{T}}+\boldsymbol{C}^{\mathrm{T}}\boldsymbol{K})=\lambda_i^*,\quad i=1,2,\cdots,n$$

成立的反馈增益阵$\boldsymbol{K}$。

第 3 步:取$\boldsymbol{L}=\boldsymbol{K}^{\mathrm{T}}$,并计算$(\boldsymbol{A}+\boldsymbol{L}\boldsymbol{C})$,则所要设计的全维状态观测器就为

$$\dot{\hat{\boldsymbol{x}}}=(\boldsymbol{A}+\boldsymbol{L}\boldsymbol{C})\hat{\boldsymbol{x}}+\boldsymbol{B}\boldsymbol{u}-\boldsymbol{L}\boldsymbol{y}$$

而$\hat{\boldsymbol{x}}$即为$\boldsymbol{x}$的估计状态。

例 10.1.1 已知线性系统

$$\begin{cases}\dot{\boldsymbol{x}}=\begin{bmatrix}0&1\\1&0\end{bmatrix}\boldsymbol{x}+\begin{bmatrix}1&0\\0&1\end{bmatrix}\boldsymbol{u}\\ \boldsymbol{y}=\begin{bmatrix}1&0\end{bmatrix}\boldsymbol{x}\end{cases}$$

试设计其全维状态观测器,使得观测器的极点位于$-\alpha\pm\mathrm{i}\beta,\alpha,\beta>0$。

解 由

$$\begin{bmatrix}\boldsymbol{c}\\ \boldsymbol{c}\boldsymbol{A}\end{bmatrix}=\begin{bmatrix}1&0\\0&1\end{bmatrix}$$

可知该系统完全能观,因此我们可以利用算法 10.1.2 求解该系统的状态观测器。

第 1 步:导出其对偶系统

$$(\boldsymbol{A}',\boldsymbol{b}',\boldsymbol{C}')=(\boldsymbol{A}^{\mathrm{T}},\boldsymbol{c}^{\mathrm{T}},\boldsymbol{B}^{\mathrm{T}})=\left(\begin{bmatrix}0&1\\1&0\end{bmatrix},\begin{bmatrix}1\\0\end{bmatrix},\begin{bmatrix}1&0\\0&1\end{bmatrix}\right)$$

第 2 步:利用算法 6.3.1 求解矩阵$\boldsymbol{k}$,使得矩阵$\boldsymbol{A}'+\boldsymbol{b}'\boldsymbol{k}$以$-\alpha\pm\mathrm{i}\beta$为特征值。

矩阵$\boldsymbol{A}'$的特征多项式为

$$\det(s\boldsymbol{I}-\boldsymbol{A}')=s^2-1$$

由指定极点可得观测器的特征多项式为

$$(s+\alpha-\mathrm{i}\beta)(s+\alpha+\mathrm{i}\beta)=s^2+2\alpha s+(\alpha^2+\beta^2)$$

从而

$$\bar{\boldsymbol{k}}=[\alpha_0-\alpha_0^*\quad \alpha_1-\alpha_1^*]=[-1-\alpha^2-\beta^2\quad -2\alpha]$$

又

$$\boldsymbol{P}=[\boldsymbol{A}'\boldsymbol{b}'\quad \boldsymbol{b}']\begin{bmatrix}1&0\\a_1&1\end{bmatrix}=\begin{bmatrix}0&1\\1&0\end{bmatrix}$$

$$\boldsymbol{Q}=\boldsymbol{P}^{-1}=\begin{bmatrix}0&1\\1&0\end{bmatrix}$$

故所求矩阵$\boldsymbol{k}$为

$$\boldsymbol{k}=\boldsymbol{k}\boldsymbol{Q}=[-2\alpha\quad -1-\alpha^2-\beta^2]$$

第 3 步：取

$$\boldsymbol{L}=\boldsymbol{k}^{\mathrm{T}}=\begin{bmatrix}-2\alpha\\-1-\alpha^2-\beta^2\end{bmatrix}$$

则

$$\boldsymbol{A}+\boldsymbol{L}\boldsymbol{c}=\begin{bmatrix}-2\alpha & 1\\-\alpha^2-\beta^2 & 0\end{bmatrix}$$

从而所求全维状态观测器为

$$\dot{\hat{\boldsymbol{x}}}=\begin{bmatrix}-2\alpha & 1\\-\alpha^2-\beta^2 & 0\end{bmatrix}\hat{\boldsymbol{x}}+\begin{bmatrix}1 & 0\\0 & 1\end{bmatrix}\boldsymbol{u}+\begin{bmatrix}2\alpha\\1+\alpha^2+\beta^2\end{bmatrix}\boldsymbol{y}$$

10.2　降维状态观测器

考虑到系统的输出 $\boldsymbol{y}$ 中已包含有系统状态 $\boldsymbol{x}$ 的部分信息，因此直接利用这部分信息可以构造出维数低于被估计系统的状态观测器，通常称这类观测器为降维状态观测器。如果被估计系统为 n 维线性定常系统

$$\begin{cases}\dot{\boldsymbol{x}}=\boldsymbol{A}\boldsymbol{x}+\boldsymbol{B}\boldsymbol{u}\\\boldsymbol{y}=\boldsymbol{C}\boldsymbol{x}\end{cases}\tag{10.2.1}$$

其中，$\boldsymbol{A}$，$\boldsymbol{B}$ 和 $\boldsymbol{C}$ 分别为 $n\times n$，$n\times r$ 和 $m\times n$ 阶实常阵，且假定 $(\boldsymbol{A},\boldsymbol{C})$ 能观，$\boldsymbol{C}$ 为满秩阵即有 $\mathrm{rank}\boldsymbol{C}=m$，那么，降维观测器的最小维数可为 $n-m$。这表明降维观测器只需要较少的积分器便可构成，简化了观测器的结构，因而在工程应用上具有重要意义。

10.2.1　设计原理

首先我们证明下述事实。

引理 10.2.1　给定被估计系统(10.2.1)，任取 $(n-m)\times n$ 阶常阵 $\boldsymbol{R}$，使 $n\times n$ 矩阵

$$\boldsymbol{P}=\begin{bmatrix}\boldsymbol{C}\\\boldsymbol{R}\end{bmatrix}\tag{10.2.2}$$

非奇异，则有

$$\bar{\boldsymbol{A}}=\boldsymbol{P}\boldsymbol{A}\boldsymbol{P}^{-1}=\begin{bmatrix}\bar{\boldsymbol{A}}_{11} & \bar{\boldsymbol{A}}_{12}\\\bar{\boldsymbol{A}}_{21} & \bar{\boldsymbol{A}}_{22}\end{bmatrix},\quad \bar{\boldsymbol{B}}=\boldsymbol{P}\boldsymbol{B}=\begin{bmatrix}\bar{\boldsymbol{B}}_1\\\bar{\boldsymbol{B}}_2\end{bmatrix},\quad \bar{\boldsymbol{C}}=\boldsymbol{C}\boldsymbol{P}^{-1}=[\boldsymbol{I}_m\quad 0]\tag{10.2.3}$$

其中，$\bar{\boldsymbol{A}}_{11}$，$\bar{\boldsymbol{A}}_{12}$，$\bar{\boldsymbol{A}}_{21}$ 和 $\bar{\boldsymbol{A}}_{22}$ 分别为 $m\times m$，$m\times(n-m)$，$(n-m)\times m$ 和 $(n-m)\times(n-m)$ 阶矩阵；$\bar{\boldsymbol{B}}_1$ 和 $\bar{\boldsymbol{B}}_2$ 分别为 $m\times r$ 和 $(n-m)\times r$ 阶矩阵，并且 $(\bar{\boldsymbol{A}}_{22},\bar{\boldsymbol{A}}_{12})$ 能观的充分必要条件是 $(\boldsymbol{A},\boldsymbol{C})$ 能观。

证明　令

$$Q=P^{-1}=[Q_1 \mid Q_2] \tag{10.2.4}$$

其中,Q_1 和 Q_2 分别为 $n\times m$ 和 $n\times(n-m)$ 阶矩阵,则有

$$I_n=PQ=\begin{bmatrix} C \\ R \end{bmatrix}[Q_1 \quad Q_2]=\begin{bmatrix} CQ_1 & CQ_2 \\ RQ_1 & RQ_2 \end{bmatrix}=\begin{bmatrix} I_m & 0 \\ 0 & I_{n-m} \end{bmatrix}$$

也即成立

$$CQ_1=I_m, \quad CQ_2=0 \tag{10.2.5}$$

由此可得

$$\bar{C}=CP^{-1}=[CQ_1 \quad CQ_2]=[I_m \quad 0]$$

代数等价的系统具有相同的能控性和能观性,因而(A,C)能观的充分必要条件是$(\bar{A},\bar{C})$能观。由 PBH 判据知,$(\bar{A},\bar{C})$能观等价于

$$n=\operatorname{rank}\begin{bmatrix} sI-\bar{A} \\ \bar{C} \end{bmatrix}=\operatorname{rank}\begin{bmatrix} sI-\bar{A}_{11} & -\bar{A}_{12} \\ -\bar{A}_{21} & sI-\bar{A}_{22} \\ I_m & 0 \end{bmatrix}=m+\operatorname{rank}\begin{bmatrix} sI-\bar{A}_{22} \\ \bar{A}_{12} \end{bmatrix}$$

也即

$$\operatorname{rank}\begin{bmatrix} sI-\bar{A}_{22} \\ \bar{A}_{12} \end{bmatrix}=n-m$$

再由 PBH 判据知,上式等价于$(\bar{A}_{22},\bar{A}_{12})$能观。这样结论成立。

ΔΔΔ

由上述引理可见,在线性非奇异变换 $\bar{x}=Px$ 下,被估计系统(10.2.1)代数等价于下述形式的系统:

$$\begin{cases} \begin{bmatrix} \dot{\bar{x}}_1 \\ \dot{\bar{x}}_2 \end{bmatrix}=\begin{bmatrix} \bar{A}_{11} & \bar{A}_{12} \\ \bar{A}_{21} & \bar{A}_{22} \end{bmatrix}\begin{bmatrix} \bar{x}_1 \\ \bar{x}_2 \end{bmatrix}+\begin{bmatrix} \bar{B}_1 \\ \bar{B}_2 \end{bmatrix}u \\ y=[I_m \quad 0]\begin{bmatrix} \bar{x}_1 \\ \bar{x}_2 \end{bmatrix}=\bar{x}_1 \end{cases} \tag{10.2.6}$$

其中,$\bar{x}_1$ 和 $\bar{x}_2$ 分别为 m 和$(n-m)$维分状态。由式(10.2.6)可看出,对变换后的状态 $\bar{x}$,其分状态 $\bar{x}_1$ 即为系统的输出 y,故可直接利用而无须对其重构。这里所要重构的仅是 $\bar{x}$ 的$(n-m)$维分状态 $\bar{x}_2$,故知仅需要一个$(n-m)$维状态观测器就能达到重构的目的。对此我们有下述结论。

引理 10.2.2 设$(\bar{A}_{22},\bar{A}_{12})$能观,$\bar{L}$ 为使得矩阵$(\bar{A}_{22}+\bar{L}\bar{A}_{12})$稳定的任一矩阵,则下述系统

$$\begin{cases} \dot{z}=(\bar{A}_{22}+\bar{L}\bar{A}_{12})z+[(\bar{A}_{22}+\bar{L}\bar{A}_{12})\bar{L}+(\bar{A}_{21}+\bar{L}\bar{A}_{11})]y+(\bar{B}_2+\bar{L}\bar{B}_1)u \\ \hat{\bar{x}}_2=z-\bar{L}y \end{cases} \tag{10.2.7}$$

构成系统(10.2.6)的状态分量 $\bar{x}_2$ 的一个观测器,即对于任何的 $\bar{x}(0)$,$z(0)$和 $u(t)$

均有

$$\lim_{t\to\infty}[\bar{\boldsymbol{x}}_2(t)-\hat{\bar{\boldsymbol{x}}}_2(t)]=0$$

证明　由式(10.2.6)导出相对于 $\bar{\boldsymbol{x}}_2$ 的状态方程和输出方程为

$$\begin{cases}\dot{\bar{\boldsymbol{x}}}_2=\bar{\boldsymbol{A}}_{22}\bar{\boldsymbol{x}}_2+(\bar{\boldsymbol{A}}_{21}\boldsymbol{y}+\bar{\boldsymbol{B}}_2\boldsymbol{u})\\ \dot{\boldsymbol{y}}-\bar{\boldsymbol{A}}_{11}\boldsymbol{y}-\bar{\boldsymbol{B}}_1\boldsymbol{u}=\bar{\boldsymbol{A}}_{12}\bar{\boldsymbol{x}}_2\end{cases}\tag{10.2.8}$$

如果定义

$$\bar{\boldsymbol{u}}=(\bar{\boldsymbol{A}}_{21}\boldsymbol{y}+\bar{\boldsymbol{B}}_2\boldsymbol{u}),\quad \boldsymbol{w}=\dot{\boldsymbol{y}}-\bar{\boldsymbol{A}}_{11}\boldsymbol{y}-\bar{\boldsymbol{B}}_1\boldsymbol{u}$$

还可把式(10.2.8)表示为规范型式

$$\begin{cases}\dot{\bar{\boldsymbol{x}}}_2=\bar{\boldsymbol{A}}_{22}\bar{\boldsymbol{x}}_2+\bar{\boldsymbol{u}}\\ \boldsymbol{w}=\bar{\boldsymbol{A}}_{12}\bar{\boldsymbol{x}}_2\end{cases}\tag{10.2.9}$$

由于$(\bar{\boldsymbol{A}}_{22},\bar{\boldsymbol{A}}_{12})$能观，故$(n-m)$维子系统(10.2.9)的全维也即$(n-m)$维状态观测器存在，其形式为

$$\dot{\hat{\bar{\boldsymbol{x}}}}_2=(\bar{\boldsymbol{A}}_{22}+\bar{\boldsymbol{L}}\bar{\boldsymbol{A}}_{12})\hat{\bar{\boldsymbol{x}}}_2-\bar{\boldsymbol{L}}\boldsymbol{w}+\bar{\boldsymbol{u}}\tag{10.2.10}$$

并且可通过选取 $\bar{\boldsymbol{L}}$ 而任意配置$(\bar{\boldsymbol{A}}_{22}+\bar{\boldsymbol{L}}\bar{\boldsymbol{A}}_{12})$的全部特征值。再将 $\bar{\boldsymbol{u}}$ 和 $\boldsymbol{w}$ 的定义式代入式(10.2.10)可得

$$\dot{\hat{\bar{\boldsymbol{x}}}}_2=(\bar{\boldsymbol{A}}_{22}+\bar{\boldsymbol{L}}\bar{\boldsymbol{A}}_{12})\hat{\bar{\boldsymbol{x}}}_2-\bar{\boldsymbol{L}}(\dot{\boldsymbol{y}}-\bar{\boldsymbol{A}}_{11}\boldsymbol{y}-\bar{\boldsymbol{B}}_1\boldsymbol{u})+(\bar{\boldsymbol{A}}_{21}\boldsymbol{y}+\bar{\boldsymbol{B}}_2\boldsymbol{u})\tag{10.2.11}$$

易见上式中包含输出的导数 $\dot{\boldsymbol{y}}$，从抗扰动性的角度而言这是不希望的。为此，引入

$$\boldsymbol{z}=\hat{\bar{\boldsymbol{x}}}_2+\bar{\boldsymbol{L}}\boldsymbol{y}\tag{10.2.12}$$

消去观测器方程中的 $\dot{\boldsymbol{y}}$，由式(10.2.11)和式(10.2.12)就可导出

$$\begin{aligned}\dot{\boldsymbol{z}}&=\dot{\hat{\bar{\boldsymbol{x}}}}_2+\bar{\boldsymbol{L}}\dot{\boldsymbol{y}}\\&=(\bar{\boldsymbol{A}}_{22}+\bar{\boldsymbol{L}}\bar{\boldsymbol{A}}_{12})\hat{\bar{\boldsymbol{x}}}_2+(\bar{\boldsymbol{A}}_{21}+\bar{\boldsymbol{L}}\bar{\boldsymbol{A}}_{11})\boldsymbol{y}+(\bar{\boldsymbol{B}}_2+\bar{\boldsymbol{L}}\bar{\boldsymbol{B}}_1)\boldsymbol{u}\\&=(\bar{\boldsymbol{A}}_{22}+\bar{\boldsymbol{L}}\bar{\boldsymbol{A}}_{12})\boldsymbol{z}+[(\bar{\boldsymbol{A}}_{21}+\bar{\boldsymbol{L}}\bar{\boldsymbol{A}}_{11})-(\bar{\boldsymbol{A}}_{22}+\bar{\boldsymbol{L}}\bar{\boldsymbol{A}}_{12})\bar{\boldsymbol{L}}]\boldsymbol{y}+(\bar{\boldsymbol{B}}_2+\bar{\boldsymbol{L}}\bar{\boldsymbol{B}}_1)\boldsymbol{u}\end{aligned}\tag{10.2.13}$$

由上式和式(10.2.12)即得观测器(10.2.7)。

ΔΔΔ

可以看出，观测器(10.2.7)是一个以 $\boldsymbol{u}$ 和 $\boldsymbol{y}$ 为输入的 $n-m$ 维动态系统，且在$(\boldsymbol{A},\boldsymbol{C})$能观的条件下$(\bar{\boldsymbol{A}}_{22}+\bar{\boldsymbol{L}}\bar{\boldsymbol{A}}_{12})$的特征值是可以任意配置的，而且 $\bar{\boldsymbol{x}}_2$ 的重构状态为

$$\hat{\bar{\boldsymbol{x}}}_2=\boldsymbol{z}-\bar{\boldsymbol{L}}\boldsymbol{y}\tag{10.2.14}$$

从而可导出变换状态 $\bar{\boldsymbol{x}}$ 的重构状态 $\hat{\bar{\boldsymbol{x}}}$ 为

$$\hat{\bar{\boldsymbol{x}}}=\begin{bmatrix}\hat{\bar{\boldsymbol{x}}}_1\\ \hat{\bar{\boldsymbol{x}}}_2\end{bmatrix}=\begin{bmatrix}\boldsymbol{y}\\ \boldsymbol{z}-\bar{\boldsymbol{L}}\boldsymbol{y}\end{bmatrix}\tag{10.2.15}$$

再考虑到 $\boldsymbol{x}=\boldsymbol{P}^{-1}\bar{\boldsymbol{x}}=\boldsymbol{Q}\bar{\boldsymbol{x}}$，相应地也有 $\hat{\boldsymbol{x}}=\boldsymbol{Q}\hat{\bar{\boldsymbol{x}}}$，于是可定出系统状态 $\boldsymbol{x}$ 的重构状态 $\hat{\boldsymbol{x}}$ 为

$$\hat{\boldsymbol{x}}=[\boldsymbol{Q}_1 \quad \boldsymbol{Q}]\begin{bmatrix}\boldsymbol{y}\\ \boldsymbol{z}-\bar{\boldsymbol{L}}\boldsymbol{y}\end{bmatrix}=\boldsymbol{Q}_1\boldsymbol{y}+\boldsymbol{Q}_2(\boldsymbol{z}-\bar{\boldsymbol{L}}\boldsymbol{y}) \tag{10.2.16}$$

根据上述分析，可以得到本节的下述主要结果。

定理 10.2.1　设 $(\boldsymbol{A},\boldsymbol{C})$ 能观，矩阵 $\bar{\boldsymbol{A}}_{ij}$，$\bar{\boldsymbol{B}}_i$，$\boldsymbol{Q}_i$ $(i=1,2)$，由式(10.2.2)～式(10.2.4)所定义，$\bar{\boldsymbol{L}}$ 为使得矩阵 $(\bar{\boldsymbol{A}}_{22}+\bar{\boldsymbol{L}}\bar{\boldsymbol{A}}_{12})$ 稳定的任一矩阵，则下述系统

$$\begin{cases}\dot{\boldsymbol{z}}=(\bar{\boldsymbol{A}}_{22}+\bar{\boldsymbol{L}}\bar{\boldsymbol{A}}_{12})\boldsymbol{z}+[(\bar{\boldsymbol{A}}_{21}+\bar{\boldsymbol{L}}\bar{\boldsymbol{A}}_{11})-(\bar{\boldsymbol{A}}_{22}+\bar{\boldsymbol{L}}\bar{\boldsymbol{A}}_{12})\bar{\boldsymbol{L}}]\boldsymbol{y}+(\bar{\boldsymbol{B}}_2+\bar{\boldsymbol{L}}\bar{\boldsymbol{B}}_1)\boldsymbol{u}\\ \hat{\boldsymbol{x}}=\boldsymbol{Q}_1\boldsymbol{y}+\boldsymbol{Q}_2(\boldsymbol{z}-\bar{\boldsymbol{L}}\boldsymbol{y})=\boldsymbol{Q}_2\boldsymbol{z}+(\boldsymbol{Q}_1-\boldsymbol{Q}_2\bar{\boldsymbol{L}})\boldsymbol{y}\end{cases} \tag{10.2.17}$$

构成系统(10.2.1)的一个 $n-m$ 维状态观测器，即对于任何的 $\boldsymbol{x}(0)$，$\boldsymbol{z}(0)$ 和 $\boldsymbol{u}(t)$，由式(10.2.1)和式(10.2.17)构成的复合系统均满足下述关系：

$$\lim_{t\to\infty}[\boldsymbol{x}(t)-\hat{\boldsymbol{x}}(t)]=0$$

10.2.2　算法与算例

基于 10.2.1 节的分析，我们可以给出下述求解线性系统(10.2.1)的 $n-m$ 维降维状态观测器的算法。

算法 10.2.1　线性系统的降维状态观测器设计。

第 1 步：选取 $(n-m)\times n$ 阶常阵 $\boldsymbol{R}$，使得 $n\times n$ 阶矩阵 $\boldsymbol{P}=\begin{bmatrix}\boldsymbol{C}\\ \boldsymbol{R}\end{bmatrix}$ 非奇异。

第 2 步：计算

$$\boldsymbol{Q}=\boldsymbol{P}^{-1}=[\boldsymbol{Q}_1 \;\vdots\; \boldsymbol{Q}_2]$$

其中，$\boldsymbol{Q}_1$ 和 $\boldsymbol{Q}_2$ 分别为 $n\times m$ 和 $n\times(n-m)$ 阶矩阵。

第 3 步：计算

$$\bar{\boldsymbol{A}}=\boldsymbol{P}\boldsymbol{A}\boldsymbol{P}^{-1}=\begin{bmatrix}\bar{\boldsymbol{A}}_{11} & \bar{\boldsymbol{A}}_{12}\\ \bar{\boldsymbol{A}}_{21} & \bar{\boldsymbol{A}}_{22}\end{bmatrix},\quad \bar{\boldsymbol{B}}=\boldsymbol{P}\boldsymbol{B}=\begin{bmatrix}\bar{\boldsymbol{B}}_1\\ \bar{\boldsymbol{B}}_2\end{bmatrix}$$

其中，$\bar{\boldsymbol{A}}_{11}$，$\bar{\boldsymbol{A}}_{12}$，$\bar{\boldsymbol{A}}_{21}$ 和 $\bar{\boldsymbol{A}}_{22}$ 分别为 $m\times m$，$m\times(n-m)$，$(n-m)\times m$ 和 $(n-m)\times(n-m)$ 阶矩阵；$\bar{\boldsymbol{B}}_1$ 和 $\bar{\boldsymbol{B}}_2$ 分别为 $m\times r$ 和 $(n-m)\times r$ 阶矩阵。

第 4 步：选取 $\bar{\boldsymbol{L}}$ 使得矩阵 $(\bar{\boldsymbol{A}}_{22}+\bar{\boldsymbol{L}}\bar{\boldsymbol{A}}_{12})$ 稳定或具有希望的稳定特征值。

第 5 步：按照式(10.2.17)构成系统的降维状态观测器。

例 10.2.1　给定受控系统 $(\boldsymbol{A},\boldsymbol{B},\boldsymbol{C})$ 为

$$\boldsymbol{A}=\begin{bmatrix}4 & 4 & 4\\ -11 & -12 & -12\\ 13 & 14 & 13\end{bmatrix},\quad \boldsymbol{B}=\begin{bmatrix}1\\ -1\\ 0\end{bmatrix},\quad \boldsymbol{C}=[1 \quad 1 \quad 1]$$

确定它的降维状态观测器。

解　对于该系统，有 $n=3, m=r=1$。由于可观测性矩阵

$$Q_o=\begin{bmatrix}C\\CA\\CA^2\end{bmatrix}=\begin{bmatrix}1&1&1\\6&6&5\\23&22&17\end{bmatrix}$$

秩为 3。从而系统是完全能观的，从而可以构造 2 维降维观测器。

第 1 步：选取

$$R=\begin{bmatrix}0&1&0\\0&0&1\end{bmatrix}$$

则有

$$P=\begin{bmatrix}1&1&1\\0&1&0\\0&0&1\end{bmatrix}$$

第 2 步：经计算有

$$Q=P^{-1}=\begin{bmatrix}1&-1&-1\\0&1&0\\0&0&1\end{bmatrix}$$

从而

$$Q_1=\begin{bmatrix}1\\0\\0\end{bmatrix},\quad Q_2=\begin{bmatrix}-1&-1\\1&0\\0&1\end{bmatrix}$$

第 3 步：计算得

$$\bar{A}=PAP^{-1}=\begin{bmatrix}6&0&-1\\-11&-1&-1\\13&1&0\end{bmatrix},\quad \bar{B}=PB=\begin{bmatrix}0\\-1\\0\end{bmatrix}$$

从而

$$\bar{A}_{22}=\begin{bmatrix}-1&-1\\1&0\end{bmatrix},\quad \bar{A}_{12}=\begin{bmatrix}0&-1\end{bmatrix}$$

第 4 步：选择观测器的极点为 -3 和 -4，则希望的观测器特征多项式为

$$\psi^*(s)=(s+3)(s+4)=s^2+7s+12$$

令 $\bar{L}=[l_1\quad l_2]^{\mathrm{T}}$，则容易求得 $\bar{A}_{22}+\bar{L}\bar{A}_{12}$ 的特征多项式为

$$\psi_g(s)=\det\begin{bmatrix}s+1&1+l_1\\-1&s+l_2\end{bmatrix}=s^2+(1+l_2)s+(1+l_1+l_2)$$

令 $\psi_g(s)=\psi^*(s)$ 可以解出

$$\begin{cases} l_1=5 \\ l_2=6 \end{cases}$$

第5步:降维观测器为

$$\dot{z}=\begin{bmatrix} -1 & -6 \\ 1 & -6 \end{bmatrix}z+\begin{bmatrix} -1 \\ 0 \end{bmatrix}u+\begin{bmatrix} 60 \\ 80 \end{bmatrix}y$$

$$\hat{x}=\begin{bmatrix} -1 & -1 \\ 1 & 0 \\ 0 & 0 \end{bmatrix}z+\begin{bmatrix} 12 \\ -5 \\ -6 \end{bmatrix}y$$

10.3 Luenberger函数观测器

前两节介绍了线性系统的全维状态观测器和降维状态观测器。全维状态观测器具有 n 个动态环节,用以观测系统的全部状态,而降维观测器具有 $n-m$ 个动态环节,用来观测系统的部分状态。但不管哪种情形,它们都是从观测状态本身入手的。但在线性控制系统的设计中,很多情况使用的是状态的线性组合(如线性状态反馈 $\boldsymbol{Kx}$),因而只要获得这种状态的线性组合的观测便可实现希望的设计。Luenberger函数观测器正是这种以观测状态的线性组合为目的的一种函数观测器。

10.3.1 问题的描述

考虑下述线性定常系统:

$$\begin{cases} \dot{\boldsymbol{x}}=\boldsymbol{Ax}+\boldsymbol{Bu}, \quad \boldsymbol{x}(0)=\boldsymbol{x}_0 \\ \boldsymbol{y}=\boldsymbol{Cx} \end{cases} \tag{10.3.1}$$

其中各量同前述。假设由于某种原因的限制,系统(10.3.1)的状态不能全部利用硬件测得,但在系统(10.3.1)的控制过程中,又需要获得系统(10.3.1)的状态组合 $\boldsymbol{Kx}$ 的信号,这里 $\boldsymbol{K}\in\mathbf{R}^{r\times n}$ 为指定的矩阵,常代表状态反馈增益阵。在这种情况下,就需要我们构造一个系统,由它可给出 $\boldsymbol{Kx}$ 的渐近估计。这样的系统可取成下述形式:

$$\begin{cases} \dot{\boldsymbol{z}}=\boldsymbol{Fz}+\boldsymbol{Gy}+\boldsymbol{Hu}, \quad \boldsymbol{z}(0)=\boldsymbol{z}_0 \\ \boldsymbol{w}=\boldsymbol{Mz}+\boldsymbol{Ny} \end{cases} \tag{10.3.2}$$

其中,$\boldsymbol{z}\in\mathbf{R}^p$;$\boldsymbol{F},\boldsymbol{H},\boldsymbol{G},\boldsymbol{N}$ 和 $\boldsymbol{M}$ 为适当阶的实矩阵。为了使系统(10.3.2)中的所有状态分量均对信号 $\boldsymbol{w}$ 有贡献,我们自然要求$(\boldsymbol{F},\boldsymbol{M})$能观。

定义 10.3.1 完全能观系统(10.3.2)称为系统(10.3.1)的一个 $\boldsymbol{Kx}$ 函数观测器,如果对于任何初值 $\boldsymbol{x}_0,\boldsymbol{z}_0$ 和任意的容许控制 $\boldsymbol{u}(t)$,关联系统(10.3.1)、系统(10.3.2)中的状态 $\boldsymbol{x}$ 和输出 $\boldsymbol{w}$ 均满足下述渐近关系:

$$\lim_{t\to\infty}[\boldsymbol{w}(t)-\boldsymbol{K}\boldsymbol{x}(t)]=0 \tag{10.3.3}$$

本节的目的即是要确定矩阵 $\boldsymbol{F},\boldsymbol{H},\boldsymbol{G},\boldsymbol{N}$ 和 $\boldsymbol{M}$，使系统(10.3.2)成为系统(10.3.1)的一个函数观测器。

10.3.2　观测器条件

关于线性系统(10.3.1)的 $\boldsymbol{Kx}$ 函数观测器条件，有下述定理。

定理 10.3.1　已知能控线性系统(10.3.1)和矩阵 $\boldsymbol{K}\in\mathbf{R}^{r\times n}$，且系统(10.3.1)能观，则能观系统(10.3.2)构成系统(10.3.1)的一个 $\boldsymbol{Kx}$ 函数观测器的充要条件是：

(1) 矩阵 $\boldsymbol{F}$ 稳定；

另外，存在适当阶的实矩阵 $\boldsymbol{T}$，使得

(2)
$$\boldsymbol{H}=\boldsymbol{TB} \tag{10.3.4}$$

(3)
$$\boldsymbol{TA}-\boldsymbol{FT}=\boldsymbol{GC} \tag{10.3.5}$$

(4)
$$\boldsymbol{MT}+\boldsymbol{NC}=\boldsymbol{K} \tag{10.3.6}$$

证明　令

$$\boldsymbol{\varepsilon}=\boldsymbol{z}-\boldsymbol{Tx},\quad \boldsymbol{e}=\boldsymbol{w}-\boldsymbol{Kx} \tag{10.3.7}$$

则由式(10.3.1)和式(10.3.2)可得

$$\begin{cases}\dot{\boldsymbol{\varepsilon}}=\boldsymbol{F\varepsilon}+(\boldsymbol{GC}-\boldsymbol{TA}+\boldsymbol{FT})\boldsymbol{x}+(\boldsymbol{H}-\boldsymbol{TB})\boldsymbol{u}\\ \boldsymbol{e}=\boldsymbol{M\varepsilon}+(\boldsymbol{MT}+\boldsymbol{NC}-\boldsymbol{K})\boldsymbol{x}\end{cases} \tag{10.3.8}$$

下面我们只需说明对于任何的 $\boldsymbol{u}(t)$，$\boldsymbol{x}(0)$ 和 $\boldsymbol{z}(0)$，关联系统(10.3.1)和系统(10.3.8)的输出都渐近于零，即

$$\lim_{t\to\infty}\boldsymbol{e}(t)=0 \tag{10.3.9}$$

的充要条件是定理中的四个条件成立。

充分性　当定理条件成立时，系统(10.3.8)化为

$$\begin{cases}\dot{\boldsymbol{\varepsilon}}=\boldsymbol{F\varepsilon}\\ \boldsymbol{e}=\boldsymbol{M\varepsilon}\end{cases} \tag{10.3.10}$$

且渐近稳定，从而式(10.3.9)成立。

必要性　首先我们需要借用下述事实：如果 $\boldsymbol{u}(t)$ 为解析函数，则关联系统(10.3.1)和系统(10.3.8)中的量 $\boldsymbol{\varepsilon},\boldsymbol{e},\boldsymbol{x}$ 亦均为解析，而且当 $\boldsymbol{e}\to 0$ 时亦有 $\boldsymbol{e}^{(i)}\to 0$，$i=1,2,\cdots$。注意到

$$\boldsymbol{e}=\boldsymbol{w}-\boldsymbol{Kx}=\boldsymbol{Mz}+\boldsymbol{D}_0\boldsymbol{x},\quad \boldsymbol{D}_0=\boldsymbol{NC}-\boldsymbol{K} \tag{10.3.11}$$

且当取 $\boldsymbol{u}=0$ 时，有

$$\begin{cases}\dot{e}=\boldsymbol{MFz}+\boldsymbol{D}_1\boldsymbol{x}\\ \ddot{e}=\boldsymbol{MF}^2\boldsymbol{z}+\boldsymbol{D}_2\boldsymbol{x}\\ \quad\vdots\\ e^{(p-1)}=\boldsymbol{MF}^{p-1}\boldsymbol{z}+\boldsymbol{D}_{p-1}\boldsymbol{x}\end{cases}\tag{10.3.12}$$

其中，$\boldsymbol{D}_i(i=1,2,\cdots,p-1)$由系统(10.3.1)和系统(10.3.2)的系数矩阵和$\boldsymbol{K}$决定。如果记

$$\boldsymbol{R}=\begin{bmatrix}\boldsymbol{M}\\ \boldsymbol{MF}\\ \vdots\\ \boldsymbol{MF}^{p-1}\end{bmatrix},\quad \boldsymbol{D}=\begin{bmatrix}\boldsymbol{D}_0\\ \boldsymbol{D}_1\\ \vdots\\ \boldsymbol{D}_{p-1}\end{bmatrix}$$

则式(10.3.11)和式(10.3.12)可以写成下述形式：

$$[e\quad \dot{e}\quad \cdots\quad e^{(p-1)}]^{\mathrm{T}}=\boldsymbol{Rz}+\boldsymbol{Dx}\tag{10.3.13}$$

显然矩阵$\boldsymbol{R}$为系统(10.3.2)的观测性矩阵。由于系统(10.3.2)为完全能观的，因而矩阵$\boldsymbol{R}$列满秩。令

$$\boldsymbol{T}=-(\boldsymbol{R}^{\mathrm{T}}\boldsymbol{R})^{-1}\boldsymbol{R}^{\mathrm{T}}\boldsymbol{D}\tag{10.3.14}$$

则式(10.3.13)可改写成

$$\boldsymbol{z}-\boldsymbol{Tx}=(\boldsymbol{R}^{\mathrm{T}}\boldsymbol{R})^{-1}\boldsymbol{R}^{\mathrm{T}}[e\quad \dot{e}\quad \cdots\quad e^{(p-1)}]^{\mathrm{T}}$$

于上式两端取极限，并注意到$e^{(i)}\to0,t\to\infty,i=0,1,2,\cdots,p-1$，则得

$$\lim_{t\to\infty}(\boldsymbol{z}-\boldsymbol{Tx})=0,\quad 即\lim_{t\to\infty}\varepsilon=0\tag{10.3.15}$$

再对系统(10.3.8)的输出方程两端取极限，并利用式(10.3.1)可得

$$\lim_{t\to\infty}(\boldsymbol{MT}+\boldsymbol{NC}-\boldsymbol{K})\boldsymbol{x}=0\tag{10.3.16}$$

注意到$\boldsymbol{x}$的任意性(由$\boldsymbol{x}(0)$和$\boldsymbol{u}(t)$决定)，由上式可得定理条件(4)。

下面来考虑系统(10.3.8)的状态方程。当取$\boldsymbol{u}(t)\equiv0,\boldsymbol{x}(0)=0$时，有$\dot{\boldsymbol{\varepsilon}}=\boldsymbol{F\varepsilon}$，再注意到式(10.3.15)，必有矩阵$\boldsymbol{F}$稳定，即定理的条件(1)亦成立。

假若定理的条件(2)不成立，则由线性系统的运动分析理论可取到一个发散的$\boldsymbol{u}(t)$使得$\boldsymbol{\varepsilon}$亦发散。从而由式(10.3.15)知条件(2)成立。

假若定理的条件(3)不成立，由于系统(10.3.1)能控，故必可找到控制$\boldsymbol{u}(t)$使$\boldsymbol{x}(t)$发散并进而导致$\boldsymbol{\varepsilon}$发散，此与式(10.3.15)矛盾。至此，定理的证明全部完成。

ΔΔΔ

由定理 10.3.1 可见，线性系统(10.3.1)的p阶$\boldsymbol{Kx}$函数观测器具有下述形式：

$$\begin{cases}\dot{\boldsymbol{z}}=\boldsymbol{Fz}+\boldsymbol{Gy}+\boldsymbol{TBu}\\ \boldsymbol{w}=\boldsymbol{Mz}+\boldsymbol{Ny}\end{cases}\tag{10.3.17}$$

其中，$\boldsymbol{F}\in\mathbf{R}^{p\times p}$为一稳定矩阵；$\boldsymbol{T},\boldsymbol{G},\boldsymbol{M}$和$\boldsymbol{N}$为适当阶的实矩阵，且满足方程

(10.3.5)和方程(10.3.6)。

10.3.3　设计方法

由上小节可知,线性系统(10.3.1)的 $\boldsymbol{Kx}$ 函数观测器设计即是要寻求系统(10.3.17)的系数矩阵 $\boldsymbol{F},\boldsymbol{T},\boldsymbol{G},\boldsymbol{M}$ 和 $\boldsymbol{N}$,使得 $\boldsymbol{F}$ 稳定,且关系式(10.3.5)和式(10.3.6)成立。下面我们探讨这些矩阵的求取。

1. 矩阵 $\boldsymbol{F}$ 的一般表示

矩阵 $\boldsymbol{F}$ 的条件是其所有特征值都具有负实部,但为方便起见,且考虑到鲁棒性,我们将 $\boldsymbol{F}$ 阵选为非退化的(nondefective)。这样其一般形式可表为

$$\boldsymbol{F}=\boldsymbol{W}\mathrm{diag}(s_1,s_2,\cdots,s_p)\boldsymbol{W}^{-1} \tag{10.3.18}$$

其中, $s_i(i=1,2,\cdots,p)$为一组具有负实部且共轭封闭的复数,它们构成了 $\boldsymbol{F}$ 的全部极点。

$$\boldsymbol{W}=[\boldsymbol{w}_1 \quad \boldsymbol{w}_2 \quad \cdots \quad \boldsymbol{w}_p] \tag{10.3.19}$$

为矩阵 $\boldsymbol{F}$ 的特征向量矩阵。为保证矩阵 $\boldsymbol{F}$ 为实的,矩阵 $\boldsymbol{W}$ 要满足下述约束条件。

约束 10.3.1　当 $s_i=\bar{s}_l$ 时,有 $\boldsymbol{w}_i=\bar{\boldsymbol{w}}_l$。

2. 矩阵 $\boldsymbol{T}$ 和 $\boldsymbol{G}$ 的一般表达式

1.7 节讨论了一类推广的 Sylvester 矩阵方程(1.7.1),并指出它在线性系统的特征结构配置和观测器设计等方面具有重要的应用。这里讨论的矩阵 $\boldsymbol{T}$ 和 $\boldsymbol{G}$ 的求取问题实际上是矩阵方程(10.3.5)的求解问题。不难看出,只要将方程(10.3.5)进行一下转置便化为我们在第 1 章中讨论过的广义 Sylvester 矩阵方程,直接应用定理 1.7.2 便可得到矩阵 $\boldsymbol{T}$ 和 $\boldsymbol{G}$ 的一般表示。下面我们直接写出结果,推导过程请读者自己完成。

在矩阵 $\boldsymbol{F}$ 具有式(10.3.18)、式(10.3.19)的形式下,满足矩阵方程(10.3.5)的一切矩阵 $\boldsymbol{T}$ 和 $\boldsymbol{G}$ 可表示为

$$\boldsymbol{T}=\boldsymbol{W}[\boldsymbol{t}_1 \quad \boldsymbol{t}_2 \quad \cdots \quad \boldsymbol{t}_p]^{\mathrm{T}}, \quad \boldsymbol{t}_i=\boldsymbol{H}(s_i)\boldsymbol{f}_i \tag{10.3.20}$$

$$\boldsymbol{G}=\boldsymbol{W}[\boldsymbol{g}_1 \quad \boldsymbol{g}_2 \quad \cdots \quad \boldsymbol{g}_p]^{\mathrm{T}}, \quad \boldsymbol{g}_i=-\boldsymbol{L}(s_i)\boldsymbol{f}_i \tag{10.3.21}$$

其中, $\boldsymbol{f}_i\in\mathbf{C}^m,i=1,2,\cdots,p$ 为一组满足如下约束的一组参向量。

约束 10.3.2　当 $s_i=\bar{s}_l$ 时,有 $\boldsymbol{f}_i=\bar{\boldsymbol{f}}_l$。

$\boldsymbol{H}(s)$和 $\boldsymbol{L}(s)$分别为 $n\times m$ 阶和 $m\times m$ 阶的满足下述右既约分解的右互质多项式矩阵:

$$(s\boldsymbol{I}-\boldsymbol{A}^{\mathrm{T}})^{-1}\boldsymbol{C}^{\mathrm{T}}=\boldsymbol{H}(s)\boldsymbol{L}^{-1}(s) \tag{10.3.22}$$

3. 矩阵 $\boldsymbol{M}$ 和 $\boldsymbol{N}$ 的一般表示

矩阵方程(10.3.6)可改写成下述形式:

$$[\boldsymbol{M}\quad \boldsymbol{N}]\begin{bmatrix}\boldsymbol{T}\\ \boldsymbol{C}\end{bmatrix}=\boldsymbol{K} \tag{10.3.23}$$

由此可见矩阵方程关于 $\boldsymbol{M}$ 和 $\boldsymbol{N}$ 有解的充要条件是矩阵 $\boldsymbol{T}$ 满足以下约束。

约束 10.3.3　$\operatorname{rank}[\boldsymbol{T}^{\mathrm{T}}\quad \boldsymbol{C}^{\mathrm{T}}]^{\mathrm{T}}=\operatorname{rank}[\boldsymbol{T}^{\mathrm{T}}\quad \boldsymbol{C}^{\mathrm{T}}\quad \boldsymbol{K}^{\mathrm{T}}]^{\mathrm{T}}=r^*$。

在上述约束满足的条件下,存在适当阶的可逆矩阵 $\boldsymbol{P}$ 和 $\boldsymbol{Q}$,使得

$$\boldsymbol{P}\begin{bmatrix}\boldsymbol{T}\\ \boldsymbol{C}\end{bmatrix}\boldsymbol{Q}=\begin{bmatrix}\boldsymbol{T}_0 & 0\\ 0 & 0\end{bmatrix},\quad \boldsymbol{K}\boldsymbol{Q}=[\boldsymbol{K}_0\quad 0] \tag{10.3.24}$$

其中,$\boldsymbol{T}_0$ 为一 r^* 阶可逆矩阵,$\boldsymbol{K}_0\in\mathbf{R}^{r\times r^*}$。于(10.3.23)两端同时右乘矩阵 $\boldsymbol{Q}$,并利用式(10.3.24),可得

$$[\boldsymbol{M}\quad \boldsymbol{N}]\boldsymbol{P}^{-1}\begin{bmatrix}\boldsymbol{T}_0 & 0\\ 0 & 0\end{bmatrix}=[\boldsymbol{K}_0\quad 0] \tag{10.3.25}$$

也即

$$[\boldsymbol{M}\quad \boldsymbol{N}]\boldsymbol{P}^{-1}\begin{bmatrix}\boldsymbol{T}_0\\ 0\end{bmatrix}=\boldsymbol{K}_0 \tag{10.3.26}$$

如再令

$$[\boldsymbol{M}'\quad \boldsymbol{N}']=[\boldsymbol{M}\quad \boldsymbol{N}]\boldsymbol{P}^{-1} \tag{10.3.27}$$

则式(10.3.26)化为

$$[\boldsymbol{M}'\quad \boldsymbol{N}']\begin{bmatrix}\boldsymbol{T}_0\\ 0\end{bmatrix}=\boldsymbol{K}_0$$

由此可得

$$\boldsymbol{M}'=\boldsymbol{K}_0\boldsymbol{T}_0^{-1} \tag{10.3.28}$$

将上式代入式(10.3.27),可以得到矩阵 $\boldsymbol{M}$ 和 $\boldsymbol{N}$ 的下述一般表示:

$$[\boldsymbol{M}\quad \boldsymbol{N}]=[\boldsymbol{K}_0\boldsymbol{T}_0^{-1}\quad \boldsymbol{N}']\boldsymbol{P} \tag{10.3.29}$$

其中,$\boldsymbol{N}'$ 为 $r\times(m+p-r)$ 阶的实参数矩阵,可以任意选取。

10.3.4　算法与算例

综合 10.3.3 节的三个方面,我们可以给出下述求解系统(10.3.1)的 Luenberger $\boldsymbol{Kx}$ 函数观测器的算法。

算法 10.3.1　Luenberger 函数观测器设计。

第 1 步:求取右既约分解式(10.3.22),并指定某 $p=p_0\geqslant 1$。

第 2 步:按式(10.3.18)、式(10.3.19)及约束 10.3.1,选取稳定矩阵 $\boldsymbol{F}$。

第 3 步:根据式(10.3.20),求取矩阵 $\boldsymbol{T}$ 的参数表示。

第 4 步:求取参数 $f_i(i=1,2,\cdots,p)$,满足约束 10.3.2 和约束 10.3.3。如这样的参数不存在,令 $p=p_0+1$ 后返回第 2 步。

第 5 步:基于求得的参数 f_i,依式(10.3.20)和式(10.3.21)计算矩阵 $\boldsymbol{T}$ 和 $\boldsymbol{G}$。

第 6 步：利用矩阵初等变换求取可逆矩阵 $\boldsymbol{P}$ 和 $\boldsymbol{Q}$ 及矩阵 $\boldsymbol{T}_0$ 和 $\boldsymbol{K}_0$ 满足式(10.3.24)。

第 7 步：计算

$$[\boldsymbol{M}\quad \boldsymbol{N}]=[\boldsymbol{K}_0\boldsymbol{T}_0^{-1}\quad 0]\boldsymbol{P} \tag{10.3.30}$$

第 8 步：基于求得的矩阵 $\boldsymbol{F},\boldsymbol{T},\boldsymbol{G},\boldsymbol{M}$ 和 $\boldsymbol{N}$，按式(10.3.17)的形式构成所求观测器。

说明 10.3.1　我们在进行参数化设计的时候，没有考虑矩阵对$(\boldsymbol{F},\boldsymbol{M})$的能观性，这是因为在 4.1 节我们已经指出，不完全能观系统是一种奇异的情况，发生的概率几乎为 0。

例 10.3.1　考虑一类应用非常广泛的系统

$$\dot{\boldsymbol{x}}=\begin{bmatrix}0 & 1 & 0\\ 0 & 0 & 1\\ -a_0 & -a_1 & -a_2\end{bmatrix}\boldsymbol{x}+\begin{bmatrix}0\\0\\1\end{bmatrix}u,\quad y=[1\quad 0\quad 0]\boldsymbol{x}$$

的 Luenberger 函数观测器的设计。

为了显示本节的参数化方法的优越性，我们这里不确定系统中的参数 $a_i(i=0,1,2)$，同时也将增益阵 $\boldsymbol{K}$ 取为一般的待定参数的形式

$$\boldsymbol{K}=[k_0\quad k_1\quad k_2]$$

下面我们利用算法 10.3.1 求解上述系统的 Luenberger 函数观测器。

第 1 步：由算法 1.4.1 容易求得满足式(10.3.22)的多项式矩阵为

$$\boldsymbol{H}(s)=\begin{bmatrix}s^2+a_2s+a_1\\ s+a_2\\ 1\end{bmatrix},\quad L(s)=s^3+a_2s^2+a_1s+a_0$$

另外先取 $p=p_0=2$。

第 2 步：将 $\boldsymbol{F}$ 阵取成下述形式

$$\boldsymbol{F}=\boldsymbol{W}\mathrm{diag}(s_1,s_2)\boldsymbol{W}^{-1}$$

其中，$\boldsymbol{W}$ 为任何满足约束 10.3.1 的可逆矩阵。

第 3 步：矩阵 $\boldsymbol{T}$ 的参量表示为

$$\boldsymbol{T}=\boldsymbol{W}\begin{bmatrix}(s_1^2+a_2s_1+a_1)f_1 & (s_1+a_2)f_1 & f_1\\ (s_2^2+a_2s_2+a_1)f_2 & (s_2+a_2)f_2 & f_2\end{bmatrix}$$

第 4 步：由于 $m=1$，故可取 $f_i=1(i=1,2)$。故约束 10.3.2 满足，而约束 10.3.3化为 $s_1\neq s_2$。

第 5 步：矩阵 $\boldsymbol{T},\boldsymbol{G}$ 的表达式为

$$\boldsymbol{T}=\boldsymbol{W}\begin{bmatrix}s_1^2+a_2s_1+a_1 & s_1+a_2 & 1\\ s_2^2+a_2s_2+a_1 & s_2+a_2 & 1\end{bmatrix}$$

$$G=W\begin{bmatrix}-(s_1^3+a_2s_1^2+a_1s_1+a_0)\\-(s_2^3+a_2s_2^2+a_1s_2+a_0)\end{bmatrix}$$

第 6 步:显然当 $s_1\neq s_2$ 时,矩阵 $\begin{bmatrix}T\\C\end{bmatrix}$ 可逆,从而有

$$T_0=\begin{bmatrix}T\\C\end{bmatrix},\quad P=Q=I_3,\quad K_0=K$$

第 7 步:由上式和式(10.3.30)可得

$$N=\left[\frac{k_2(s_2+a_2)-k_1}{s_2-s_1}\quad\frac{k_1-k_2(s_1+a_2)}{s_2-s_1}\right]W^{-1}$$

$$M=k_0-k_1(s_1+s_2+a_2)+k_2[(s_1+a_2)(s_2+a_2)-a_1]$$

10.4 观测器-状态反馈控制系统与分离原理

前面三节中介绍了线性系统

$$\begin{cases}\dot{x}=Ax+Bu\\y=Cx\end{cases}\tag{10.4.1}$$

的全维状态观测器、降维状态观测器和 Luenberger 函数观测器。一般说来实现对系统的状态或线性组合的观测的意义可能是多方面的,但很多情况下则是为了实现系统的状态反馈控制。为此本节专门讨论基于状态观测器的控制律及在其作用下的闭环系统。但在讨论之前,让我们先看三种观测器之间的联系。

10.4.1 三种观测器之间的联系

从功能上看,Luenberger 函数观测器包含了上两节介绍的全维状态观测器和降维状态观测器。因为当取矩阵 $K=I$ 时它便实现了全维状态观测器的功能;当取 $K=Q\cdot\mathrm{diag}(I_p,0)(p<n)$时,其中 Q 为一适当的矩阵,它便实现了降维观测器的功能。下面我们将探讨 Luenberger 函数观测器(10.3.17)与全维状态观测器(10.1.5)和降维状态观测器(10.2.10)在形式上的联系。

命题 10.4.1 全维状态观测器(10.1.5)和降维状态观测器(10.2.10)均为 Luenberger 函数观测器的特例。

证明 显而易见,当令

$$F=A+LC,\quad T=I,\quad G=-L,\quad M=K,\quad N=0\tag{10.4.2}$$

时,全维状态观测器(10.1.5)便化为式(10.3.19)的形式,且容易验证式(10.3.5)和式(10.3.6)成立。因而全维状态观测器(10.1.5)为 Luenberger 函数观测器(10.3.17)的特例。下面考虑降维观测器的情况。

首先将降维状态观测器(10.2.10)写成下述形式:

$$\begin{cases}\dot{z}=Fz+Gy+Hu\\ w=K\hat{x}=Mz+Ny\end{cases}\tag{10.4.3}$$

其中

$$\begin{cases}F=\bar{A}_{22}+\bar{L}\bar{A}_{12},\quad H=\bar{B}_2+\bar{L}\bar{B}_1\\ G=(\bar{A}_{21}+\bar{L}\bar{A}_{11})-(\bar{A}_{22}+\bar{L}\bar{A}_{12})\bar{L}\\ N=KQ_2,\quad M=K(Q_1-Q_2\bar{L})\end{cases}\tag{10.4.4}$$

这里 Q_1 和 Q_2 分别为满足下述条件的$(n-m)\times n$ 阶和 $n\times(n-m)$阶的实矩阵

$$\det Q\neq 0,\quad Q=[Q_1\quad Q_2]\tag{10.4.5}$$

$$CQ=[I_p\quad 0]\tag{10.4.6}$$

$\bar{A}_{11},\bar{A}_{12},\bar{A}_{21},\bar{A}_{22},\bar{B}_1$ 和 $\bar{B}_2$ 为由关系

$$Q^{-1}AQ=\begin{bmatrix}\bar{A}_{11} & \bar{A}_{12}\\ \bar{A}_{21} & \bar{A}_{22}\end{bmatrix},\quad Q^{-1}B=\begin{bmatrix}\bar{B}_1\\ \bar{B}_2\end{bmatrix}\tag{10.4.7}$$

决定的 $p\times p,p\times(n-p),(n-p)\times p,m\times p$ 和$(n-m)\times p$ 阶的实矩阵。

其次我们证明存在一个实矩阵 T 使得式(10.3.4)～式(10.3.6)成立。事实上,取

$$T=[\bar{L}\quad I]Q^{-1}\tag{10.4.8}$$

则由式(10.4.7)后一式可得

$$TB=[\bar{L}\quad I]Q^{-1}B=[\bar{L}\quad I]\begin{bmatrix}\bar{B}_1\\ \bar{B}_2\end{bmatrix}=\bar{B}_2+\bar{L}\bar{B}=H$$

即式(10.3.4)成立。

注意到

$$Q_2[\bar{L}\quad I]+(Q_1-Q_2\bar{L})[I\quad 0]=[Q_1\quad Q_2]$$

于上式两端同时右乘矩阵 Q^{-1},并注意到式(10.4.6)及式(10.4.8)有

$$Q_2T+(Q_1-Q_2\bar{L})C=I$$

再于上式两端同时左乘矩阵 K,并注意到式(10.4.4)中 M 和 N 的表达式,可得式(10.3.6)。

注意到式(10.4.7)中前一式和式(10.4.4)中矩阵 G 和 F 的表达式可得

$$\begin{aligned}[\bar{L}\quad I]Q^{-1}AQ-F[\bar{L}\quad I]&=[\bar{L}\quad I]\begin{bmatrix}\bar{A}_{11} & \bar{A}_{12}\\ \bar{A}_{21} & \bar{A}_{22}\end{bmatrix}-(\bar{A}_{22}+\bar{L}\bar{A}_{12})[\bar{L}\quad I]\\ &=G[I_p\quad 0]\end{aligned}$$

于上式两端同时右乘 Q^{-1},并注意到式(10.4.8)和式(10.4.6),可得式(10.3.5)。至此命题证毕。

△△△

10.4.2　基于状态观测的反馈控制律

设现在我们已经根据性能指标要求(如极点配置、镇定或二次型最优)设计了系统(10.4.1)的下述状态反馈控制律：

$$u=Kx+v,\quad K\in\mathbf{R}^{r\times n} \tag{10.4.9}$$

其中,v 为参考输入。但是,由于系统的状态信号不完全已知,需要借助状态观测器实现上述状态反馈律的控制。为此我们只需利用状态观测器给出信号 Kx 的渐近估计即可。根据前面三节中的讨论,可以给出基于三种不同状态观测器的状态反馈律：

(1) 基于全维状态观测器的状态反馈律

$$\begin{cases}\dot{\hat{x}}=(A+LC)\hat{x}-Ly+Bu\\ u=K\hat{x}+v\end{cases} \tag{10.4.10}$$

其中,L 为任何使得矩阵 $A+LC$ 稳定的适当阶实矩阵。

(2) 基于降维观测器的状态反馈律

$$\begin{cases}\dot{z}=Fz+Gy+Hu\\ u=K\hat{x}=Mz+Ny\end{cases} \tag{10.4.11}$$

其中,各量由式(10.4.4)～式(10.4.7)给出。

(3) 基于 Luenberger 函数观测器的状态反馈律

$$\begin{cases}\dot{z}=Fz+Gy+TBu\\ u=K\hat{x}=Mz+Ny\end{cases} \tag{10.4.12}$$

其中,$F\in\mathbf{R}^{p\times p}$ 为一稳定矩阵;G,T,M,N 为适当阶的满足下述方程的实矩阵：

$$TA-FT=GC \tag{10.4.13}$$

$$K=MT+NC \tag{10.4.14}$$

10.4.3　闭环系统

线性系统(10.4.1)在基于全维状态观测器的控制律(10.4.10)作用下的闭环系统为

$$\begin{bmatrix}\dot{x}\\ \dot{\hat{x}}\end{bmatrix}=\begin{bmatrix}A & BK\\ -LC & F+BK\end{bmatrix}\begin{bmatrix}x\\ \hat{x}\end{bmatrix}+\begin{bmatrix}B\\ B\end{bmatrix}v$$

$$y=\begin{bmatrix}C & 0\end{bmatrix}\begin{bmatrix}x\\ \hat{x}\end{bmatrix} \tag{10.4.15}$$

其中,$F=A+LC$,L 为任何使得 F 稳定的适当阶实矩阵。

线性系统(10.4.1)在基于降维状态观测器的状态反馈律(10.4.11)和基于

Luenberger 函数观测器的状态反馈律式(10.4.12)～式(10.4.14)作用下的闭环系统可以统一表示为

$$\begin{bmatrix}\dot{x}\\ \dot{z}\end{bmatrix}=\begin{bmatrix}A+BNC & BM\\ GC+HNC & F+HM\end{bmatrix}\begin{bmatrix}x\\ z\end{bmatrix}+\begin{bmatrix}B\\ H\end{bmatrix}v$$

$$y=\begin{bmatrix}C & 0\end{bmatrix}\begin{bmatrix}x\\ z\end{bmatrix} \tag{10.4.16}$$

但对降维观测器的情形,其中的参数矩阵由式(10.4.4)～式(10.4.7)给出,在 Luenberger函数观测器的情形,其中的参数由式(10.4.13)、式(10.4.14)及

$$H=TB \tag{10.4.17}$$

决定。

线性系统(10.4.1)在基于降维状态观测器的状态反馈律(10.4.11)和基于 Luenberger 函数观测器的状态反馈律式(10.4.12)～式(10.4.14)作用下的闭环系统(10.4.16)的结构图如图 10.4.1 所示。

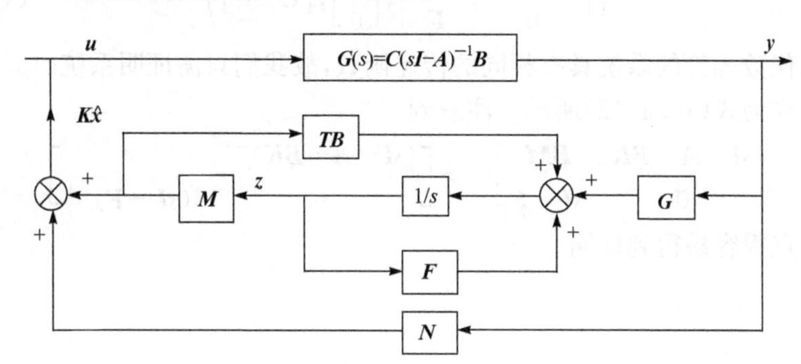

图 10.4.1　基于降维观测器或 Luenberger 函数观测器的控制系统

由上述讨论可见,状态观测器的引入使系统阶次增加了,但系统的输入和输出传递特性是否有变化呢? 下面的定理对此给出了明确的结论。

定理 10.4.1　给定完全能观系统(10.4.1),它在基于状态观测器的状态反馈律作用下的闭环系统的传递函数等于它在状态反馈律(10.4.9)作用下的闭环系统的传递函数。

证明　注意到命题 10.4.1,这里只对 Luenberger 函数观测器的情形加以证明。

系统(10.4.1)在状态反馈律(10.4.9)作用下的闭环系统的传递函数为

$$G(s)=C(sI-A-BK)^{-1}B \tag{10.4.18}$$

令

$$P=\begin{bmatrix}I & 0\\ -T & I\end{bmatrix} \tag{10.4.19}$$

则矩阵 $\boldsymbol{P}$ 可逆，且

$$\boldsymbol{P}^{-1}=\begin{bmatrix}\boldsymbol{I} & 0\\ \boldsymbol{T} & \boldsymbol{I}\end{bmatrix}$$

从而显见

$$\boldsymbol{P}\begin{bmatrix}\boldsymbol{B}\\ \boldsymbol{H}\end{bmatrix}=\boldsymbol{P}\begin{bmatrix}\boldsymbol{B}\\ \boldsymbol{TB}\end{bmatrix}=\begin{bmatrix}\boldsymbol{B}\\ 0\end{bmatrix} \tag{10.4.20}$$

$$[\boldsymbol{C}\quad 0]\boldsymbol{P}^{-1}=[\boldsymbol{C}\quad 0] \tag{10.4.21}$$

另外借助于式(10.4.13)、式(10.4.14)和式(10.4.17)还容易获得

$$\boldsymbol{P}\begin{bmatrix}\boldsymbol{A}+\boldsymbol{BNC} & \boldsymbol{BM}\\ \boldsymbol{LC}+\boldsymbol{HNC} & \boldsymbol{F}+\boldsymbol{HM}\end{bmatrix}\boldsymbol{P}^{-1}=\begin{bmatrix}\boldsymbol{A}+\boldsymbol{BK} & \boldsymbol{BM}\\ 0 & \boldsymbol{F}\end{bmatrix} \tag{10.4.22}$$

式(10.4.20)～式(10.4.22)说明基于 Luenberger 观测器的状态反馈控制系统(10.4.16)与下述系统代数等价：

$$\left(\begin{bmatrix}\boldsymbol{A}+\boldsymbol{BK} & \boldsymbol{BM}\\ 0 & \boldsymbol{F}\end{bmatrix},\begin{bmatrix}\boldsymbol{B}\\ 0\end{bmatrix},[\boldsymbol{C}\quad 0]\right) \tag{10.4.23}$$

由于相互代数等价的系统具有相同的传递函数，故我们只需证明系统(10.4.23)的传递函数亦为式(10.4.18)所示。注意到

$$\begin{bmatrix}s\boldsymbol{I}-\boldsymbol{A}-\boldsymbol{BK} & \boldsymbol{BM}\\ 0 & s\boldsymbol{I}-\boldsymbol{F}\end{bmatrix}^{-1}=\begin{bmatrix}(s\boldsymbol{I}-\boldsymbol{A}-\boldsymbol{BK})^{-1} & *\\ 0 & (s\boldsymbol{I}-\boldsymbol{F})^{-1}\end{bmatrix}$$

这一点很容易得到证明。

△△△

10.4.4　分离原理

对于前面讨论的三种基于状态观测器的状态反馈控制系统，均有下述事实成立。

定理 10.4.2　线性系统(10.4.1)在基于状态观测器的状态反馈律作用下的闭环系统的极点由系统在状态反馈控制律作用下的闭环系统极点 $\sigma(\boldsymbol{A}+\boldsymbol{BK})$ 和状态观测器的极点 $\sigma(\boldsymbol{F})$ 组成。

定理 10.4.2 所阐述的事实称为观测器状态反馈控制系统设计的分离原理，它说明了状态观测器的引入不影响由状态反馈阵 $\boldsymbol{K}$ 所配置的状态反馈控制系统的希望极点；状态反馈的引入，也不影响已设计好的观测器的极点集 $\sigma(\boldsymbol{F})$。因此对基于状态观测器的控制系统，其设计可分离进行，即状态反馈控制律和状态观测器可以相互独立地分开设计。这一性质显然为观测器-状态反馈控制系统的设计提供了很大方便。它使得我们不必再为闭环系统的稳定性和响应特性而操心。

证明　注意到命题 10.4.1，我们只需就 Luenberger 函数观测器这种一般情

形给出定理的证明，为此我们只需说明当条件式(10.4.16)和式(10.4.17)成立时，有

$$\sigma(\boldsymbol{A}_{\mathrm{c}})=\sigma(\boldsymbol{A}+\boldsymbol{BK})\cup\sigma(\boldsymbol{F})$$

其中

$$\boldsymbol{A}_{\mathrm{c}}=\begin{bmatrix}\boldsymbol{A}+\boldsymbol{BNC} & \boldsymbol{BM}\\ \boldsymbol{LC}+\boldsymbol{TBNC} & \boldsymbol{F}+\boldsymbol{TBM}\end{bmatrix} \tag{10.4.24}$$

在 10.4.3 节定理 10.4.1 的证明之中，我们已经知道系统(10.4.16)代数等价于系统(10.4.23)，从而矩阵 $\boldsymbol{A}_{\mathrm{c}}$ 相似于矩阵

$$\begin{bmatrix}\boldsymbol{A}+\boldsymbol{BK} & \boldsymbol{BM}\\ 0 & \boldsymbol{F}\end{bmatrix} \tag{10.4.25}$$

因而结论得证。

ΔΔΔ

*10.5　环路传递复现问题

正如 10.4 节所指出，在很多场合下设计系统的状态观测器都是为了实施状态反馈的需要，解决系统的状态信号不能完全利用物理手段获取的问题。另外，由 10.4 节介绍的分离原理可知，在一个状态观测器-状态反馈控制系统的设计过程中，可以将状态反馈律和状态观测器分离开来设计，即先在状态信号完全已知的条件下根据系统的性能要求设计系统的状态反馈控制律，获得状态反馈增益阵，然后再设计某种形式的状态观测器与求得的状态反馈增益阵相结合构成可实现的控制器。在这种设计过程中，我们用状态的观测值代替了状态信号本身，那么原来在假设状态信号已知条件下所设计的状态反馈控制系统的性能还能否再保持呢？

对于一个闭环系统，在其结构图上的主环路线上的某一点处切断，则以两端点分别为输入端和输出端的系统的传递函数称为系统在该点处的环路传递函数。由定理 10.4.1 可知状态观测器的引入不改变系统的输入-输出传递性。但系统的环路传递特性是否还保持呢？本节将研究这一问题。

10.5.1　问题的描述

由前所述，既然 Luenberger 函数观测器包含了全维和降维观测器的特例，这里我们只对 Luenberger 函数观测器这种一般情形加以讨论。

我们仍然考虑前面讨论过的线性系统

$$\begin{cases}\dot{\boldsymbol{x}}=\boldsymbol{Ax}+\boldsymbol{Bu}\\ \boldsymbol{y}=\boldsymbol{Cx}\end{cases} \tag{10.5.1}$$

对于该系统，我们已根据系统性能要求设计了其状态反馈律

$$\boldsymbol{u}=\boldsymbol{K}\boldsymbol{x},\quad \boldsymbol{K}\in\mathbf{R}^{r\times n}\tag{10.5.2}$$

但由于系统的状态信号不完全获知，我们取下述形式的 Luenberger 函数观测器

$$\begin{cases}\dot{\boldsymbol{z}}=\boldsymbol{F}\boldsymbol{z}+\boldsymbol{G}\boldsymbol{y}+\boldsymbol{T}\boldsymbol{B}\boldsymbol{u}\\ \boldsymbol{u}=\boldsymbol{K}\hat{\boldsymbol{x}}=\boldsymbol{M}\boldsymbol{z}+\boldsymbol{N}\boldsymbol{y}\end{cases}\tag{10.5.3}$$

代替控制律(10.5.2)。

对于状态反馈控制系统(10.5.1)和系统(10.5.2)，其结构图如图 6.1.1 所示。显然该系统在 $\boldsymbol{u}$ 处的环路传递函数为

$$\boldsymbol{L}_s(s)=\boldsymbol{K}(s\boldsymbol{I}-\boldsymbol{A})^{-1}\boldsymbol{B}\tag{10.5.4}$$

但对于观测器-状态反馈控制系统(10.5.1)和系统(10.5.3)，其结构图如图 10.4.1所示。该系统在 $\boldsymbol{u}$ 处的环路传递函数由下述引理给出。

引理 10.5.1　观测器状态反馈控制系统(10.5.1)、系统(10.5.3)在 $\boldsymbol{u}$ 处的环路传递函数为

$$\boldsymbol{L}_0(s)=(\boldsymbol{I}-\boldsymbol{M}(s\boldsymbol{I}-\boldsymbol{F})^{-1}\boldsymbol{T}\boldsymbol{B})^{-1}[\boldsymbol{N}+\boldsymbol{M}(s\boldsymbol{I}-\boldsymbol{F})^{-1}\boldsymbol{G}]\boldsymbol{W}(s)\tag{10.5.5}$$

其中，$\boldsymbol{W}(s)$为开环系统传递函数，即

$$\boldsymbol{W}(s)=\boldsymbol{C}(s\boldsymbol{I}-\boldsymbol{A})^{-1}\boldsymbol{B}\tag{10.5.6}$$

证明　在系统的结构图中于 $\boldsymbol{u}$ 处切断，可知以两断点分别为输入端和输出端的系统框图如图 10.5.1 所示。根据该图，由结构框图的化简规则可证得引理。

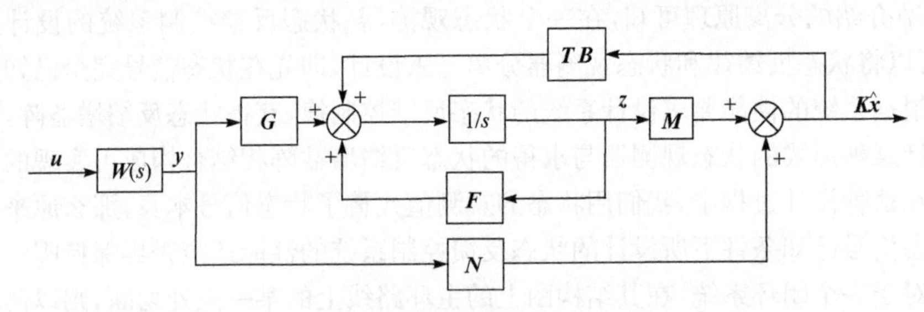

图 10.5.1　$\boldsymbol{K}\hat{\boldsymbol{x}}$ 观测器控制系统环路传函的等价框图

△△△

由上述引理可见，利用状态观测所构成的控制系统和直接利用状态信号反馈的系统的环路传递函数一般是不同的。而我们利用状态的观测值来代替状态信号实现系统的控制的同时，仍然希望原来的状态反馈系统的环路传递函数保持不变。对此我们引入下述定义。

定义 10.5.1　对于观测器-状态反馈控制系统(10.5.1)和系统(10.5.3)，如果有 $\boldsymbol{L}_0(s)=\boldsymbol{L}_s(s)$成立，则称其具有环路传递复现(loop transfer recovery,LTR)特性。

本节的目的即是讨论具有环路传递复现特性的观测器-状态反馈控制系统(10.5.1)和系统(10.5.3)的设计问题。

10.5.2　LTR 条件

下述定理指明了一个观测器-状态反馈控制系统具有 LTR 特性的条件。

定理 10.5.1　系统(10.5.1)和系统(10.5.3)具有 LTR 特性的充要条件是

$$\boldsymbol{M}(s\boldsymbol{I}-\boldsymbol{F})^{-1}\boldsymbol{TB}=0 \tag{10.5.7}$$

证明　当式(10.5.7)成立时,由式(10.5.5)和式(10.5.6)可得

$$\boldsymbol{L}_0(s)=[\boldsymbol{NC}+\boldsymbol{M}(s\boldsymbol{I}-\boldsymbol{F})^{-1}\boldsymbol{GC}](s\boldsymbol{I}-\boldsymbol{A})^{-1}\boldsymbol{B} \tag{10.5.8}$$

再利用式(10.5.7),有

$$\begin{aligned}\boldsymbol{L}_0(s)&=[\boldsymbol{NC}+\boldsymbol{M}(s\boldsymbol{I}-\boldsymbol{F})^{-1}\boldsymbol{GC}](s\boldsymbol{I}-\boldsymbol{A})^{-1}\boldsymbol{B}+\boldsymbol{M}(s\boldsymbol{I}-\boldsymbol{F})^{-1}\boldsymbol{TB}\\&=[\boldsymbol{NC}+\boldsymbol{M}(s\boldsymbol{I}-\boldsymbol{F})^{-1}\boldsymbol{GC}](s\boldsymbol{I}-\boldsymbol{A})^{-1}\boldsymbol{B}+\boldsymbol{M}(s\boldsymbol{I}-\boldsymbol{F})^{-1}\boldsymbol{T}(s\boldsymbol{I}-\boldsymbol{A})(s\boldsymbol{I}-\boldsymbol{A})^{-1}\boldsymbol{B}\\&=[\boldsymbol{NC}+\boldsymbol{M}(s\boldsymbol{I}-\boldsymbol{F})^{-1}(s\boldsymbol{T}-\boldsymbol{TA}+\boldsymbol{GC})](s\boldsymbol{I}-\boldsymbol{A})^{-1}\boldsymbol{B}\end{aligned}$$

注意到关系式(10.3.5),进一步有

$$\begin{aligned}\boldsymbol{L}_0(s)&=[\boldsymbol{NC}+\boldsymbol{M}(s\boldsymbol{I}-\boldsymbol{F})^{-1}(s\boldsymbol{I}-\boldsymbol{F})\boldsymbol{T}](s\boldsymbol{I}-\boldsymbol{A})^{-1}\boldsymbol{B}\\&=(\boldsymbol{NC}+\boldsymbol{MT})(s\boldsymbol{I}-\boldsymbol{A})^{-1}\boldsymbol{B}\end{aligned}$$

最后再利用式(10.3.6),可由上式得

$$\boldsymbol{L}_0(s)=\boldsymbol{L}_s(s) \tag{10.5.9}$$

从而充分性得证。

关于条件(10.5.7)的必要性的证明涉及的问题较多,此处从略。

ΔΔΔ

应用 4.4 节中的定理 4.4.3 立即可得上述定理的下述推论。

推论 10.5.1　设 $\boldsymbol{F}$ 为非退化,且$(\boldsymbol{F},\boldsymbol{M})$能观,则系统(10.5.1)和系统(10.5.3)具有 LTR 特性的充要条件是

$$\boldsymbol{TB}=0 \tag{10.5.10}$$

10.5.3　实现方法

在本章 10.3 节中我们给出了 Luenberger 函数观测器设计的一种参数化方法。这里我们将基于这种参数化设计方法来实现观测器-状态反馈控制系统的 LTR 条件。

显然,上节获得的 LTR 条件(10.5.10)比条件(10.5.7)简单得多。但条件(10.5.7)要求了$(\boldsymbol{F},\boldsymbol{M})$的能观性。矩阵 $\boldsymbol{F}$ 可事先指定,但矩阵 $\boldsymbol{M}$ 则是通过式(10.3.29)求得的,因而$(\boldsymbol{F},\boldsymbol{M})$的能观性不一定得到保证。但从另一个角度看,$(\boldsymbol{F},\boldsymbol{M})$能观意味着观测器系统(10.5.3)完全能观。而要求观测器系统(10.5.3)完全能观并不是一个苛刻条件,因为否则可找到一个完全能观的阶次较低的一个状态观测器。鉴于这一点,我们便可以根据条件(10.5.10)来考虑具有 LTR 特性的 Luenberger 观测器的设计。结合 10.3 节中的算法 10.3.1,我们可以给出求解

具有 LTR 特性的 Luenberger 函数观测器的下述算法。

算法 10.5.1 具有 LTR 特性的 Luenberger 函数观测器设计。

第 1 步:求取右既约分解式(10.3.23),并指定某 $p=p_0\geqslant 1$。

第 2 步:按式(10.3.18)、式(10.3.19)及约束 10.3.1 选取稳定矩阵 $\boldsymbol{F}$。

第 3 步:根据式(10.3.21)求取矩阵 $\boldsymbol{T}$ 的参数表示。

第 4 步:求取参数 $\boldsymbol{f}_i(i=1,2,\cdots,p)$ 满足约束 10.3.2、约束 10.3.3 和

$$\boldsymbol{TB}=0 \quad 或 \quad \|\boldsymbol{TB}\|_{\mathrm{F}}=\min \tag{10.5.11}$$

当满足约束 10.3.2 和约束 10.3.3 的参数 $\boldsymbol{f}_i(i=1,2,\cdots,p)$ 不存在时,令 $p=p_0+1$ 返回第 2 步。

第 5 步:基于求得的参数 $\boldsymbol{f}_i$,依式(10.3.21)和式(10.3.22)计算矩阵 $\boldsymbol{T}$ 和 $\boldsymbol{G}$。

第 6 步:利用矩阵初等变换求取可逆矩阵 $\boldsymbol{P}$ 和 $\boldsymbol{Q}$ 及矩阵 $\boldsymbol{T}_0$ 和 $\boldsymbol{K}_0$ 满足式(10.3.25)。

第 7 步:选取矩阵 $\boldsymbol{N}'$,使得由公式

$$[\boldsymbol{M} \quad \boldsymbol{N}]=[\boldsymbol{K}_0\boldsymbol{T}_0^{-1} \quad \boldsymbol{N}']\boldsymbol{P}$$

计算的矩阵 $\boldsymbol{M},\boldsymbol{N}$ 满足$(\boldsymbol{F},\boldsymbol{M})$能观条件。

第 8 步:基于求得的矩阵 $\boldsymbol{F},\boldsymbol{T},\boldsymbol{G},\boldsymbol{M}$ 和 $\boldsymbol{N}$,按式(10.3.19)的形式构成所求观测器。

如果在上述算法的第 4 步中求得的参数使得 $\|\boldsymbol{TB}\|=0$,则说明所求得的观测器-控制系统是具有 LTR 特性的。否则,如果算法第 7 步求得的矩阵 $\boldsymbol{M}$ 使得$(\boldsymbol{F},\boldsymbol{M})$能观,则说明该系统不存在相应阶次的、具有 LTR 的 Luenberger 函数观测器,而此时由算法给出的 Luenberger 函数观测器是系统所有同阶观测器中 LTR 能力最强的一个。

注意到式(10.3.21)中矩阵 $\boldsymbol{W}$ 的可逆性,算法第 4 步中的式(10.5.11)可化为

$$\boldsymbol{B}^{\mathrm{T}}\boldsymbol{H}(s_i)\boldsymbol{f}_i=0 \quad 或 \quad \|\boldsymbol{B}^{\mathrm{T}}\boldsymbol{H}(s_i)\boldsymbol{f}_i\|_{\mathrm{F}}^2=\min, \quad i=1,2,\cdots,p \tag{10.5.12}$$

式(10.5.12)在 $s_i(i=1,2,\cdots,p)$ 固定的情况下为一个线性齐次方程组或一个二次型指标,均是很容易求解的。另外,在一些情况下为了增加设计的自由度,亦可将 $\boldsymbol{F}$ 阵的特征值 $s_i(i=1,2,\cdots,p)$ 在稳定区域中待定,而通过各种条件决定之。

下面我们利用算法 10.5.1 来考虑一个简单的例子。

例 10.5.1 已知下述状态反馈控制系统:

$$\dot{\boldsymbol{x}}=\begin{bmatrix}0 & -3\\ 1 & -4\end{bmatrix}\boldsymbol{x}+\begin{bmatrix}2\\ 1\end{bmatrix}u, \quad y=[0 \quad 1]\boldsymbol{x}, \quad u=[-30 \quad 50]\boldsymbol{x}$$

显然该系统完全能观。下面我们来依算法 10.5.1,求解该系统的具有 LTR 特性的 Luenberger 函数观测器。

第 1 步:容易求得

$$L(s)=-s^2-4s-3, \quad \boldsymbol{H}(s)=[1 \quad s]$$

并取 $p_0=1$。

第 2 步：取 $F=s_1$ 为负实数，$W=1$。

第 3 步：$\boldsymbol{T}=\boldsymbol{H}(s_1)f_1=[1\quad s_1]f_1$。

第 4 步：由 $\boldsymbol{TB}=(2+s_1)f_1=0$ 可得，$s_1=-2, f_1=1$。

第 5 步：可求得 $\boldsymbol{T}=[1\quad -2], G=1, F=-2$。

第 6 步：由于

$$\begin{bmatrix}\boldsymbol{T}\\\boldsymbol{C}\end{bmatrix}=\begin{bmatrix}1 & -2\\0 & 1\end{bmatrix}$$

可逆，故可取

$$\boldsymbol{P}=\boldsymbol{Q}=\boldsymbol{I},\quad \boldsymbol{T}_0=\begin{bmatrix}1 & -2\\0 & 1\end{bmatrix},\quad \boldsymbol{K}_0=[-30\quad 50]$$

第 7 步：容易求得 $M=-30, N=10$。

第 8 步：所求得的 Luenberger 函数观测器为

$$\begin{cases}\dot{z}=-2z+y\\ u=k\hat{x}=-30z-10y\end{cases}$$

10.6　全维 PI 观测器

从经典控制理论我们知道，积分环节的引入可以提高系统的稳态精度。基于这种思想，Duan、Liu 和 Thompson(2003;2001)，Shafai 和 Carroll(1985)在全维状态观测器中引入实际系统输出和观测器系统输出误差的积分，这就是本节我们要研究的全维比例积分(PI)观测器。

10.6.1　问题的描述

考虑下述线性定常系统

$$\begin{cases}\dot{\boldsymbol{x}}=\boldsymbol{Ax}+\boldsymbol{Bu}, & \boldsymbol{x}(0)=\boldsymbol{x}_0\\ \boldsymbol{y}=\boldsymbol{Cx}\end{cases}\tag{10.6.1}$$

其中各量同前述，且满足如下假设：

假设 10.6.1　矩阵 $\boldsymbol{C}$ 行满秩；

假设 10.6.2　矩阵对$(\boldsymbol{A},\boldsymbol{C})$能观。

针对系统(10.6.1)，我们引入如下形式的全维比例(PI)积分观测器：

$$\begin{cases}\dot{\hat{\boldsymbol{x}}}=(\boldsymbol{A}-\boldsymbol{LC})\boldsymbol{x}+\boldsymbol{Ly}+\boldsymbol{Bu}+\boldsymbol{F\omega}\\ \dot{\boldsymbol{\omega}}=\boldsymbol{K}(\boldsymbol{y}-\boldsymbol{Cx})\end{cases}\tag{10.6.2}$$

其中，$\hat{\boldsymbol{x}}\in\mathbf{R}^n$ 是状态估计向量；$\boldsymbol{\omega}\in\mathbf{R}^p$ 代表加权输出估计误差的积分；$\boldsymbol{L}\in\mathbf{R}^{n\times m}$，

$F\in\mathbf{R}^{n\times p}$,$K\in\mathbf{R}^{p\times m}$为观测器增益矩阵,分别称为比例增益矩阵、积分增益矩阵和输出误差权矩阵。

定义 10.6.1 系统(10.6.2)称为系统(10.6.1)的全维 PI 状态观测器,如果对任意初值 $x(0)$,$\hat{x}(0)$和任意输入 $u(t)$,有下述关系成立:

$$\lim_{t\to\infty}\boldsymbol{\omega}(t)=0,\quad \lim_{t\to\infty}\boldsymbol{e}(t)=0 \tag{10.6.3}$$

其中,$\boldsymbol{e}(t)=\hat{\boldsymbol{x}}(t)-\boldsymbol{x}(t)$。

本节的目的即求取矩阵 $\boldsymbol{L}$,$\boldsymbol{F}$ 和 $\boldsymbol{K}$ 使得系统(10.6.2)成为系统(10.6.1)的一个全维 PI 观测器。

10.6.2 全维 PI 观测器条件

定理 10.6.1 已知定常线性系统(10.6.1)满足假设 10.6.1 和假设 10.6.2,则系统(10.6.2)构成系统(10.6.1)的全维 PI 观测器的充要条件是

$$\operatorname{rank}\begin{bmatrix}\boldsymbol{A} & \boldsymbol{F}\\ \boldsymbol{C} & 0\end{bmatrix}=n+p \tag{10.6.4}$$

证明 由方程(10.6.1)和方程(10.6.2)可得

$$\begin{bmatrix}\dot{\boldsymbol{e}}\\ \dot{\boldsymbol{\omega}}\end{bmatrix}=\boldsymbol{A}_0\begin{bmatrix}\boldsymbol{e}\\ \boldsymbol{\omega}\end{bmatrix}$$

其中

$$\boldsymbol{A}_0=\begin{bmatrix}\boldsymbol{A}-\boldsymbol{L}\boldsymbol{C} & \boldsymbol{F}\\ -\boldsymbol{K}\boldsymbol{C} & 0\end{bmatrix} \tag{10.6.5}$$

则观测器条件(10.6.3)成立当且仅当矩阵 $\boldsymbol{A}_0$ 的所有特征值都是稳定的。再注意到

$$\boldsymbol{A}_0=\begin{bmatrix}\boldsymbol{A} & \boldsymbol{F}\\ 0 & 0\end{bmatrix}-\begin{bmatrix}\boldsymbol{L}\\ \boldsymbol{K}\end{bmatrix}\begin{bmatrix}\boldsymbol{C} & 0\end{bmatrix} \tag{10.6.6}$$

由于

$$\sigma\left(\begin{bmatrix}\boldsymbol{A} & \boldsymbol{F}\\ 0 & 0\end{bmatrix}\right)=\sigma(\boldsymbol{A})\cup\{0\}$$

而 0 是不稳定极点,所以存在矩阵 $\boldsymbol{L}$,$\boldsymbol{K}$ 使得矩阵 $\boldsymbol{A}_0$ 是稳定的当且仅当矩阵对

$$\left(\begin{bmatrix}\boldsymbol{A} & \boldsymbol{F}\\ 0 & 0\end{bmatrix},\begin{bmatrix}\boldsymbol{C} & 0\end{bmatrix}\right) \tag{10.6.7}$$

是能观的。因而我们只需证明在假设 10.6.1 和假设 10.6.2 成立的条件下矩阵对式(10.6.7)能观当且仅当式(10.6.4)成立。为下面叙述方便,引入标量

$$r_0(s)=\operatorname{rank}\begin{bmatrix}s\boldsymbol{I}_n-\boldsymbol{A} & -\boldsymbol{F}\\ 0 & s\boldsymbol{I}_p\\ \boldsymbol{C} & 0\end{bmatrix}$$

必要性　若式(10.6.7)中的矩阵对是能观的,则有 $r_0(s)=n+p$, $\forall s\in\mathbf{C}$。这样令 $s=0$ 就有

$$\operatorname{rank}\begin{bmatrix}-\boldsymbol{A} & -\boldsymbol{F}\\ \boldsymbol{C} & 0\end{bmatrix}=n+p$$

即式(10.6.4)成立。

充分性　当 $s\neq 0$ 时,由于$(\boldsymbol{A},\boldsymbol{C})$是能观的,则

$$\operatorname{rank}\begin{bmatrix}s\boldsymbol{I}-\boldsymbol{A}\\ \boldsymbol{C}\end{bmatrix}=n$$

于是有 $r_0(s)=n+p$, $\forall\, 0\neq s\in\mathbf{C}$。当 $s=0$ 时,因为(10.6.4)成立,有 $r_0(0)=n+p$,综合上述两方面有

$$r_0(s)=n+p,\quad \forall s\in\mathbf{C}$$

所以矩阵对式(10.6.7)是能观的。

△△△

从上面的定理可以看出,系统(10.6.1)的全维 PI 观测器的阶次不能高于 m。

10.6.3　闭环系统及分离原理

构造基于全维 PI 观测器的状态反馈控制律为

$$\begin{cases}\dot{\hat{\boldsymbol{x}}}=(\boldsymbol{A}-\boldsymbol{LC})\hat{\boldsymbol{x}}+\boldsymbol{Ly}+\boldsymbol{Bu}+\boldsymbol{F\omega}\\ \dot{\boldsymbol{\omega}}=\boldsymbol{K}(\boldsymbol{y}-\boldsymbol{C}\hat{\boldsymbol{x}})\\ \boldsymbol{u}=\boldsymbol{K}\hat{\boldsymbol{x}}+\boldsymbol{v}\end{cases}\tag{10.6.8}$$

线性系统(10.6.1)在反馈控制律(10.6.8)作用下的闭环系统为

$$\begin{cases}\begin{bmatrix}\dot{\boldsymbol{x}}\\ \dot{\hat{\boldsymbol{x}}}\\ \dot{\boldsymbol{\omega}}\end{bmatrix}=\begin{bmatrix}\boldsymbol{A} & \boldsymbol{BK} & 0\\ \boldsymbol{LC} & \boldsymbol{A}-\boldsymbol{LC}+\boldsymbol{BK} & \boldsymbol{F}\\ \boldsymbol{KC} & -\boldsymbol{KC} & 0\end{bmatrix}\begin{bmatrix}\boldsymbol{x}\\ \hat{\boldsymbol{x}}\\ \boldsymbol{\omega}\end{bmatrix}+\begin{bmatrix}\boldsymbol{B}\\ \boldsymbol{B}\\ 0\end{bmatrix}\boldsymbol{v}\\ \boldsymbol{y}=\begin{bmatrix}\boldsymbol{C} & 0 & 0\end{bmatrix}\begin{bmatrix}\boldsymbol{x}\\ \hat{\boldsymbol{x}}\\ \boldsymbol{\omega}\end{bmatrix}\end{cases}\tag{10.6.9}$$

由上面的论述可以发现,全维 PI 观测器的引入使系统的阶次增加了。但下面的定理指出,系统的输入输出传递特性并没有变化。

定理 10.6.2　给定系统(10.6.1),它在基于全维 PI 观测器的状态反馈控制律(10.6.8)作用下的闭环传递函数等于它在状态反馈控制律(10.4.9)作用下的闭环传递函数。

证明　令

$$P=\begin{bmatrix} I_n & 0 & 0 \\ -I_n & I_n & 0 \\ 0 & 0 & I_p \end{bmatrix}$$

则 P 可逆,且

$$P^{-1}=\begin{bmatrix} I_n & 0 & 0 \\ I_n & I_n & 0 \\ 0 & 0 & I_p \end{bmatrix}$$

容易验证

$$\begin{cases} P\begin{bmatrix} B \\ B \\ 0 \end{bmatrix}=\begin{bmatrix} B \\ 0 \\ 0 \end{bmatrix}, \quad [C \quad 0 \quad 0]P^{-1}=[C \quad 0 \quad 0] \\ P\begin{bmatrix} A & BK & 0 \\ LC & A-LC+BK & F \\ KC & -KC & 0 \end{bmatrix}P^{-1}=\begin{bmatrix} A+BK & BK & 0 \\ 0 & A-LC & F \\ 0 & -KC & 0 \end{bmatrix} \end{cases} \tag{10.6.10}$$

这说明基于全维 PI 观测器的状态反馈控制系统(10.6.9)与下述系统代数等价

$$\left(\begin{bmatrix} A+BK & BK & 0 \\ 0 & A-LC & F \\ 0 & -KC & 0 \end{bmatrix}, \begin{bmatrix} B \\ 0 \\ 0 \end{bmatrix}, [C \quad 0 \quad 0]\right) \tag{10.6.11}$$

由于相互等价的系统具有相同的传递函数,故只需证系统(10.6.11)的传递函数亦为式(10.4.8)。注意到

$$\begin{bmatrix} sI_n-A-BK & [BK \quad 0] \\ 0 & sI_{n+p}-\begin{bmatrix} A-LC & F \\ -KC & 0 \end{bmatrix} \end{bmatrix}^{-1}$$

$$=\begin{bmatrix} (sI_n-A-BK)^{-1} & * \\ 0 & \left(sI_{n+p}-\begin{bmatrix} A-LC & F \\ -KC & 0 \end{bmatrix}\right)^{-1} \end{bmatrix}$$

则容易证明闭环系统的传递函数也为式(10.4.8)。

ΔΔΔ

定理 10.6.3 线性系统(10.6.1)在基于全维 PI 观测器的状态反馈律(10.6.8)作用下的闭环系统的极点由系统在状态反馈控制律作用下的闭环系统极点 $\sigma(A+BK)$ 和全维 PI 观测器的极点 $\sigma(A_0)$ 组成。

证明 由式(10.6.9)知,闭环系统的特征值由矩阵

$$A_c=\begin{bmatrix} A & BK & 0 \\ LC & A-LC+BK & F \\ KC & -KC & 0 \end{bmatrix}$$

决定，由定理（10.6.2）已经知道系统闭环系统（10.6.9）代数等价于系统（10.6.11），这样矩阵 $\boldsymbol{A}_c$ 相似于矩阵

$$\begin{bmatrix} \boldsymbol{A}+\boldsymbol{BK} & \boldsymbol{BK} & 0 \\ 0 & \boldsymbol{A}-\boldsymbol{LC} & \boldsymbol{F} \\ 0 & -\boldsymbol{KC} & 0 \end{bmatrix} \tag{10.6.12}$$

由此可知 $\sigma(\boldsymbol{A}_c)=\sigma(\boldsymbol{A}+\boldsymbol{BK})\cup(\boldsymbol{A}_0)$，因而结论得证。

$\Delta\Delta\Delta$

10.6.4　全维 PI 观测器设计

从 10.6.2 节我们知道，全维 PI 观测器的设计即是寻找系统（10.6.2）的系数矩阵 $\boldsymbol{L},\boldsymbol{K},\boldsymbol{F}$ 使得矩阵 $\boldsymbol{A}_0$ 是稳定的，下面我们来探讨这些系数矩阵的求取。

1. 基本关系式

如上所述，我们的设计目的就是使矩阵 $\boldsymbol{A}_0$ 是稳定的，考虑到鲁棒性要求，我们要求它是非退化的，即有对角的 Jordan 标准形

$$\boldsymbol{\Lambda}=\mathrm{diag}(s_1,s_2,\cdots,s_{n+p}) \tag{10.6.13}$$

为了保证矩阵 $\boldsymbol{A}_0$ 是实的稳定矩阵，应满足如下约束。

约束 10.6.1　$\{s_1,s_2,\cdots,s_{n+p}\}$ 是自共轭的，且 $\mathrm{Re}(s_i)<0(i=1,2,\cdots,n+p)$。

设矩阵 $\boldsymbol{A}_0$ 的左特征向量矩阵为

$$\boldsymbol{U}=\begin{bmatrix} \boldsymbol{T} \\ \boldsymbol{V} \end{bmatrix},\quad \boldsymbol{T}\in\boldsymbol{C}^{n\times(n+p)},\quad \boldsymbol{V}\in\boldsymbol{C}^{p\times(n+p)} \tag{10.6.14}$$

于是

$$\det\begin{bmatrix} \boldsymbol{T} \\ \boldsymbol{V} \end{bmatrix}\neq 0 \tag{10.6.15}$$

由定义有

$$[\boldsymbol{T}^{\mathrm{T}}\quad \boldsymbol{V}^{\mathrm{T}}]\begin{bmatrix} \boldsymbol{A}-\boldsymbol{LC} & \boldsymbol{F} \\ -\boldsymbol{KC} & 0 \end{bmatrix}=\boldsymbol{\Lambda}[\boldsymbol{T}^{\mathrm{T}}\quad \boldsymbol{V}^{\mathrm{T}}] \tag{10.6.16}$$

方程（10.6.16）可以等价地写为如下两个矩阵方程：

$$\boldsymbol{T}^{\mathrm{T}}(\boldsymbol{A}-\boldsymbol{LC})-\boldsymbol{V}^{\mathrm{T}}\boldsymbol{KC}=\boldsymbol{\Lambda}\boldsymbol{T}^{\mathrm{T}} \tag{10.6.17}$$

$$\boldsymbol{T}^{\mathrm{T}}\boldsymbol{F}=\boldsymbol{\Lambda}\boldsymbol{V}^{\mathrm{T}} \tag{10.6.18}$$

令

$$-\boldsymbol{Z}^{\mathrm{T}}=\boldsymbol{T}^{\mathrm{T}}\boldsymbol{L}+\boldsymbol{V}^{\mathrm{T}}\boldsymbol{K} \tag{10.6.19}$$

则方程（10.6.17）可进一步写为

$$\boldsymbol{T}^{\mathrm{T}}\boldsymbol{A}+\boldsymbol{Z}^{\mathrm{T}}\boldsymbol{C}=\boldsymbol{\Lambda}\boldsymbol{T}^{\mathrm{T}} \tag{10.6.20}$$

2. 矩阵 $\boldsymbol{T}$ 和 $\boldsymbol{F}$ 的求解

矩阵方程(10.6.20)是我们在第1章研究过的广义 Sylvester 矩阵方程的对偶形式，在 6.5.2 节输出反馈特征结构配置时我们研究过这类方程。在假设 10.6.1 和假设 10.6.2 的条件下，有如下的右互质分解：

$$(s\boldsymbol{I}-\boldsymbol{A}^{\mathrm{T}})^{-1}\boldsymbol{C}^{\mathrm{T}}=\boldsymbol{N}(s)\boldsymbol{D}^{-1}(s) \tag{10.6.21}$$

其中，$\boldsymbol{N}(s)\in\mathbf{R}^{n\times r}[s]$，$\boldsymbol{D}(s)\in\mathbf{R}^{r\times r}[s]$ 右互质，应用引理 6.5.1，我们可以得到矩阵 $\boldsymbol{T}$ 和 $\boldsymbol{Z}$ 的参数表达式为

$$\boldsymbol{T}=[\boldsymbol{N}(s_1)\boldsymbol{g}_1\quad \boldsymbol{N}(s_2)\boldsymbol{g}_2\quad \cdots\quad \boldsymbol{N}(s_{n+p})\boldsymbol{g}_{n+p}] \tag{10.6.22}$$

$$\boldsymbol{Z}=[\boldsymbol{D}(s_1)\boldsymbol{g}_1\quad \boldsymbol{D}(s_2)\boldsymbol{g}_2\quad \cdots\quad \boldsymbol{D}(s_{n+p})\boldsymbol{g}_{n+p}] \tag{10.6.23}$$

其中，$\boldsymbol{g}_i(i=1,2,\cdots,n+p)$ 是一组任意选择参数向量。

3. 矩阵 $\boldsymbol{V}$ 和 $\boldsymbol{F}$ 的求解

考虑到约束 10.6.1，由方程(10.6.18)可直接得到如下关系：

$$\boldsymbol{V}^{\mathrm{T}}=\boldsymbol{\Lambda}^{-1}\boldsymbol{T}^{\mathrm{T}}\boldsymbol{F}$$

进一步利用式(10.6.22)可得到

$$\boldsymbol{V}=[s_1^{-1}\boldsymbol{F}^{\mathrm{T}}\boldsymbol{N}(s_1)\boldsymbol{g}_1\quad s_2^{-1}\boldsymbol{F}^{\mathrm{T}}\boldsymbol{N}(s_2)\boldsymbol{g}_2\quad \cdots\quad s_{n+p}^{-1}\boldsymbol{F}^{\mathrm{T}}\boldsymbol{N}(s_{n+p})\boldsymbol{g}_{n+p}] \tag{10.6.24}$$

其中矩阵 $\boldsymbol{F}$ 可以看做矩阵 $\boldsymbol{V}$ 表达式中的参数矩阵。由方程(10.6.14)、式(10.6.22)和式(10.6.24)可以得到观测器矩阵 $\boldsymbol{A}_0$ 左特征向量矩阵 $\boldsymbol{U}$ 的一般表达式为

$$\boldsymbol{U}=\begin{bmatrix}\boldsymbol{N}(s_1)\boldsymbol{g}_1 & \boldsymbol{N}(s_2)\boldsymbol{g}_2 & \cdots & \boldsymbol{N}(s_{n+p})\boldsymbol{g}_{n+p}\\ s_1^{-1}\boldsymbol{F}^{\mathrm{T}}\boldsymbol{N}(s_1)\boldsymbol{g}_1 & s_2^{-1}\boldsymbol{F}^{\mathrm{T}}\boldsymbol{N}(s_2)\boldsymbol{g}_2 & \cdots & s_{n+p}^{-1}\boldsymbol{F}^{\mathrm{T}}\boldsymbol{N}(s_{n+p})\boldsymbol{g}_{n+p}\end{bmatrix} \tag{10.6.25}$$

这样表达式(10.6.15)就转化为如下关于参数矩阵 $\boldsymbol{F}$ 及设计参数 s_i，$\boldsymbol{g}_i(i=1,2,\cdots,n+p)$ 的约束。

约束 10.6.2 $\det\boldsymbol{U}(\boldsymbol{F},s_i,\boldsymbol{g}_i,i=1,2,\cdots,n+p)\neq 0$。

为了保证全维 PI 观测器的存在性，由定理 10.6.1 知矩阵 $\boldsymbol{F}$ 应满足如下约束。

约束 10.6.3 $\operatorname{rank}\begin{bmatrix}\boldsymbol{A} & \boldsymbol{F}\\ \boldsymbol{C} & 0\end{bmatrix}=n$。

4. 矩阵 $\boldsymbol{L}$ 和 $\boldsymbol{K}$ 的求解

有了矩阵 $\boldsymbol{T}$，$\boldsymbol{V}$ 和 $\boldsymbol{Z}$ 的表达式及约束 10.6.2，由方程(10.6.19)可以得到矩阵 $\boldsymbol{L}$ 和 $\boldsymbol{K}$ 的解为

$$\begin{bmatrix} \boldsymbol{L} \\ \boldsymbol{K} \end{bmatrix} = -[\boldsymbol{T}^{\mathrm{T}} \quad \boldsymbol{V}^{\mathrm{T}}]^{-1}\boldsymbol{Z}^{\mathrm{T}} \tag{10.6.26}$$

为了保证矩阵 $\boldsymbol{L}$ 和 $\boldsymbol{K}$ 是实矩阵，如下的约束是必要的。

约束 10.6.4　当 $s_i=\bar{s}_l$ 时，$\boldsymbol{g}_i=\bar{\boldsymbol{g}}_l$。

10.6.5　算法及算例

综合上面的内容，我们可以给出求解系统(10.6.1)的全维 PI 观测器的下述算法。

算法 10.6.1　全维 PI 观测器设计。

第 1 步：求解右互质分解式(10.6.21)。

第 2 步：由式(10.6.22)、式(10.6.24)求解矩阵 $\boldsymbol{T}$ 和 $\boldsymbol{V}$ 的参数表达式。

第 3 步：求满足约束 10.6.1～约束 10.6.4 的参数 $\boldsymbol{F},s_i,\boldsymbol{g}_i(i=1,2,\cdots,n+p)$。

第 4 步：基于求得的参数依式(10.6.22)～式(10.6.24)和式(10.6.26)求取矩阵 $\boldsymbol{F},\boldsymbol{K},\boldsymbol{L}$。

例 10.6.1　考虑如下形如式(10.6.1)的线性系统：

$$\boldsymbol{A}=\begin{bmatrix} 0 & 1 & 0 \\ 1 & 1 & 0 \\ -1 & 0 & 0 \end{bmatrix},\quad \boldsymbol{B}=\begin{bmatrix} 0 \\ 1 \\ 0 \end{bmatrix},\quad \boldsymbol{C}=\begin{bmatrix} 1 & 0 & 0 \\ 0 & 0 & 1 \end{bmatrix}$$

下面我们利用算法 10.6.1 来设计此系统的一阶全维 PI 观测器。

第 1 步：由算法 1.4.1 容易求得满足式(10.6.21)的多项式矩阵为

$$\boldsymbol{N}(s)=\begin{bmatrix} s-1 & 0 \\ 1 & 0 \\ 0 & 1 \end{bmatrix},\quad \boldsymbol{D}(s)=\begin{bmatrix} s^2-s-1 & 1 \\ 0 & s \end{bmatrix}$$

第 2 步：为简单起见，我们取观测器特征值 $s_i(i=1,2,3,4)$ 为负实数，这样约束 10.6.1 满足，这时我们也要求参数向量 $\boldsymbol{g}_i(i=1,2,3,4)$ 是实的，这样约束 10.6.4 也满足。记

$$\boldsymbol{g}_i=\begin{bmatrix} g_{i1} \\ g_{i2} \end{bmatrix},\quad i=1,2,3,4,\quad \boldsymbol{F}^{\mathrm{T}}=[f_1 \quad f_2 \quad f_3]$$

由式(10.6.22)～式(10.6.24)可得矩阵 $\boldsymbol{T},\boldsymbol{Z}$ 和 $\boldsymbol{V}$ 的列向量为

$$\boldsymbol{t}_i=\begin{bmatrix} (s_i-1)g_{i1} \\ g_{i1} \\ g_{i2} \end{bmatrix},\quad \boldsymbol{z}_i=\begin{bmatrix} (s_i^2-s_i-1)g_{i1}+g_{i2} \\ s_i g_{i2} \end{bmatrix}$$

$$v_i=\frac{1}{s_i}[(s_i-1)f_1 g_{i1}+f_2 g_{i1}+f_3 g_{i2}]$$

$$i=1,2,3,4$$

第 3 步:约束 10.6.2 为

$$\det\begin{bmatrix} \boldsymbol{t}_1 & \boldsymbol{t}_2 & \boldsymbol{t}_3 & \boldsymbol{t}_4 \\ v_1 & v_2 & v_3 & v_3 \end{bmatrix} \neq 0$$

约束 10.6.4 为

$$f_3 \neq 0 \quad 或 \quad f_1 \neq f_2$$

特别地,我们可选择

$$f_1 = f_2 = 0, \quad f_3 = 1$$
$$s_i = -i, \quad g_{ij} = i - j$$
$$i = 1,2,3,4; j = 1,2$$

第 4 步:根据第 3 步选择的参数,可得到观测器增益矩阵为

$$\boldsymbol{L} = \begin{bmatrix} 10 & -1 \\ 25 & -3 \\ 11 & 1 \end{bmatrix}, \quad \boldsymbol{K} = [12 \quad 0], \quad \boldsymbol{F} = \begin{bmatrix} 0 \\ 0 \\ 1 \end{bmatrix}$$

而且我们还可以得到观测器系统的左特征向量矩阵为

$$\boldsymbol{U} = \begin{bmatrix} 0 & -3 & -8 & -15 \\ 0 & 1 & 2 & 3 \\ -1 & 0 & 1 & 2 \\ 1 & 0 & -\dfrac{1}{3} & -\dfrac{1}{2} \end{bmatrix}$$

10.7 小 结

状态观测器是系统的一种特殊的动态补偿器,即当一个动态补偿器的输出能够渐近于系统的全部或部分状态或状态的某种组合时,该补偿器便构成了系统的状态观测器。

全维状态观测器是最简单的情况,其存在的充要条件是被观测系统可检测。如果被观测系统完全能观,则观测器的极点可以任意配置,这意味着 $\| \boldsymbol{x} - \hat{\boldsymbol{x}} \|$ 按指数收敛到原点的速度可以任意调整。

降维观测器只观测那些不能从系统输出中转换出来的那部分状态,在 $\boldsymbol{C}$ 阵满秩的条件下所得的观测器为 $n-m$ 阶的。与全维的情形相比,这意味着在整个控制系统的实现过程中可以节省 m 个动力学环节。关于降维观测器的设计方法及其应用,感兴趣的读者可以进一步参阅作者的工作(Zhou,Xu and Duan,2014)。

Luenberger 函数观测器所观测的不是状态本身,而是状态的某个线性组合 $\boldsymbol{Kx}$。而这个线性组合可由设计者根据不同的设计目标来自行决定。当取 $\boldsymbol{K}$ 为系

统的状态反馈增益时，观测器所观测出的是系统的控制律；当取 $\boldsymbol{K}=\boldsymbol{I}$ 时获得系统的全维状态观测器；适当选取 $\boldsymbol{K}$ 还可获得系统的降维观测器。因而，Luenberger 函数观测器为一种一般情况，建议读者很好地掌握。涉及 Luenberger 函数观测器的存在条件和求取问题，我们于第 1 章中介绍的广义 Sylvester 矩阵方程及其解析解起到了决定性的作用。基于广义 Sylvester 矩阵方程的解析解，我们给出了 Luenberger 函数观测器的参数矩阵的显式参数表示。称这类方法为参数化设计方法，它可以给出系统设计中的全部设计自由度，不但灵活方便，而且还可以将多余的设计自由度用于实现系统的其他设计要求。关于 Luenberger 函数观测器的参数化设计方法，感兴趣的读者可以进一步参阅作者的工作（吴爱国和段广仁，2008；段广仁和强文义，1994；1993；马克茂，段广仁和胡文远，1994；段广仁，黄显林和刘升才，1992；段广仁，李建华和周连山，1992；Duan，Wu and Hou，2007；Duan，1995a；Duan and Ma，1995；Duan，Li and Zhou，1993；Duan，Zhou and Xu，1991）。

分离原理是观测器-状态反馈控制系统中的一个重要规律，它指出，对于一个观测器-状态反馈控制系统，其闭环系统的极点由两部分组成：其一是观测器的极点；其二是状态反馈控制系统的极点。这一原理无疑为观测器-状态反馈控制系统设计提供了极大的方便。

在观测器-状态反馈控制系统中，系统的传递函数矩阵与在没有状态观测器情况下的状态反馈控制系统的传递函数矩阵相同，但两系统的环路传递函数矩阵却是不同的。特别求取观测器使闭环系统的环路传递函数矩阵等同于在没有状态观测器情况下的状态反馈控制系统的环路传递函数矩阵的过程称为 LTR 特性设计。对此 10.5 节给出了条件和算法。

在经典控制理论中，我们知道引入积分环节可以提高稳态精度，基于这种观点很多学者提出了 PI 观测器，如 Shafai 和 Carroll（1985），在本章的 10.6 节我们研究了这类观测器，给出了这类观测器的存在条件及分离定理，这些为 PI 观测器-状态反馈控制系统提供了方便。我们还是借助于第 1 章介绍的 Sylvester 矩阵方程及其解析解，给出了这类观测器的参数化设计方法，它可以提供所有的设计自由度，便于系统的进一步设计。对此感兴趣的读者可以进一步参阅作者的工作（王国胜，吕强和段广仁，2007；王国胜，汤霞清和段广仁，2007；王国胜，梁冰和段广仁，2006；段广仁和吴爱国，2003；吴爱国和段广仁，2003；Wu，Duan and Liu，2012；Wu，Feng and Duan，2012；Wu et al.，2009；Wu and Duan，2008；2007；2006a；2006b；Duan，Liu and Thompson，2003；2001）。

截止到本章，本书中关于线性系统的基本设计问题已经全部介绍完毕。至此，我们可以对能控性和能观性、可稳性和可检测性、镇定与状态重构等概念有一个更全面的认识。图 10.7.1 概括了线性定常系统的这些概念之间的联系。

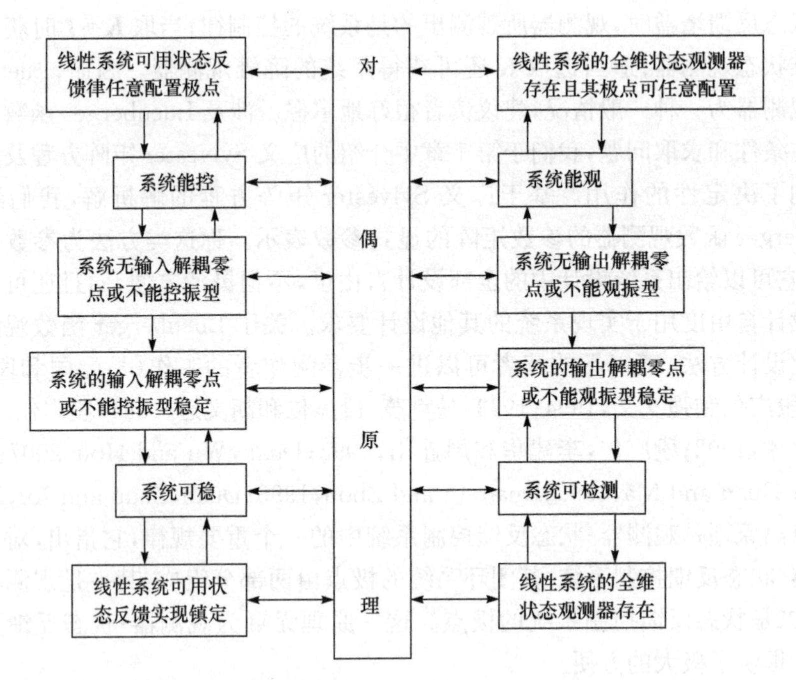

图 10.7.1　对偶关系图

思考与练习

10.1　对于完全能观的线性定常系统而言,其状态的初值可由输入输出信息构造出来,从而系统的状态的运动亦可由系统的输入和输出信息完全精确地获得,试对此给出证明。

10.2　由上题可知,一个完全能观的线性定常系统的状态可由系统输入和输出精确获得,那么我们为什么还要通过状态观测器求取系统状态的渐近估计呢?

10.3　试列举全维状态观测器、降维状态观测器和函数观测器的优、缺点。

10.4　能观性是定常线性系统存在降维观测器的一个充分条件?试问这一条件可否进一步减弱?

10.5　试针对全维状态观测器-状态反馈控制系统推导分离原理。

10.6　环路复现特性的物理意义是什么?试分析全维状态观测器-状态反馈控制系统是否满足 LTR 条件。

10.7　给定线性定常系统

$$\dot{\boldsymbol{x}}=\begin{bmatrix}0 & 1\\0 & 0\end{bmatrix}\boldsymbol{x}+\begin{bmatrix}0\\1\end{bmatrix}u,\quad y=\begin{bmatrix}1 & 0\end{bmatrix}\boldsymbol{x}$$

试确定其全维观测器,且规定其特征值为 $\lambda_1=-2$ 和 $\lambda_2=-4$。

10.8　给定线性定常系统

$$\dot{x}=\begin{bmatrix}1 & 3\\2 & 1\end{bmatrix}x+\begin{bmatrix}1\\2\end{bmatrix}u,\quad y=\begin{bmatrix}0 & 1\end{bmatrix}x$$

试确定其降维观测器，且规定其特征值为$\lambda_1=-3$。

10.9　给定线性定常系统

$$\begin{cases}\dot{x}=\begin{bmatrix}-1 & -2 & -2\\0 & -1 & 1\\1 & 0 & -1\end{bmatrix}x+\begin{bmatrix}2\\0\\1\end{bmatrix}u\\ y=\begin{bmatrix}1 & 1 & 0\end{bmatrix}x\end{cases}$$

(1) 确定一个具有特征值$-3,-3,-4$的三维状态观测器。

(2) 确定一个具有特征值-3和-4的二维状态观测器。

(3) 确定当取$\boldsymbol{K}=\mathrm{diag}(0,1,1)$时的$\boldsymbol{Kx}$函数观测器。

10.10　给定单输入-单输出受控系统的传递函数为

$$g_0(s)=\frac{1}{s(s+1)(s+2)}$$

(1) 确定一个状态反馈增益阵$\boldsymbol{K}$，使闭环系统的极点为-3和$-\frac{1}{2}\pm\frac{\sqrt{3}}{2}\mathrm{i}$。

(2) 确定一个降维观测器，使其特征值均为-5。

(3) 画出整个系统的结构图。

(4) 确定整个闭环系统的传递函数$g(s)$。

10.11　给定受控系统为

$$\begin{cases}\dot{x}=\begin{bmatrix}0 & 1 & 0 & 0\\0 & 0 & -1 & 0\\0 & 0 & 0 & 1\\0 & 0 & 5 & 0\end{bmatrix}x+\begin{bmatrix}0\\1\\0\\-2\end{bmatrix}u\\ y=\begin{bmatrix}1 & 0 & 0 & 0\end{bmatrix}x\end{cases}$$

再指定其状态反馈系统的期望闭环极点为$-1,-2,-1\pm\mathrm{i}$，观测器的特征值为$-3,-3\pm2\mathrm{i}$，试设计该观测器-状态反馈控制系统，并画出系统的组成结构图。

*第 11 章　离散线性系统理论

随着系统理论研究领域的扩大和计算机技术的广泛普及应用，离散控制系统理论得到了迅速发展，无论是计算机在线分析与设计还是计算机离线分析与模拟计算，都需要对控制系统进行某种意义下的离散化。离散系统理论目前已经发展成与连续系统理论完全平行的控制理论分支，成为控制理论的重要组成部分，而且在系统辨识和自适应控制等一些领域，有关离散系统理论的研究似乎较连续系统理论的研究还更为深入。离散系统理论的概念和方法构成了近代控制论的基础，其重要性已经为人们所认识，离散系统理论正在自动控制工程、通信、雷达技术、生物医学工程、图像检验技术、电力系统及核物理等领域中发挥着重要的作用。

由于离散系统理论在很大程度上平行于连续系统理论，书中不对离散系统理论进行全面、细致的介绍，而只是讨论了其中的一些最基本的分析与设计问题。

11.1　离散动态系统的数学描述

和连续时间动态系统的情形一样，离散时间动态系统也有多种描述形式，特别是离散线性时间动态系统也有差分方程描述、状态空间描述和传递函数描述。由于本书的核心是状态空间方法，因而这里只简单介绍离散动态系统的状态空间描述。

11.1.1　离散系统的状态空间描述

让我们从非线性离散时间系统的状态空间模型描述开始。一个一般的离散时间动态系统的状态空间模型具有下述形式：

$$\begin{cases} \boldsymbol{x}(k+1)=\boldsymbol{f}[\boldsymbol{x}(k),\boldsymbol{u}(k),k], \quad \boldsymbol{x}(0)=\boldsymbol{x}_0 \\ \boldsymbol{y}(k)=\boldsymbol{g}[\boldsymbol{x}(k),\boldsymbol{u}(k),k] \end{cases} \tag{11.1.1}$$

其中，$\boldsymbol{x}(k)\in\mathbf{R}^n$ 为系统的状态向量；$\boldsymbol{u}(k)\in\mathbf{R}^r$ 为系统的控制向量；$\boldsymbol{y}(k)\in\mathbf{R}^m$ 为系统的输出向量；$\boldsymbol{f}[\cdot,\cdot,\cdot]$为一个 n 维向量函数；$\boldsymbol{g}[\cdot,\cdot,\cdot]$为一个 m 维的向量函数；k 为取值 $0,1,2,\cdots$的时标；n 为$[1,\infty)$中取值的整数，称为系统的维数。

另外，式(11.1.1)中的第一个差分方程称为系统的状态方程；第二个方程称为系统的观测方程或量测方程。当式(11.1.1)中的向量函数均为 $\boldsymbol{x}(k)$和 $\boldsymbol{u}(k)$的线性函数，即

$$\boldsymbol{f}[\boldsymbol{x}(k),\boldsymbol{u}(k),k]=\boldsymbol{G}(k)\boldsymbol{x}(k)+\boldsymbol{H}(k)\boldsymbol{u}(k) \tag{11.1.2}$$

$$g[\boldsymbol{x}(k),\boldsymbol{u}(k),k]=\boldsymbol{C}(k)\boldsymbol{x}(k)+\boldsymbol{D}(k)\boldsymbol{u}(k) \tag{11.1.3}$$

时，非线性离散系统(11.1.1)便退化为下述线性离散系统：

$$\begin{cases}\boldsymbol{x}(k+1)=\boldsymbol{G}(k)\boldsymbol{x}(k)+\boldsymbol{H}(k)\boldsymbol{u}(k)\\ \boldsymbol{y}(k)=\boldsymbol{C}(k)\boldsymbol{x}(k)+\boldsymbol{D}(k)\boldsymbol{u}(k)\end{cases} \tag{11.1.4}$$

其中，$\boldsymbol{G}(k)$为$n\times n$阶实矩阵，称为系统矩阵；$\boldsymbol{H}(k)$为$n\times r$阶实矩阵，称为控制输入矩阵；$\boldsymbol{C}(k)$为$m\times n$阶实矩阵，称为观测矩阵；$\boldsymbol{D}(k)$为$m\times r$阶实矩阵，称为前馈矩阵。进一步，当这些矩阵均为定常，即与时标k无关时，系统(11.1.4)化为下述定常线性离散系统

$$\begin{cases}\boldsymbol{x}(k+1)=\boldsymbol{G}\boldsymbol{x}(k)+\boldsymbol{H}\boldsymbol{u}(k)\\ \boldsymbol{y}(k)=\boldsymbol{C}\boldsymbol{x}(k)+\boldsymbol{D}\boldsymbol{u}(k)\end{cases} \tag{11.1.5}$$

对应地，系统(11.1.4)则称为时变线性离散系统。

对于定常线性离散系统(11.1.5)，我们称矩阵$\boldsymbol{G}$的特征值为系统(11.1.5)的特征值或极点。另外，类似于连续的情形，我们还有下述定义。

定义 11.1.1　对于系统(11.1.5)，我们称满足

$$\operatorname{rank}[s\boldsymbol{I}_n-\boldsymbol{G}\quad \boldsymbol{H}]<n \tag{11.1.6}$$

的s为系统的输入解耦零点；称满足

$$\operatorname{rank}\begin{bmatrix}s\boldsymbol{I}_n-\boldsymbol{G}\\ \boldsymbol{C}\end{bmatrix}<n \tag{11.1.7}$$

的s为系统的输出解耦零点；称满足

$$\operatorname{rank}\begin{bmatrix}s\boldsymbol{I}_n-\boldsymbol{G} & -\boldsymbol{H}\\ \boldsymbol{C} & \boldsymbol{D}\end{bmatrix}<n+\min\{r,m\} \tag{11.1.8}$$

的s为系统的传输零点。

11.1.2　脉冲传递函数矩阵

考虑线性定常离散系统(11.1.5)，令$\hat{\boldsymbol{x}}(z)$为$\{\boldsymbol{x}(k),k=0,1,2,\cdots,\infty\}$的$z$变换，即

$$\hat{\boldsymbol{x}}(z)=Z[\boldsymbol{x}(k)]=\sum_{k=0}^{\infty}\boldsymbol{x}(k)z^{-k} \tag{11.1.9}$$

由此可导出

$$Z[\boldsymbol{G}\boldsymbol{x}(k)]=\boldsymbol{G}\sum_{k=0}^{\infty}\boldsymbol{x}(k)z^{-k}=\boldsymbol{G}\hat{\boldsymbol{x}}(z) \tag{11.1.10}$$

$$\begin{aligned}Z[\boldsymbol{x}(k+1)]&=\sum_{k=0}^{\infty}\boldsymbol{x}(k+1)z^{-k}=z\sum_{k=0}^{\infty}\boldsymbol{x}(k+1)z^{-(k+1)}\\ &=z\Big[\sum_{k=-1}^{\infty}\boldsymbol{x}(k+1)z^{-(k+1)}-\boldsymbol{x}(0)\Big]\end{aligned}$$

$$= z\left[\sum_{k=0}^{\infty} \boldsymbol{x}(k) z^{-k} - \boldsymbol{x}(0)\right]$$
$$= z[\hat{\boldsymbol{x}}(z) - \boldsymbol{x}(0)] \tag{11.1.11}$$

于是,对式(11.1.5)取 z 变换,并利用式(11.1.10)和式(11.1.11),就得到

$$z\hat{\boldsymbol{x}}(z) - z\boldsymbol{x}_0 = \boldsymbol{G}\hat{\boldsymbol{x}}(z) + \boldsymbol{H}\hat{\boldsymbol{u}}(z)$$
$$\hat{\boldsymbol{y}}(z) = \boldsymbol{C}\hat{\boldsymbol{x}}(z) + \boldsymbol{D}\hat{\boldsymbol{u}}(z)$$

由上式可导出

$$\hat{\boldsymbol{y}}(z) = \boldsymbol{C}(z\boldsymbol{I} - \boldsymbol{G})^{-1} z\boldsymbol{x}_0 + [\boldsymbol{C}(z\boldsymbol{I} - \boldsymbol{G})^{-1}\boldsymbol{H} + \boldsymbol{D}]\hat{\boldsymbol{u}}(z) \tag{11.1.12}$$

现取初始状态 $\boldsymbol{x}_0 = 0$,则得到系统的输出-输入关系式为

$$\hat{\boldsymbol{y}}(z) = [\boldsymbol{C}(z\boldsymbol{I} - \boldsymbol{G})^{-1}\boldsymbol{H} + \boldsymbol{D}]\hat{\boldsymbol{u}}(z) = \boldsymbol{G}(z)\hat{\boldsymbol{u}}(z) \tag{11.1.13}$$

其中

$$\boldsymbol{G}(z) = \boldsymbol{C}(z\boldsymbol{I} - \boldsymbol{G})^{-1}\boldsymbol{H} + \boldsymbol{D} \tag{11.1.14}$$

为线性离散定常系统(11.1.5)的传递函数矩阵,并按习惯称为脉冲传递函数矩阵。

脉冲传递函数矩阵 $\boldsymbol{G}(z)$ 为 z 的有理分式矩阵,并且我们通常只讨论 $\boldsymbol{G}(z)$ 为真的和严格真的情况,因为非真的 $\boldsymbol{G}(z)$ 将不具有因果性,即会出现还没有加入输入作用而已产生输出响应的现象,这是不符合一般的物理可实现性的。

11.2 线性离散系统的运动分析

从数学角度看,线性离散系统的运动分析,归结为对时变的线性差分方程

$$\boldsymbol{x}(k+1) = \boldsymbol{G}(k)\boldsymbol{x}(k) + \boldsymbol{H}(k)\boldsymbol{u}(k), \quad \boldsymbol{x}(0) = \boldsymbol{x}_0, \quad k = 0,1,2,\cdots \tag{11.2.1}$$

或定常的线性差分方程

$$\boldsymbol{x}(k+1) = \boldsymbol{G}\boldsymbol{x}(k) + \boldsymbol{H}\boldsymbol{u}(k), \quad \boldsymbol{x}(0) = \boldsymbol{x}_0, \quad k = 0,1,2,\cdots \tag{11.2.2}$$

进行求解的过程,这种求解过程,比连续系统的状态方程的求解无疑要简单得多。

11.2.1 迭代法求解线性离散系统的状态方程

不管是时变的情况式(11.2.1),还是定常的情况式(11.2.2),总是可以迭代地定出各个采样瞬时的系统状态 $\boldsymbol{x}(k)$($k=1,2,\cdots$)。考虑到定常情况式(11.2.2)只是时变情况式(11.2.1)的一种特殊情况,我们不妨针对由式(11.2.1)所描述的线性时变离散系统来阐明迭代法分析运动的步骤。

给定系统的初始状态 $\boldsymbol{x}(0) = \boldsymbol{x}_0$,以及各采样瞬时的输入 $\boldsymbol{u}(0), \boldsymbol{u}(1), \boldsymbol{u}(2), \cdots$,则系统的状态可按如下步骤迭代地进行计算:

(1) 令 $k=0$,则由已知 $\boldsymbol{x}(0)$ 和 $\boldsymbol{u}(0)$,可直接从式(11.2.1)求得

$$\boldsymbol{x}(1) = \boldsymbol{G}(0)\boldsymbol{x}(0) + \boldsymbol{H}(0)\boldsymbol{u}(0) \tag{11.2.3}$$

(2) 令 $k=1$，由已知的 $\boldsymbol{x}(1)$ 和 $\boldsymbol{u}(1)$，从式(11.2.1)求得

$$\boldsymbol{x}(2)=\boldsymbol{G}(1)\boldsymbol{x}(1)+\boldsymbol{H}(1)\boldsymbol{u}(1) \tag{11.2.4}$$

(3) 令 $k=2$，类似地由 $\boldsymbol{x}(2)$ 和 $\boldsymbol{u}(2)$，可进而求得

$$\boldsymbol{x}(3)=\boldsymbol{G}(2)\boldsymbol{x}(2)+\boldsymbol{H}(2)\boldsymbol{u}(2) \tag{11.2.5}$$

$$\vdots$$

(l) 令 $k=l-1$，其中 l 为给定问题的时间区间的末时，那么由 $\boldsymbol{x}(l-1)$ 和 $\boldsymbol{u}(l-1)$ 可求得

$$\boldsymbol{x}(l)=\boldsymbol{G}(l-1)\boldsymbol{x}(l-1)+\boldsymbol{H}(l-1)\boldsymbol{u}(l-1) \tag{11.2.6}$$

不难看出，这是一种递推算法，特别适宜于在计算机上进行计算。但是，由于后一步的计算依赖于前一步的计算结果，因此在计算过程中引入的差错和误差都会造成积累式的差错和误差，这是迭代法的一个缺点。

11.2.2　线性离散系统的运动规律

下面我们建立线性离散系统的状态运动的一般表达式。

定义 11.2.1　矩阵差分方程

$$\boldsymbol{\Phi}(k+1,m)=\boldsymbol{G}(k)\boldsymbol{\Phi}(k,m),\quad \boldsymbol{\Phi}(m,m)=I \tag{11.2.7}$$

和

$$\boldsymbol{\Phi}(k-m+1)=\boldsymbol{G}\boldsymbol{\Phi}(k-m),\quad \boldsymbol{\Phi}(0)=I \tag{11.2.8}$$

的解阵 $\boldsymbol{\Phi}(k,m)$ 和 $\boldsymbol{\Phi}(k-m)$ 分别称为线性时变离散系统(11.2.1)和线性定常离散系统(11.2.2)的状态转移矩阵。

关于状态转移矩阵的表达式，我们有下述定理。

定理 11.2.1　令 $\boldsymbol{\Phi}(k,m)$ 和 $\boldsymbol{\Phi}(k-m)$ 分别为线性时变离散系统(11.2.1)和线性定常离散系统(11.2.2)的状态转移矩阵，则其表达式分别为

$$\boldsymbol{\Phi}(k,m)=\boldsymbol{G}(k-1)\boldsymbol{G}(k-2)\cdots\boldsymbol{G}(m) \tag{11.2.9}$$

和

$$\boldsymbol{\Phi}(k-m)=\boldsymbol{G}^{k-m} \tag{11.2.10}$$

其中

$$\boldsymbol{G}(m-1)=\boldsymbol{I},\quad \boldsymbol{G}^0=\boldsymbol{I}$$

证明　采用迭代法，即可由式(11.2.7)导出

$$\begin{cases}\boldsymbol{\Phi}(m+1,m)=\boldsymbol{G}(m)\\ \boldsymbol{\Phi}(m+2,m)=\boldsymbol{G}(m+1)\boldsymbol{G}(m)\\ \quad\vdots\\ \boldsymbol{\Phi}(k,m)=\boldsymbol{G}(k-1)\boldsymbol{G}(k-2)\cdots\boldsymbol{G}(m)\end{cases}$$

同理，由式(11.2.8)则可导出

$$\boldsymbol{\Phi}(k-m)=\boldsymbol{G}\boldsymbol{G}\cdots\boldsymbol{G}=\boldsymbol{G}^{k-m}$$

△△△

基于状态转移矩阵的概念,我们可以进一步给出离散系统的响应公式。

定理 11.2.2　对于由式(11.2.1)所描述的线性时变离散系统,其状态运动的表达式为

$$\boldsymbol{x}(k)=\boldsymbol{\Phi}(k,0)\boldsymbol{x}_0+\sum_{i=0}^{k-1}\boldsymbol{\Phi}(k,i+1)\boldsymbol{H}(i)\boldsymbol{u}(i) \tag{11.2.11}$$

或

$$\boldsymbol{x}(k)=\boldsymbol{\Phi}(k,0)\boldsymbol{x}_0+\sum_{i=0}^{k-1}\boldsymbol{\Phi}(k,k-i)\boldsymbol{H}(k-i-1)\boldsymbol{u}(k-i-1) \tag{11.2.12}$$

其中,$\boldsymbol{\Phi}(k,m)(m=0,1,\cdots,k)$是系统的状态转移矩阵。

证明　利用式(11.2.3)~式(11.2.6)可导出

$$\begin{aligned}
&\boldsymbol{x}(1)=\boldsymbol{G}(0)\boldsymbol{x}_0+\boldsymbol{H}(0)\boldsymbol{u}(0)\\
&\boldsymbol{x}(2)=\boldsymbol{G}(1)\boldsymbol{G}(0)\boldsymbol{x}_0+\boldsymbol{G}(1)\boldsymbol{H}(0)\boldsymbol{u}(0)+\boldsymbol{H}(1)\boldsymbol{u}(1)\\
&\boldsymbol{x}(3)=\boldsymbol{G}(2)\boldsymbol{G}(1)\boldsymbol{G}(0)\boldsymbol{x}_0+\boldsymbol{G}(2)\boldsymbol{G}(1)\boldsymbol{H}(0)\boldsymbol{u}(0)+\boldsymbol{G}(2)\boldsymbol{H}(1)\boldsymbol{u}(1)+\boldsymbol{H}(2)\boldsymbol{u}(2)\\
&\quad\vdots
\end{aligned}$$

$$\begin{aligned}
\boldsymbol{x}(k)=&\boldsymbol{G}(k-1)\cdots\boldsymbol{G}(0)\boldsymbol{x}_0+\boldsymbol{G}(k-1)\cdots\boldsymbol{G}(1)\boldsymbol{H}(0)\boldsymbol{u}(0)\\
&+\boldsymbol{G}(k-1)\cdots\boldsymbol{G}(2)\boldsymbol{H}(1)\boldsymbol{u}(1)+\cdots+\boldsymbol{G}(k-1)\boldsymbol{H}(k-2)\boldsymbol{u}(k-2)\\
&+\boldsymbol{H}(k-1)\boldsymbol{u}(k-1)
\end{aligned} \tag{11.2.13}$$

再知满足式(11.2.7)的矩阵方程和初始条件的解阵为

$$\boldsymbol{\Phi}(k,m)=\boldsymbol{G}(k-1)\boldsymbol{G}(k-2)\cdots\boldsymbol{G}(m) \tag{11.2.14}$$

于是,由式(11.2.13)和式(11.2.14)即可得到式(11.2.11)或式(11.2.12)。其中,与$\boldsymbol{u}$有关的项按由左至右顺序进行相加时导出式(11.2.11),而按由右至左顺序进行相加时导出式(11.2.12)。

ΔΔΔ

定理 11.2.3　对于由式(11.2.2)所描述的线性定常离散系统,其状态运动的表达式为

$$\boldsymbol{x}(k)=\boldsymbol{G}^k\boldsymbol{x}_0+\sum_{i=0}^{k-1}\boldsymbol{G}^{k-i-1}\boldsymbol{H}\boldsymbol{u}(i) \tag{11.2.15}$$

或

$$\boldsymbol{x}(k)=\boldsymbol{G}^k\boldsymbol{x}_0+\sum_{i=0}^{k-1}\boldsymbol{G}^i\boldsymbol{H}\boldsymbol{u}(k-i-1) \tag{11.2.16}$$

证明　对于定常情况,式(11.2.11)中可有

$$\boldsymbol{G}(0)=\boldsymbol{G}(1)=\cdots=\boldsymbol{G}(k-1)=\boldsymbol{G} \tag{11.2.17}$$

和

$$\boldsymbol{H}(0)=\boldsymbol{H}(1)=\cdots=\boldsymbol{H}(k-1)=\boldsymbol{H} \tag{11.2.18}$$

将式(11.2.17)和式(11.2.18)代入式(11.2.13),得到

$$\boldsymbol{x}(k)=\boldsymbol{G}^k\boldsymbol{x}_0+\boldsymbol{G}^{k-1}\boldsymbol{H}\boldsymbol{u}(0)+\boldsymbol{G}^{k-2}\boldsymbol{H}\boldsymbol{u}(1)+\cdots+\boldsymbol{G}\boldsymbol{H}\boldsymbol{u}(k-2)+\boldsymbol{H}\boldsymbol{u}(k-1) \tag{11.2.19}$$

由此即可导出式(11.2.15)或式(11.2.16)。

ΔΔΔ

基于上述两个定理,我们也可以将线性离散系统的运动分解为零输入响应和零状态响应两个部分,即

$$\boldsymbol{x}(k)=\boldsymbol{\phi}(k;0,\boldsymbol{x}_0,0)+\boldsymbol{\phi}(k;0,0,\boldsymbol{u}) \tag{11.2.20}$$

对于线性时变离散系统

$$\begin{cases}\boldsymbol{\phi}(k;0,x_0,0)=\boldsymbol{\Phi}(k,0)x_0\\ \boldsymbol{\phi}(k;0,0,u)=\sum\limits_{i=0}^{k-1}\boldsymbol{\Phi}(k,i+1)\boldsymbol{H}(i)u(i)\end{cases} \tag{11.2.21}$$

对于线性定常离散系统

$$\begin{cases}\boldsymbol{\phi}(k;0,\boldsymbol{x}_0,0)=\boldsymbol{G}^k\boldsymbol{x}_0\\ \boldsymbol{\phi}(k;0,0,\boldsymbol{u})=\sum\limits_{i=0}^{k-1}\boldsymbol{G}^{k-i-1}\boldsymbol{H}\boldsymbol{u}(i)\end{cases} \tag{11.2.22}$$

11.3　线性连续系统的时间离散化

无论是利用数字计算机分析连续时间系统,还是利用计算机等离散控制装置来控制连续时间受控系统时,都会遇到把连续时间系统化成为等价的离散时间系统的问题。

11.3.1　实现方法

图 11.3.1 为将连续时间系统化为离散时间系统的一种典型情况。受控对象是连续时间系统,其状态 $\boldsymbol{x}(t)$、输入 $\boldsymbol{u}(t)$和输出 $\boldsymbol{y}(t)$都是时间 t 的连续函数向量。控制装置由数模转换器(D/A)、数字计算机和模数转换器(A/D)所构成,它只能输入离散时间变量 $\boldsymbol{y}(k)$,并输出离散时间变量 $\boldsymbol{u}(k)$,其中离散时间序列 $k=0,1,2,\cdots$。为了使这两部分能够连接起来,分别引入采样器和保持器。采样器的作用是把连续变量 $\boldsymbol{y}(t)$转换成为离散变量 $\boldsymbol{y}(k)$,常用的采样器是一种周期性动作的采样开关,当开关接通时将变量输入,而开关断开时将变量阻断。保持器的作用则是把离散信号 $\boldsymbol{u}(k)$变换为连续信号 $\boldsymbol{u}(t)$,它是由电子元件组成的一种保持电路,可分为零阶保持器、一阶保持器等。这样,如果把保持器-连续系统-采样器看成一个整体,并用 $\boldsymbol{x}(k)$表示其离散状态向量,那么它就组成了以 $\boldsymbol{x}(k)$,$\boldsymbol{u}(k)$和 $\boldsymbol{y}(k)$为变量

的离散时间系统,其状态空间描述即为连续系统的时间离散化模型,而控制装置所面对的正是这个离散化模型,其示意图如图 11.3.2 所示。

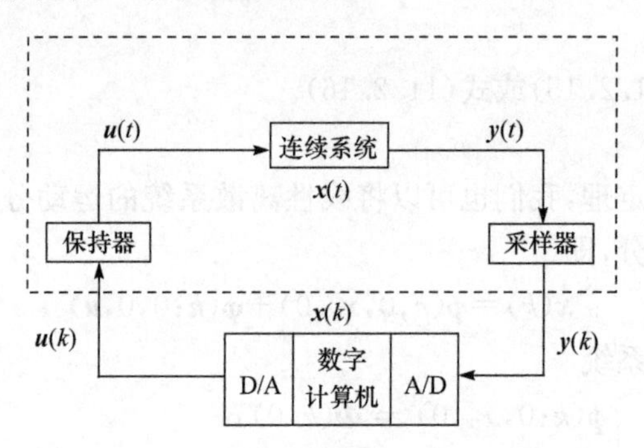

图 11.3.1　连续系统时间离散化的实现

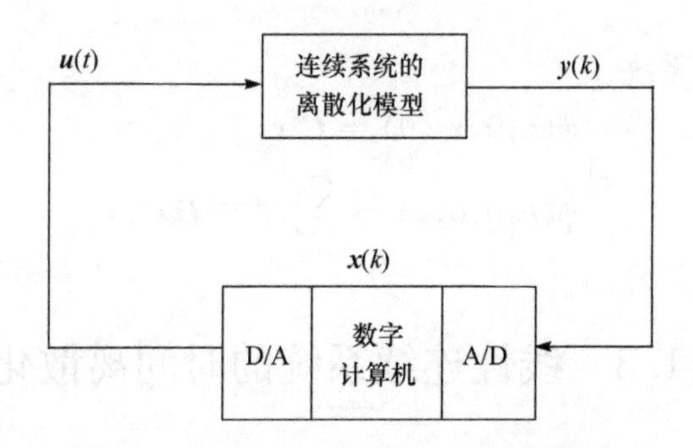

图 11.3.2　连续系统时间离散化模型

线性连续系统的时间离散化问题的数学实质,就是在一定的采样方式和保持方式下,由系统的连续时间状态空间描述来导出其对应的离散时间状态空间描述,并建立起两者系数矩阵间的关系式。

11.3.2　三点基本假设

为使离散化后的描述具有简单的形式,并保证它是可复原的,我们先引入如下三点基本假设:

(1) 采样器的采样方式取为以常数 T 为周期的等间隔采样,采样瞬时为 $t_k=kT(k=0,1,2,\cdots)$。采样时间宽度 Δ 比之采样周期 T 要小很多,因而可将其视为零。用 $\boldsymbol{y}(t)$ 和 $\boldsymbol{y}(k)$ 分别表示采样器的输入和输出信号,则在此假定下两者之间有如下关系式:

$$\boldsymbol{y}(k)=\begin{cases}\boldsymbol{y}(t), & t=kT\\ 0, & t\neq kT\end{cases}\tag{11.3.1}$$

其中,$k=0,1,2,\cdots$。这种采样方式的示意图如图 11.3.3 所示,$y_i(t)$ 和 $y_i(k)$ 分别

为向量 $\boldsymbol{y}(t)$ 和 $\boldsymbol{y}(k)$ 的第 i 个分量，$i=1,2,\cdots,m$。

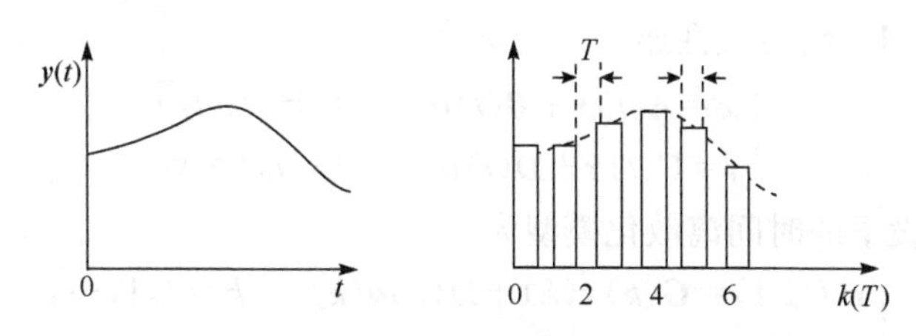

图 11.3.3　周期为 T 的等间隔采样示意图

(2) 采样周期 T 的值的确定要满足 Shannon 采样定理所给出的条件。设连续信号 $y_i(t)$ 的幅频谱如图 11.3.4 所示，它是对称于纵坐标轴的，ω_c 为其上限频率。Shannon 采样定理指出：离散信号 $y_i(k)$ 可以完满地复原为原来的连续信号 $y_i(t)$ 的条件为采样频率 ω_s 满足如下不等式：

$$\omega_s > 2\omega_c \tag{11.3.2}$$

考虑到 $\omega_s=2\pi/T$，则式(11.3.2)又可化为对采样周期 T 加以限制的一个不等式：

$$T < \pi/\omega_c \tag{11.3.3}$$

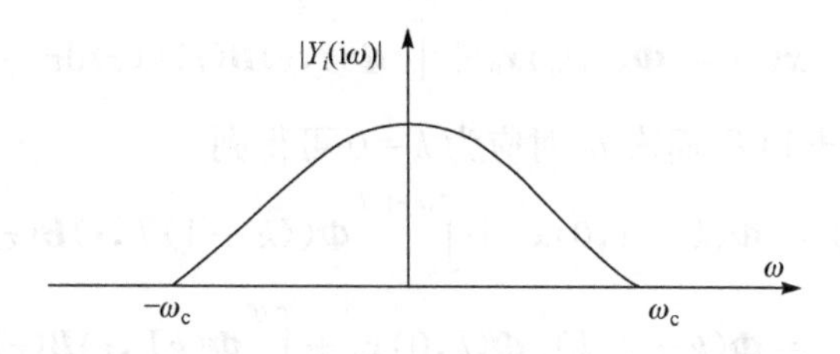

图 11.3.4　连续信号的幅频谱及其上限频率

(3) 保持器是零阶的，即把离散信号转换为连续信号是按零阶保持方式来实现的。零阶保持的示意图见图 11.3.5。零阶保持的特点是：保持器输出 $u_j(t)$ 的值在采样瞬时等于离散信号 $u_j(k)$ 的值，而在两个采样瞬时之间则保持为常值且等于前一个采样瞬时值。

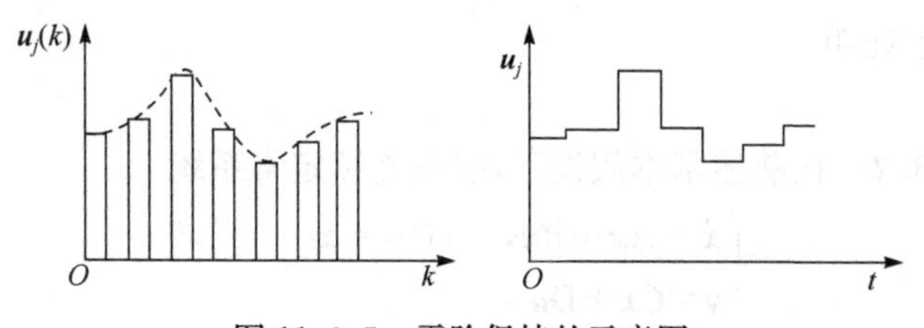

图 11.3.5　零阶保持的示意图

11.3.3　基本结论

在上述三点基本假设的前提下，现在给出并证明线性连续系统的时间离散化问题的两个基本结论。

定理 11.3.1　给定线性连续时变系统

$$\begin{cases}\dot{\boldsymbol{x}}=\boldsymbol{A}(t)\boldsymbol{x}+\boldsymbol{B}(t)\boldsymbol{u} \\ \boldsymbol{y}=\boldsymbol{C}(t)\boldsymbol{x}+\boldsymbol{D}(t)\boldsymbol{u}\end{cases}\quad \begin{cases}t\in[t_0,t_a] \\ \boldsymbol{x}(t_0)=\boldsymbol{x}_0\end{cases} \tag{11.3.4}$$

则其在基本假设下的时间离散化模型为

$$\begin{cases}\boldsymbol{x}(k+1)=\boldsymbol{G}(k)\boldsymbol{x}(k)+\boldsymbol{H}(k)\boldsymbol{u}(k), & k=0,1,\cdots,l \\ \boldsymbol{y}(k)=\boldsymbol{C}(k)\boldsymbol{x}(k)+\boldsymbol{D}(k)\boldsymbol{u}(k), & \boldsymbol{x}(0)=\boldsymbol{x}_0\end{cases} \tag{11.3.5}$$

并且两者的系数矩阵间存在如下的关系式:

$$\begin{cases}\boldsymbol{G}(k)=\boldsymbol{\Phi}((k+1)T,kT)=\boldsymbol{\Phi}(k+1,k) \\ \boldsymbol{H}(k)=\displaystyle\int_{kT}^{(k+1)T}\boldsymbol{\Phi}((k+1)T,\tau)\boldsymbol{B}(\tau)\mathrm{d}\tau \\ \boldsymbol{C}(k)=[\boldsymbol{C}(t)]_{t=kT},\quad \boldsymbol{D}(k)=[\boldsymbol{D}(t)]_{t=kT}\end{cases} \tag{11.3.6}$$

其中,T 为采样周期;$\boldsymbol{\Phi}(k+1,k)$ 是连续系统(11.3.4)的状态转移矩阵,$\boldsymbol{x}(k)=[\boldsymbol{x}(t)]_{t=kT}$,$\boldsymbol{u}(k)=[\boldsymbol{u}(t)]_{t=kT}$,$\boldsymbol{y}(k)=[\boldsymbol{y}(t)]_{t=kT}$。

证明　由 3.3 节可知,线性连续时变系统(11.3.4)的状态运动表达式为

$$\boldsymbol{x}(t)=\boldsymbol{\Phi}(t,t_0)\boldsymbol{x}_0+\int_{t_0}^{t}\boldsymbol{\Phi}(t,\tau)\boldsymbol{B}(\tau)\boldsymbol{u}(\tau)\mathrm{d}\tau \tag{11.3.7}$$

于上式中令 $t=(k+1)T$,而表 t_0 对应为 $k=0$ 可得到

$$\begin{aligned}\boldsymbol{x}(k+1)&=\boldsymbol{\Phi}(k+1,0)\boldsymbol{x}_0+\int_0^{(k+1)T}\boldsymbol{\Phi}((k+1)T,\tau)\boldsymbol{B}(\tau)\boldsymbol{u}(\tau)\mathrm{d}\tau \\ &=\boldsymbol{\Phi}(k+1,k)\left[\boldsymbol{\Phi}(k,0)\boldsymbol{x}_0+\int_0^{kT}\boldsymbol{\Phi}(kT,\tau)\boldsymbol{B}(\tau)\boldsymbol{u}(\tau)\mathrm{d}\tau\right] \\ &\quad+\left[\int_{kT}^{(k+1)T}\boldsymbol{\Phi}((k+1)T,\tau)\boldsymbol{B}(\tau)\mathrm{d}\tau\right]\boldsymbol{u}(k) \\ &=\boldsymbol{G}(k)\boldsymbol{x}(k)+\boldsymbol{H}(k)\boldsymbol{u}(k)\end{aligned} \tag{11.3.8}$$

再对输出方程加以离散化,即令 $t=kT$,又可得到

$$\boldsymbol{y}(k)=\boldsymbol{C}(k)\boldsymbol{x}(k)+\boldsymbol{D}(k)\boldsymbol{u}(k) \tag{11.3.9}$$

从而,就完成了证明。

ΔΔΔ

定理 11.3.2　在前述基本假设下,线性连续定常系统

$$\begin{cases}\dot{\boldsymbol{x}}=\boldsymbol{A}\boldsymbol{x}+\boldsymbol{B}\boldsymbol{u}, & \boldsymbol{x}(0)=\boldsymbol{x}_0,\quad t\geqslant 0 \\ \boldsymbol{y}=\boldsymbol{C}\boldsymbol{x}+\boldsymbol{D}\boldsymbol{u}\end{cases} \tag{11.3.10}$$

的时间离散化模型为

$$\begin{cases}\boldsymbol{x}(k+1)=\boldsymbol{G}\boldsymbol{x}(k)+\boldsymbol{H}\boldsymbol{u}(k), & \boldsymbol{x}(0)=\boldsymbol{x}_0 \\ \boldsymbol{y}(k)=\boldsymbol{C}\boldsymbol{x}(k)+\boldsymbol{D}\boldsymbol{u}(k), & k=0,1,2,\cdots\end{cases} \tag{11.3.11}$$

其中

$$\boldsymbol{G} = e^{\boldsymbol{A}T}, \quad \boldsymbol{H} = \left(\int_0^T e^{\boldsymbol{A}t} dt\right)\boldsymbol{B} \tag{11.3.12}$$

证明　考虑到定常系统是时变系统的一种特殊情况，因此由式(11.3.5)即可导出式(11.3.11)，而由式(11.3.6)则可导出

$$\boldsymbol{G}=\boldsymbol{\Phi}((k+1)T-kT)=\boldsymbol{\Phi}(T)=e^{\boldsymbol{A}T} \tag{11.3.13}$$

和

$$\boldsymbol{H} = \int_{kT}^{(k+1)T} \boldsymbol{\Phi}((k+1)T-\tau)\boldsymbol{B}d\tau \tag{11.3.14}$$

对上式作变量置换 $t=(k+1)T-\tau$，相应地有

$$d\tau = - dt, \quad \int_{kT}^{(k+1)T} d\tau = \int_T^0 dt \tag{11.3.15}$$

于是，利用式(11.3.15)还可把式(11.3.14)改写成为

$$\boldsymbol{H} = \left(-\int_T^0 \boldsymbol{\Phi}(t)dt\right)\boldsymbol{B} = \left(\int_0^T e^{\boldsymbol{A}T} dt\right)\boldsymbol{B} \tag{11.3.16}$$

从而式(11.3.12)得证。

ΔΔΔ

上述两个基本结论提供了线性连续系统时间离散化问题的算法。而且，由此还可导出下述推论。

推论 11.3.1　时间离散化不改变系统的时变性或定常性，即时变连续系统离散化后仍为时变系统，而定常连续系统离散化后仍为定常系统。

考虑到连续系统的状态转移矩阵必是非奇异的，由此可得以下推论。

推论 11.3.2　不管连续系统矩阵 $\boldsymbol{A}(t)$ 或 $\boldsymbol{A}$ 是否为非奇异，但离散化系统的矩阵 $\boldsymbol{G}(k)$ 或 $\boldsymbol{G}$ 将一定是非奇异的。

由上述推论和上节定理 11.2.1 还可得以下推论。

推论 11.3.3　对于连续系统的时间离散化系统，其状态转移矩阵必是非奇异的。

为验证定理的结论，我们考虑一例。

例 11.3.1　给定线性连续定常系统

$$\begin{bmatrix}\dot{x}_1\\ \dot{x}_2\end{bmatrix}=\begin{bmatrix}0 & 1\\ 0 & -2\end{bmatrix}\begin{bmatrix}x_1\\ x_2\end{bmatrix}+\begin{bmatrix}0\\ 1\end{bmatrix}u, \quad t\geqslant 0$$

且采样周期为 $T=0.1\text{s}$，要求建立其时间离散化模型。

首先定出给定连续的矩阵指数函数 $e^{\boldsymbol{A}t}$。考虑到

$$(s\boldsymbol{I}-\boldsymbol{A})^{-1}=\begin{bmatrix}s & -1\\ 0 & s+2\end{bmatrix}^{-1}=\begin{bmatrix}\frac{1}{s} & \frac{1}{s(s+2)}\\ 0 & \frac{1}{(s+2)}\end{bmatrix}$$

对其求 Laplace 反变换,得

$$e^{At}=\begin{bmatrix}1 & 0.5(1-e^{-2t})\\0 & e^{-2t}\end{bmatrix}$$

再利用式(11.3.12)可定出

$$\boldsymbol{G}=e^{AT}=\begin{bmatrix}1 & 0.5(1-e^{-2T})\\0 & e^{-2T}\end{bmatrix}=\begin{bmatrix}1 & 0.091\\0 & 0.819\end{bmatrix}$$

$$\begin{aligned}\boldsymbol{H}&=\left(\int_0^T e^{At}\,dt\right)\boldsymbol{B}\\&=\left(\int_0^T\begin{bmatrix}1 & 0.5(1-e^{-2t})\\0 & e^{-2t}\end{bmatrix}dt\right)\begin{bmatrix}0\\1\end{bmatrix}\\&=\begin{bmatrix}T & 0.5T+0.25e^{-2T}-0.25\\0 & -0.5e^{-2T}+0.5\end{bmatrix}\begin{bmatrix}0\\1\end{bmatrix}\\&=\begin{bmatrix}0.5T+0.25e^{-2T}-0.25\\-0.5e^{-2T}+0.5\end{bmatrix}\\&=\begin{bmatrix}0.005\\0.091\end{bmatrix}\end{aligned}$$

于是给定连续系统的离散化模型的状态方程为

$$\begin{bmatrix}x_1(k+1)\\x_2(k+1)\end{bmatrix}=\begin{bmatrix}1 & 0.091\\0 & 0.819\end{bmatrix}\begin{bmatrix}x_1(k)\\x_2(k)\end{bmatrix}+\begin{bmatrix}0.005\\0.091\end{bmatrix}u(k)$$

11.4　离散时间系统的稳定性

在第5章中,我们以连续时间系统为对象,讨论了系统的零输入响应即自由运动的稳定性。现在,我们把这一讨论推广到离散时间系统导出相应的一些结论。

11.4.1　离散时间系统的 Lyapunov 稳定性

考虑由差分方程描述的离散时间系统

$$\boldsymbol{x}(k+1)=\boldsymbol{f}[\boldsymbol{x}(k),k] \tag{11.4.1}$$

其中,$k\in I=\{h+i\,|\,i=0,1,2,\cdots;h\geqslant 0\}$,$\boldsymbol{x}\in\mathbf{R}^n$;$\boldsymbol{f}:\mathbf{R}^n\times I\to\mathbf{R}^n$。需指出,对于每个 $\boldsymbol{x}_0\in\mathbf{R}^n$ 及对每个初始时刻 $h\geqslant 0$,方程(11.4.1)有唯一解 $\boldsymbol{x}(k;\boldsymbol{x}_0,h)$,且 $\boldsymbol{x}(h;\boldsymbol{x}_0,h)=\boldsymbol{x}_0$。这里还假设,对于所有 $k\in I$,$\boldsymbol{f}(\boldsymbol{x},k)=\boldsymbol{x}$ 成立的充要条件是 $\boldsymbol{x}=0$,因此,方程(11.4.1)有唯一的平衡点 $\boldsymbol{x}=0$。

关于系统(11.4.1)的稳定性,我们可以将对于连续时间系统的平衡点 $\boldsymbol{x}=0$ 的有关稳定、一致稳定、一致渐近稳定等定义类似地用到系统(11.4.1)的平衡点 $\boldsymbol{x}=0$ 上来,其中只需用 $k\in I$ 来代替 $k\in J=[h,+\infty)$ 即可。

定义 11.4.1　离散线性系统(11.4.1)的平衡点 $\boldsymbol{x}=0$ 称为是稳定的，如果对于任给的 $\varepsilon>0$ 及任何非负整数 h，存在 $\delta=\delta(\varepsilon,h)>0$，使当 $\|\boldsymbol{x}_0\|<\delta$ 时，有

$$\|\boldsymbol{x}(k;\boldsymbol{x}_0,h)\|<\varepsilon$$

对于所有 $k\geqslant h$ 成立。

在上述定义中，δ 依赖于 ε 与 h。如果 δ 与 h 无关，即 $\delta=\delta(\varepsilon)$，则方程(11.4.1)的平衡点 $\boldsymbol{x}=0$ 称为是一致稳定的。

定义 11.4.2　离散系统(11.4.1)的平衡点 $\boldsymbol{x}=0$ 称为是渐近稳定的，如果它是稳定的，同时存在一个 $\eta(h)>0$，使得当 $\|\boldsymbol{x}_0\|<\eta$ 时，有

$$\lim_{k\to\infty}\boldsymbol{x}(k;\boldsymbol{x}_0,h)=0$$

定义 11.4.3　离散系统(11.4.1)的平衡点 $\boldsymbol{x}=0$ 称为是一致渐近稳定的，如果它是一致稳定的，同时对每个 $\varepsilon>0$ 及任意非负整数 h，存在一个 $\delta_0>0$(与 h 和 ε 无关)及一 $T(\varepsilon)>0$(与 h 无关)，使当 $\|\boldsymbol{x}_0\|<\delta_0$ 时，对所有 $k\geqslant h+T(\varepsilon)$，有

$$\|\boldsymbol{x}(k;\boldsymbol{x}_0,h)\|<\varepsilon$$

对所有 $k\geqslant h+T(\varepsilon)$ 成立。

定义 11.4.4　离散系统(11.4.1)的平衡点 $\boldsymbol{x}=0$ 称为是指数稳定的，如果存在一 $\alpha>0$，且对每个 $\varepsilon>0$，存在一个 $\delta(\varepsilon)>0$，使当 $\|\boldsymbol{x}_0\|<\delta(\varepsilon)$ 时，有

$$\|\boldsymbol{x}_0(k;\boldsymbol{x}_0,h)\|\leqslant\varepsilon e^{-\alpha(k-t_0)}$$

对于所有 $k\geqslant h$ 成立。

定义 11.4.5　离散系统(11.4.1)的平衡点 $\boldsymbol{x}=0$ 称为是不稳定的，如果定义 11.4.1 中的条件不成立。

关于方程(11.4.1)解的全局性质，我们有如下定义。

定义 11.4.6　离散系统(11.4.1)的解称为是一致有界的，如果对任何 $\alpha>0$ 及非负整数 h，存在一个 $\beta=\beta(\alpha)>0$(与 h 无关)，使得当 $\|\boldsymbol{x}_0\|<\alpha$ 时，有

$$\|\boldsymbol{x}(k;\boldsymbol{x}_0,h)\|<\beta$$

对所有 $k\geqslant h$ 成立。

定义 11.4.7　离散系统(11.4.1)的平衡点 $\boldsymbol{x}=0$ 称为是全局稳定的，如果它是稳定的，并且方程(11.4.1)的每个解当 $k\to\infty$ 时趋于零。

定义 11.4.8　离散系统(11.4.1)的平衡点 $\boldsymbol{x}=0$ 称为是全局一致渐近稳定的，如果：

(1) 它是一致稳定的；

(2) 方程(11.4.1)的解是一致有界的；

(3) 对任何 $\alpha>0$，任何 ε 及 $h\in\mathbf{R}^+$ 存在 $T(\varepsilon,\alpha)$(与 h 无关)，使得当 $\|\boldsymbol{x}_0\|<\alpha$ 时，有

$$\|\boldsymbol{x}(k;\boldsymbol{x}_0,h)\|<\varepsilon$$

对于所有的 $k\geqslant h+T(\varepsilon,\alpha)$ 成立。

定义 11.4.9　方程(11.4.1)的平衡点 $\boldsymbol{x}=0$ 称为是全局指数稳定的。如果存在 $\alpha>0$,并对任何 $\beta>0$,存在 $N(\beta)$,使当 $\|\boldsymbol{x}_0\|<\beta$ 时,有

$$\|\boldsymbol{x}(k;\boldsymbol{x}_0,h)\|\leqslant N(\beta)\boldsymbol{x}_0\mathrm{e}^{-\alpha(k-t_0)}$$

对于所有 $k\geqslant t_0$ 成立。

11.4.2　离散时间系统的 Lyapunov 主稳定性定理

为简单起见,我们限于讨论定常离散时间系统的情况。考虑定常离散时间系统

$$\boldsymbol{x}(k+1)=\boldsymbol{f}(\boldsymbol{x}(k)),\quad k=0,1,2,\cdots \tag{11.4.2}$$

且设 $\boldsymbol{f}(0)=0$,即 $\boldsymbol{x}=0$ 为其平衡状态,类似于连续时间系统,可给出离散时间系统(11.4.2)的 Lyapunov 主稳定性定理。

定理 11.4.1(离散系统的全局渐近稳定判据)　对于离散系统(11.4.2),如果存在一个相对于 $\boldsymbol{x}(k)$ 的标量函数 $V[\boldsymbol{x}(k)]$,且对任意 $\boldsymbol{x}(k)$ 满足:

(1) $V[\boldsymbol{x}(k)]$ 为正定;

(2) $\Delta V[\boldsymbol{x}(k)]=V[\boldsymbol{x}(k+1)]-V[\boldsymbol{x}(k)]$ 负定;

(3) 当 $\|\boldsymbol{x}(k)\|\to\infty$ 时,有 $V[\boldsymbol{x}(k)]\to\infty$

则原点平衡状态,即 $\boldsymbol{x}=0$ 为全局渐近稳定。

在实际运用定理 11.4.1 时发现,由于条件(2)偏于保守,以致对相当一些问题导致判断失效,因此,可相应对其放宽,而得到较少保守性的 Lyapunov 主稳定性定理。

定理 11.4.2(离散系统的全局渐近稳定判据)　对于离散时间系统(11.4.1),如果存在一个相对于 $\boldsymbol{x}(k)$ 的标量函数 $V[\boldsymbol{x}(k)]$,且对任意 $\boldsymbol{x}(k)$ 满足以下条件:

(1) $V[\boldsymbol{x}(k)]$ 为正定;

(2) $\Delta V[\boldsymbol{x}(k)]$ 为负半定;

(3) 对由任意初态 $\boldsymbol{x}(0)$ 所确定的(11.4.1)的解 $\boldsymbol{x}(k)$ 的轨线,$\Delta V[\boldsymbol{x}(k)]$ 不恒为零;

(4) 当 $\|\boldsymbol{x}(k)\|\to\infty$ 时,有 $V[\boldsymbol{x}(k)]\to\infty$。

则原点平衡状态,即 $\boldsymbol{x}=0$ 为全局渐近稳定。

从上述主稳定性定理出发,还可很容易地导出对离散时间系统的一个很直观但应用很方便的判据。

推论 11.4.1　对于离散时间系统(11.4.2),设 $\boldsymbol{f}(0)=0$,则当 $\boldsymbol{f}[\boldsymbol{x}(k)]$ 收敛,即对所有 $\boldsymbol{x}(k)\neq0$ 有

$$\|\boldsymbol{f}[\boldsymbol{x}(k)]\|<\|\boldsymbol{x}(k)\| \tag{11.4.3}$$

时,系统的原点平衡状态,即 $\boldsymbol{x}=0$,为全局渐近稳定。

证明　取 $V[\boldsymbol{x}(k)]=\|\boldsymbol{x}(k)\|$,易知 $V[\boldsymbol{x}(k)]$ 为正定。再由

$$\begin{aligned}\Delta V[\boldsymbol{x}(k)]&=V[\boldsymbol{x}(k+1)]-V[\boldsymbol{x}(k)]\\&=\|\boldsymbol{x}(k+1)\|-\|\boldsymbol{x}(k)\|\\&=\|\boldsymbol{f}[\boldsymbol{x}(k)]\|-\|\boldsymbol{x}(k)\|\end{aligned}\tag{11.4.4}$$

和式(11.4.3)可知，$\Delta V[\boldsymbol{x}(k)]$为负定。此外，显然有$\|\boldsymbol{x}(k)\|\to\infty$，导致$V[\boldsymbol{x}(k)]\to\infty$。从而，依据定理 11.4.1 即知，原点平衡状态为全局渐近稳定。

ΔΔΔ

11.4.3　线性离散时间系统的稳定性判定

现在我们转而讨论下述线性离散时间系统

$$\boldsymbol{x}(k+1)=\boldsymbol{G}\boldsymbol{x}(k),\quad \boldsymbol{x}(0)=\boldsymbol{x}_0,\quad k=0,1,2,\cdots \tag{11.4.5}$$

的稳定性。我们称$\boldsymbol{G}\boldsymbol{x}_e=0$的解状态$\boldsymbol{x}_e$为其平衡状态。通常，除了原点平衡状态$\boldsymbol{x}_e=0$外，当$\boldsymbol{G}$为奇异时也可有非零平衡状态。和连续时间系统相对应，对于系统(11.4.5)有如下的一些稳定性判别定理。

定理 11.4.3　对于线性定常离散系统(11.4.5)，有如下结论：

(1) 其每一个平衡状态$\boldsymbol{x}_e$是 Lyapunov 意义下稳定的充分必要条件是，$\boldsymbol{G}$的全部特征值$\mu_i=\lambda_i(\boldsymbol{G})(i=1,2,\cdots,n)$的幅值均等于或小于 1，且幅值等于 1 的那些特征值是$\boldsymbol{G}$的最小多项式的单根。

(2) 其唯一平衡状态$\boldsymbol{x}_e=0$是渐近稳定的充分必要条件是，$\boldsymbol{G}$的全部特征值$\mu_i=\lambda_i(\boldsymbol{G})(i=1,2,\cdots,n)$的幅值均小于 1。

证明　这里我们只证明第二个结论，且仅限于对$\boldsymbol{G}$的特征值$u_i(i=1,2,\cdots,n)$为两两相异的情况进行证明。如若不是这种情况，其证明思路类同，但推证过程要繁杂一些。

由于$\mu_1,\mu_2,\cdots,\mu_n$为两两相异，故存在非奇异常阵$\boldsymbol{P}$，使得下式成立：

$$\boldsymbol{G}=\boldsymbol{P}\begin{bmatrix}\mu_1 & & \\ & \ddots & \\ & & \mu_n\end{bmatrix}\boldsymbol{P}^{-1}$$

将此式代入式(11.2.22)，可得到

$$\boldsymbol{\phi}(k;0,\boldsymbol{x}_0,0)=\boldsymbol{G}^k\boldsymbol{x}_0=\boldsymbol{P}\begin{bmatrix}\mu_1^k & & \\ & \ddots & \\ & & \mu_n^k\end{bmatrix}\boldsymbol{P}^{-1}\boldsymbol{x}_0$$

因而

$$\lim_{k\to\infty}\boldsymbol{\phi}(k;0,x_0,0)=\boldsymbol{P}\begin{bmatrix}\lim\limits_{k\to\infty}\mu_1^k & & \\ & \ddots & \\ & & \lim\limits_{k\to\infty}\mu_n^k\end{bmatrix}\boldsymbol{P}^{-1}\boldsymbol{x}_0$$

这表明,当且仅当式(11.2.22)成立时,有

$$\lim_{k\to\infty}\mu_i^k=0,\quad i=1,2,\cdots,n$$

和

$$\lim_{k\to\infty}\boldsymbol{\phi}(k;0,\boldsymbol{x}_0 0)=0$$

也即系统为渐近稳定。

ΔΔΔ

定理 11.4.4(定常线性系统的 Lyapunov 判据) 线性定常离散系统(11.4.5)的零平衡状态 $\boldsymbol{x}_e=0$ 为渐近稳定的充分必要条件是,对于任一给定的正定对称矩阵 $\boldsymbol{Q}$,离散型 Lyapunov 方程

$$\boldsymbol{G}^{\mathrm{T}}\boldsymbol{P}\boldsymbol{G}-\boldsymbol{P}=-\boldsymbol{Q} \tag{11.4.6}$$

有唯一正定对称解阵 $\boldsymbol{P}$。

推论 11.4.2 对于线性定常离散系统(11.4.5),矩阵 $\boldsymbol{G}$ 的所有特征值的幅值均小于 σ,即

$$\lambda_i(\boldsymbol{G})<\sigma,\quad 0\leqslant\sigma\leqslant 1,\quad i=1,2,\cdots,n \tag{11.4.7}$$

当且仅当对任意给定的正定对称矩阵 $\boldsymbol{Q}$,形如下式的 Lyapunov 方程:

$$\sigma^2\boldsymbol{G}^{\mathrm{T}}\boldsymbol{P}\boldsymbol{G}-\boldsymbol{P}=-\boldsymbol{Q} \tag{11.4.8}$$

有唯一正定对称解阵 $\boldsymbol{P}$。

上述结论的证明过程,类同于连续时间的线性定常系统的相应结论的推证过程,此处略去。

定理 11.4.4 可以推广到线性时变离散系统的情况,为此我们引入下述定义。

定义 11.4.10 设 $\boldsymbol{P}(k)$ 为一 $n\times n$ 阶的对称矩阵,如果存在 $\alpha\geqslant\beta>0$,使得对于所有的 $k=0,1,2,\cdots$ 均成立

$$\beta\boldsymbol{I}\leqslant\boldsymbol{P}(k)\leqslant\alpha\boldsymbol{I}$$

便称矩阵 $\boldsymbol{P}(k)$ 为一致有界、一致正定的。

定理 11.4.5 离散时变线性系统

$$\boldsymbol{x}(k+1)=\boldsymbol{G}(k)\boldsymbol{x}(k),\quad k=0,1,2,\cdots \tag{11.4.9}$$

一致渐近稳定的充要条件是对于任何一致有界、一致对称正定的 $n\times n$ 矩阵 $\boldsymbol{Q}(k)$,Lyapunov 差分矩阵方程

$$\boldsymbol{G}^{\mathrm{T}}(k)\boldsymbol{P}(k+1)\boldsymbol{G}(k)-\boldsymbol{P}(k)+\boldsymbol{Q}(k)=0 \tag{11.4.10}$$

关于 $\boldsymbol{P}(k)$ 存在唯一的一致有界、一致对称正定解。

11.4.4 Schur-Cohn 判据

由 11.4.3 节定理 11.4.3 可见,定常离散线性系统的渐近稳定性判定可归结

为判定常数矩阵的特征值是否位于复平面的单位圆之内的问题，这一问题又可进一步归结为一个实系数多项式的根是否全部位于复平面的单位圆之内。我们称其全部根均位于复平面的单位圆之内的实系数多项式为稳定多项式或 Schur 多项式。与连续情形的 Hurwitz 判据相对应，判定一个多项式是否为 Schur 多项式的一个重要判据称为 Schur-Cohn 判据。

离散系统的 Schur-Cohn 判据与连续系统的 Routh-Hurwitz 法判据类似，通过计算多项式的系数行列式，从而判断在 z 平面上是否有根落在单位圆的外面。设离散系统的特征多项式为

$$F(z)=a_0+a_1z+\cdots+a_nz^n \tag{11.4.11}$$

选系数行列式为

$$\Delta_k=\begin{vmatrix} a_0 & 0 & 0 & \cdots & 0 & a_n & a_{n-1} & a_{n-2} & \cdots & a_{n-k+1} \\ a_1 & a_0 & 0 & \cdots & 0 & 0 & a_n & a_{n-1} & \cdots & a_{n-k+2} \\ a_2 & a_1 & a_0 & \cdots & 0 & 0 & 0 & a_n & \cdots & a_{n-k+3} \\ \vdots & \vdots & \vdots & & \vdots & \vdots & \vdots & \vdots & & \vdots \\ a_{k-1} & a_{k-2} & a_{k-3} & \cdots & a_0 & 0 & 0 & 0 & \cdots & a_n \\ \bar{a}_n & 0 & 0 & \cdots & 0 & \bar{a}_0 & \bar{a}_1 & \bar{a}_2 & \cdots & a_{k-1} \\ \bar{a}_{n-1} & \bar{a}_n & 0 & \cdots & 0 & 0 & \bar{a}_0 & \bar{a}_1 & \cdots & \bar{a}_{n-2} \\ \bar{a}_{n-2} & \bar{a}_{n-1} & \bar{a}_n & \cdots & 0 & 0 & 0 & \bar{a}_0 & \cdots & \bar{a}_{n-3} \\ \vdots & \vdots & \vdots & & \vdots & \vdots & \vdots & \vdots & & \vdots \\ \bar{a}_{n-k+1} & \bar{a}_{n-k+2} & \bar{a}_{n-k+3} & \cdots & \bar{a}_n & 0 & 0 & 0 & \cdots & \bar{a}_0 \end{vmatrix} \tag{11.4.12}$$

式中，$k=1,2,\cdots,n$；$\bar{a}_n$ 为 a_n 的共轭复数。Δ_k 是 $2k$ 行 $2k$ 列的行列式，当 $k=1$ 时，有 $a_{k-1}=a_0$，并且 $a_{n-k+1}=a_n$，因此

$$\Delta_1=\begin{vmatrix} a_0 & a_n \\ \bar{a}_n & \bar{a}_0 \end{vmatrix}=a_0\bar{a}_0-a_n\bar{a}_n$$

当 $k=2$ 时，有 $a_{k-1}=a_1$，$a_{k-2}=a$，$a_{n-k+1}=a_{n-1}$ 和 $a_{n-k+2}=a_n$，从而

$$\Delta_2=\begin{vmatrix} a_0 & 0 & a_n & a_{n-1} \\ a_1 & a_0 & 0 & a_n \\ \bar{a}_n & 0 & \bar{a}_0 & \bar{a}_1 \\ \bar{a}_{n-1} & \bar{a}_n & 0 & \bar{a}_0 \end{vmatrix}$$

同样的，当 $k=3$ 时，有

$$
\Delta_3=\begin{vmatrix} a_0 & 0 & 0 & a_n & a_{n-1} & a_{n-2} \\ a_1 & a_0 & 0 & 0 & a_n & a_{n-1} \\ a_2 & a_1 & a_0 & 0 & 0 & a_n \\ \bar{a}_n & 0 & 0 & \bar{a}_0 & \bar{a}_1 & \bar{a}_2 \\ \bar{a}_{n-1} & \bar{a}_n & 0 & 0 & \bar{a}_0 & \bar{a}_1 \\ \bar{a}_{n-2} & \bar{a}_{n-1} & \bar{a}_n & 0 & 0 & \bar{a}_0 \end{vmatrix}
$$

在规定 $\Delta_0=1$ 的条件下,各阶行列式按顺序 $\Delta_0,\Delta_1,\Delta_2,\cdots,\Delta_k,\cdots,\Delta_n$ 的符号变更的数目就是稳定根的数目,也就是说,如多项式 $F(s)$稳定,则 $\Delta_0,\Delta_1,\Delta_2,\cdots,\Delta_n$ 的变号数等于 $F(s)$的次数。由此可得判定多项式 $F(s)$是否为 Schur 多项式的下述 Schur-Cohn 判据。

定理 11.4.6(Schur-Cohn 判据) 已知由式(11.4.11)表出的多项式 $F(s)$,$\Delta_1,\Delta_2,\cdots,\Delta_n$由式(11.4.12)定义,则多项式 $F(s)$为 Schur 多项式的充要条件是

$$
\begin{cases}\Delta_k<0, & \text{对于 } k \text{ 为奇数} \\ \Delta_k>0, & \text{对于 } k \text{ 为偶数}\end{cases} \quad k=0,1,\cdots,n
$$

此处规定 $\Delta_0=1$。

11.5 离散时间系统的能控性和能观性

离散时间系统的能控性和能观性的概念和判据基本上和连续时间系统的情形是平行的,但值得注意的是,对离散时间系统而言,能控性和能达性的等价性却要求了较强的条件。

11.5.1 能控性和能达性

考虑线性时变离散时间系统

$$
\boldsymbol{x}(k+1)=\boldsymbol{G}(k)\boldsymbol{x}(k)+\boldsymbol{H}(k)\boldsymbol{u}(k), \quad k\in J_k \tag{11.5.1}
$$

其中,J_k 为离散时间定义区间。

定义 11.5.1 如果对初始时刻 $h\in J_k$ 和状态空间中的所有非零状态 $\boldsymbol{x}_0$,都存在时刻 $l\in J_k,l>h$ 和对应的控制 $\boldsymbol{u}(k)$,使得系统(11.5.1)在这个控制作用下的第 l 步的状态为零,即 $\boldsymbol{x}(l)=0$,则称系统在时刻 h 为完全能控。对应地,如果对初始时刻 $h\in J_k$ 和初始状态 $\boldsymbol{x}(h)=0$,存在时刻 $l\in J_k,l>h$ 和相应的控制 $\boldsymbol{u}(k)$,使得在这一控制的作用下,系统(11.5.1)的状态 $\boldsymbol{x}(l)$可为状态空间中的任意非零点,则称系统在时刻 h 为完全能达。

对于离散时间系统,不管是时变的还是定常的,其能控性和能达性只是在一定的条件下才是等价的。对此,我们可指出如下的几点结论。

定理 11.5.1 线性离散时间系统(11.5.1)的能控性和能达性为等价的充分

必要条件，是其系统矩阵 $\boldsymbol{G}(k)$ 对所有 $k\in[h,l-1]$ 为非奇异。

证明　先考虑能控性，按定义存在 $\boldsymbol{u}(k)$ 满足

$$0=\boldsymbol{x}(l)=\boldsymbol{\Phi}(l,h)\boldsymbol{x}_0+\sum_{k=h}^{l-1}\boldsymbol{\Phi}(l,k+1)\boldsymbol{H}(k)\boldsymbol{u}(k) \tag{11.5.2}$$

由此可导出

$$\boldsymbol{\Phi}(l,h)x_0=-\sum_{k=h}^{l-1}\boldsymbol{\Phi}(l,k+1)\boldsymbol{H}(k)\boldsymbol{u}(k) \tag{11.5.3}$$

再考虑能达性，按定义存在 $\boldsymbol{u}(k)$ 满足

$$\boldsymbol{x}(l)=\sum_{k=h}^{l-1}\boldsymbol{\Phi}(l,k+1)\boldsymbol{H}(k)\boldsymbol{u}(k) \tag{11.5.4}$$

若将式(11.5.3)和式(11.5.4)中的控制取为相同的 $\boldsymbol{u}(k)$，那么由此可得

$$\boldsymbol{x}(l)=-\boldsymbol{\Phi}(l,h)\boldsymbol{x}_0 \tag{11.5.5}$$

再注意到状态转移矩阵

$$\boldsymbol{\Phi}(l,h)=\boldsymbol{G}(l-1)\boldsymbol{G}(l-2)\cdots\boldsymbol{G}(h)=\prod_{k=l-1}^{h}\boldsymbol{G}(k) \tag{11.5.6}$$

将式(11.5.6)代入式(11.5.5)，可导出

$$\boldsymbol{x}(l)=-\Big[\prod_{k=l-1}^{h}\boldsymbol{G}(k)\Big]\boldsymbol{x}_0 \tag{11.5.7}$$

这表明，当且仅当 $\boldsymbol{G}(k)$ 对所有 $k\in[h,l-1]$ 为非奇异时，对任一能控的 $\boldsymbol{x}_0$ 必对应于唯一的能达状态 $\boldsymbol{x}(l)$，而对任一能达的 $\boldsymbol{x}(l)$ 也必对应于唯一的能控状态 $\boldsymbol{x}_0$，也即系统的能控和能达为等价。

ΔΔΔ

根据定理 11.5.1 立即可以导出下述推论。

推论 11.5.1　对于线性定常离散时间系统

$$\boldsymbol{x}(k+1)=\boldsymbol{G}\boldsymbol{x}(k)+\boldsymbol{H}\boldsymbol{u}(k),\quad k=0,1,\cdots \tag{11.5.8}$$

其能控性和能达性为等价的充分必要条件是系统矩阵 $\boldsymbol{G}$ 为非奇异。

定理 11.5.2　如果离散时间系统(11.5.1)或系统(11.5.8)是相应连续时间系统的时间离散化模型，则其能控性和能达性必是等价的。

证明　由本章 11.3 节可知，此种情况下有

$$\boldsymbol{G}(k)=\boldsymbol{\Phi}(k+1,k),\quad k\in J_k \tag{11.5.9}$$

和

$$\boldsymbol{G}=\mathrm{e}^{\boldsymbol{A}T} \tag{11.5.10}$$

其中，$\boldsymbol{\Phi}(\cdot,\cdot)$ 为连续时间系统的状态转移矩阵；T 为采样周期。但知，$\boldsymbol{\Phi}(t,t_0)$ 和 $\mathrm{e}^{\boldsymbol{A}t}$ 均为非奇异，从而 $\boldsymbol{G}(k)$ 和 $\boldsymbol{G}$ 必为非奇异。于是，由定理 11.5.1 及推论 11.5.1 即可导出此结论。

ΔΔΔ

11.5.2 能控性判据

离散时间系统的能控性判据,大多可由连续时间系统的能控性判据稍加修改后得到。下面将略去一切证明,而直接给出其结论。

定理 11.5.3(时变离散系统的 Gram 矩阵判据) 线性时变离散系统(11.5.1)在时刻 $h(h\in J_k)$ 为完全能控的充分必要条件是,存在有限时刻 $l\in J_k$, $l>h$,使如下定义的 Gram 矩阵为非奇异:

$$\boldsymbol{W}_{\mathrm{c}}(h,l)=\sum_{k=h}^{l-1}\boldsymbol{\Phi}(h,k+1)\boldsymbol{H}(k)\boldsymbol{H}^{\mathrm{T}}(k)\boldsymbol{\Phi}^{\mathrm{T}}(h,k+1) \tag{11.5.11}$$

需要指出的是,式(11.5.11)的计算比之连续时间系统能控性的 Gram 矩阵的计算要远为简单,这样,定常离散时间系统的情形要更为简单。

对于定常系统(11.5.8),定义

$$\boldsymbol{Q}_{\mathrm{c}}=[\boldsymbol{H}\quad \boldsymbol{GH}\quad \cdots\quad \boldsymbol{G}^{n-1}\boldsymbol{H}] \tag{11.5.12}$$

则我们有下述结果。

定理 11.5.4(定常离散系统的秩判据) 线性离散定常系统(11.5.8)为完全能控的充分必要条件是

$$\operatorname{rank}\boldsymbol{Q}_{\mathrm{c}}=\operatorname{rank}[\boldsymbol{Q}_{\mathrm{c}}\quad \boldsymbol{G}^{n}] \tag{11.5.13}$$

证明 由状态响应公式可知系统(11.5.8)的响应为

$$\boldsymbol{x}(k)=\boldsymbol{G}^{k}\boldsymbol{x}(0)+\sum_{j=0}^{k-1}\boldsymbol{G}^{k-i-1}\boldsymbol{Hu}(i) \tag{11.5.14}$$

设系统在第 n 步能使初始状态 $\boldsymbol{x}(0)$ 转移到零状态,于是由式(11.5.14)可得

$$0=\boldsymbol{G}^{n}\boldsymbol{x}(0)+\sum_{j=0}^{n-1}\boldsymbol{G}^{n-j-1}\boldsymbol{Hu}(j)$$

即

$$\begin{aligned}-\boldsymbol{G}^{n}\boldsymbol{x}(0)&=\sum_{j=0}^{n-1}\boldsymbol{G}^{n-j-1}\boldsymbol{Hu}(j)\\&=\boldsymbol{G}^{n-1}\boldsymbol{Hu}(0)+\boldsymbol{G}^{n-2}\boldsymbol{Hu}(1)+\cdots+\boldsymbol{Hu}(n-1)\end{aligned}$$

上式可以写成下述矩阵形式:

$$[\boldsymbol{H}\quad \boldsymbol{GH}\quad \cdots\quad \boldsymbol{G}^{n-1}\boldsymbol{H}]\begin{bmatrix}\boldsymbol{u}(n-1)\\ \boldsymbol{u}(n-2)\\ \vdots\\ \boldsymbol{u}(0)\end{bmatrix}=-\boldsymbol{G}^{n}\boldsymbol{x}(0) \tag{11.5.15}$$

式(11.5.15)是一个非齐次线性代数方程,由线性方程解的存在性理论可知,上式存在控制序列 $\{\boldsymbol{u}(0),\boldsymbol{u}(1),\cdots,\boldsymbol{u}(n-1)\}$ 的充要条件为

$$\operatorname{rank}[\boldsymbol{H}\quad \boldsymbol{GH}\quad \cdots\quad \boldsymbol{G}^{n-1}\boldsymbol{H}]=\operatorname{rank}[\boldsymbol{H}\quad \boldsymbol{GH}\quad \cdots\quad \boldsymbol{G}^{n-1}\boldsymbol{H}\quad \boldsymbol{G}^{n}\boldsymbol{x}(0)]$$

考虑到系统的初始状态 $\boldsymbol{x}(0)$ 是属于 n 维状态空间中任意一个状态，因此上式等价于

$$\mathrm{rank}[\boldsymbol{H}\quad \boldsymbol{GH}\quad \cdots\quad \boldsymbol{G}^{n-1}\boldsymbol{H}]=\mathrm{rank}[\boldsymbol{H}\quad \boldsymbol{GH}\quad \cdots\quad \boldsymbol{G}^{n-1}\boldsymbol{H}\quad \boldsymbol{G}^{n}]$$

此即式(11.5.13)。

△△△

由上述定理和定理 11.5.1，我们立刻可以导出下述推论。

推论 11.5.2　当矩阵 $\boldsymbol{G}$ 为可逆时，线性离散定常系统(11.5.8)为完全能控(完全能达)的充分必要条件是

$$\mathrm{rank}[\boldsymbol{H} \mid \boldsymbol{GH} \mid \cdots \mid \boldsymbol{G}^{n-1}\boldsymbol{H}]=n \tag{11.5.16}$$

其中，n 为系统的维数。

从定理 11.5.4 出发，对单输入的线性定常离散系统，还可导出如下的一个有意义的推论。

推论 11.5.3　考虑单输入定常离散系统

$$\boldsymbol{x}(k+1)=\boldsymbol{Gx}(k)+\boldsymbol{h}u(k),\quad k=0,1,2,\cdots \tag{11.5.17}$$

其中，$\boldsymbol{x}$ 为 n 维状态向量；$\boldsymbol{u}$ 为标量输入；$\boldsymbol{G}$ 假定为非奇异。则当系统为完全能控时，可构造如下的控制：

$$\begin{bmatrix} u(0) \\ u(1) \\ \vdots \\ u(n-1) \end{bmatrix}=-[\boldsymbol{G}^{-1}\boldsymbol{h}\quad \boldsymbol{G}^{-2}\boldsymbol{h}\quad \cdots\quad \boldsymbol{G}^{-n}\boldsymbol{h}]^{-1}\boldsymbol{x}_0 \tag{11.5.18}$$

使在 n 步内将任意状态 $\boldsymbol{x}(0)=\boldsymbol{x}_0$ 转移到状态空间的原点上。

证明　由式(11.5.17)可导出状态运动的表达式为

$$\begin{aligned}\boldsymbol{x}(n)&=\boldsymbol{G}^n\boldsymbol{x}_0+[\boldsymbol{G}^{n-1}\boldsymbol{h}u(0)+\cdots+\boldsymbol{Gh}u(n-2)+\boldsymbol{h}u(n-1)]\\&=\boldsymbol{G}^n\boldsymbol{x}_0+\boldsymbol{G}^n[\boldsymbol{G}^{-1}\boldsymbol{h}u(0)+\cdots+\boldsymbol{G}^{-(n-1)}\boldsymbol{h}u(n-2)+\boldsymbol{G}^{-n}\boldsymbol{h}u(n-1)]\\&=\boldsymbol{G}^n\boldsymbol{x}_0+\boldsymbol{G}^n[\boldsymbol{G}^{-1}\boldsymbol{h}\quad \cdots\quad \boldsymbol{G}^{-n}\boldsymbol{h}]\begin{bmatrix} u(0) \\ \vdots \\ u(n-1) \end{bmatrix}\end{aligned}$$

再由系统为完全能控，以及

$$[\boldsymbol{G}^{n-1}\boldsymbol{h}\quad \cdots\quad \boldsymbol{Gh}\quad \boldsymbol{h}]=\boldsymbol{G}^n[\boldsymbol{G}^{-1}\boldsymbol{h}\quad \cdots\quad \boldsymbol{G}^{-n}\boldsymbol{h}]$$

又可推知

$$[\boldsymbol{G}^{-1}\boldsymbol{h}\quad \boldsymbol{G}^{-2}\boldsymbol{h}\quad \cdots\quad \boldsymbol{G}^{-n}\boldsymbol{h}]$$

为非奇异，从而式(11.5.18)的控制是可构成的。这样，将式(11.5.18)代入式(11.5.17)，就可得到

$$\boldsymbol{x}(n)=\boldsymbol{G}^n\boldsymbol{x}_0-\boldsymbol{G}^n[\boldsymbol{G}^{-1}\boldsymbol{h}\quad \cdots\quad \boldsymbol{G}^{-n}\boldsymbol{h}][\boldsymbol{G}^{-1}\boldsymbol{h}\quad \cdots\quad \boldsymbol{G}^{-n}\boldsymbol{h}]^{-1}\boldsymbol{x}_0=\boldsymbol{G}^n\boldsymbol{x}_0-\boldsymbol{G}^n\boldsymbol{x}_0=0$$

于是推论得证。

△△△

推论 11.5.2 指出,条件(11.5.16)为矩阵 G 可逆时的线性离散定常系统(11.5.8)完全能达的充分必要条件。下述定理则进一步指出,该条件亦为一般情形下定常系统(11.5.8)完全能达的充分必要条件。

定理 11.5.5　线性离散定常系统(11.5.8)状态完全能达的充要条件是式(11.5.16)成立。

证明　为考虑能达性,需要考虑系统由 $\boldsymbol{x}(0)=0$ 出发的轨迹。因此,式(11.5.14)可写为

$$\begin{aligned}\boldsymbol{x}(n) &= \sum_{j=0}^{n-1}\boldsymbol{G}^{n-j-1}\boldsymbol{H}\boldsymbol{u}(j)\\ &= \boldsymbol{G}^{n-1}\boldsymbol{H}\boldsymbol{u}(0)+\boldsymbol{G}^{n-2}\boldsymbol{H}\boldsymbol{u}(1)+\cdots+\boldsymbol{H}\boldsymbol{u}(n-1)\\ &= [\boldsymbol{H}\quad \boldsymbol{GH}\quad \cdots\quad \boldsymbol{G}^{n-1}\boldsymbol{H}]\begin{bmatrix}\boldsymbol{u}(n-1)\\ \boldsymbol{u}(n-2)\\ \vdots\\ \boldsymbol{u}(0)\end{bmatrix}\end{aligned}$$

由于 $\boldsymbol{x}(n)$ 的任意性,控制序列 $\{\boldsymbol{u}(0),\boldsymbol{u}(1),\cdots,\boldsymbol{u}(n-1)\}$ 满足上式,当且仅当 $\boldsymbol{Q}_c$ 满秩,即条件(11.5.16)成立。

ΔΔΔ

11.5.3　能观性及其判据

考虑时变离散系统

$$\begin{cases}\boldsymbol{x}(k+1)=\boldsymbol{G}(k)\boldsymbol{x}(k)\\ \boldsymbol{y}(k)=\boldsymbol{C}(k)\boldsymbol{x}(k)\end{cases}\quad k\in J_k \tag{11.5.19}$$

定义 11.5.2　如果对初始时刻 $h\in J_k$ 的任一非零初态 $\boldsymbol{x}_0$,都存在有限时刻 $l\in J_k$, $l>h$,且可由 $[h,l]$ 上的输出 $\boldsymbol{y}(k)$ 唯一地确定 $\boldsymbol{x}_0$,则称系统在时刻 h 是完全能观的。

进一步,利用能控性和能观性间的对偶关系,还可直接导出能观性的判据和有关推论。

定理 11.5.6(时变离散系统的 Gram 矩阵判据)　线性时变离散系统(11.5.19)在时刻 $h(h\in J_k)$ 为完全能观的充分必要条件是,存在有限时刻 $l\in J_k$, $l>h$,使如下定义的 Gram 矩阵为非奇异:

$$\boldsymbol{W}_o(h,l)=\sum_{k=h}^{l-1}\boldsymbol{\Phi}^{\mathrm{T}}(k+1,h)\boldsymbol{C}^{\mathrm{T}}(k)\boldsymbol{C}(k)\boldsymbol{\Phi}(k+1,h) \tag{11.5.20}$$

定理 11.5.7(定常离散系统的秩判据)　线性定常离散系统

$$\begin{cases}\boldsymbol{x}(k+1)=\boldsymbol{G}\boldsymbol{x}(k)\\ \boldsymbol{y}(k)=\boldsymbol{C}\boldsymbol{x}(k)\end{cases}\quad k=0,1,2,\cdots \tag{11.5.21}$$

为完全能观的充分必要条件是

$$\operatorname{rank}\begin{bmatrix}\boldsymbol{C}\\ \boldsymbol{C}\boldsymbol{G}\\ \vdots\\ \boldsymbol{C}\boldsymbol{G}^{n-1}\end{bmatrix}=n \tag{11.5.22}$$

或

$$\operatorname{rank}[\boldsymbol{C}^{\mathrm{T}}\quad \boldsymbol{G}^{\mathrm{T}}\boldsymbol{C}^{\mathrm{T}}\quad \cdots\quad (\boldsymbol{G}^{\mathrm{T}})^{n-1}\boldsymbol{C}^{\mathrm{T}}]=n \tag{11.5.23}$$

推论 11.5.4　考虑单输出定常离散系统

$$\begin{cases}\boldsymbol{x}(k+1)=\boldsymbol{G}\boldsymbol{x}(k), & k=0,1,2,\cdots\\ y(k)=\boldsymbol{c}\boldsymbol{x}(k), & \boldsymbol{x}(0)=\boldsymbol{x}_0\end{cases} \tag{11.5.24}$$

其中，$\boldsymbol{x}$ 为 n 维状态向量；y 为标量输出。则当系统为完全能观时，可只利用 n 步内的输出值 $y(0),y(1),\cdots,y(n-1)$ 而构造出任意的非零状态 $\boldsymbol{x}_0$

$$\boldsymbol{x}_0=\begin{bmatrix}\boldsymbol{c}\\ \boldsymbol{c}\boldsymbol{G}\\ \vdots\\ \boldsymbol{c}\boldsymbol{G}^{n-1}\end{bmatrix}^{-1}\begin{bmatrix}y(0)\\ y(1)\\ \vdots\\ y(n-1)\end{bmatrix} \tag{11.5.25}$$

11.5.4　规范分解与规范型

与连续的情形相平行，线性定常离散时间系统也有在按能控性和/或能观性的规范结构分解和能控或能观规范型，这里进行简单介绍。

1. 定常线性离散系统的规范分解

定理 11.5.8　定常线性离散系统

$$\begin{cases}\boldsymbol{x}(k+1)=\boldsymbol{G}\boldsymbol{x}(k)+\boldsymbol{H}\boldsymbol{u}(k)\\ \boldsymbol{y}(k)=\boldsymbol{C}\boldsymbol{x}(k)\end{cases} \tag{11.5.26}$$

代数等价于下述按能控性结构分解的规范型

$$\begin{cases}\begin{bmatrix}\bar{\boldsymbol{x}}_{\mathrm{c}}(k+1)\\ \bar{\boldsymbol{x}}_{\bar{\mathrm{c}}}(k+1)\end{bmatrix}=\begin{bmatrix}\bar{\boldsymbol{G}}_{\mathrm{c}} & \bar{\boldsymbol{G}}_{12}\\ 0 & \bar{\boldsymbol{G}}_{\bar{\mathrm{c}}}\end{bmatrix}\begin{bmatrix}\bar{\boldsymbol{x}}_{\mathrm{c}}(k)\\ \bar{\boldsymbol{x}}_{\bar{\mathrm{c}}}(k)\end{bmatrix}+\begin{bmatrix}\bar{\boldsymbol{H}}_{\mathrm{c}}\\ 0\end{bmatrix}\boldsymbol{u}(k)\\ \boldsymbol{y}(k)=[\bar{\boldsymbol{C}}_{\mathrm{c}}\quad \bar{\boldsymbol{C}}_{\bar{\mathrm{c}}}]\begin{bmatrix}\bar{\boldsymbol{x}}_{\mathrm{c}}(k)\\ \bar{\boldsymbol{x}}_{\bar{\mathrm{c}}}(k)\end{bmatrix}\end{cases} \tag{11.5.27}$$

和按能观性结构分解的规范型

$$\begin{cases}\begin{bmatrix}\hat{\boldsymbol{x}}_{\mathrm{o}}(k+1)\\ \hat{\boldsymbol{x}}_{\bar{\mathrm{o}}}(k+1)\end{bmatrix}=\begin{bmatrix}\hat{\boldsymbol{G}}_{\mathrm{o}} & 0\\ \hat{\boldsymbol{G}}_{21} & \hat{\boldsymbol{G}}_{\bar{\mathrm{o}}}\end{bmatrix}\begin{bmatrix}\hat{\boldsymbol{x}}_{\mathrm{o}}(k)\\ \hat{\boldsymbol{x}}_{\bar{\mathrm{o}}}(k)\end{bmatrix}+\begin{bmatrix}\hat{\boldsymbol{H}}_{\mathrm{o}}\\ \hat{\boldsymbol{H}}_{\bar{\mathrm{o}}}\end{bmatrix}\boldsymbol{u}(k)\\ \boldsymbol{y}(k)=[\hat{\boldsymbol{C}}_{\mathrm{o}}\quad 0]\begin{bmatrix}\hat{\boldsymbol{x}}_{\mathrm{o}}(k)\\ \hat{\boldsymbol{x}}_{\bar{\mathrm{o}}}(k)\end{bmatrix}\end{cases} \tag{11.5.28}$$

其中,$\bar{x}_c$ 为 p 维能控分状态向量,即$(\bar{G}_c,\bar{H}_c)$能控;$\hat{x}_o$ 为 q 维能观分状态向量,即$(\hat{G}_o,\hat{C}_o)$能观。

与连续的情形一样,矩阵 $\bar{G}_c$ 和 $\bar{G}_{\bar{c}}$ 的特征值分别称为系统(11.5.26)的能控振型和不能控振型;矩阵 $\hat{G}_o$ 和 $\hat{G}_{\bar{o}}$ 的特征值分别称为系统(11.5.26)的能观振型和不能观振型。

关于规范结构分解式(11.5.27)和式(11.5.28)的求解算法,亦与连续情形相似,此处不加叙述。

2. 能控与能观规范型

考虑能控的单输入定常线性离散系统(11.5.17),记系统的特征多项式为

$$\det(s\boldsymbol{I}-\boldsymbol{G})=s^n+a_{n-1}s^{n-1}+\cdots+a_1s+a_0 \tag{11.5.29}$$

则它代数等价于第一能控规范型

$$\bar{\boldsymbol{x}}(k+1)=\begin{bmatrix}0 & \cdots & & -a_0\\ 1 & \cdots & & -a_1\\ & \ddots & & \vdots\\ & & 1 & -a_{n-1}\end{bmatrix}\bar{\boldsymbol{x}}(k)+\begin{bmatrix}1\\0\\ \vdots\\0\end{bmatrix}u(k) \tag{11.5.30}$$

和第二能控规范型

$$\hat{\boldsymbol{x}}(k+1)=\begin{bmatrix}0 & 1 & & \\ \vdots & \vdots & \ddots & \\ \vdots & \vdots & \cdots & 1\\ -a_0 & -a_1 & \cdots & -a_{n-1}\end{bmatrix}\hat{\boldsymbol{x}}(k)+\begin{bmatrix}0\\ \vdots\\0\\1\end{bmatrix}u(k) \tag{11.5.31}$$

关于上述两种能控规范型的求取,亦与连续情形类似,此处从略。

对于多输入系统的能控规范型以及能观规范型,均与连续的情况类似,请读者自行考虑。

11.6 连续系统时间离散化后保持能控和能观的条件

11.5 节讨论了离散时间系统的能控性和能观性,在本节中我们将探讨能控或能观的连续时间系统离散化后是否仍然保持能控性或能观性的问题。

11.6.1 问题的描述与结论

限于讨论定常的情况,设连续时间系统为

$$\Sigma:\begin{cases}\dot{\boldsymbol{x}}=\boldsymbol{A}\boldsymbol{x}+\boldsymbol{B}\boldsymbol{u}, & t\geqslant 0\\ \boldsymbol{y}=\boldsymbol{C}\boldsymbol{x}\end{cases} \tag{11.6.1}$$

而其以 T 为采样周期的时间离散化系统为

$$\Sigma_T:\begin{cases}\boldsymbol{x}(k+1)=\boldsymbol{G}\boldsymbol{x}(k)+\boldsymbol{H}\boldsymbol{u}(k)\\ \boldsymbol{y}(k)=\boldsymbol{C}\boldsymbol{x}(k),\quad k=0,1,2,\cdots\end{cases}\tag{11.6.2}$$

其中

$$\boldsymbol{G}=\mathrm{e}^{\boldsymbol{A}T},\quad \boldsymbol{H}=\int_0^T \mathrm{e}^{\boldsymbol{A}t}\,\mathrm{d}t\boldsymbol{B}$$

我们的问题是,当连续时间系统(11.6.1)能控或能观时,如何选取采样周期 T 才能保证相应的离散系统(11.6.2)能控或能观?对于这一问题,我们有如下的一个基本结论。

定理 11.6.1　设系统(11.6.1)能控或能观,令 $\lambda_1,\lambda_2,\cdots,\lambda_\mu$ 为 $\boldsymbol{A}$ 的全部特征值,且当 $i\neq j$ 时有 $\lambda_i\neq\lambda_j$,则时间离散化系统 Σ_T 保持能控或能观的一个充分条件是采样周期 T 的数值,对一切满足

$$\mathrm{Re}[\lambda_i-\lambda_j]=0,\quad i,j=1,2,\cdots,\mu\tag{11.6.3}$$

的特征值,成立

$$T\neq\frac{2l\pi}{\mathrm{Im}(\lambda_i-\lambda_j)},\quad l=\pm1,\pm2,\cdots\tag{11.6.4}$$

11.6.2　定理 11.6.1 的证明

第 1 步:证明在条件(11.6.3)和条件(11.6.4)下,Σ_T 能控归结为 $\mathrm{e}^{A_kT}\boldsymbol{B}$ 行线性无关。

由 Jordan 分解可知,存在可逆矩阵 $\boldsymbol{Q}$,满足

$$\boldsymbol{Q}\boldsymbol{A}\boldsymbol{Q}^{-1}=\begin{bmatrix}\boldsymbol{J}_1 & & & \\ & \boldsymbol{J}_2 & & \\ & & \ddots & \\ & & & \boldsymbol{J}_\mu\end{bmatrix}\tag{11.6.5}$$

其中

$$\boldsymbol{J}_i=\begin{bmatrix}\boldsymbol{J}_{i1} & & & \\ & \boldsymbol{J}_{i2} & & \\ & & \ddots & \\ & & & \boldsymbol{J}_{i\alpha_i}\end{bmatrix}\tag{11.6.6}$$

$$\boldsymbol{J}_{ik}=\begin{bmatrix}\lambda_i & 1 & & \\ & \lambda_i & \ddots & \\ & & \ddots & 1\\ & & & \lambda_i\end{bmatrix}\tag{11.6.7}$$

从而

$$\det\left[\int_0^T e^{\boldsymbol{A}t}\,dt\right]=\det\left[\int_0^T e^{(\boldsymbol{QAQ}^{-1})t}dt\right]=\prod_{i=1}^{\mu}\det\left[\int_0^T e^{\boldsymbol{J}_i t}\,dt\right] \tag{11.6.8}$$

又由矩阵指数函数的定义,有

$$\begin{aligned}\int_0^T e^{\boldsymbol{J}_i t}\,dt &= \boldsymbol{I}T+\frac{1}{2!}\boldsymbol{J}_iT^2+\frac{1}{3!}\boldsymbol{J}_i^2T^3+\cdots \\ &= \left(\boldsymbol{I}+\boldsymbol{J}_iT+\frac{1}{2!}\boldsymbol{J}_i^2T^2+\cdots\right)\boldsymbol{J}_i^{-1}-\boldsymbol{J}_i^{-1} \\ &= (e^{\boldsymbol{J}_iT}-\boldsymbol{I})\boldsymbol{J}_i^{-1}\end{aligned} \tag{11.6.9}$$

将式(11.6.9)代入式(11.6.8),可得

$$\det\left[\int_0^T e^{\boldsymbol{A}t}\,dt\right]=\prod_{i=1}^{\mu}\det(e^{\boldsymbol{J}_iT}-I)(\det\boldsymbol{J}_i)^{-1}=\prod_{i=1}^{\mu}(e^{\lambda_iT}-1)^{\sigma_i}(\det\boldsymbol{J}_i)^{-1} \tag{11.6.10}$$

其中,σ_i 为特征值λ_i 的重数。再注意到满足式(11.6.3)的特征值只可能是复数或虚数,从而此时必有 $\det\boldsymbol{J}_i\neq0$。而考虑到条件(11.6.4)成立时,有

$$\begin{aligned}e^{\lambda_iT}-1&=e^{\alpha T}\cos\beta T+ie^{\alpha T}\sin\beta T-1\\&=e^{\alpha T}\cos l\pi+ie^{\alpha T}\sin l\pi-1\neq0\end{aligned} \tag{11.6.11}$$

其中,α 和 β 分别表示λ_i 的实部和虚部。这表明,在结论条件下,必有

$$\det\left[\int_0^T e^{\boldsymbol{A}t}\,dt\right]\neq0$$

也即$\int_0^T e^{\boldsymbol{A}t}\,dt$ 为非奇异。此外,$e^{\boldsymbol{A}T}$ 和$\int_0^T e^{\boldsymbol{A}t}\,dt$ 为可交换的。由此可导出

$$\begin{aligned}&[\boldsymbol{H}\ \vdots\ \boldsymbol{GH}\ \vdots\ \cdots\ \vdots\ \boldsymbol{G}^{n-1}H]\\&=\left[\int_0^T e^{\boldsymbol{A}t}\,dt\boldsymbol{B}\ \vdots\ e^{\boldsymbol{A}T}\int_0^T e^{\boldsymbol{A}t}\,dt\boldsymbol{B}\ \vdots\ \cdots\ \vdots\ (e^{\boldsymbol{A}T})^{n-1}\int_0^T e^{\boldsymbol{A}t}\,dt\boldsymbol{B}\right]\\&=\int_0^T e^{\boldsymbol{A}t}\,dt\cdot[\boldsymbol{B}\ \vdots\ e^{\boldsymbol{A}T}\boldsymbol{B}\ \vdots\ \cdots\ \vdots\ (e^{\boldsymbol{A}T})^{n-1}\boldsymbol{B}]\end{aligned} \tag{11.6.12}$$

并且,在式(11.6.3)和式(11.6.4)下,Σ_T 能控当且仅当

$$\text{rank}[\boldsymbol{B}\ \vdots\ e^{\boldsymbol{A}T}\boldsymbol{B}\ \vdots\ \cdots\ \vdots\ (e^{\boldsymbol{A}T})^{n-1}\boldsymbol{B}]=n \tag{11.6.13}$$

再利用定理 1.2.4(Cayley-Hamilton 定理)可知,$e^{\boldsymbol{A}kT}(k=n,n+1,\cdots)$均可表为 $\boldsymbol{I}$,$e^{\boldsymbol{A}T},\cdots,e^{\boldsymbol{A}(n-1)T}$的线性组合。因此,式(11.6.13)又等价于 $e^{\boldsymbol{A}kT}\boldsymbol{B}$ 的行线性无关。从而,在定理结论条件下 Σ_T 能控归结为 $e^{\boldsymbol{A}kT}\boldsymbol{B}$ 行线性无关。

第 2 步:证明在条件(11.6.3)和条件(11.6.4)下,Σ 能控必有 $e^{\boldsymbol{A}kT}\boldsymbol{B}$ 行线性无关。

采用反证法。反设 $e^{\boldsymbol{A}kT}\boldsymbol{B}$ 行线性相关,则必存在非零常向量 $\boldsymbol{a}$ 使成立

$$\boldsymbol{a}^{\mathrm{T}}e^{\boldsymbol{A}kT}\boldsymbol{B}=0,\quad\forall k \tag{11.6.14}$$

由 Jordan 规范型(11.6.5)可知,$e^{\boldsymbol{A}kT}$的元为 e^{λ_ikT}和(kT)的多项式的乘积;由此可把

上式改写成为

$$\boldsymbol{a}^{\mathrm{T}}\mathrm{e}^{\boldsymbol{A}kT}\boldsymbol{B}=\boldsymbol{P}_1(kT)\mathrm{e}^{\lambda_1 kT}+\cdots+\boldsymbol{P}_\mu(kT)\mathrm{e}^{\lambda_\mu kT}=0 \tag{11.6.15}$$

其中,$\boldsymbol{P}_i(kT)$为 $1\times p$ 的矩阵。而由 Σ 为完全能控知 $\mathrm{e}^{\boldsymbol{A}T}\boldsymbol{B}$ 行线性无关,因此对上述非零常向量 $\boldsymbol{a}$ 应成立

$$\boldsymbol{a}^{\mathrm{T}}\mathrm{e}^{\boldsymbol{A}t}\boldsymbol{B}\neq 0,\quad \forall t \tag{11.6.16}$$

或表为

$$\boldsymbol{a}^{\mathrm{T}}\mathrm{e}^{\boldsymbol{A}t}\boldsymbol{B}=\boldsymbol{P}_1(t)\mathrm{e}^{\lambda_1 t}+\cdots+\boldsymbol{P}_\mu(t)\mathrm{e}^{\lambda_\mu t}\neq 0 \tag{11.6.17}$$

进一步,取 $t=kT$,那么式(11.6.17)可表为

$$\boldsymbol{a}^{\mathrm{T}}\mathrm{e}^{\boldsymbol{A}kT}\boldsymbol{B}=\boldsymbol{P}_1(kT)\mathrm{e}^{\lambda_1 kT}+\cdots+\boldsymbol{P}_\mu(kT)\mathrm{e}^{\lambda_\mu kT} \tag{11.6.18}$$

不失一般性,假定特征值 $\lambda_1,\lambda_2,\cdots,\lambda_\mu$ 中前 r 个具有相同的实部,$r<\mu$,且

$$\mathrm{Re}[\lambda_1]>\mathrm{Re}[\lambda_m],\quad r<m\leqslant\mu \tag{11.6.19}$$

再设 $\boldsymbol{P}_i(t)$的元多项式中 t 的最高幂次为 v,$i=1,2,\cdots,\mu$,用 d_{i0}^{η}表示 $P_i(t)$的元多项式中 t^v 的系数,且不妨认为

$$d_{i0}^{\eta}\neq 0,\quad i=1,2,\cdots,\zeta,\quad \zeta<r \tag{11.6.20}$$

这样,将式(11.6.17)的第 η 个元乘以

$$\mathrm{e}^{-kT\mathrm{Re}\lambda_1}\cdot(kT)^{-v}$$

就可得到

$$\begin{aligned}&\mathrm{e}^{-kT\mathrm{Re}\lambda_1}(kT)^{-v}(\boldsymbol{a}^{\mathrm{T}}\mathrm{e}^{\boldsymbol{A}kT}\boldsymbol{B})_\eta\\&=\{\mathrm{e}^{\mathrm{i}kT\mathrm{Im}\lambda_1}[d_{10}^{\eta}+d_{10}^{\eta}(kT)^{-1}+\cdots]+\cdots+\mathrm{e}^{\mathrm{i}kT\mathrm{Im}\lambda_1}[d_{\zeta 0}^{\eta}+d_{\zeta 1}^{\eta}(kT)^{-1}+\cdots]\}\\&\quad+\{\mathrm{e}^{\mathrm{i}kT\mathrm{Im}\lambda_{\zeta+1}}[d_{\zeta+1,0}^{\eta}+(kT)^{-1}+\cdots]+\cdots+\mathrm{e}^{\mathrm{i}kT\mathrm{Im}\lambda_r}[d_{r0}^{\eta}(kT)^{-1}+\cdots]\}\\&\quad+\{\mathrm{e}^{-kT(\mathrm{Re}\lambda_1-\mathrm{Re}\lambda_{r+1})}\mathrm{e}^{\mathrm{i}kT\mathrm{Im}\lambda_{r+1}}[d_{r+1,0}^{\eta}(kT)^{-(v-f)}+\cdots]+\cdots\},\quad \eta=1,2,\cdots,p\end{aligned} \tag{11.6.21}$$

不难看出,由于 $k=0,1,2,\cdots$,故上式当 $k\to\infty$时也应成立,且其在 $k\to\infty$的极限为

$$(d_{10}^{\eta}\mathrm{e}^{\mathrm{i}kT\mathrm{Im}\lambda_1}+\cdots+d_{\zeta 0}^{\eta}\mathrm{e}^{\mathrm{i}kT\mathrm{Im}\lambda_\zeta})_{k\to\infty} \tag{11.6.22}$$

从数学上可证明,当结论条件满足时,式(11.6.22)的极限值不恒为零。也即

$$\lim_{k\to\infty}\boldsymbol{a}^{\mathrm{T}}\mathrm{e}^{\boldsymbol{A}kT}\boldsymbol{B}\neq 0 \tag{11.6.23}$$

显然,式(11.6.23)和式(11.6.14)是矛盾的。这一矛盾表明反设不成立,即有 $\mathrm{e}^{\boldsymbol{A}kT}\boldsymbol{B}$ 行线性无关。

综合上面两步的推证结果即证明了:在式(11.6.3)和式(11.6.4)的条件下,能控系统(11.6.1)的离散化系统(11.6.2)保持能控性。

同理也可证得,在结论给出的条件下,Σ_T 可保持能观性。

△△△

11.6.3 算例

例 11.6.1 设有线性连续时间系统为

$$\begin{cases}\dot{\boldsymbol{x}}=\begin{bmatrix}0 & 1\\ -1 & 0\end{bmatrix}\boldsymbol{x}+\begin{bmatrix}1\\ 0\end{bmatrix}u\\ y=\begin{bmatrix}0 & 1\end{bmatrix}\end{cases}$$

容易验证,该系统为能控和能观,且其特征值为 $\lambda_1=\mathrm{i}$ 和 $\lambda_2=-\mathrm{i}$。于是,利用上述结论可知,当选择采样周期 T 的数值,使

$$T\neq\frac{2l\pi}{\mathrm{Im}(\lambda_1-\lambda_2)}=\frac{2l\pi}{2}=l\pi,\quad l=1,2,\cdots$$

时,其时间离散化系统

$$\begin{cases}\boldsymbol{x}(k+1)=\begin{bmatrix}\cos T & \sin T\\ -\sin T & \cos T\end{bmatrix}\boldsymbol{x}(k)+\begin{bmatrix}\sin T\\ \cos T-1\end{bmatrix}u(k)\\ y(k)=\begin{bmatrix}0 & 1\end{bmatrix}\boldsymbol{x}(k)\end{cases}$$

必保持为能控和能观。

若直接由时间离散化系统来导出能控性和能观性判别矩阵,有

$$[\boldsymbol{H}\quad \boldsymbol{GH}]=\begin{bmatrix}\sin T & 2\sin T\cos T-\sin T\\ \cos T-1 & \cos^2 T-\sin^2 T-\cos T\end{bmatrix}$$

$$\begin{bmatrix}\boldsymbol{C}\\ \boldsymbol{CG}\end{bmatrix}=\begin{bmatrix}0 & 1\\ -\sin T & \cos T\end{bmatrix}$$

那么,根据

$$\det[\boldsymbol{H}\ \vdots\ \boldsymbol{GH}]=2\sin T(\cos T-1)\begin{cases}=0, & T=l\pi\\ \neq 0, & T\neq l\pi\end{cases}$$

$$\det\begin{bmatrix}\boldsymbol{C}\\ \boldsymbol{CG}\end{bmatrix}=\sin T\begin{cases}=0, & T=l\pi\\ \neq 0, & T\neq l\pi\end{cases}$$

可知,此时离散化系统在 $T\neq l\pi$ 时为能控和能观,这一点验证了上面的由定理 11.6.1 给出的判断结果。

11.7 离散系统的控制问题

在绪论中我们已经指出,离散系统的许多理论都是和连续系统理论平行的。前面几节介绍了离散时间系统的分析问题,这一节讨论离散控制系统的设计。对应于前面几章中介绍的关于连续控制系统的各种设计,在离散系统理论中都有相应的内容。但限于篇幅,这里只讨论离散时间系统的极点配置、反馈镇定和观测器设计几个最基本的问题。由于离散时间系统和连续时间系统的内在联系,使得这

些基本问题无论从描述形式上还是从求解方法上都有很大的相似之处。鉴于这一点，我们下面只对离散时间系统的这几个基本的设计问题做简要的介绍，侧重指出这些问题从描述到解的存在条件以及求解方法等方面与连续系统情形的联系及区别。

为简单起见，我们只考虑离散定常时间系统

$$\begin{cases}\boldsymbol{x}(k+1)=\boldsymbol{G}\boldsymbol{x}(k)+\boldsymbol{H}\boldsymbol{u}(k)\\ \boldsymbol{y}(k)=\boldsymbol{C}\boldsymbol{x}(k)\end{cases}\tag{11.7.1}$$

的控制问题。与连续系统一样，离散系统(11.7.1)也有状态反馈、输出反馈和动态补偿器等几种常规控制方式，它们在形式上和 6.1 节介绍的连续系统的相应的控制方式具有相同的形式，但这里我们将只考虑系统(11.7.1)在定常状态反馈控制律

$$\boldsymbol{u}(k)=\boldsymbol{K}\boldsymbol{x}(k)+\boldsymbol{v}(k)\tag{11.7.2}$$

作用下的系统设计问题。

11.7.1　离散线性系统的状态反馈极点配置

离散系统(11.7.1)在状态反馈律(11.7.2)作用下的闭环系统为

$$\begin{cases}\boldsymbol{x}(k+1)=(\boldsymbol{G}+\boldsymbol{H}\boldsymbol{K})\boldsymbol{x}(k)+\boldsymbol{H}\boldsymbol{v}(k)\\ \boldsymbol{y}(k)=\boldsymbol{C}\boldsymbol{x}(k)\end{cases}\tag{11.7.3}$$

与连续系统的情形一样，系统(11.7.3)的极点即为矩阵$(\boldsymbol{G}+\boldsymbol{H}\boldsymbol{K})$的特征值，于是系统(11.7.1)在状态反馈律(11.7.2)作用下的极点配置问题可以描述如下。

问题 11.7.1(状态反馈极点配置问题)　给定矩阵 $\boldsymbol{G}\in\mathbf{R}^{n\times n}$，$\boldsymbol{H}\in\mathbf{R}^{n\times r}$，以及一组共轭封闭复数 $s_i\,(i=1,2,\cdots,n)$(不必互异)，求取矩阵 $\boldsymbol{K}\in\mathbf{R}^{n\times r}$，使得

$$\lambda_i(\boldsymbol{G}+\boldsymbol{H}\boldsymbol{K})=s_i,\quad i=1,2,\cdots,n\tag{11.7.4}$$

由上述可见，离散线性系统的状态反馈极点配置问题在描述上与连续系统的状态反馈极点配置问题完全一样。这种相同性自然导致了上述离散线性系统的状态反馈极点配置问题在求解条件和求解方法上的完全相同性。

如果对于任意指定的一组闭环极点 $s_i\,(i=1,2,\cdots,n)$，上述问题 11.7.1 均有解，则我们称系统(11.7.1)可用状态反馈(11.7.2)任意极点配置。基于定理 6.2.1，我们可以给出离散系统的状态反馈极点配置条件如下。

定理 11.7.1　离散线性系统(11.7.1)可用状态反馈(11.7.2)任意极点配置的充要条件是矩阵对$(\boldsymbol{G},\boldsymbol{H})$能控。

关于问题 11.7.1 的求解，我们只需取 $\boldsymbol{A}=\boldsymbol{G}$，$\boldsymbol{B}=\boldsymbol{H}$，然后套用第 6 章介绍的算法 6.3.1～算法 6.3.3 即可。

尽管离散系统和连续系统的极点配置问题在问题描述、求解条件和求解算法上完全相同，但在实际设计中却有一点重要的不同之处，那就是对于线性连续系统

而言,其渐近稳定条件是其极点,即系统矩阵的所有特征值均具有负实部,但对于线性离散定常系统而言,其渐近稳定条件是其所有极点的模均小于1。因此,不同于连续系统的极点配置设计,在离散线性系统的极点配置设计中,所有指定的闭环极点的模应小于1。

11.7.2 离散线性系统的状态反馈镇定

下面讨论离散系统(11.7.1)在状态反馈律(11.7.2)作用下的镇定问题。这一问题的目的即是选取系统(11.7.1)的状态反馈控制律(11.7.2),使闭环系统(11.7.3)渐近稳定。注意到离散线性定常系统的稳定性定理,我们可以将离散系统(11.7.1)在状态反馈律(11.7.2)作用下的镇定问题描述如下。

问题 11.7.2(状态反馈镇定问题) 给定矩阵 $\boldsymbol{G}\in\mathbf{R}^{n\times n}$,$\boldsymbol{H}\in\mathbf{R}^{n\times r}$,求取矩阵 $\boldsymbol{K}\in\mathbf{R}^{r\times n}$,使得

$$|\lambda_i(\boldsymbol{G}+\boldsymbol{HK})|<1,\quad i=1,2,\cdots,n \tag{11.7.5}$$

对于离散时间系统(11.7.1),由 11.5 节可见,可以类似连续系统定义能控振型和不能控振型的概念,也可以完全类似地进行能控性标准结构分解。与 7.1 节的思想一样,对系统(11.7.1)进行能控性标准结构分解,得

$$\boldsymbol{x}(k+1)=\begin{bmatrix}\boldsymbol{G}_{\mathrm{c}} & \boldsymbol{G}_{12}\\ 0 & \boldsymbol{G}_{\bar{\mathrm{c}}}\end{bmatrix}\boldsymbol{x}(k)+\begin{bmatrix}\boldsymbol{H}_{\mathrm{c}}\\ 0\end{bmatrix}\boldsymbol{u}(k) \tag{11.7.6}$$

其中,$(\boldsymbol{G}_{\mathrm{c}},\boldsymbol{H}_{\mathrm{c}})$为能控矩阵对;$\{\lambda_i(\boldsymbol{G}_{\mathrm{c}})\}$为能控振型集;$\{\lambda_i(\boldsymbol{G}_{\bar{\mathrm{c}}})\}$为系统的不能控振型集。由于相似变换不改变线性定常系统的稳定性,因而系统(11.7.1)可用状态反馈律镇定的充要条件是系统(11.7.6)可用状态反馈律镇定。如果我们引入下述定义,便可以给出问题 11.7.2 的求解条件。

定义 11.7.1 系统(11.7.1)或矩阵对$(\boldsymbol{G},\boldsymbol{H})$称为可稳的,如果其所有不能控振型,也即能控性标准结构分解式(11.7.6)中的矩阵 $\boldsymbol{G}_{\bar{\mathrm{c}}}$ 的所有特征值的模均小于1。

定理 11.7.2 系统(11.7.1)可用状态反馈律(11.7.2)镇定的充要条件是$(\boldsymbol{G},\boldsymbol{H})$在离散意义下可稳。

下面讨论问题 11.7.2 的求解。对于$(\boldsymbol{G},\boldsymbol{H})$能控的情形,我们可以任意指定一组在离散意义下稳定的极点 $s_i(i=1,2,\cdots,n)$,而通过极点配置算法将闭环系统极点配置到$s_i(i=1,2,\cdots,n)$上,此时所求得的状态反馈极点配置控制律实际上就是系统的一个状态反馈镇定律。对于$(\boldsymbol{G},\boldsymbol{H})$可稳的情形,我们可以取 $\boldsymbol{A}=\boldsymbol{G}$,$\boldsymbol{B}=\boldsymbol{H}$ 后套用算法 7.2.1 来求解系统(11.7.1)在状态反馈律(11.7.2)作用下的镇定问题。但需注意的是,算法 7.2.1 的第 2 步中所说的"稳定特征值"是指离散意义下的稳定。

11.7.3　离散线性系统的全维状态观测器

所谓系统(11.7.1)的全维状态观测器，就是一个 n 维的以 $\boldsymbol{y}(k)$ 和 $\boldsymbol{u}(k)$ 为输入的离散动态系统，且不论该系统和系统(11.7.1)的初值为何，该动态系统的输出 $\hat{\boldsymbol{x}}(k)$ 和原系统(11.7.1)的状态 $\boldsymbol{x}(k)$ 之间总有关系式

$$\lim_{k\to\infty}\hat{\boldsymbol{x}}(k)=\lim_{k\to\infty}\boldsymbol{x}(k) \tag{11.7.7}$$

类似于连续的情形，我们将系统(11.7.1)的全维状态观测器取为如下形式：

$$\hat{\boldsymbol{x}}(k+1)=\boldsymbol{G}\hat{\boldsymbol{x}}(k)+\boldsymbol{H}\boldsymbol{u}(k)+\boldsymbol{L}[\boldsymbol{C}\hat{\boldsymbol{x}}(k)-\boldsymbol{y}(k)] \tag{11.7.8}$$

其中，$\boldsymbol{L}$ 为 $n\times m$ 阶的实矩阵。记

$$\boldsymbol{e}(k)=\boldsymbol{x}(k)-\hat{\boldsymbol{x}}(k) \tag{11.7.9}$$

则 $\boldsymbol{e}(k)$ 代表了观测误差，且式(11.7.7)等价于

$$\lim_{k\to\infty}\boldsymbol{e}(k)=0 \tag{11.7.10}$$

将式(11.7.1)和式(11.7.8)两端对应相减，可得

$$\boldsymbol{e}(k+1)=(\boldsymbol{G}+\boldsymbol{LC})\boldsymbol{e}(k) \tag{11.7.11}$$

由此可见，要使式(11.7.10)成立，其充要条件是系统(11.7.11)渐近稳定，也即 $\boldsymbol{G}+\boldsymbol{LC}$ 的所有特征值的模均小于 1。基于上述，系统(11.7.1)的形如式(11.7.8)的全维状态观测器设计可归结为下述代数问题。

问题 11.7.3　已知 $\boldsymbol{G}\in\mathbf{R}^{n\times n}$，$\boldsymbol{C}\in\mathbf{R}^{m\times n}$，求取矩阵 $\boldsymbol{L}\in\mathbf{R}^{n\times m}$，使得

$$|\lambda_i(\boldsymbol{G}+\boldsymbol{LC})|<1,\quad i=1,2,\cdots,n \tag{11.7.12}$$

为说明上述问题的解的存在性，我们引入下述定义。

定义 11.7.2　系统(11.7.1)或矩阵对 $(\boldsymbol{G},\boldsymbol{C})$ 称为是(离散意义下)可检测的，如果系统(11.7.1)的所有不能观振型均是在离散意义下稳定的，即它们的模均小于 1。

对于可检测系统(11.7.1)，类似于连续系统情形，我们可以对其进行能观性标准结构分解，将系统分为能观部分和不能观部分，此时由于系统的不能观部分稳定。故只需对其能观部分做极点配置即可，由此我们可得下述结论。

定理 11.7.3　离散动态系统(11.7.1)存在形如式(11.7.8)的全维状态观测器的充要条件是 $(\boldsymbol{G},\boldsymbol{C})$ 在离散意义下可检测。

关于观测器(11.7.8)的具体设计问题，可以利用观测器设计问题与状态反镇定问题的对偶关系来实现。事实上，令

$$\boldsymbol{G}'=\boldsymbol{G}^{\mathrm{T}},\quad \boldsymbol{H}'=\boldsymbol{C}^{\mathrm{T}},\quad \boldsymbol{K}=\boldsymbol{L}^{\mathrm{T}} \tag{11.7.13}$$

则有

$$\boldsymbol{G}+\boldsymbol{LC}=(\boldsymbol{G}'+\boldsymbol{H}'\boldsymbol{K})^{\mathrm{T}} \tag{11.7.14}$$

从而

$$\lambda_i(\boldsymbol{G}+\boldsymbol{L}\boldsymbol{C})=\lambda_i(\boldsymbol{G}'+\boldsymbol{H}'\boldsymbol{K}),\quad i=1,2,\cdots,n \tag{11.7.15}$$

这样,问题 11.7.3 的求取问题便转化为离散系统

$$\boldsymbol{x}(k+1)=\boldsymbol{G}'\boldsymbol{x}(k)+\boldsymbol{H}'\boldsymbol{u}(k) \tag{11.7.16}$$

的状态反馈镇定问题。对此,不再详述。

11.8 极点配置有限时间线性二次调节

本节考虑有限时间离散线性系统的二次调节问题。考虑如下离散线性时变系统:

$$\boldsymbol{x}(t+1)=\boldsymbol{G}(t)\boldsymbol{x}(t)+\boldsymbol{H}(t)\boldsymbol{u}(t),\quad \boldsymbol{x}(0)=\boldsymbol{x}_0 \tag{11.8.1}$$

其中,$\boldsymbol{x}(t)\in\mathbf{R}^n$ 和 $\boldsymbol{u}(t)\in\mathbf{R}^n$ 分别是状态向量与输入向量;$\boldsymbol{G}(t)\in\mathbf{R}^{n\times n}$ 与 $\boldsymbol{H}(t)\in\mathbf{R}^{n\times r}$ 是系统的系数矩阵;$\boldsymbol{x}_0$ 是初始条件。

对该系统,有限时间线性二次调节(LQR)问题可表述如下。

问题 11.8.1 (有限时间 LQR 问题) 对离散线性系统(11.8.1),找一个最优控制律 $\boldsymbol{u}(t)=\boldsymbol{K}(t)\boldsymbol{x}(t)$ 使得如下二次型性能指标最小:

$$J(N,\boldsymbol{x}_0,\boldsymbol{u})=\boldsymbol{x}^{\mathrm{T}}(N)\boldsymbol{S}\boldsymbol{x}(N)+\sum_{t=0}^{N-1}(\boldsymbol{x}^{\mathrm{T}}(t)\boldsymbol{Q}(t)\boldsymbol{x}(t)+\boldsymbol{u}^{\mathrm{T}}(t)\boldsymbol{R}(t)\boldsymbol{u}(t)) \tag{11.8.2}$$

其中,$N\geqslant 1$ 且是有限的整数。当 $0\leqslant t\leqslant N-1$ 时,$\boldsymbol{S}(t)\geqslant 0,\boldsymbol{Q}(t)\geqslant 0,\boldsymbol{R}(t)>0$。

为求解该问题,我们需要离散最小值原理作为基础。

考虑如下离散时间系统:

$$\boldsymbol{x}(t+1)=f(\boldsymbol{x}(t),\boldsymbol{u}(t),t),\quad \boldsymbol{x}(0)=\boldsymbol{x}_0 \tag{11.8.3}$$

其中,$\boldsymbol{x}(t)\in\mathbf{R}^n$ 是系统的状态;$\boldsymbol{u}(t)\in\mathbf{R}^r$ 是系统的输入。目标是找到一个使得下述性能指标最小的控制 $\boldsymbol{u}(t)$:

$$J(N,\boldsymbol{x}_0,\boldsymbol{u})=\Phi(\boldsymbol{x}(N),N)+\sum_{t=0}^{N-1}L(\boldsymbol{x}(t),\boldsymbol{u}(t),t) \tag{11.8.4}$$

其中,Φ 和 L 都是实值函数。对该问题,我们有如下离散最小值原理。

引理 11.8.1(离散最小值原理) 对离散时间系统(11.8.3),如果控制 $\boldsymbol{u}^*(t)$ 满足

$$\boldsymbol{u}^*(t)=\arg\min_{\boldsymbol{u}(t)}\left\{\Phi(\boldsymbol{x}(N),N)+\sum_{t=0}^{N-1}L(\boldsymbol{x}(t),\boldsymbol{u}(t),t)\right\}$$

$$\text{s.t.}\quad \boldsymbol{x}(t+1)=f(\boldsymbol{x}(t),\boldsymbol{u}(t),t)$$

则有下述结论:

(1) 对应的最优状态向量 $\boldsymbol{x}^*(t)$ 以及协态向量 $\boldsymbol{\lambda}^*(t)$ 满足如下正则方程:

$$\boldsymbol{\lambda}^*(t)=\frac{\partial H(\boldsymbol{x}^*(t),\boldsymbol{u}^*(t),\boldsymbol{\lambda}^*(t+1),t)}{\partial \boldsymbol{x}(t)}$$

$$\boldsymbol{x}^*(t+1)=\frac{\partial H(\boldsymbol{x}^*(t),\boldsymbol{u}^*(t),\boldsymbol{\lambda}^*(t+1),t)}{\partial \boldsymbol{\lambda}(t+1)}=f(\boldsymbol{x}^*(t),\boldsymbol{u}^*(t),t)$$

其中

$$H(\boldsymbol{x}(t),\boldsymbol{u}(t),\boldsymbol{\lambda}(t+1),t)=L(\boldsymbol{x}(t),\boldsymbol{u}(t),t)+\boldsymbol{\lambda}^{\mathrm{T}}(t+1)f(\boldsymbol{x}(t),\boldsymbol{u}(t),t)$$

是离散的 Hamilton 函数。

(2) 最优控制 $\boldsymbol{u}^*(t)$满足

$$\frac{\partial H(\boldsymbol{x}^*(t),\boldsymbol{u}^*(t),\boldsymbol{\lambda}^*(t+1),t)}{\partial \boldsymbol{u}(t)}=0$$

(3) 边界条件以及横截条件是

$$\boldsymbol{x}^*(t_0)=\boldsymbol{x}_0,\quad \boldsymbol{\lambda}^*(N)=\frac{\partial \Phi}{\partial \boldsymbol{x}_N}$$

引理 11.8.2　$\boldsymbol{A},\boldsymbol{B},\boldsymbol{C},\boldsymbol{D}$是具有合适维数的矩阵。若$\boldsymbol{A},\boldsymbol{B}$和$\boldsymbol{A}+\boldsymbol{BCD}$都是可逆的,则有下式成立:

$$(\boldsymbol{A}+\boldsymbol{BCD})^{-1}=\boldsymbol{A}^{-1}-\boldsymbol{A}^{-1}\boldsymbol{B}(\boldsymbol{C}^{-1}+\boldsymbol{DA}^{-1}\boldsymbol{B})^{-1}\boldsymbol{DA}^{-1}$$

我们将利用离散最小值原理和动态规划技术建立离散系统的最优控制律存在的充要条件。

定理 11.8.1　考虑系统矩阵$\boldsymbol{G}$非奇异的离散线性系统(11.8.1),存在唯一的状态调节器$\boldsymbol{u}(t)=\boldsymbol{K}(t)\boldsymbol{x}(t)$,使式(11.8.2)中的性能指标$J$最小,当且仅当对称矩阵$\boldsymbol{P}(t)$满足如下的 Riccati 矩阵差分方程:

$$\boldsymbol{P}(t)=\boldsymbol{Q}(t)+\boldsymbol{G}^{\mathrm{T}}(t)\boldsymbol{P}(t+1)(\boldsymbol{I}+\boldsymbol{H}(t)\boldsymbol{R}^{-1}(t)\boldsymbol{H}^{\mathrm{T}}(t)\boldsymbol{P}(t+1))^{-1}\boldsymbol{G}(t) \tag{11.8.5}$$

其中,边界条件为

$$\boldsymbol{P}(N)=\boldsymbol{S} \tag{11.8.6}$$

此时,最优状态反馈控制$\boldsymbol{u}^*(t)$为

$$\boldsymbol{u}^*(t)=\boldsymbol{K}(t)\boldsymbol{x}(t) \tag{11.8.7}$$

其中

$$\boldsymbol{K}(t)=-(\boldsymbol{R}(t)+\boldsymbol{H}^{\mathrm{T}}(t)\boldsymbol{P}(t+1)\boldsymbol{H}(t))^{-1}\boldsymbol{H}^{\mathrm{T}}(t)\boldsymbol{P}(t+1)\boldsymbol{G}(t) \tag{11.8.8}$$

证明　首先,我们采用引理 11.8.1 中的离散最小值原理证明必要性。构造如下的 Hamilton 函数:

$$\begin{aligned}&H(\boldsymbol{x}(t),\boldsymbol{u}(t),\boldsymbol{\lambda}(t+1),t)\\&=\boldsymbol{x}^{\mathrm{T}}(t)\boldsymbol{Q}(t)\boldsymbol{x}(t)+\boldsymbol{u}^{\mathrm{T}}(t)\boldsymbol{R}(t)\boldsymbol{u}(t)+\boldsymbol{\lambda}^{\mathrm{T}}(t+1)(\boldsymbol{G}(t)\boldsymbol{x}(t)+\boldsymbol{H}(t)\boldsymbol{u}(t))\end{aligned} \tag{11.8.9}$$

利用矩阵求导法则可得如下的控制方程:

$$\frac{\partial H}{\partial \boldsymbol{u}(t)}=\boldsymbol{R}(t)\boldsymbol{u}(t)+\boldsymbol{H}^{\mathrm{T}}(t)\boldsymbol{\lambda}(t+1)=0 \tag{11.8.10}$$

由此可得最优控制

$$\boldsymbol{u}^{*}(t)=-\boldsymbol{R}^{-1}(t)\boldsymbol{H}^{\mathrm{T}}(t)\boldsymbol{\lambda}(t+1) \tag{11.8.11}$$

对应的协态方程方程为

$$\boldsymbol{\lambda}(t)=\frac{\partial H}{\partial \boldsymbol{x}(t)}=\boldsymbol{Q}(t)\boldsymbol{x}(t)+\boldsymbol{G}^{\mathrm{T}}(t)\boldsymbol{\lambda}(t+1) \tag{11.8.12}$$

其中,横截条件为

$$\boldsymbol{\lambda}(N)=\frac{\partial}{\partial \boldsymbol{x}(N)}(\boldsymbol{x}^{\mathrm{T}}(N)\boldsymbol{S}\boldsymbol{x}(N))=\boldsymbol{S}\boldsymbol{x}(N) \tag{11.8.13}$$

将式(11.8.11)代入到方程(11.8.1)中得

$$\boldsymbol{x}(t+1)=\boldsymbol{G}(t)\boldsymbol{x}(t)-\boldsymbol{H}(t)\boldsymbol{R}^{-1}(t)\boldsymbol{H}^{\mathrm{T}}(t)\boldsymbol{\lambda}(t+1) \tag{11.8.14}$$

由于 $\boldsymbol{G}(t)$ 是非奇异的,则由式(11.8.12)可得

$$\boldsymbol{\lambda}(t+1)=-(\boldsymbol{G}^{\mathrm{T}}(t))^{-1}\boldsymbol{Q}(t)\boldsymbol{x}(t)+(\boldsymbol{G}^{\mathrm{T}}(t))^{-1}\boldsymbol{\lambda}(t) \tag{11.8.15}$$

结合式(11.8.14)与式(11.8.15)得到

$$\begin{bmatrix}\boldsymbol{x}(t+1)\\ \boldsymbol{\lambda}(t+1)\end{bmatrix}=\begin{bmatrix}\boldsymbol{M}_{11} & \boldsymbol{M}_{12}\\ \boldsymbol{M}_{21} & \boldsymbol{M}_{22}\end{bmatrix}\begin{bmatrix}\boldsymbol{x}(t)\\ \boldsymbol{\lambda}(t)\end{bmatrix} \tag{11.8.16}$$

其中

$$\begin{cases}\boldsymbol{M}_{11}=\boldsymbol{G}(t)+\boldsymbol{H}(t)\boldsymbol{R}^{-1}(t)\boldsymbol{H}^{\mathrm{T}}(t)(\boldsymbol{G}^{\mathrm{T}}(t))^{-1}\boldsymbol{Q}(t)\\ \boldsymbol{M}_{12}=-\boldsymbol{H}(t)\boldsymbol{R}^{-1}(t)\boldsymbol{H}^{\mathrm{T}}(t)(\boldsymbol{G}^{\mathrm{T}}(t))^{-1}\\ \boldsymbol{M}_{21}=-(\boldsymbol{G}^{\mathrm{T}}(t))^{-1}\boldsymbol{Q}(t)\\ \boldsymbol{M}_{22}=(\boldsymbol{G}^{\mathrm{T}}(t))^{-1}\end{cases}$$

利用横截条件(11.8.13),根据式(11.8.16)可知存在时变矩阵 $\boldsymbol{P}(t)$ 满足

$$\boldsymbol{\lambda}(t)=\boldsymbol{P}(t)\boldsymbol{x}(t) \tag{11.8.17}$$

将式(11.8.17)代入式(11.8.7)中,可得如下的最优控制:

$$\boldsymbol{u}^{*}(t)=-\boldsymbol{R}^{-1}(t)\boldsymbol{H}^{\mathrm{T}}(t)\boldsymbol{P}(t+1)\boldsymbol{x}(t+1) \tag{11.8.18}$$

将式(11.8.18)代入式(11.8.1)中得

$$\boldsymbol{x}(t+1)=\boldsymbol{G}(t)\boldsymbol{x}(t)-\boldsymbol{H}(t)\boldsymbol{R}^{-1}(t)\boldsymbol{H}^{\mathrm{T}}(t)\boldsymbol{P}(t+1)\boldsymbol{x}(t+1)$$

进一步计算得到

$$\boldsymbol{x}(t+1)=(\boldsymbol{I}+\boldsymbol{H}(t)\boldsymbol{R}^{-1}(t)\boldsymbol{H}^{\mathrm{T}}(t)\boldsymbol{P}(t+1))^{-1}\boldsymbol{G}(t)\boldsymbol{x}(t) \tag{11.8.19}$$

由式(11.8.7)与式(11.8.18)、式(11.8.19)可以得到最优线性状态反馈控制律的增益矩阵

$$\boldsymbol{K}(t)=-\boldsymbol{R}^{-1}(t)\boldsymbol{H}^{\mathrm{T}}(t)\boldsymbol{P}(t+1)(\boldsymbol{I}+\boldsymbol{H}(t)\boldsymbol{R}^{-1}(t)\boldsymbol{H}^{\mathrm{T}}(t)\boldsymbol{P}(t+1))^{-1}\boldsymbol{G}(t) \tag{11.8.20}$$

对于式(11.8.20)中的增益,利用引理 11.8.2 可得

$$\begin{aligned}\boldsymbol{K}(t)&=-\boldsymbol{R}^{-1}(t)\boldsymbol{H}^{\mathrm{T}}(t)\boldsymbol{P}(t+1)(\boldsymbol{I}-\boldsymbol{H}(t)(\boldsymbol{R}(t)+\boldsymbol{H}^{\mathrm{T}}(t)\boldsymbol{P}(t+1)\boldsymbol{H}(t))^{-1}\boldsymbol{H}^{\mathrm{T}}(t)\boldsymbol{P}(t+1))\boldsymbol{G}(t)\\&=-\boldsymbol{R}^{-1}(t)[\boldsymbol{I}-\boldsymbol{H}^{\mathrm{T}}(t)\boldsymbol{P}(t+1)\boldsymbol{H}(t)(\boldsymbol{R}(t)+\boldsymbol{H}^{\mathrm{T}}(t)\boldsymbol{P}(t+1)\boldsymbol{H}(t))^{-1}]\boldsymbol{H}^{\mathrm{T}}(t)\boldsymbol{P}(t+1)\boldsymbol{G}(t)\\&=-\boldsymbol{R}^{-1}(t)[\boldsymbol{R}(t)(\boldsymbol{R}(t)+\boldsymbol{H}^{\mathrm{T}}(t)\boldsymbol{P}(t+1)\boldsymbol{H}(t))^{-1}]\boldsymbol{H}^{\mathrm{T}}(t)\boldsymbol{P}(t+1)\boldsymbol{G}(t)\\&=-(\boldsymbol{R}(t)+\boldsymbol{H}^{\mathrm{T}}(t)\boldsymbol{P}(t+1)\boldsymbol{H}(t))^{-1}\boldsymbol{H}^{\mathrm{T}}(t)\boldsymbol{P}(t+1)\boldsymbol{G}(t)\end{aligned}$$

这就是关系式(11.8.8)。

另外，根据协态方程(11.8.12)以及式(11.8.17)可得

$$\boldsymbol{P}(t)\boldsymbol{x}(t)=\boldsymbol{Q}(t)\boldsymbol{x}(t)+\boldsymbol{G}^{\mathrm{T}}(t)\boldsymbol{P}(t+1)\boldsymbol{x}(t+1) \tag{11.8.21}$$

联合式(11.8.19)与式(11.8.21)有

$$\boldsymbol{P}(t)=\boldsymbol{Q}(t)+\boldsymbol{G}^{\mathrm{T}}(t)\boldsymbol{P}(t+1)(\boldsymbol{I}+\boldsymbol{H}(t)\boldsymbol{R}^{-1}(t)\boldsymbol{H}^{\mathrm{T}}(t)\boldsymbol{P}(t+1))^{-1}\boldsymbol{G}(t)$$

这就是关系式(11.8.5)。

接下来，我们利用动态规划原理证明充分性。动态规划原理是这样一个最优性原则：一个最优轨迹的每一部分轨线其本身也是最优的。为了方便，记

$$\varphi(k)=\boldsymbol{x}^{\mathrm{T}}(k)\boldsymbol{Q}(k)\boldsymbol{x}(k)+\boldsymbol{u}^{\mathrm{T}}(k)\boldsymbol{R}(k)\boldsymbol{u}(k)$$

于是式(11.8.2)中的性能指标函数 $J(N,t_0,\boldsymbol{x},\boldsymbol{u})$ 可以写成

$$J(N,t_0,\boldsymbol{x},\boldsymbol{u})=\boldsymbol{x}^{\mathrm{T}}(N)\boldsymbol{S}\boldsymbol{x}(N)+\sum_{i=0}^{N-1}\varphi(i)$$

对于 $s\in[0,N]$ 以及每个 $\boldsymbol{x}\in\mathbf{R}^n$，构造如下函数 $V:[0,N]\times\mathbf{R}^n\rightarrow\mathbf{R}$：

$$V(s,\boldsymbol{x})=\min_{\boldsymbol{u}}J(N,s,\boldsymbol{x},\boldsymbol{u})$$

根据边界条件可得

$$V(N,\boldsymbol{x})=\boldsymbol{x}^{\mathrm{T}}(N)\boldsymbol{S}\boldsymbol{x}(N)$$

记

$$J_{N-1}=V(N,\boldsymbol{x})+\varphi(N-1) \tag{11.8.22}$$

利用最优化原理可知，在第 $N-1$ 时刻的最优轨迹的部分值满足如下条件：

$$V(N-1,\boldsymbol{x})=\min_{u(N-1)}\{J_{N-1}\}$$

将式(11.8.1)代入式(11.8.22)中得

$$\begin{aligned}J_{N-1}=&\varphi(N-1)+(\boldsymbol{G}(N-1)\boldsymbol{x}(N-1)+\boldsymbol{H}(N-1)\boldsymbol{u}(N-1))^{\mathrm{T}}\\&\cdot\boldsymbol{S}(\boldsymbol{G}(N-1)\boldsymbol{x}(N-1)+\boldsymbol{H}(N-1)\boldsymbol{u}(N-1))\end{aligned}$$

对上面的函数 J_{N-1} 求关于控制输入 $\boldsymbol{u}(N-1)$ 的梯度得

$$\begin{aligned}\frac{\partial J_{N-1}}{\partial\boldsymbol{u}(N-1)}=&\boldsymbol{R}(N-1)\boldsymbol{u}(N-1)+\boldsymbol{H}^{\mathrm{T}}(N-1)\boldsymbol{S}^{\mathrm{T}}\\&\cdot(\boldsymbol{G}(N-1)\boldsymbol{x}(N-1)+\boldsymbol{H}(N-1)\boldsymbol{u}(N-1))\end{aligned}$$

令上面的导数等于 0 可以得到一个可能的最优控制 $\boldsymbol{u}^*(N-1)$：

$$\boldsymbol{u}^*(N-1)=\boldsymbol{K}(N-1)\boldsymbol{x}(N-1) \tag{11.8.23}$$

其中

$$\boldsymbol{K}(N-1)=-(\boldsymbol{R}(N-1)+\boldsymbol{H}^{\mathrm{T}}(N-1)\boldsymbol{S}^{\mathrm{T}}\boldsymbol{H}(N-1))^{-1}\boldsymbol{H}^{\mathrm{T}}(N-1)\boldsymbol{S}^{\mathrm{T}}\boldsymbol{G}(N-1)$$

由于矩阵 $\boldsymbol{S}$ 是对称矩阵,$\boldsymbol{K}(N-1)$ 可以写为

$$\boldsymbol{K}(N-1)=-(\boldsymbol{R}(N-1)+\boldsymbol{H}^{\mathrm{T}}(N-1)\boldsymbol{S}\boldsymbol{H}(N-1))^{-1}\boldsymbol{H}^{\mathrm{T}}(N-1)\boldsymbol{S}\boldsymbol{G}(N-1)$$

为了证明控制律(11.8.23)是真正的最优控制,考虑函数 $J(N-1)$ 的 Hesse 矩阵:

$$\begin{aligned}\nabla^2_{u(N-1)}J_{N-1}&=\left[\frac{\partial}{\partial \boldsymbol{u}(N-1)}\left[\frac{\partial J_{N-1}}{\partial \boldsymbol{u}(N-1)}\right]\right]^{\mathrm{T}}\\&=\boldsymbol{R}(N-1)+\boldsymbol{H}^{\mathrm{T}}(N-1)\boldsymbol{S}^{\mathrm{T}}\boldsymbol{H}(N-1)\\&>0\end{aligned}$$

这表明当 $\boldsymbol{u}(N-1)=\boldsymbol{u}^*(N-1)$ 时,J_{N-1} 达到其唯一的最小值 $V(N-1,\boldsymbol{x})$。其中,$\boldsymbol{u}^*(N-1)$ 由式(11.8.23)给出。于是,由最优控制律(11.8.23)可得

$$\begin{aligned}&V(N-1,\boldsymbol{x})\\&=\boldsymbol{x}^{\mathrm{T}}(N-1)\boldsymbol{Q}(N-1)\boldsymbol{x}(N-1)+\boldsymbol{u}^{*\mathrm{T}}(N-1)\boldsymbol{R}(N-1)\boldsymbol{u}^*(N-1)\\&\quad+(\boldsymbol{G}(N-1)\boldsymbol{x}(N-1)+\boldsymbol{H}(N-1)\boldsymbol{u}^*(N-1))^{\mathrm{T}}\\&\quad\cdot S(\boldsymbol{G}(N-1)\boldsymbol{x}(N-1)+\boldsymbol{H}(N-1)\boldsymbol{u}^*(N-1))\\&=\boldsymbol{x}^{\mathrm{T}}(N-1)\boldsymbol{Q}(N-1)\boldsymbol{x}(N-1)+\boldsymbol{x}^{\mathrm{T}}(N-1)\boldsymbol{K}^{\mathrm{T}}(N-1)\boldsymbol{R}(N-1)\boldsymbol{K}(N-1)\boldsymbol{x}(N-1)\\&\quad+(\boldsymbol{G}(N-1)\boldsymbol{x}(N-1)+\boldsymbol{H}(N-1)\boldsymbol{K}(N-1)\boldsymbol{x}(N-1))^{\mathrm{T}}\\&\quad\cdot\boldsymbol{S}(\boldsymbol{G}(N-1)\boldsymbol{x}(N-1)+\boldsymbol{H}(N-1)\boldsymbol{K}(N-1)\boldsymbol{x}(N-1))\\&=\boldsymbol{x}^{\mathrm{T}}(N-1)\boldsymbol{Q}(N-1)\boldsymbol{x}(N-1)+\boldsymbol{x}^{\mathrm{T}}(N-1)\boldsymbol{K}^{\mathrm{T}}(N-1)\boldsymbol{R}(N-1)\boldsymbol{K}(N-1)\boldsymbol{x}(N-1)\\&\quad+\boldsymbol{x}^{\mathrm{T}}(N-1)(\boldsymbol{G}(N-1)+\boldsymbol{H}(N-1)\boldsymbol{K}(N-1))^{\mathrm{T}}S(\boldsymbol{G}(N-1)\\&\quad+\boldsymbol{H}(N-1)\boldsymbol{K}(N-1))\boldsymbol{x}(N-1)=\boldsymbol{x}^{\mathrm{T}}(N-1)\boldsymbol{P}(N-1)\boldsymbol{x}(N-1)\end{aligned}$$

其中

$$\begin{aligned}\boldsymbol{P}(N-1)=&\boldsymbol{Q}(N-1)+\boldsymbol{K}^{\mathrm{T}}(N-1)\boldsymbol{R}(N-1)\boldsymbol{K}(N-1)\\&+(\boldsymbol{G}(N-1)+\boldsymbol{H}(N-1)\boldsymbol{K}(N-1))^{\mathrm{T}}\boldsymbol{S}(\boldsymbol{G}(N-1)+\boldsymbol{H}(N-1)\boldsymbol{K}(N-1))\end{aligned}$$

考虑到初值 $\boldsymbol{P}(N)=\boldsymbol{S}$,则 $\boldsymbol{P}(N-1)$ 和 $\boldsymbol{K}(N-1)$ 的表达式可以改写成

$$\begin{aligned}\boldsymbol{P}(N-1)=&\boldsymbol{Q}(N-1)+\boldsymbol{K}^{\mathrm{T}}(N-1)\boldsymbol{R}(N-1)\boldsymbol{K}(N-1)\\&+(\boldsymbol{G}(N-1)+\boldsymbol{H}(N-1)\boldsymbol{K}(N-1))^{\mathrm{T}}\boldsymbol{P}(N)(\boldsymbol{G}(N-1)+\boldsymbol{H}(N-1)\boldsymbol{K}(N-1))\end{aligned}\tag{11.8.24}$$

和

$$\boldsymbol{K}(N-1)=-(\boldsymbol{R}(N-1)+\boldsymbol{H}^{\mathrm{T}}(N-1)\boldsymbol{P}(N)\boldsymbol{H}(N-1))^{-1}\boldsymbol{H}^{\mathrm{T}}(N-1)\boldsymbol{P}(N)\boldsymbol{G}(N-1)\tag{11.8.25}$$

根据式(11.8.24)与式(11.8.25),我们假设在时刻 t 的最优控制律为 $\boldsymbol{u}^*(t)=\boldsymbol{K}(t)\boldsymbol{x}(t)$,其中

$$\boldsymbol{K}(t)=-(\boldsymbol{R}(t)+\boldsymbol{H}^{\mathrm{T}}(t)\boldsymbol{P}(t+1)\boldsymbol{H}(t))^{-1}\boldsymbol{H}^{\mathrm{T}}(t)\boldsymbol{P}(t+1)\boldsymbol{G}(t)\tag{11.8.26}$$

并且,所对应的最优轨迹的部分值为

$$V(t,\boldsymbol{x})=\boldsymbol{x}^{\mathrm{T}}(t)\boldsymbol{P}(t)\boldsymbol{x}(t)$$

其中

$$\boldsymbol{P}(t)=\boldsymbol{Q}(t)+\boldsymbol{K}^{\mathrm{T}}(t)\boldsymbol{R}(t)\boldsymbol{K}(t) \\ +(\boldsymbol{G}(t)+\boldsymbol{H}(t)\boldsymbol{K}(t))^{\mathrm{T}}\boldsymbol{P}(t+1)(\boldsymbol{G}(t)+\boldsymbol{H}(t)\boldsymbol{K}(t)) \tag{11.8.27}$$

根据这两个假设，我们现在考虑最优轨迹在 $t-1$ 时刻的部分值。根据动态规划原理有

$$J_{t-1}=V(t,\boldsymbol{x})+\varphi(t-1)$$

对 J_{t-1} 求 $\boldsymbol{u}(t-1)$ 的梯度得

$$\frac{\partial J_{t-1}}{\partial \boldsymbol{u}(t-1)}=\boldsymbol{R}(t-1)\boldsymbol{u}(t-1)+\boldsymbol{H}^{\mathrm{T}}(t-1)\boldsymbol{P}(t)(\boldsymbol{G}(t-1)\boldsymbol{x}(t-1)+\boldsymbol{H}(t-1)\boldsymbol{u}(t-1))$$

令上式等于 0，我们可以得到在 $t-1$ 时刻的可能的最优控制为

$$\boldsymbol{u}^*(t-1)=\boldsymbol{K}(t-1)\boldsymbol{x}(t-1) \tag{11.8.28}$$

其中

$$\boldsymbol{K}(t-1)=-(\boldsymbol{R}(t-1)+\boldsymbol{H}^{\mathrm{T}}(t-1)\boldsymbol{P}(t)\boldsymbol{H}(t-1))^{-1}\boldsymbol{H}^{\mathrm{T}}(t-1)\boldsymbol{P}(t)\boldsymbol{G}(t-1) \tag{11.8.29}$$

另外，函数 J_{t-1} 的 Hessen 矩阵由下式给出：

$$\begin{aligned}\nabla^2_{\boldsymbol{u}(t-1)}J_{t-1}&=\left[\frac{\partial}{\partial \boldsymbol{u}^{\mathrm{T}}(t-1)}\left[\frac{\partial J_{t-1}}{\partial \boldsymbol{u}(t-1)}\right]\right]^{\mathrm{T}}\\&=\boldsymbol{R}(t-1)+\boldsymbol{H}^{\mathrm{T}}(t-1)\boldsymbol{S}^{\mathrm{T}}\boldsymbol{H}(t-1)\\&>0\end{aligned}$$

这表明由式(11.8.28)和式(11.8.29)给出的控制是最优控制。与在 $N-1$ 下的推导类似，我们可得在 $t-1$ 时刻的部分值函数为

$$V(t-1,\boldsymbol{x})=\boldsymbol{x}^{\mathrm{T}}(t-1)\boldsymbol{P}(t-1)\boldsymbol{x}(t-1)$$

其中

$$\boldsymbol{P}(t-1)=\boldsymbol{Q}(t-1)+\boldsymbol{K}^{\mathrm{T}}(t-1)\boldsymbol{R}(t-1)\boldsymbol{K}(t-1) \\ +(\boldsymbol{G}(t-1)+\boldsymbol{H}(t-1)\boldsymbol{K}(t-1))^{\mathrm{T}}\boldsymbol{P}(t)(\boldsymbol{G}(t-1)+\boldsymbol{H}(t-1)\boldsymbol{K}(t-1)) \tag{11.8.30}$$

式(11.8.29)与式(11.8.30)表明式(11.8.26)与式(11.8.27)在 $t-1$ 时刻成立。根据数学归纳法，式(11.8.26)与式(11.8.27)对所有 $t\in[0,N]$ 均成立。

最后，我们消去 $\boldsymbol{P}(t)$ 的表达式(11.8.27)中的 $\boldsymbol{K}(t)$。将式(11.8.26)代入式(11.8.27)中得

$$\begin{aligned}\boldsymbol{P}(t)=&\boldsymbol{Q}(t)+\boldsymbol{K}^{\mathrm{T}}(t)\boldsymbol{R}(t)\boldsymbol{K}(t)\\&+\boldsymbol{G}^{\mathrm{T}}(t)\boldsymbol{P}(t+1)\boldsymbol{G}(t)+\boldsymbol{G}^{\mathrm{T}}(t)\boldsymbol{P}(t+1)\boldsymbol{H}(t)\boldsymbol{K}(t)\\&+\boldsymbol{K}^{\mathrm{T}}(t)H^{\mathrm{T}}(t)\boldsymbol{P}(t+1)\boldsymbol{G}(t)+\boldsymbol{K}^{\mathrm{T}}(t)\boldsymbol{H}^{\mathrm{T}}(t)\boldsymbol{P}(t+1)\boldsymbol{H}(t)\boldsymbol{K}(t)\\=&\boldsymbol{Q}(t)+\boldsymbol{K}^{\mathrm{T}}(t)(\boldsymbol{R}(t)+\boldsymbol{H}^{\mathrm{T}}(t)\boldsymbol{P}(t+1)\boldsymbol{H}(t))\boldsymbol{K}(t)+\boldsymbol{G}^{\mathrm{T}}(t)\boldsymbol{P}(t+1)\boldsymbol{G}(t)\\&+\boldsymbol{G}^{\mathrm{T}}(t)\boldsymbol{P}(t+1)\boldsymbol{H}(t)\boldsymbol{K}(t)+\boldsymbol{K}^{\mathrm{T}}(t)\boldsymbol{H}^{\mathrm{T}}(t)\boldsymbol{P}(t+1)\boldsymbol{G}(t)\end{aligned}$$

$$
\begin{aligned}
&=Q(t)+G^{\mathrm{T}}(t)P(t+1)H(t)(R(t)\\
&\quad+H^{\mathrm{T}}(t)P(t+1)H(t))^{-1}(R(t)+H^{\mathrm{T}}(t)P(t+1)H(t))\\
&\quad\cdot(R(t)+H^{\mathrm{T}}(t)P(t+1)H(t))^{-1}H^{\mathrm{T}}(t)P(t+1)G(t)+G^{\mathrm{T}}(t)P(t+1)G(t)\\
&\quad-G^{\mathrm{T}}(t)P(t+1)H(t)(R(t)+H^{\mathrm{T}}(t)P(t+1)H(t))^{-1}H^{\mathrm{T}}(t)P(t+1)G(t)\\
&\quad-G^{\mathrm{T}}(t)P(t+1)H(t)(R(t)+H^{\mathrm{T}}(t)P(t+1)H(t))^{-1}H^{\mathrm{T}}(t)P(t+1)G(t)\\
&=Q(t)+G^{\mathrm{T}}(t)P(t+1)G(t)-G^{\mathrm{T}}(t)P(t+1)H(t)\\
&\quad\cdot(R(t)+H^{\mathrm{T}}(t)P(t+1)H(t))^{-1}H^{\mathrm{T}}(t)P(t+1)G(t)\\
&=Q(t)+G^{\mathrm{T}}(t)P(t+1)[I-H(t)(R(t)\\
&\quad+H^{\mathrm{T}}(t)P(t+1)H(t))^{-1}H^{\mathrm{T}}(t)P(t+1)]G(t)
\end{aligned}
$$

这样,我们就得到了如下的矩阵差分方程:

$$P(t)=Q(t)+G^{\mathrm{T}}(t)P(t+1)[I-H(t)(R(t)+H^{\mathrm{T}}(t)P(t+1)H(t))^{-1}H^{\mathrm{T}}(t)P(t+1)]G(t)$$

应用引理 11.8.2,上式可以写成式(11.8.5)。

另外,式(11.8.26)中的唯一最优控制的状态反馈增益就是式(11.8.8)。

根据前面的内容,我们定理的结论得以证明。

△△△

说明 11.8.1 从定理 11.8.1 的证明过程可以看出,只有必要性的证明需要系统矩阵的非奇异性。因此,一般来说,Riccati 矩阵方程条件仅是唯一最优状态反馈调节器存在的充分条件。

说明 11.8.2 根据定理 11.8.1 的证明过程,通过下面的后向迭代可以得到状态反馈调节器:

(1) $P(N)=S$;

(2) $K(t)=-(R(t)+H^{\mathrm{T}}(t)P(t+1)H(t))^{-1}H^{\mathrm{T}}(t)P(t+1)G(t)$ $(t=N-1, N-2,\cdots,0)$;

(3) $P(t)=Q(t)+K^{\mathrm{T}}(t)R(t)K(t)+(G(t)+H(t)K(t))^{\mathrm{T}}P(t+1)(G(t)+H(t)K(t))$ $(t=N-1,N-2,\cdots,0)$。

说明 11.8.3 根据定理 11.8.1 的证明,Riccati 矩阵方程可以等价地写为

$$
\begin{aligned}
P(t)=Q(t)+G^{\mathrm{T}}(t)P(t+1)[I-H(t)(R(t)\\
+H^{\mathrm{T}}(t)P(t+1)H(t))^{-1}H^{\mathrm{T}}(t)P(t+1)]G(t)
\end{aligned}
\tag{11.8.31}
$$

并且,式(11.8.8)中的状态反馈增益可以写成

$$K(t)=-R^{-1}(t)H^{\mathrm{T}}(t)P(t+1)(I+H(t)R^{-1}(t)H^{\mathrm{T}}(t)P(t+1))^{-1}G(t)$$

在定理 11.8.1 中,我们建立了线性系统(11.8.1)的唯一最优控制存在的条件,并且给出了控制律的表达式。接下来,我们进一步给出最优性能指标。

定理 11.8.2 给定线性系统(11.8.1),其初始状态为 $x(0)=x_0$。另外,令矩阵 $P(t)$ 满足 Riccati 方程(11.8.5),那么在状态反馈式(11.8.7)和式(11.8.8)的作用下,闭环系统的性能指标(11.8.4)的最优值 $J^*[x_0]$ 由下式给出:

$$J^*[\boldsymbol{x}_0]=\boldsymbol{x}_0^{\mathrm{T}}\boldsymbol{P}(0)\boldsymbol{x}_0$$

证明　由状态方程(11.8.1)可得

$$\begin{aligned}
&\boldsymbol{x}^{\mathrm{T}}(t+1)\boldsymbol{P}(t+1)\boldsymbol{x}(t+1)-\boldsymbol{x}^{\mathrm{T}}(t)\boldsymbol{P}(t)\boldsymbol{x}(t)\\
=&(\boldsymbol{G}(t)\boldsymbol{x}(t)+\boldsymbol{H}(t)\boldsymbol{u}(t))^{\mathrm{T}}\boldsymbol{P}(t+1)(\boldsymbol{G}(t)\boldsymbol{x}(t)+\boldsymbol{H}(t)\boldsymbol{u}(t))-\boldsymbol{x}^{\mathrm{T}}(t)\boldsymbol{P}(t)\boldsymbol{x}(t)\\
=&\boldsymbol{x}^{\mathrm{T}}(t)(\boldsymbol{G}^{\mathrm{T}}(t)\boldsymbol{P}(t+1)\boldsymbol{G}(t)-\boldsymbol{P}(t))\boldsymbol{x}(t)+\boldsymbol{x}^{\mathrm{T}}(t)\boldsymbol{G}^{\mathrm{T}}(t)\boldsymbol{P}(t+1)\boldsymbol{H}(t)\boldsymbol{u}(t)\\
&+\boldsymbol{u}^{\mathrm{T}}(t)\boldsymbol{H}^{\mathrm{T}}(t)\boldsymbol{P}(t+1)\boldsymbol{G}(t)\boldsymbol{x}(t)+\boldsymbol{u}^{\mathrm{T}}(t)\boldsymbol{H}^{\mathrm{T}}(t)\boldsymbol{P}(t+1)\boldsymbol{H}(t)\boldsymbol{u}(t)
\end{aligned}$$

由说明 11.8.3 可知：Riccati 方程(11.8.5)可等价地写成式(11.8.31)。由式(11.8.31)及前面的关系式可得

$$\begin{aligned}
&\boldsymbol{x}^{\mathrm{T}}(t+1)\boldsymbol{P}(t+1)\boldsymbol{x}(t+1)-\boldsymbol{x}^{\mathrm{T}}(t)\boldsymbol{P}(t)\boldsymbol{x}(t)\\
=&-\boldsymbol{x}^{\mathrm{T}}(t)\boldsymbol{Q}(t)\boldsymbol{x}(t)+\boldsymbol{x}^{\mathrm{T}}(t)\boldsymbol{G}^{\mathrm{T}}(t)\boldsymbol{P}(t+1)\boldsymbol{H}(t)(\boldsymbol{R}(t)\\
&+\boldsymbol{H}^{\mathrm{T}}(t)\boldsymbol{P}(t+1)\boldsymbol{H}(t))^{-1}\boldsymbol{H}^{\mathrm{T}}(t)\boldsymbol{P}(t+1)\boldsymbol{G}(t)\boldsymbol{x}(t)\\
&+\boldsymbol{x}^{\mathrm{T}}(t)\boldsymbol{G}^{\mathrm{T}}(t)\boldsymbol{P}(t+1)\boldsymbol{H}(t)\boldsymbol{u}(t)+\boldsymbol{u}^{\mathrm{T}}(t)\boldsymbol{H}^{\mathrm{T}}(t)\boldsymbol{P}(t+1)\boldsymbol{G}(t)\boldsymbol{x}(t)\\
&+\boldsymbol{u}^{\mathrm{T}}(t)\boldsymbol{H}^{\mathrm{T}}(t)\boldsymbol{P}(t+1)\boldsymbol{H}(t)\boldsymbol{u}(t)\\
=&-\boldsymbol{x}^{\mathrm{T}}(t)\boldsymbol{Q}(t)\boldsymbol{x}(t)-\boldsymbol{u}^{\mathrm{T}}(t)\boldsymbol{R}(t)\boldsymbol{u}(t)\\
&+[\boldsymbol{u}(t)+(\boldsymbol{R}(t)+\boldsymbol{H}^{\mathrm{T}}(t)\boldsymbol{P}(t+1)\boldsymbol{H}(t))^{-1}\boldsymbol{H}^{\mathrm{T}}(t)\boldsymbol{P}(t+1)\boldsymbol{G}(t)\boldsymbol{x}(t)]^{\mathrm{T}}\\
&\cdot(\boldsymbol{R}(t)+\boldsymbol{H}^{\mathrm{T}}(t)\boldsymbol{P}(t+1)\boldsymbol{H}(t))[\boldsymbol{u}(t)+(\boldsymbol{R}(t)\\
&+\boldsymbol{H}^{\mathrm{T}}(t)\boldsymbol{P}(t+1)\boldsymbol{H}(t))^{-1}\boldsymbol{H}^{\mathrm{T}}(t)\boldsymbol{P}(t+1)\boldsymbol{G}(t)\boldsymbol{x}(t)]
\end{aligned}$$

于是，在控制律式(11.8.7)和式(11.8.8)的作用下，下式成立：

$$\boldsymbol{x}^{\mathrm{T}}(t+1)\boldsymbol{P}(t+1)\boldsymbol{x}(t+1)-\boldsymbol{x}^{\mathrm{T}}(t)\boldsymbol{P}(t)\boldsymbol{x}(t)=-\boldsymbol{x}^{\mathrm{T}}(t)\boldsymbol{Q}(t)\boldsymbol{x}(t)-\boldsymbol{u}^{\mathrm{T}}(t)\boldsymbol{R}(t)\boldsymbol{u}(t)$$

对上式两边从 0 到 $N-1$ 分别求和可得

$$\begin{aligned}
&\sum_{t=0}^{N-1}[\boldsymbol{x}^{\mathrm{T}}(t+1)\boldsymbol{P}(t+1)\boldsymbol{x}(t+1)-\boldsymbol{x}^{\mathrm{T}}(t)\boldsymbol{P}(t)\boldsymbol{x}(t)]\\
=&-\sum_{t=0}^{N-1}[\boldsymbol{x}^{\mathrm{T}}(t)\boldsymbol{Q}(t)\boldsymbol{x}(t)+\boldsymbol{u}^{\mathrm{T}}(t)\boldsymbol{R}(t)\boldsymbol{u}(t)]\\
=&\ \boldsymbol{x}^{\mathrm{T}}(N)\boldsymbol{S}\boldsymbol{x}(N)-\boldsymbol{x}_0^{\mathrm{T}}\boldsymbol{P}(0)\boldsymbol{x}_0
\end{aligned}$$

根据该式，我们可导出对应的性能指标函数为

$$\begin{aligned}
J^*[\boldsymbol{x}_0]&=\boldsymbol{x}^{\mathrm{T}}(N)\boldsymbol{S}\boldsymbol{x}(N)+\sum_{t=0}^{N-1}[\boldsymbol{x}^{\mathrm{T}}(t)\boldsymbol{Q}(t)\boldsymbol{x}(t)+\boldsymbol{u}^{\mathrm{T}}(t)\boldsymbol{R}(t)\boldsymbol{u}(t)]\\
&=\boldsymbol{x}^{\mathrm{T}}(N)\boldsymbol{S}\boldsymbol{x}(N)-[\boldsymbol{x}^{\mathrm{T}}(N)\boldsymbol{S}\boldsymbol{x}(N)-\boldsymbol{x}_0^{\mathrm{T}}\boldsymbol{P}(0)\boldsymbol{x}_0]\\
&=\boldsymbol{x}_0^{\mathrm{T}}\boldsymbol{P}(0)\boldsymbol{x}_0
\end{aligned}$$

这就是所需的结论。

ΔΔΔ

说明 11.8.4　应该注意：定理 11.8.1 中的矩阵 $\boldsymbol{P}(t)$，尽管是对称矩阵，但不一定是正定的。例如，若 $\boldsymbol{S}=0$，$\boldsymbol{N}=0$，那么 $\boldsymbol{u}=0$ 可以最小化性能指标 J，最优性能

指标为 0。因此,对于 $0\leqslant t\leqslant N$ 时,$\boldsymbol{P}(t)=0$。这就是说,矩阵 $\boldsymbol{P}(t)=0$ 是 Riccati 矩阵方程(11.8.5)在 $\boldsymbol{S}=\boldsymbol{Q}=0$ 时的解。

11.9 无限时间二次调节

前一节对时变离散线性系统考虑了最优状态调节器设计问题。在这一节,我们将考虑无限时间二次调节问题。为了简单,假定该线性系统是时不变的,性能指标中的矩阵与时间 t 独立。具体地说,考虑如下离散线性系统:

$$\boldsymbol{x}(t+1)=\boldsymbol{G}\boldsymbol{x}(t)+\boldsymbol{H}\boldsymbol{u}(t),\quad \boldsymbol{x}(0)=\boldsymbol{x}_0 \tag{11.9.1}$$

其中,$\boldsymbol{G}\in\mathbf{R}^{n\times n}$,$\boldsymbol{H}\in\mathbf{R}^{n\times r}$ 是该线性系统的系统矩阵。本节所考虑的问题阐述如下。

问题 11.9.1(无限时间二次调节问题) 给定的线性系统(11.9.1),找出一个最优控制器

$$\boldsymbol{u}(t)=\boldsymbol{K}\boldsymbol{x}(t)$$

使得如下性能指标函数最小:

$$J_\infty(\boldsymbol{x}_0,\boldsymbol{u})=\sum_{t=0}^{\infty}(\boldsymbol{x}^{\mathrm{T}}(t)\boldsymbol{Q}\boldsymbol{x}(t)+\boldsymbol{u}^{\mathrm{T}}(t)\boldsymbol{R}\boldsymbol{u}(t)) \tag{11.9.2}$$

其中,$\boldsymbol{Q}\geqslant 0$,$\boldsymbol{R}>\boldsymbol{0}$。

对线性系统(11.9.1),我们定义 $J_\tau(\boldsymbol{x}_0,\boldsymbol{u})$ 与 $V_\tau(s,\boldsymbol{x}_0)$ 如下:

$$J_\tau(\boldsymbol{x}_0,\boldsymbol{u})=\sum_{t=0}^{\tau-1}(\boldsymbol{x}^{\mathrm{T}}(t)\boldsymbol{Q}\boldsymbol{x}(t)+\boldsymbol{u}^{\mathrm{T}}(t)\boldsymbol{R}\boldsymbol{u}(t))$$

$$V_\tau(s,\boldsymbol{x}_0)=\min_{\boldsymbol{u}}\sum_{t=s}^{\tau-1}(\boldsymbol{x}^{\mathrm{T}}(t)\boldsymbol{Q}\boldsymbol{x}(t)+\boldsymbol{u}^{\mathrm{T}}(t)\boldsymbol{R}\boldsymbol{u}(t))$$

由定理 11.8.2 可知

$$V_\tau(0,\boldsymbol{x}_0)=\boldsymbol{x}_0^{\mathrm{T}}\boldsymbol{P}(0)\boldsymbol{x}_0$$

其中,$\boldsymbol{P}(0)$ 由以下 Riccati 方程获得:

$$\boldsymbol{P}(t)=\boldsymbol{Q}+\boldsymbol{G}^{\mathrm{T}}\boldsymbol{P}(t+1)(\boldsymbol{I}+\boldsymbol{H}\boldsymbol{R}^{-1}\boldsymbol{H}^{\mathrm{T}}\boldsymbol{P}(t+1))^{-1}\boldsymbol{G},\quad \boldsymbol{P}(\tau)=0$$

另外,由系统(11.9.1)的时不变性可知如下关系成立:

$$V_\tau(0,\boldsymbol{x}_0)=\boldsymbol{x}_0^{\mathrm{T}}\boldsymbol{P}_1(-\tau)\boldsymbol{x}_0$$

其中,$\boldsymbol{P}_1(-\tau)$ 由如下 Riccati 方程给出:

$$\boldsymbol{P}_1(t)=\boldsymbol{Q}+\boldsymbol{G}^{\mathrm{T}}\boldsymbol{P}_1(t+1)(\boldsymbol{I}+\boldsymbol{H}\boldsymbol{R}^{-1}\boldsymbol{H}^{\mathrm{T}}\boldsymbol{P}_1(t+1))^{-1}\boldsymbol{G},\quad \boldsymbol{P}_1(0)=0$$

令 $\boldsymbol{\Pi}(t)=\boldsymbol{P}_1(-t)$。则由说明 11.8.3 可知,当 $t\geqslant 0$ 时,$\boldsymbol{\Pi}(t)$ 满足方程:

$$\begin{aligned}&\boldsymbol{\Pi}(t+1)=\boldsymbol{Q}+\boldsymbol{G}^{\mathrm{T}}\boldsymbol{\Pi}(t)[\boldsymbol{I}-\boldsymbol{H}(\boldsymbol{R}+\boldsymbol{H}^{\mathrm{T}}\boldsymbol{\Pi}(t)\boldsymbol{H})^{-1}\boldsymbol{H}^{\mathrm{T}}\boldsymbol{\Pi}(t)]\boldsymbol{G}\\&\boldsymbol{\Pi}(0)=0\end{aligned} \tag{11.9.3}$$

另外,容易知道下式成立:

$$V_\tau(0,\boldsymbol{x}_0)=\boldsymbol{x}_0^{\mathrm{T}}\boldsymbol{\Pi}(\tau)\boldsymbol{x}_0 \tag{11.9.4}$$

任取满足 $\mu>\tau\geqslant 0$ 的 μ 与 τ，并令 $\boldsymbol{v}$ 是初始状态为 $\boldsymbol{x}_0$ 时在区间 $[0,\mu]$ 上的最优控制。于是有

$$\begin{aligned}\boldsymbol{x}_0^{\mathrm{T}}\boldsymbol{\Pi}(\mu)\boldsymbol{x}_0 &= V_\mu(0,\boldsymbol{x})\\ &= J_\mu(\boldsymbol{x},\boldsymbol{v})\\ &= J_\tau(\boldsymbol{x},\boldsymbol{v}|_{[0,\tau]}) + \sum_{t=\tau}^{\mu-1}(\boldsymbol{x}^{\mathrm{T}}(t)\boldsymbol{Q}\boldsymbol{x}(t)+\boldsymbol{v}^{\mathrm{T}}(t)\boldsymbol{R}\boldsymbol{v}(t))\\ &\geqslant V_\tau(0,\boldsymbol{x})\\ &= \boldsymbol{x}_0^{\mathrm{T}}\boldsymbol{\Pi}(\tau)\boldsymbol{x}_0\end{aligned}\tag{11.9.5}$$

该式对所有的 $\boldsymbol{x}_0$ 都是成立的，因此，对 $\mu>\tau\geqslant 0$，都有 $\boldsymbol{\Pi}(\mu)\geqslant\boldsymbol{\Pi}(\tau)$ 成立。

接下来，我们需要说明：如果线性系统(11.9.1)是能控的，那么当 t 趋向无穷时，$\boldsymbol{\Pi}(t)$ 存在极限 $\boldsymbol{\Pi}$。

引理 11.9.1　假设线性系统(11.9.1)是能控的，并令 $\boldsymbol{R}>0,\boldsymbol{Q}\geqslant 0$。则式(11.9.3)中给出的序列 $\{\boldsymbol{\Pi}(t)\}$ 的极限 $\boldsymbol{\Pi}=\lim\limits_{t\to\infty}\boldsymbol{\Pi}(t)$ 存在。而且 $\boldsymbol{\Pi}$ 满足如下 Riccati 方程：

$$\boldsymbol{\Pi}=\boldsymbol{Q}+\boldsymbol{G}^{\mathrm{T}}[\boldsymbol{\Pi}-\boldsymbol{\Pi}\boldsymbol{H}(\boldsymbol{R}+\boldsymbol{H}^{\mathrm{T}}\boldsymbol{\Pi}\boldsymbol{H})^{-1}\boldsymbol{H}^{\mathrm{T}}\boldsymbol{\Pi}]\boldsymbol{G}\tag{11.9.6}$$

证明　固定任何给定的初始状态 $\boldsymbol{x}_0\in\mathbf{R}^n$。我们首先证明：在能控性条件下，存在某个 $\boldsymbol{u}$ 使得 $J_\infty(\boldsymbol{x}_0,\boldsymbol{u})$ 是有限的，其中 $J_\infty(\boldsymbol{x}_0,\boldsymbol{u})$ 如式(11.9.2)中所示。事实上，由于系统(11.9.1)是能控的，则存在一个整数 t_1 和控制 u_1，使得在该控制律的作用下有 $\boldsymbol{x}(t_1)=0$ 成立。现在，考虑区间 $[0,\infty)$ 上的这样一个控制 $\boldsymbol{v}$：当 $t\in[0,t_1-1]$ 时，$\boldsymbol{v}=\boldsymbol{u}_1$；而当 $t\geqslant t_1$ 时，$\boldsymbol{v}=0$。这样有

$$J_\infty(\boldsymbol{x}_0,\boldsymbol{u})=\sum_{t=0}^{t_1-1}(\boldsymbol{x}^{\mathrm{T}}(t)\boldsymbol{Q}\boldsymbol{x}(t)+\boldsymbol{u}^{\mathrm{T}}(t)\boldsymbol{R}\boldsymbol{u}(t))<\infty$$

于是对每一个 $\tau>0$，下式成立：

$$\boldsymbol{x}_0^{\mathrm{T}}\boldsymbol{\Pi}(t)\boldsymbol{x}_0=V_\tau(0,\boldsymbol{x}_0)\leqslant J_\tau(\boldsymbol{x}_0,\boldsymbol{v}|_{[0,t_1-1]})\leqslant J_\infty(\boldsymbol{x}_0,\boldsymbol{v})\tag{11.9.7}$$

由以上关系和式(11.9.5)可知 $\{\boldsymbol{x}_0^{\mathrm{T}}\boldsymbol{\Pi}(t)\boldsymbol{x}_0\}$ 不仅是关于 t 的非降序列，而且是有上界的。于是，对于每一个固定的 $\boldsymbol{x}_0$，$\lim\limits_{t\to\infty}\boldsymbol{x}_0^{\mathrm{T}}\boldsymbol{\Pi}(t)\boldsymbol{x}_0$ 存在。基于这个事实，通过选择一些特殊的 $\boldsymbol{x}_0$ 容易得出 $\lim\limits_{t\to\infty}\boldsymbol{\Pi}(t)$ 存在。对等式(11.9.3)两边同时取极限可得到方程(11.9.6)。

ΔΔΔ

根据引理 11.9.1 以及式(11.9.4)可得以下结论。

引理 11.9.2　给定线性系统(11.9.1)和式(11.9.2)中的二次性能指标 $J_\infty(\boldsymbol{x}_0,\boldsymbol{u})$，其中 $\boldsymbol{R}>0,\boldsymbol{Q}\geqslant 0$。若系统(11.9.1)是能控的，则

$$\min_{\boldsymbol{u}} J_\infty(\boldsymbol{x}_0,\boldsymbol{u})=\boldsymbol{x}_0^{\mathrm{T}}\boldsymbol{\Pi}\boldsymbol{x}_0$$

其中，$\boldsymbol{\Pi}$ 是 Riccati 方程(11.9.6)的解。

依据此引理，在下面的定理中我们将给出关于问题 11.9.1 的解的结论。

定理 11.9.1 假设线性系统(11.9.1)能控，且 $\boldsymbol{R}>0,\boldsymbol{Q}\geqslant 0$，则对于每一个 $\boldsymbol{x}_0\in\mathbf{R}^n$，存在唯一的控制律最小化由式(11.9.2)给出的性能指标函数 $J_\infty(\boldsymbol{x}_0,\boldsymbol{u})$。而且，该最优控制由下式给出：

$$\boldsymbol{u}^*=\boldsymbol{K}\boldsymbol{x}(t) \tag{11.9.8}$$

$$\boldsymbol{K}=-(\boldsymbol{R}+\boldsymbol{H}^{\mathrm{T}}\boldsymbol{\Pi}\boldsymbol{H})^{-1}\boldsymbol{H}^{\mathrm{T}}\boldsymbol{\Pi}\boldsymbol{G} \tag{11.9.9}$$

其中，$\boldsymbol{\Pi}$ 是代数 Riccati 矩阵方程(11.9.6)的解。而且，最优性能指标为

$$J_\infty(\boldsymbol{x}_0,\boldsymbol{u}^*)=\boldsymbol{x}_0^{\mathrm{T}}\boldsymbol{\Pi}\boldsymbol{x}_0 \tag{11.9.10}$$

证明 在如式(11.9.8)与式(11.9.9)所给出的控制律 $\boldsymbol{u}^*$ 的作用下，系统(11.9.1)对应的闭环系统为

$$\boldsymbol{x}(t+1)=(\boldsymbol{G}+\boldsymbol{H}\boldsymbol{K})\boldsymbol{x}(t),\quad \boldsymbol{x}(0)=\boldsymbol{x}_0 \tag{11.9.11}$$

另外，将式(11.9.8)与式(11.9.9)代入式(11.9.2)中可得

$$J_\infty(\boldsymbol{x}_0,\boldsymbol{u}^*)=\sum_{t=0}^{\infty}\boldsymbol{x}^{\mathrm{T}}(t)(\boldsymbol{Q}+\boldsymbol{K}^{\mathrm{T}}\boldsymbol{R}\boldsymbol{K})\boldsymbol{x}(t)$$

另一方面，由于 $\boldsymbol{\Pi}$ 满足方程(11.9.6)，那么，对于此闭环系统，有

$$\begin{aligned}
&\boldsymbol{x}^{\mathrm{T}}(t+1)\boldsymbol{\Pi}\boldsymbol{x}(t+1)-\boldsymbol{x}^{\mathrm{T}}(t)\boldsymbol{\Pi}\boldsymbol{x}(t)\\
&=\boldsymbol{x}^{\mathrm{T}}(t)(\boldsymbol{G}+\boldsymbol{H}\boldsymbol{K})^{\mathrm{T}}\boldsymbol{\Pi}(\boldsymbol{G}+\boldsymbol{H}\boldsymbol{K})\boldsymbol{x}(t)-\boldsymbol{x}^{\mathrm{T}}(t)\boldsymbol{\Pi}\boldsymbol{x}(t)\\
&=\boldsymbol{x}^{\mathrm{T}}(t)(\boldsymbol{G}^{\mathrm{T}}\boldsymbol{\Pi}\boldsymbol{G}+\boldsymbol{K}^{\mathrm{T}}\boldsymbol{H}^{\mathrm{T}}\boldsymbol{\Pi}\boldsymbol{G}+\boldsymbol{G}^{\mathrm{T}}\boldsymbol{\Pi}\boldsymbol{H}\boldsymbol{K}+\boldsymbol{K}^{\mathrm{T}}\boldsymbol{H}^{\mathrm{T}}\boldsymbol{\Pi}\boldsymbol{H}\boldsymbol{K}-\boldsymbol{\Pi})\boldsymbol{x}(t)\\
&=\boldsymbol{x}^{\mathrm{T}}(t)[\boldsymbol{G}^{\mathrm{T}}\boldsymbol{\Pi}\boldsymbol{H}(\boldsymbol{R}+\boldsymbol{H}^{\mathrm{T}}\boldsymbol{\Pi}\boldsymbol{H})^{-1}\boldsymbol{H}^{\mathrm{T}}\boldsymbol{\Pi}\boldsymbol{G}+\boldsymbol{K}^{\mathrm{T}}\boldsymbol{H}^{\mathrm{T}}\boldsymbol{\Pi}\boldsymbol{G}+\boldsymbol{G}^{\mathrm{T}}\boldsymbol{\Pi}\boldsymbol{H}\boldsymbol{K}+\boldsymbol{K}^{\mathrm{T}}\boldsymbol{H}^{\mathrm{T}}\boldsymbol{\Pi}\boldsymbol{H}\boldsymbol{K}-\boldsymbol{Q}]\boldsymbol{x}(t)
\end{aligned}$$

通过使用式(11.9.9)中 $\boldsymbol{K}$ 的表达，由上式可得

$$\begin{aligned}
&\boldsymbol{x}^{\mathrm{T}}(t+1)\boldsymbol{\Pi}\boldsymbol{x}(t+1)-\boldsymbol{x}^{\mathrm{T}}(t)\boldsymbol{\Pi}\boldsymbol{x}(t)\\
&=\boldsymbol{x}^{\mathrm{T}}(t)(\boldsymbol{K}^{\mathrm{T}}\boldsymbol{H}^{\mathrm{T}}\boldsymbol{\Pi}\boldsymbol{G}+\boldsymbol{G}^{\mathrm{T}}\boldsymbol{\Pi}\boldsymbol{H}\boldsymbol{K}+\boldsymbol{K}^{\mathrm{T}}\boldsymbol{H}^{\mathrm{T}}\boldsymbol{\Pi}\boldsymbol{H}\boldsymbol{K}-\boldsymbol{Q})\boldsymbol{x}(t)\\
&\quad+\boldsymbol{x}^{\mathrm{T}}(t)(\boldsymbol{K}^{\mathrm{T}}(\boldsymbol{R}+\boldsymbol{H}^{\mathrm{T}}\boldsymbol{\Pi}\boldsymbol{H})\boldsymbol{K})\boldsymbol{x}(t)\\
&=\boldsymbol{x}^{\mathrm{T}}(t)(\boldsymbol{K}^{\mathrm{T}}\boldsymbol{R}\boldsymbol{K}+\boldsymbol{K}^{\mathrm{T}}\boldsymbol{H}^{\mathrm{T}}\boldsymbol{\Pi}(\boldsymbol{G}+\boldsymbol{H}\boldsymbol{K})+(\boldsymbol{G}+\boldsymbol{H}\boldsymbol{K})^{\mathrm{T}}\boldsymbol{\Pi}\boldsymbol{H}\boldsymbol{K}-\boldsymbol{Q})\boldsymbol{x}(t)
\end{aligned} \tag{11.9.12}$$

另外，由式(11.9.9)可得

$$(\boldsymbol{R}+\boldsymbol{H}^{\mathrm{T}}\boldsymbol{\Pi}\boldsymbol{H})\boldsymbol{K}=-\boldsymbol{H}^{\mathrm{T}}\boldsymbol{\Pi}\boldsymbol{G}$$

这说明

$$\boldsymbol{H}^{\mathrm{T}}\boldsymbol{\Pi}(\boldsymbol{G}+\boldsymbol{H}\boldsymbol{K})=-\boldsymbol{R}\boldsymbol{K}$$

将上式代入到式(11.9.12)中得

$$\begin{aligned}
&\boldsymbol{x}^{\mathrm{T}}(t+1)\boldsymbol{\Pi}\boldsymbol{x}(t+1)-\boldsymbol{x}^{\mathrm{T}}(t)\boldsymbol{\Pi}\boldsymbol{x}(t)\\
&=\boldsymbol{x}^{\mathrm{T}}(t)[\boldsymbol{K}^{\mathrm{T}}\boldsymbol{R}\boldsymbol{K}-\boldsymbol{K}^{\mathrm{T}}\boldsymbol{R}\boldsymbol{K}+(-\boldsymbol{R}\boldsymbol{K})^{\mathrm{T}}\boldsymbol{K}-\boldsymbol{Q}]\boldsymbol{x}(t)\\
&=-\boldsymbol{x}^{\mathrm{T}}(t)(\boldsymbol{K}^{\mathrm{T}}\boldsymbol{R}\boldsymbol{K}+\boldsymbol{Q})\boldsymbol{x}(t)
\end{aligned}$$

由此关系，有

$$\begin{aligned}
J_\infty(\boldsymbol{x}_0,\boldsymbol{u}^*)&=\sum_{t=0}^{\infty}\boldsymbol{x}^{\mathrm{T}}(t)(\boldsymbol{Q}+\boldsymbol{K}^{\mathrm{T}}\boldsymbol{R}\boldsymbol{K})\boldsymbol{x}(t)\\
&=\sum_{t=0}^{\infty}[\boldsymbol{x}^{\mathrm{T}}(t)\boldsymbol{\Pi}\boldsymbol{x}(t)-\boldsymbol{x}^{\mathrm{T}}(t+1)\boldsymbol{\Pi}\boldsymbol{x}(t+1)]
\end{aligned}$$

$$= x_0^{\mathrm{T}} \boldsymbol{\Pi} x_0 - \lim_{t\to\infty} x^{\mathrm{T}}(t) \boldsymbol{\Pi} x^{\mathrm{T}}(t) \tag{11.9.13}$$

此外,由于 $\boldsymbol{\Pi}=\lim\limits_{t\to\infty}\boldsymbol{\Pi}(t)$,则由式(11.9.7)知,对于所有的 $\boldsymbol{v}$

$$J_\infty(x_0, u^*) \leqslant x_0^{\mathrm{T}} \boldsymbol{\Pi} x_0 \leqslant J_\infty(x_0, v)$$

结合此不等式关系与引理 11.9.2 可知

$$J_\infty(x_0, u^*) = x_0^{\mathrm{T}} \boldsymbol{\Pi} x_0 \tag{11.9.14}$$

这说明由式(11.9.8)和式(11.9.9)给出的 u^* 是最优的,且对应的最优性能指标由式(11.9.10)给出。

接下来,我们分析最优控制 u^* 的唯一性。令 v 为另一个不同于 u^* 的控制,而 $x(t)$ 是闭环系统的状态响应,初值为 $x(0)=x_0$。类似于定理 11.8.2 的证明过程,由式(11.9.6)可知

$$\begin{aligned}
& x^{\mathrm{T}}(t+1)\boldsymbol{\Pi}x(t+1) - x^{\mathrm{T}}(t)\boldsymbol{\Pi}x(t) \\
&= -x^{\mathrm{T}}(t)Qx(t) - v^{\mathrm{T}}(t)Rv(t) + [v(t) + (R+H^{\mathrm{T}}\boldsymbol{\Pi}H)^{-1}H^{\mathrm{T}}\boldsymbol{\Pi}Gx(t)]^{\mathrm{T}} \\
&\quad \cdot (R+H^{\mathrm{T}}\boldsymbol{\Pi}H)[v(t) + (R+H^{\mathrm{T}}\boldsymbol{\Pi}H)^{-1}H^{\mathrm{T}}\boldsymbol{\Pi}Gx(t)]
\end{aligned}$$

由于 v 不同于 u^*,对于 $\tau\geqslant 1$,有

$$\begin{aligned}
& J_\tau(x_0, v) \\
&= \sum_{t=0}^{\tau-1} (x^{\mathrm{T}}(t)Qx(t) + v^{\mathrm{T}}(t)Rv(t)) \\
&= \sum_{t=0}^{\tau-1} (x^{\mathrm{T}}(t)\boldsymbol{\Pi}x(t) - x^{\mathrm{T}}(t+1)\boldsymbol{\Pi}x(t+1)) + \sum_{t=0}^{\tau-1} [v(t) \\
&\quad + (R+H^{\mathrm{T}}\boldsymbol{\Pi}H)^{-1}H^{\mathrm{T}}\boldsymbol{\Pi}Gx(t)]^{\mathrm{T}}(R+H^{\mathrm{T}}\boldsymbol{\Pi}H)[v(t) \\
&\quad + (R+H^{\mathrm{T}}\boldsymbol{\Pi}H)^{-1}H^{\mathrm{T}}\boldsymbol{\Pi}Gx(t)] \\
&> x_0^{\mathrm{T}}\boldsymbol{\Pi}x_0 - x^{\mathrm{T}}(\tau)\boldsymbol{\Pi}x(\tau)
\end{aligned}$$

该式可等价地写为

$$x_0^{\mathrm{T}}\boldsymbol{\Pi}x_0 < J_\tau(x_0, v) + x^{\mathrm{T}}(\tau)\boldsymbol{\Pi}x(\tau)$$

令 $z=x(\tau)$,并定义新的控制 $\omega(t)=v(t+\tau)$,$t\geqslant 0$,则由引理 11.9.2 得

$$x^{\mathrm{T}}(\tau)\boldsymbol{\Pi}x(\tau) < J_\infty(z, \omega)$$

由系统(11.9.1)的时不变性可知下式成立:

$$J_\tau(x_0, v) + J_\infty(z, \omega) = J_\infty(x_0, v)$$

由以上三个不等式关系知:对于所有的 $v\neq u^*$,有

$$x_0^{\mathrm{T}}\boldsymbol{\Pi}x_0 < J_\infty(x_0, v)$$

这就说明最优控制 u^* 是唯一的。证毕。

ΔΔΔ

说明 11.9.1　类似于有限时间调节的情况,Riccati 矩阵方程(11.9.6)可等价表示为

$$\boldsymbol{\Pi} = Q + G^{\mathrm{T}}\boldsymbol{\Pi}(I + HR^{-1}H^{\mathrm{T}}\boldsymbol{\Pi})^{-1}G$$

此时,式(11.9.9)中的唯一最优状态反馈增益 $\boldsymbol{K}$ 可表达为

$$\boldsymbol{K}=-\boldsymbol{R}^{-1}\boldsymbol{H}^{\mathrm{T}}\boldsymbol{\Pi}(\boldsymbol{I}+\boldsymbol{H}\boldsymbol{R}^{-1}\boldsymbol{H}^{\mathrm{T}}\boldsymbol{\Pi})^{-1}\boldsymbol{G}$$

本小节研究了无限时间调节问题。一个很自然的问题是:在最优控制律作用下的闭环系统是稳定的吗?换言之,通过最小化二次性能指标求取的最优控制律能镇定原系统吗?对于该问题,以下定理给出了答案。

定理 11.9.2 给定线性系统(11.9.1)和两个矩阵 $\boldsymbol{R}>0,\boldsymbol{Q}>0$,如果 $\boldsymbol{\Pi}$ 满足 Riccati 方程(11.9.6),则在最优控制律式(11.9.8)和式(11.9.9)的作用下闭环系统是渐近稳定的。

证明 首先,我们证明:如果 $\boldsymbol{Q}>0$,则 $\boldsymbol{\Pi}>0$。由引理 11.9.1 可知:$\boldsymbol{\Pi}$ 是满足式(11.9.3)的 $\boldsymbol{\Pi}(t)$ 的极限。固定任意的 $\boldsymbol{x}_0\neq0$,式(11.9.5)说明序列 $\boldsymbol{x}_0^{\mathrm{T}}(t)\boldsymbol{\Pi}(t)\boldsymbol{x}_0(t)$ 关于时间 t 是非降的。此外,由式(11.9.3)得

$$\boldsymbol{\Pi}(1)=\boldsymbol{Q}+\boldsymbol{G}^{\mathrm{T}}\boldsymbol{\Pi}(0)\left[\boldsymbol{I}-\boldsymbol{H}(\boldsymbol{R}+\boldsymbol{H}^{\mathrm{T}}\boldsymbol{\Pi}(0)\boldsymbol{H})^{-1}\boldsymbol{H}^{\mathrm{T}}\boldsymbol{\Pi}(0)\right]\boldsymbol{G}=\boldsymbol{Q}>0$$

于是,对于任何 $\boldsymbol{x}_0\neq0$,有

$$\boldsymbol{x}_0^{\mathrm{T}}\boldsymbol{\Pi}\boldsymbol{x}_0=\lim_{t\to\infty}\boldsymbol{x}_0^{\mathrm{T}}\boldsymbol{\Pi}(t)\boldsymbol{x}_0>0$$

由于 $\boldsymbol{x}_0$ 的任意性,则由上式可知 $\boldsymbol{\Pi}>0$。

在最优控制律式(11.9.8)和式(11.9.9)的作用下,闭环系统为

$$\boldsymbol{x}(t+1)=(\boldsymbol{G}+\boldsymbol{H}\boldsymbol{K})\boldsymbol{x}(t) \tag{11.9.15}$$

其中

$$\boldsymbol{K}=-(\boldsymbol{R}+\boldsymbol{H}^{\mathrm{T}}\boldsymbol{\Pi}\boldsymbol{H})^{-1}\boldsymbol{H}^{\mathrm{T}}\boldsymbol{\Pi}\boldsymbol{G}。$$

由于 $\boldsymbol{\Pi}>0$,则我们可定义 Lyapunov 函数

$$V(\boldsymbol{x}(t))=\boldsymbol{x}^{\mathrm{T}}(t)\boldsymbol{\Pi}\boldsymbol{x}(t)$$

由定理 11.9.1 的证明可得

$$\begin{aligned}\Delta V(\boldsymbol{x}(t))&=V(\boldsymbol{x}(t+1))-V(\boldsymbol{x}(t))\\&=-\boldsymbol{x}^{\mathrm{T}}(t)(\boldsymbol{Q}+\boldsymbol{K}^{\mathrm{T}}\boldsymbol{R}\boldsymbol{K})\boldsymbol{x}(t)\end{aligned}$$

由于 $\boldsymbol{Q}>0$,则 $\boldsymbol{Q}+\boldsymbol{K}^{\mathrm{T}}\boldsymbol{R}\boldsymbol{K}>0$。于是,由 Lyapunov 原理可知该闭环系统是渐近稳定的。

ΔΔΔ

11.10 小 结

连续线性系统理论和离散线性系统理论是现代控制理论中的两个平行分支,几乎对于连续系统理论中的任何一个问题在离散线性系统理论中都有相应的内容。而且读者也应该发现这些对应内容在问题的描述、处理方法及结果形式等方面都有着相似之处和内在的联系,如系统的响应公式,连续情形的积分在离散情形变为求和,但在公式形式上两者是相似的;再如线性定常系统的 Lyapunov 稳定性定理,只是将连续型的 Lyapunov 方程变成了离散型的 Lyapunov 方程;还有系统

设计方面的基本问题，如极点配置与特征结构配置(Duan，Liu and Thompson，2003)、系统镇定(Wu et al.，2011；Zhou，Duan and Lin，2011)与最优控制等问题，连续的情形和离散的情形之间都有着某种内在的对应关系，特别离散系统和连续系统的极点配置和特征结构配置问题除对闭环极点的所在区域有不同的要求外，从问题的抽象的数学描述到具体的求解以至结果形式等方面均是一致的。这些联系与区别在本章的学习过程中要特别留意。

本章只是画龙点睛般地介绍了离散系统理论中的基本的主要内容，对此有兴趣的读者可进一步参阅这方面的一些著作(高衿畅，1984；古田胜久，1993；Steiglitz，1974)。

思考与练习

11.1　连续和离散系统在数学描述上的对应是微分和差分方程；在数学工具上的对应是 Laplace 变换和 z 变换……试比较详尽地列出这些对应关系。

11.2　对于一个连续系统，我们既可以先根据连续系统理论来设计其控制规律，然后对设计结果来离散实现，也可以先将其离散化后再对所得的离散系统进行控制律设计。这两种不同的途径在实用中的效果会有什么不同?

11.3　有系统如图 11.11.1 所示，试求离散化的状态空间表达式。设采样周期分别为 $T=1$ 和 0.1；而 u_1 和 u_2 为分段常数。

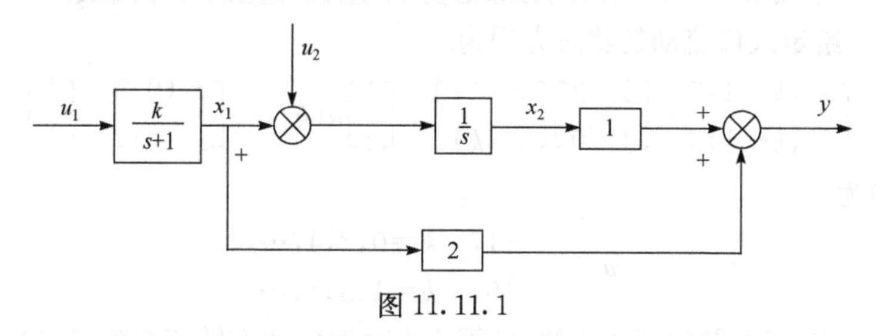

图 11.11.1

11.4　一阶差分方程组如下，求解 $\boldsymbol{x}(k)$：

$$\begin{cases} x_1(k+1)=\dfrac{1}{2}x_1(k)-\dfrac{1}{2}x_2(k)+x_3(k) \\ x_2(k+1)=\dfrac{1}{2}x_2(k)+2x_3(k) \\ x_3(k+1)=\dfrac{1}{2}x_3(k) \end{cases}$$

$$\boldsymbol{x}(0)=[2\quad 4\quad 6]^{\mathrm{T}}$$

11.5　有离散时间系统如下，求 $\boldsymbol{x}(k)$：

$$\begin{bmatrix} x_1(k+1) \\ x_2(k+1) \end{bmatrix}=\begin{bmatrix} 1/2 & 1/8 \\ 1/8 & 1/2 \end{bmatrix}\begin{bmatrix} x_1(k) \\ x_2(k) \end{bmatrix}+\begin{bmatrix} 1 & 0 \\ 0 & 1 \end{bmatrix}\begin{bmatrix} u_1(k) \\ u_2(k) \end{bmatrix}$$

$$x_1(0)=-1,\quad x_2(0)=3$$

输入 $u_1(k)$是从斜坡函数 t 采样而来,$u_2(k)$是从 e^{-t}同步采样而来。

11.6 用 Lyapunov 法求下列系统的原点稳定性:

$$\begin{cases} x_1(k+1)=x_1(k)+3x_2(k) \\ x_2(k+1)=-3x_1(k)-2x_2(k)-3x_3(k) \\ x_3(k+1)=x_1(k) \end{cases}$$

11.7 已知离散时间系统方程为

$$x(k+1)x(k)+u(k),\quad x(0)=10$$

试求该系统的两级控制,使性能指标

$$J=[x(2)-10]^2+\sum_{k=0}^{1}[x^2(k)+u^2(k)]$$

为最小。

11.8 人口流动的状态方程为

$$\begin{bmatrix} x_1(k+1) \\ x_2(k+1) \end{bmatrix}=\begin{bmatrix} 1.01(1-0.04) & 1.01(0.02) \\ 1.01(0.04) & 1.01(1-0.02) \end{bmatrix}\begin{bmatrix} x_1(k) \\ x_2(k) \end{bmatrix}$$

$$x_1(0)=10^7,\quad x_2(0)=9\times10^7$$

其中,x_1 表示城市人口;x_2 表示乡村人口。令 $k=0$ 表示 1988 年,应用计算机分析 1988～2010 年城市和乡村人口的分布态势,并绘出相应的分布曲线。

11.9 给定人口流动的状态方程为

$$\begin{bmatrix} x_1(k+1) \\ x_2(k+1) \end{bmatrix}=\begin{bmatrix} 1 & 2 \\ 1 & 0 \end{bmatrix}\begin{bmatrix} x_1(k) \\ x_2(k) \end{bmatrix}+\begin{bmatrix} 1 \\ 2 \end{bmatrix}u(k),\quad \begin{bmatrix} x_1(0) \\ x_2(0) \end{bmatrix}=\begin{bmatrix} 1 \\ 1 \end{bmatrix}$$

再取 $u(k)$为

$$u(k)=\begin{cases} 1, & k=0,2,4,\cdots \\ 0, & k=1,3,5,\cdots \end{cases}$$

11.10 对于上题的离散系统,计算 $k=10$ 时的状态转移矩阵 $\boldsymbol{\Phi}(k)$。

11.11 给定离散时间系统为

$$\begin{bmatrix} x_1(k+1) \\ x_2(k+1) \end{bmatrix}=\begin{bmatrix} 1 & 1-e^{-T} \\ 0 & e^{-T} \end{bmatrix}\begin{bmatrix} x_1(k) \\ x_2(k) \end{bmatrix}+\begin{bmatrix} e^{-T}+T-1 \\ 1-e^{-T} \end{bmatrix}u(k)$$

其中 $T\neq0$,试论证:此系统有无可能在不超过 $2T$ 的时间内使任意的一个非零初态转移到原点。

11.12 给定离散时间系统

$$x(k+1)=\begin{bmatrix} 1 & 4 & 0 \\ -3 & -2 & -3 \\ 2 & 0 & 0 \end{bmatrix}x(k)$$

用两种方法判断系统是否为渐近稳定。

*第 12 章　鲁棒控制

鲁棒控制是 20 世纪 70 年代兴起目前仍然非常活跃的一个研究领域，具有非常广泛的研究内容。本章对鲁棒性的定义及几种典型的鲁棒性分析与设计问题做了介绍，目的是为初涉鲁棒控制的读者提供一些入门材料。

12.1 鲁棒性

“鲁棒”一词来自英文词“Robust”的音译。Robustness，即鲁棒性，其含义是稳健或强壮，因而也常称之为稳健性或强壮性。在 20 世纪 70 年代初期，人们正式地将鲁棒性的概念引入现代控制理论，然而关于鲁棒性本身却没有给出确切的定义。目前现代控制理论中所涉及的各种鲁棒性都具有其各自的含义。简单地说，鲁棒性是“抗扰动的能力”，但若要确切、全面地刻画其含义却不是一件容易的事情。下面我们对此做个尝试。

12.1.1 鲁棒性的定义

这里我们是从某种抽象的意义上来谈鲁棒性本身，而不局限于控制系统的鲁棒性。

首先，鲁棒性是一种性质，它应该与某种事物相关联，如控制系统、矩阵等。因而我们通常所说的控制系统的鲁棒性即是与控制系统相关的某种意义下的抗扰能力。

其次，鲁棒性所言及的对象并不是事物本身，而是事物的某种性质，如控制系统的稳定性、矩阵的可逆性或正定性等。因而通常的“控制系统的鲁棒性”这种说法并不确切，是一种很笼统的说法。如若确切地表述，则需指明“某事物的某种性质”的鲁棒性，如控制系统的稳定性的鲁棒性，简称控制系统的稳定鲁棒性；控制系统的某种性能的鲁棒性，简称性能鲁棒性。从这种意义上看，同一事物可以有多种不同的鲁棒性。

再次，既然鲁棒性所表征的是“抗干扰的能力”，则必与所言事物的某种形式的“扰动”相关联。如对于控制系统而言，某些参量的变化、外界干扰等都可视为扰动；对于矩阵而言，其元素的摄动即是一种扰动。“扰动”往往都有多种形式，某事物的某性质针对事物不同形式的扰动决定了该事物、该性质的不同的鲁棒性。

上面提及的“事物”、“事物的某种性质”和“事物的某种形式的扰动”是言及鲁棒性所必需的三个方面。如果要确切表述某种具体的鲁棒性,这三个方面缺一不可。

给定某种事物 W 及其所受的某种形式的扰动 D,如果事物 W 的某种性质 P 在事物 W 受到扰动 D 后仍然完全保持或在一定程度或范围内继续保持的话,则称事物 W 的性质 P 对于扰动 D 具有鲁棒性。

根据上述定义,我们于数值分析中接触过的许多问题,如各种算法的数值稳定性分析问题、矩阵的各类扰动分析问题(孙继广,1987),都可归结为某种意义下的鲁棒性问题。

例 12.1.1 矩阵的可逆性关于其参数变化的鲁棒性。设 $\boldsymbol{A}\in\mathbf{R}^{n\times n}$ 为一可逆矩阵,以 $\Delta\boldsymbol{A}$ 记其扰动,则分析矩阵 $\boldsymbol{A}$ 受到扰动 $\Delta\boldsymbol{A}$ 后是否仍为可逆的问题,即为矩阵的可逆性关于其参数扰动的鲁棒性。这一问题等价于分析下述的问题:

在矩阵 $\boldsymbol{A}$ 可逆的条件下,当 $\Delta\boldsymbol{A}$ 满足什么条件时,$\boldsymbol{A}+\Delta\boldsymbol{A}$ 亦可逆?

对于上述问题,孙继广(1987)给出了下述结论。

命题 12.1.1 设 $\boldsymbol{A}\in\mathbf{R}^{n\times n}$,$\Delta\boldsymbol{A}\in\mathbf{R}^{n\times n}$,矩阵 $\boldsymbol{A}$ 可逆,如果

$$\|\Delta\boldsymbol{A}\|_2<\frac{1}{\|\boldsymbol{A}^{-1}\|_2}$$

则$(\boldsymbol{A}+\Delta\boldsymbol{A})$亦可逆。

从鲁棒性分析的观点看,命题 12.1.1 即是矩阵可逆性的鲁棒性的一个分析结果。

12.1.2 鲁棒性分析问题

根据前述鲁棒性定义,我们可以将鲁棒性分析问题归结为两大类。下面分别予以说明。

1. 第一类鲁棒性分析问题

第一类鲁棒性分析问题的特点是:已知某事物 W 及其性质 P 和该事物的某种形式的扰动 D,但不知道扰动 D 的范围。

一般说来,只要扰动 D 足够小,事物 W 受到扰动 D 后仍能够保持其性质 P。但当扰动 D 的扰动范围大到一定程度时,事物 W 受到扰动 D 后便不再具有性质 P。那么事物 W 受到扰动 D 后仍保持性质 P 所允许的扰动 D 的“最大”扰动范围是多大呢?这便是第一类鲁棒性分析所考虑的问题。

上述所说的“允许的最大扰动范围”的描述要因具体的问题和具体的处理方法来决定,它一般是所论事物及其扰动量的函数,常称为鲁棒性指标。下面我们以矩阵正定性的鲁棒性来加以说明。

设 $\boldsymbol{P}\in\mathbf{R}^{n\times n}$ 为一对称正定矩阵,记其第 i 行第 j 列元素所受的扰动为 Δp_{ij},则

以 Δp_{ij} 为元素构成的矩阵 $\Delta \boldsymbol{P}=[\Delta p_{ij}]$便代表了矩阵 $\boldsymbol{P}$ 的扰动。

按照第一类鲁棒性分析问题的提法，这里我们即是要分析使得 $\boldsymbol{P}+\Delta \boldsymbol{P}$ 继续保持对称正定的尽可能大的 $\Delta \boldsymbol{P}$。为此我们来引入两个引理。

引理 12.1.1　设 $\boldsymbol{P},\Delta \boldsymbol{P}\in \mathbf{R}^{n\times n}$ 均为对称矩阵，且 $\boldsymbol{P}$ 为正定的，则下述三个条件等价：

(1) $\boldsymbol{P}+\Delta \boldsymbol{P}>0$；

(2) $\det(\boldsymbol{P}+r\Delta \boldsymbol{P})\neq 0, r\in(0,1]$；

(3) $\lambda(\boldsymbol{P}^{-1}\Delta \boldsymbol{P})>-1$。

证明

(1)⇒(2)：

$$\begin{aligned}\boldsymbol{P}+\Delta \boldsymbol{P}>0 &\Rightarrow \boldsymbol{P}+r\Delta \boldsymbol{P}=r[\boldsymbol{P}+\Delta \boldsymbol{P}]+(1-r)\boldsymbol{P}>0, \quad r\in(0,1]\\ &\Rightarrow \det(\boldsymbol{P}+r\Delta \boldsymbol{P})\neq 0, \quad \forall r\in(0,1]\end{aligned}$$

(2)⇒(1)：

记 $f(r)=\det(\boldsymbol{P}+r\Delta \boldsymbol{P}), g(r)=\lambda(\boldsymbol{P}+r\Delta \boldsymbol{P})$，则 f 与 g 均为$[0,1]$上的连续函数。由 $f(r)\neq 0, r\in(0,1]$可知，$g(r)\neq 0, r\in(0,1]$。从而由 $g(0)>0$ 及 g 的连续性可得 $g(r)>0, r\in(0,1]$。特别取 $r=1$ 便得所证结论。

(2)⇔(3)：

对于 $\forall r\in(0,1]$，有

$$\begin{aligned}\det(\boldsymbol{P}+r\Delta \boldsymbol{P})\neq 0 &\Leftrightarrow \det(\boldsymbol{I}+r\boldsymbol{P}^{-1}\Delta \boldsymbol{P})\neq 0\\ &\Leftrightarrow \lambda(\boldsymbol{P}^{-1}\Delta \boldsymbol{P})\neq -1/r\\ &\Leftrightarrow \lambda(\boldsymbol{P}^{-1}\Delta \boldsymbol{P})>-1\end{aligned}$$

ΔΔΔ

根据引理 12.1.1，我们可进一步推得下述引理。

引理 12.1.2　$\|\Delta \boldsymbol{P}\|_2<\underline{\lambda}(\boldsymbol{P})\Rightarrow \boldsymbol{P}+\Delta \boldsymbol{P}>0$

证明

$$\begin{aligned}\|\Delta \boldsymbol{P}\|_2<\underline{\lambda}(\boldsymbol{P})\Leftrightarrow \|\Delta \boldsymbol{P}\|_2<\underline{\sigma}(\boldsymbol{P})\Leftrightarrow \bar{\sigma}(\Delta \boldsymbol{P})<1/\bar{\sigma}(\boldsymbol{P}^{-1})&\\ \Rightarrow \bar{\sigma}(\boldsymbol{P}^{-1}\Delta \boldsymbol{P})<1\Rightarrow \rho(\boldsymbol{P}^{-1}\Delta \boldsymbol{P})<1&\\ \Rightarrow \underline{\lambda}(\boldsymbol{P}^{-1}\Delta \boldsymbol{P})>-1\Rightarrow \boldsymbol{P}+\Delta \boldsymbol{P}>0&\end{aligned}$$

ΔΔΔ

由引理 12.1.2 可知，$\underline{\lambda}(\boldsymbol{P})$即为矩阵 $\boldsymbol{P}$ 保持正定时所允许的 $\Delta \boldsymbol{P}$ 扰动限度的一个数值指标，可视为矩阵 $\boldsymbol{P}$ 的正定性的鲁棒度量。

2. 第二类鲁棒性分析问题

第一类鲁棒性分析问题是在事物所受扰动的形式已知、但扰动范围未知的条

件下,分析事物能够维持某种性质所允许的这种形式的扰动范围的大小。在第二类鲁棒性分析问题中,我们已知事物 W 及其性质 P 和事物 W 的某种形式的扰动 ΔW 及其扰动范围,要给出事物 W 受到扰动 ΔW 后是否仍具有性质 P 的确切结论。

为说明第二类鲁棒性问题,我们来考虑多项式的稳定鲁棒性。

考虑 n 阶实系数多项式矩阵

$$p(s)=a_0+a_1s+\cdots a_{n-1}s^{n-1}+a_ns^n \tag{12.1.1}$$

$p(s)$称为是 Hurwitz 稳定的,如果其所有根均在复平面的左半平面内。现设 $p(s)$ 受扰动

$$\Delta p(s)=\Delta a_0+\Delta a_1s+\cdots+\Delta a_{n-1}s^{n-1}+\Delta a_ns^n \tag{12.1.2}$$

其中的扰动系数 $\Delta a_i(i=0,1,2,\cdots,n)$在下述范围之内:

$$\alpha_i\leqslant\Delta a_i\leqslant\beta_i,\quad i=0,1,2,\cdots,n \tag{12.1.3}$$

这里 α_i 和 β_i 为两组已知实数。

式(12.1.2)反映了扰动的形式,式(12.1.3)则反映了扰动的范围。此时我们的目的是要分析这样一个问题:是否对于一切满足式(12.1.2)和式(12.1.3)的扰动,多项式 $p(s)+\Delta p(s)$均为 Hurwitz 稳定?

上述问题是多项式族稳定性分析中的一个基本问题,已由 Kharitonov 解决。令

$$q_i=a_i+\Delta a_i,q_i^-=a_i+\alpha_i,q_i^+=a_i+\beta_i,\quad i=0,1,2,\cdots,n$$

则易见

$$p(s)+\Delta p(s)=p(s,q)=q_0+q_1s+q_2s^2+\cdots+q_ns^n \tag{12.1.4}$$

其中

$$q_i^-\leqslant q_i\leqslant q_i^+,\quad i=0,1,2,\cdots,n \tag{12.1.5}$$

定理 12.1.1(Kharitonov 定理) 对于所有满足式(12.1.5)的 $q_i(i=0,1,2,\cdots,n)$,多项式$p(s,q)$的根全部位于复平面的左半平面的充要条件是下述四个确定的 n 阶多项式:

$$\begin{aligned}
K_1(s)&=q_0^-+q_1^-s+q_2^+s^2+q_3^+s^3+q_4^-s^4+q_5^-s^5+q_6^+s^6+\cdots\\
K_2(s)&=q_0^++q_1^+s+q_2^-s^2+q_3^-s^3+q_4^+s^4+q_5^+s^5+q_6^-s^6+\cdots\\
K_3(s)&=q_0^++q_1^-s+q_2^-s^2+q_3^+s^3+q_4^+s^4+q_5^-s^5+q_6^-s^6+\cdots\\
K_4(s)&=q_0^-+q_1^+s+q_2^+s^2+q_3^-s^3+q_4^-s^4+q_5^+s^5+q_6^+s^6+\cdots
\end{aligned}$$

均为 Hurwitz 稳定的。

多项式族和矩阵族的稳定性分析问题是于控制系统稳定鲁棒性分析中抽象出来的两类重要问题,有兴趣的读者请参阅有关文献(Barmish and Kang,1993;1992;Bartlett and Hollot,1988;Duan,Hu and Wang,1996;Duan and Wang,1996;1994a;1994b;Foo and Soh,1993;1992;Kokame and Mori,1993;Shaw and

Jayasuriya,1993;Soh,1990;Soh and Foo,1993),这里我们不再深入讨论。

12.2　鲁棒控制的研究内容

20 世纪 60～70 年代,控制理论中关于状态空间的结构性理论得到了突破性的进展,人们建立了线性系统的能控、能观性理论,并在此基础上提出了反馈镇定的一整套严密的理论和方法。然而这些理论和方法却依赖于受控对象的精确的数学模型。由于实际的系统往往都是运行在不断变化的环境中,各种因素(如温度、原料、负荷、设备等)都是随时间变化的,一般说来,这种变化是无法精确掌握的。又由于受理论和方法的限制,人们在实际系统的建模过程中经常要做一些简化处理,如降阶、时变参数的定常化处理、非线性方程的线性化等,因而使得实际系统和我们赖以做分析和设计的数学模型之间存在一定的差别。由于这种差别的存在,使得现代控制理论中的反馈控制理论等许多结果在实际工程中的应用不能令人满意。这种现象激励和启发了人们对于控制系统的鲁棒性的研究。

总体上说,鲁棒控制包含两大部分内容:控制系统的鲁棒性分析和鲁棒控制系统设计。

12.2.1　控制系统的鲁棒性分析

由 12.1 节可知,论及鲁棒性,必须明确事物及其性质和扰动这三个方面。

我们讨论的是控制系统的鲁棒性,因而所论及的事物即为控制系统。然而控制系统的类型很多,而且还有多种描述形式。为简单起见,这里我们将对象限定为用时域的状态空间法描述的连续定常线性系统,即

$$\Sigma:\begin{cases}\dot{\boldsymbol{x}}=\boldsymbol{A}\boldsymbol{x}+\boldsymbol{B}\boldsymbol{u}\\ \boldsymbol{y}=\boldsymbol{C}\boldsymbol{x}\end{cases}\tag{12.2.1}$$

与鲁棒性概念相关的第二个方面是事物的性质。对于我们的研究对象(12.2.1),可以考虑的性质有很多,如该系统的稳定性,也即系统

$$\dot{\boldsymbol{x}}=\boldsymbol{A}\boldsymbol{x}\tag{12.2.2}$$

的稳定性;系统的能控、能观性,可稳性和可检测性等;还有系统的某些特征,如系统的输出 $\boldsymbol{y}(t)$ 渐近于某参考信号 $\boldsymbol{y}_{\mathrm{r}}(t)$ 或极小化某一指标 $J=\int_0^{\infty}\boldsymbol{y}^{\mathrm{T}}(t)\boldsymbol{R}\boldsymbol{y}(t)\mathrm{d}t$ 等。值得指出的是,目前人们最关心、研究得最多的是系统稳定性的鲁棒性,简称控制系统的稳定鲁棒性。

与鲁棒性概念相关的第三个方面是事物的扰动,在这里即为系统(12.2.1)的扰动。如果我们将系统(12.2.1)的状态方程和观测方程的扰动分别记为 $\boldsymbol{d}_{\mathrm{s}}$ 和 $\boldsymbol{d}_{\mathrm{o}}$,则受扰系统模型为

$$\begin{cases}\dot{\boldsymbol{x}}=\boldsymbol{A}\boldsymbol{x}+\boldsymbol{B}\boldsymbol{u}+\boldsymbol{d}_{\mathrm{s}}\\ \boldsymbol{y}=\boldsymbol{C}\boldsymbol{x}+\boldsymbol{d}_{\mathrm{o}}\end{cases} \tag{12.2.3}$$

此处扰动 $\boldsymbol{d}_{\mathrm{s}}$ 和 $\boldsymbol{d}_{\mathrm{o}}$ 可以是外干扰,也可以是模型的不确定性。对于后者,它们可以分为线性和非线性扰动两大类。当 $\boldsymbol{d}_{\mathrm{s}}$ 和 $\boldsymbol{d}_{\mathrm{o}}$ 均为 $\boldsymbol{x}$ 和/或 $\boldsymbol{u}$ 的线性函数,即

$$\boldsymbol{d}_{\mathrm{s}}=\Delta\boldsymbol{A}\boldsymbol{x}+\Delta\boldsymbol{B}\boldsymbol{u},\quad \boldsymbol{d}_{\mathrm{o}}=\Delta\boldsymbol{C}\boldsymbol{x} \tag{12.2.4}$$

时,称为线性扰动;当 $\boldsymbol{d}_{\mathrm{s}}$ 和 $\boldsymbol{d}_{\mathrm{o}}$ 之一为 $\boldsymbol{x}$ 和/或 $\boldsymbol{u}$ 的非线性函数,即

$$\boldsymbol{d}_{\mathrm{s}}=\Delta_{\mathrm{s}}(\boldsymbol{x},\boldsymbol{u}),\quad \boldsymbol{d}_{\mathrm{o}}=\Delta_{\mathrm{o}}(\boldsymbol{x}) \tag{12.2.5}$$

时,称为非线性扰动。对于线性扰动的情形,受扰模型可改写为

$$\begin{cases}\dot{\boldsymbol{x}}=(\boldsymbol{A}+\Delta\boldsymbol{A})\boldsymbol{x}+(\boldsymbol{B}+\Delta\boldsymbol{B})\boldsymbol{u}\\ \boldsymbol{y}=(\boldsymbol{C}+\Delta\boldsymbol{C})\boldsymbol{x}\end{cases} \tag{12.2.6}$$

这类系统称为参数摄动系统,而线性摄动也常称为参数摄动。

对于参数摄动的情形,当 $\Delta\boldsymbol{A}$,$\Delta\boldsymbol{B}$ 和 $\Delta\boldsymbol{C}$ 无特定的结构时,称为非结构摄动;当它们具有某种特定的结构时,如

$$\Delta\boldsymbol{A}=\sum_{i=1}^{l}\boldsymbol{A}_i\varepsilon_i,\quad \Delta\boldsymbol{B}=\sum_{i=1}^{l}\boldsymbol{B}_i\varepsilon_i,\quad \Delta\boldsymbol{C}=\sum_{i=1}^{l}\boldsymbol{C}_i\varepsilon_i \tag{12.2.7}$$

其中,$\boldsymbol{A}_i$,$\boldsymbol{B}_i$,$\boldsymbol{C}_i$ 为已知的适当阶定常矩阵;$\varepsilon_i(i=1,2,\cdots,l)$为未知的摄动参数,这类参数摄动常称为结构摄动。

对于非线性扰动的情形,经常考虑的一种情况是下述扰动受限的情形

$$\|\boldsymbol{d}_{\mathrm{s}}\|=\|\Delta_{\mathrm{s}}(\boldsymbol{x},\boldsymbol{u})\|\leqslant\alpha\|\boldsymbol{x}\|+\beta\|\boldsymbol{u}\|,\quad \|\boldsymbol{d}_{\mathrm{o}}\|=\|\Delta_{\mathrm{o}}(\boldsymbol{x})\|\leqslant\gamma\|\boldsymbol{x}\| \tag{12.2.8}$$

当我们明确了与鲁棒性概念相关的三个方面后,控制系统的鲁棒性问题也就清楚了。我们所要分析的即是控制系统(12.2.1)的某种性质,如稳定性或能控性,对于系统(12.2.1)的某种扰动,如结构参数摄动(12.2.7)或非线性扰动(12.2.5)、扰动(12.2.8)的鲁棒性。下面我们针对系统(12.2.2)在受非线性扰动

$$\boldsymbol{d}=\Delta(\boldsymbol{x}),\quad \|\boldsymbol{d}\|=\|\Delta(\boldsymbol{x})\|\leqslant\alpha\|\boldsymbol{x}\| \tag{12.2.9}$$

时的稳定鲁棒性分析问题给出描述。

问题 12.2.1(第一类分析问题)　已知系统(12.2.2)渐近稳定,对于由式(12.2.9)描述的扰动 $\boldsymbol{d}$,试确定尽可能大的 $\alpha_0>0$,使得当 $\alpha<\alpha_0$ 时,系统

$$\dot{\boldsymbol{x}}=\boldsymbol{A}\boldsymbol{x}+\Delta(\boldsymbol{x}) \tag{12.2.10}$$

全局渐近稳定。

问题 12.2.2(第二类分析问题)　已知系统(12.2.2)渐近稳定,它所受的扰动满足式(12.2.9),其中 α 已知,试分析系统(12.2.10)是否渐近稳定。

对于上述问题 12.2.1,我们将在下节中讨论。

上述鲁棒性分析问题只是用来说明控制系统的鲁棒性分析问题的描述,读者可试着给出控制系统的其他一些鲁棒性分析问题的描述。

12.2.2　鲁棒控制系统设计

下面较为笼统地概括鲁棒控制系统设计的任务。

给定一个受有某种扰动的系统，求取系统的某种形式的控制律，使得：

(1) 当扰动不存在时，在该控制律作用下的闭环系统具有某种希望的性能或要求；

(2) 当扰动存在时，在该控制律作用下，闭环系统还仍能完全保持或在一定程度上继续保持所希望的性能和要求。

在上述提法中，涉及下述几方面因素：

(1) 作为研究对象的受控系统；

(2) 系统所受的扰动；

(3) 控制律形式；

(4) 闭环系统的希望性能或要求；

(5) "在一定程度上继续保持"系统性能和要求的确切含义。

在一个具体的鲁棒控制系统设计问题中，上述几方面因素都要有具体的内容或含义。这些因素的内容或含义的不同便决定了不同的鲁棒控制系统设计问题。由于我们所研究的系统从性质到描述形式都是多种多样的，而且它们所受的扰动也可以具有各种特定形式，另外，人们对于控制系统的性能要求也可能是多方面的，所有这些因素的不同组合便给出了众多的鲁棒控制系统设计问题。由此可见，试图给出一个包罗万象的鲁棒控制系统设计问题是不现实的。在后面的12.4～12.6节中，我们将讨论三种最基本的鲁棒控制问题：①输出反馈鲁棒镇定问题；②输出反馈鲁棒极点配置问题；③鲁棒Luenberger观测器设计问题。读者可于后面的学习中仔细体会这几种鲁棒控制问题的含义。下面我们再给出另两类鲁棒控制问题的描述，并分析其具体的含义。

1. 区间系统的同时镇定

区间系统的概念以区间矩阵的概念为基础。

定义 12.2.1　设 $\boldsymbol{A}=[a_{ij}]$，$\boldsymbol{P}=[p_{ij}]$，$\boldsymbol{Q}=[q_{ij}]$ 为三个同维数的实矩阵，且 $p_{ij}\leqslant q_{ij}$ 对于所有的 i 和 j 成立。如果矩阵 $\boldsymbol{A}$ 的元素 a_{ij} 可以取 $[p_{ij},q_{ij}]$ 中之任何值，则称 $\boldsymbol{A}$ 为一区间矩阵，记为 $\boldsymbol{A}\in N[\boldsymbol{P},\boldsymbol{Q}]$。

考虑线性系统

$$\dot{\boldsymbol{x}}=\boldsymbol{A}\boldsymbol{x}+\boldsymbol{B}\boldsymbol{u} \tag{12.2.11}$$

如果该系统中的矩阵 $\boldsymbol{A}$ 和 $\boldsymbol{B}$ 都是区间矩阵，即

$$\boldsymbol{A}\in N[\underline{\boldsymbol{A}},\bar{\boldsymbol{A}}],\quad \underline{\boldsymbol{A}},\bar{\boldsymbol{A}}\in\mathbf{R}^{n\times n} \tag{12.2.12}$$

$$\boldsymbol{B}\in N[\underline{\boldsymbol{B}},\bar{\boldsymbol{B}}],\quad \underline{\boldsymbol{B}},\bar{\boldsymbol{B}}\in\mathbf{R}^{n\times r} \tag{12.2.13}$$

则称系统(12.2.11)为一区间系统。

区间系统的同时镇定问题可以描述如下：

给定矩阵 $\underline{\boldsymbol{A}},\bar{\boldsymbol{A}}\in\mathbf{R}^{n\times n}$ 和 $\underline{\boldsymbol{B}},\bar{\boldsymbol{B}}\in\mathbf{R}^{n\times r}$，求取一实矩阵 $\boldsymbol{K}\in\mathbf{R}^{r\times n}$，使得对于任何 $\boldsymbol{A}\in N[\underline{\boldsymbol{A}},\bar{\boldsymbol{A}}]$ 和 $\boldsymbol{B}\in N[\underline{\boldsymbol{B}},\bar{\boldsymbol{B}}]$，均有

$$\mathrm{Re}\lambda_i(\boldsymbol{A}+\boldsymbol{BK})<0,\quad i=1,2,\cdots,n \tag{12.2.14}$$

在上述问题中，受控对象为系统(12.2.11)，其扰动或不确定性以区间矩阵的方式表现出来，所考虑的控制方式为状态反馈

$$\boldsymbol{u}=\boldsymbol{Kx} \tag{12.2.15}$$

且其所考虑的性能为闭环稳定性。

上述区间系统的同时镇定问题是一个典型的系统族的控制问题。在一定条件下，这一问题可以转化为离散系统族，即有限个系统的同时镇定问题。

2. *不确定系统的指标确保控制*(guaranteed cost control，GCC)

这一问题是一类鲁棒二次型最优控制问题，所考虑的系统具有下述形式：

$$\dot{\boldsymbol{x}}=\boldsymbol{A}[\boldsymbol{q}(t),t]\boldsymbol{x}+\boldsymbol{B}[\boldsymbol{q}(t),t]\boldsymbol{u} \tag{12.2.16}$$

其中，$\boldsymbol{x}$ 为 n 维状态向量；$\boldsymbol{u}$ 为 r 维控制向量；$\boldsymbol{A},\boldsymbol{B}$ 为适当阶的实矩阵；$\boldsymbol{q}(t)$ 为一个 p 维的向量函数，代表了模型的不确定性。一般情况下，$\boldsymbol{q}(t)$ 取值于某一紧集 $\Omega\subset\mathbf{R}^p$ 之中，即

$$\boldsymbol{q}(t)\in\Omega \tag{12.2.17}$$

此处 Ω 代表了不确定性的范围。

对于上述系统(12.2.16)，我们希望选取状态反馈律(12.2.15)，使下述二次型泛函指标达到最小：

$$J=\frac{1}{2}\int_{t_0}^{t_f}[\boldsymbol{x}^{\mathrm{T}}\boldsymbol{Q}(t)\boldsymbol{x}+\boldsymbol{u}^{\mathrm{T}}\boldsymbol{R}(t)\boldsymbol{u}]\mathrm{d}t+\frac{1}{2}\boldsymbol{x}^{\mathrm{T}}(t_f)\boldsymbol{S}(t_f)\boldsymbol{x}(t_f) \tag{12.2.18}$$

对于这一问题，当 $\boldsymbol{q}(t)=0$ 或 Ω 为空集时，可用标准的二次型最优调节理论求解。但当 Ω 非空时，问题的最优解和最优性能指标都将不可避免地受到扰动 $\boldsymbol{q}(t)$ 的影响。但是，我们可以通过合理的设计来尽量限制 $\boldsymbol{q}(t)$ 对于指标的影响，使性能指标 J 的值不至于变得太大。对此，我们引入下述概念来加以刻画。

定义 12.2.2 对于系统(12.2.16)及其指标 J，如果存在一个定义在 $[t_0,t_f]$ 上的控制 $\boldsymbol{u}^*(t)$ 和一个实数 J^*，使得系统(12.2.16)在 $\boldsymbol{u}^*(t)$ 作用下从 t_0 出发以 $\boldsymbol{x}_0$ 为初值的解满足

$$J(\boldsymbol{u}^*,\boldsymbol{q})\leqslant J^*,\quad\forall\boldsymbol{q}(t)\in\Omega$$

则称 J^* 为一个指标保证值，而 $\boldsymbol{u}^*(t)$ 称为系统(12.2.16)的一个在 $(\boldsymbol{x}_0,t_0)$ 点处的以 J^* 为指标保证值的指标确保控制律。

基于上述定义，系统(12.2.16)的指标确保控制问题可以描述如下：

给定系统(12.2.16)及 $\Omega \subset \mathbf{R}^p$ 和二次型泛函指标 J，对于指定的某一合适的实数 J^*，求取系统(12.2.16)的以 J^* 为指标保证值的指标确保控制律 $\boldsymbol{u}^*(t)$。

二次型指标 J 代表了系统的性能要求，因而上述指标确保控制问题属于一种性能鲁棒控制，它的含义是当系统受扰后不至于使性能遭到太大的破坏。

在当前的鲁棒控制领域中，各种各样的鲁棒控制系统设计问题很多。我们这里仅举上述二例，目的在于阐明鲁棒控制系统设计的含义。后续 12.4～12.6 节中较为详细地讨论了三种具体的鲁棒控制系统设计问题，它们对于读者进一步深入了解和学习鲁棒控制系统设计理论，会有较大的帮助。

12.3　时域稳定鲁棒性分析

在 12.2 节中，我们只对控制系统的鲁棒性分析和鲁棒控制系统设计问题做了概括性的介绍，并没有对某一问题进行深入研究。从这一节开始，我们将目标转向几个典型的鲁棒控制问题，给出这些问题的描述并建立它们的解决方法。首先从时域稳定鲁棒性分析问题入手。

12.3.1　问题的提出

首先引入非线性摄动系统和线性摄动系统的概念。

1. 非线性摄动系统

设我们考虑的连续情形和离散情形的真实系统分别为

$$\dot{\boldsymbol{x}}(t)=\boldsymbol{A}(t)\boldsymbol{x}(t)+\Delta f[\boldsymbol{x}(t),t] \tag{12.3.1}$$

和

$$\boldsymbol{x}(k+1)=\boldsymbol{A}(k)\boldsymbol{x}(k)+\Delta \boldsymbol{f}[\boldsymbol{x}(k),k] \tag{12.3.2}$$

且它们所对应的名义系统分别为

$$\dot{\boldsymbol{x}}(t)=\boldsymbol{A}(t)\boldsymbol{x}(t) \tag{12.3.3}$$

和

$$\boldsymbol{x}(k+1)=\boldsymbol{A}(k)\boldsymbol{x}(k) \tag{12.3.4}$$

其中，$\boldsymbol{x}(t),\boldsymbol{x}(k)\in\mathbf{R}^n$ 为状态向量；$\boldsymbol{A}(t),\boldsymbol{A}(k)\in\mathbf{R}^{n\times n}$为已知的时变矩阵；$\Delta\boldsymbol{f}[\boldsymbol{x}(t),t],\Delta\boldsymbol{f}[\boldsymbol{x}(k),k]\in\mathbf{R}^n$ 为未知的向量函数，代表非线性摄动。

我们称上述系统(12.3.1)和系统(12.3.2)分别为连续的非线性摄动系统和离散的非线性摄动系统。

2. 线性摄动系统

分别于系统(12.3.1)和系统(12.3.2)中令

$$\Delta \boldsymbol{f}[\boldsymbol{x}(t),t]=\Delta \boldsymbol{A}(t)\boldsymbol{x}(t) \tag{12.3.5}$$

和

$$\Delta \boldsymbol{f}[\boldsymbol{x}(k),k]=\Delta \boldsymbol{A}(k)\boldsymbol{x}(k) \tag{12.3.6}$$

则得下述连续和离散的线性摄动系统：

$$\dot{\boldsymbol{x}}(t)=[\boldsymbol{A}(t)+\Delta \boldsymbol{A}(t)]\boldsymbol{x}(t) \tag{12.3.7}$$

$$\boldsymbol{x}(k+1)=[\boldsymbol{A}(k)+\Delta \boldsymbol{A}(k)]\boldsymbol{x}(k) \tag{12.3.8}$$

其中，$\Delta \boldsymbol{A}(t),\Delta \boldsymbol{A}(k)\in \mathbf{R}^{n\times n}$为未知的时变参数摄动矩阵。

我们的问题是，在名义系统(12.3.3)和系统(12.3.4)一致渐近稳定的条件下，对非线性摄动$\Delta \boldsymbol{f}[\boldsymbol{x}(t),t]$和$\Delta \boldsymbol{f}[\boldsymbol{x}(k),k]$及线性摄动$\Delta \boldsymbol{A}(t)$和$\Delta \boldsymbol{A}(k)$施加什么条件，才能保证非线性摄动系统(12.3.1)和系统(12.3.2)以及线性摄动系统(12.3.7)和系统(12.3.8)具有全局一致渐近稳定性。

12.3.2 非线性摄动系统的稳定鲁棒性分析

本节我们考虑系统(12.3.1)和系统(12.3.2)的稳定性问题。首先考虑连续系统(12.3.1)的情形。

1. 连续系统情形

关于连续的非线性摄动系统(12.3.1)的稳定鲁棒性，我们有下述定理。

定理 12.3.1 非线性摄动系统(12.3.1)为全局一致渐近稳定的充分条件是：

(1) 其名义系统(12.3.3)一致渐近稳定。

(2) 对于满足 Lyapunov 方程

$$-\dot{\boldsymbol{P}}(t)=\boldsymbol{P}(t)\boldsymbol{A}(t)+\boldsymbol{A}^{\mathrm{T}}(t)\boldsymbol{P}(t)+2\boldsymbol{I} \tag{12.3.9}$$

的一致有界、一致正定的实对称时变矩阵$\boldsymbol{P}(t)$，有下式成立：

$$\frac{\|\Delta \boldsymbol{f}[\boldsymbol{x}(t),t]\|_2}{\|\boldsymbol{x}(t)\|_2}<c(t)=\frac{1}{\|\boldsymbol{P}(t)\|_2} \tag{12.3.10}$$

证明 首先由条件(1)和时变线性系统的 Lyapunov 稳定性理论可知，满足式(12.3.9)的一致有界、一致正定的实对称矩阵$\boldsymbol{P}(t)$是存在的。

取 Lyapunov 函数

$$V[\boldsymbol{x}(t),t]=\boldsymbol{x}^{\mathrm{T}}(t)\boldsymbol{P}(t)\boldsymbol{x}(t)$$

则

$$\dot{V}[\boldsymbol{x}(t),t]=-2\boldsymbol{x}^{\mathrm{T}}(t)\boldsymbol{x}(t)+2\Delta \boldsymbol{f}^{\mathrm{T}}[\boldsymbol{x}(t),t]\boldsymbol{P}(t)\boldsymbol{x}(t)$$

注意到$\boldsymbol{P}(t)$的性质，根据 Lyapunov 稳定性理论可知，系统(12.3.1)为全局一致渐近稳定的充分条件是对于任何$\boldsymbol{x}(t)\neq 0$，有

$$\dot{V}[\boldsymbol{x}(t),t]<0$$

$$\Leftrightarrow -\boldsymbol{x}^{\mathrm{T}}(t)\boldsymbol{x}(t)+\Delta\boldsymbol{f}^{\mathrm{T}}[\boldsymbol{x}(t),t]\boldsymbol{P}(t)\boldsymbol{x}(t)<0$$

$$\Leftarrow -\|\boldsymbol{x}(t)\|_2^2+\|\Delta f[\boldsymbol{x}(t),t\|_2\|\boldsymbol{P}(t)\|_2\|\boldsymbol{x}(t)\|_2<0$$

$$\Leftrightarrow \text{式}(12.3.10)$$

ΔΔΔ

由定理 12.3.1,立即可得下述推论。

推论 12.3.1 设$\boldsymbol{A}(t)$为定常,则控制系统(12.3.1)为全局一致渐近稳定的充分条件是:

(1) 其名义系统(12.3.3)为渐近稳定。

(2) 对于满足 Lyapunov 代数方程

$$\boldsymbol{A}^{\mathrm{T}}\boldsymbol{P}+\boldsymbol{P}\boldsymbol{A}=-2\boldsymbol{I} \tag{12.3.11}$$

的实对称正定矩阵$\boldsymbol{P}$有下式成立:

$$\frac{\|\Delta\boldsymbol{f}[\boldsymbol{x}(t),t]\|_2}{\|\boldsymbol{x}(t)\|_2}<c=\frac{1}{\|\boldsymbol{P}\|_2} \tag{12.3.12}$$

2. 离散系统情形

下面转而讨论离散时间的非线性摄动系统(12.3.2)的稳定鲁棒性。对此有以下定理。

定理 12.3.2 非线性摄动系统(12.3.2)为全局一致渐近稳定的充分条件是:

(1) 其名义系统(12.3.4)一致渐近稳定。

(2) 对于满足离散 Lyapunov 矩阵差分方程

$$\boldsymbol{A}^{\mathrm{T}}(k)\boldsymbol{P}(k+1)\boldsymbol{A}(k)-\boldsymbol{P}(k)+2\boldsymbol{I}=0 \tag{12.3.13}$$

的一致有界、一致正定的实对称矩阵$\boldsymbol{P}(k)$,有下式成立:

$$\frac{\|\Delta\boldsymbol{f}[\boldsymbol{x}(k),k]\|_2}{\|\boldsymbol{x}(k)\|_2}<d(k),\quad \boldsymbol{x}(k)\neq 0 \tag{12.3.14a}$$

其中

$$d(k)=\frac{\sqrt{\|\boldsymbol{P}(k+1)\boldsymbol{A}(k)\|_2^2+2\|\boldsymbol{P}(k+1)\|_2}-\|\boldsymbol{P}(k+1)\boldsymbol{A}(k)\|_2}{\|\boldsymbol{P}(k+1)\|_2} \tag{12.3.14b}$$

证明 由条件(1)及 Lyapunov 稳定性理论可知,满足式(12.3.13)的一致有界、一致正定的实对称矩阵$\boldsymbol{P}(k)$唯一存在。

我们取 Lyapunov 函数

$$V[\boldsymbol{x}(k),k]=\boldsymbol{x}^{\mathrm{T}}(k)\boldsymbol{P}(k)\boldsymbol{x}(k)$$

则

$$\begin{aligned}\Delta V[\boldsymbol{x}(k),k]&=V[\boldsymbol{x}(k+1),k+1]-V[\boldsymbol{x}(k),k]\\&=-2\boldsymbol{x}^{\mathrm{T}}(k)\boldsymbol{x}(k)+2\Delta\boldsymbol{f}^{\mathrm{T}}[\boldsymbol{x}(k),k]\boldsymbol{P}(k+1)\boldsymbol{A}(k)\boldsymbol{x}(k)\end{aligned}$$

$$+\Delta \boldsymbol{f}^{\mathrm{T}}[\boldsymbol{x}(k),k]\boldsymbol{P}(k+1)\Delta f[\boldsymbol{x}(k),k]$$

注意到$\boldsymbol{P}(k)$的性质,由 Lyapunov 稳定性理论可知,系统(12.3.4)为全局一致渐近稳定的充分条件是对于任何 $\boldsymbol{x}(k)\neq 0$,有下式成立(为书写方便,这里省略了时标):

$$\begin{aligned}
&\Delta V[\boldsymbol{x}(k),k]<0\\
&\Leftrightarrow -2\boldsymbol{x}^{\mathrm{T}}\boldsymbol{x}+2\Delta\boldsymbol{f}^{\mathrm{T}}\boldsymbol{PAx}+\Delta\boldsymbol{f}^{\mathrm{T}}\boldsymbol{P}\Delta\boldsymbol{f}<0\\
&\Leftarrow -2\|\boldsymbol{x}\|_2^2+2\|\Delta\boldsymbol{f}\|_2\|\boldsymbol{PA}\|_2\|\boldsymbol{x}\|_2+\|\boldsymbol{P}\|_2\|\Delta\boldsymbol{f}\|_2^2<0\\
&\Leftrightarrow \left(\frac{\|\Delta\boldsymbol{f}\|_2}{\|\boldsymbol{x}\|_2}\right)^2+2\frac{\|\boldsymbol{PA}\|_2}{\|\boldsymbol{P}\|_2}\left(\frac{\|\Delta\boldsymbol{f}\|_2}{\|\boldsymbol{x}\|_2}\right)-\frac{2}{\|\boldsymbol{P}\|_2}<0\\
&\Leftrightarrow \left[\frac{\|\Delta\boldsymbol{f}\|_2}{\|\boldsymbol{x}\|_2}+\frac{\|\boldsymbol{PA}\|_2+\sqrt{\|\boldsymbol{PA}\|_2^2+2\|\boldsymbol{P}\|_2}}{\|\boldsymbol{P}\|_2}\right]\\
&\quad\left[\frac{\|\Delta\boldsymbol{f}\|_2}{\|\boldsymbol{x}\|_2}+\frac{\|\boldsymbol{PA}\|_2-\sqrt{\|\boldsymbol{PA}\|_2^2+2\|\boldsymbol{P}\|_2}}{\|\boldsymbol{P}\|_2}\right]<0\\
&\Leftrightarrow \frac{\|\Delta\boldsymbol{f}\|_2}{\|\boldsymbol{x}\|_2}+\frac{\|\boldsymbol{PA}\|_2-\sqrt{\|\boldsymbol{PA}\|_2^2+2\|\boldsymbol{P}\|_2}}{\|\boldsymbol{P}\|_2}<0\\
&\Leftrightarrow \text{式}(12.3.14\text{a})
\end{aligned}$$

ΔΔΔ

由定理 12.3.2 立即可得下述推论。

推论 12.3.2　设 $\boldsymbol{A}(k)$为定常,则系统(12.3.2)为全局一致稳定的充分条件是:

(1) 其名义系统(12.3.4)渐近稳定。

(2) 对于满足离散 Lyapunov 矩阵代数方程

$$\boldsymbol{A}^{\mathrm{T}}\boldsymbol{PA}-\boldsymbol{P}=-2\boldsymbol{I} \tag{12.3.15}$$

的实对称正定矩阵 $\boldsymbol{P}$,有下式成立:

$$\frac{\|\Delta\boldsymbol{f}[\boldsymbol{x}(k),k]\|_2}{\|\boldsymbol{x}(k)\|_2}<d \tag{12.3.16}$$

其中

$$d=\frac{-\|\boldsymbol{PA}\|_2+\sqrt{\|\boldsymbol{PA}\|_2^2+2\|\boldsymbol{P}\|_2}}{\|\boldsymbol{P}\|_2}>0 \tag{12.3.17}$$

12.3.3　线性摄动系统的稳定鲁棒性分析

下面考虑离散系统(12.3.8)的稳定性问题。关于连续摄动系统(12.3.7)的情形,完全可以平行地考虑。

我们于定理 12.3.2 中令式(12.3.14a)成立,并利用范数的相容性立即可得下述定理。

定理 12.3.3　线性摄动系统(12.3.8)为渐近稳定的充分条件是：

(1) 其名义系统(12.3.4)一致渐近稳定。

(2) 对于满足式(12.3.13)的一致有界、一致正定实对称阵 $\boldsymbol{P}(k)$ 及式(12.3.14b)定义的 $d(k)$，有下式成立：

$$\|\Delta \boldsymbol{A}(k)\|_2 < d(k) \tag{12.3.18}$$

由此定理可得下述推论。

推论 12.3.3　设 $\boldsymbol{A}(k)$ 为定常，则系统(12.3.8)为一致渐近稳定的充分条件是：

(1) 名义系统(12.3.4)渐近稳定。

(2) 对于满足式(12.3.15)的矩阵 $\boldsymbol{P}$ 及式(12.3.17)定义的 d，有下式成立：

$$\|\Delta \boldsymbol{A}(k)\|_2 < d \tag{12.3.19}$$

在实际应用中，我们可能对 $\Delta \boldsymbol{A}(k)$ 的结构有所了解，因此，可以利用结构信息来减少估计的保守性。

设参数摄动具有下述形式：

$$\Delta \boldsymbol{A}(k) = \sum_{i=1}^{m} a_i(k)\boldsymbol{E}_i(k) \tag{12.3.20}$$

其中，$a_i(k)$ 为标量时变参数摄动；$\boldsymbol{E}_i(k) \in \mathbf{R}^{n\times n}$ 为已知的时变矩阵。如当

$$\Delta \boldsymbol{A}(k) = \begin{bmatrix} a_1(k)+a_2(k)e_1(k) & a_1(k)e_2(k) \\ a_2(k)e_3(k) & 0 \end{bmatrix}$$

时，则有

$$\boldsymbol{E}_1(k) = \begin{bmatrix} 1 & e_2(k) \\ 0 & 0 \end{bmatrix}, \quad \boldsymbol{E}_2(k) = \begin{bmatrix} e_1(k) & 0 \\ e_3(k) & 0 \end{bmatrix}$$

对于摄动具有式(12.3.20)的形式，有下述结果。

定理 12.3.4　线性摄动系统(12.3.8)、系统(12.3.20)一致渐近稳定的充分条件是：

(1) 其名义系统(12.3.4)一致渐近稳定。

(2)

$$h_*(k) < \frac{\sqrt{\|\boldsymbol{P}_e(k)\|_*^2 + 8\|\boldsymbol{Q}_e(k)\|_*^2} - \|\boldsymbol{P}_e\|_*}{2\|\boldsymbol{Q}_e\|_*^2} \tag{12.3.21}$$

其中，$*=1,2,\infty$，而

$$h_1(k) = \sum_{i=1}^{m} |a_i(k)|, \quad h_2(k) = \left[\sum_{i=1}^{m} a_i^2(k)\right]^{\frac{1}{2}}, \quad h_\infty(k) = \max a_i(k)$$

$$\boldsymbol{P}_e(k) = [\boldsymbol{P}_1(k) \quad \cdots \quad \boldsymbol{P}_m(k)]$$

$$\boldsymbol{P}_i(k) = \boldsymbol{E}_i^{\mathrm{T}}(k)\boldsymbol{P}(k+1)\boldsymbol{A}(k) + \boldsymbol{A}^{\mathrm{T}}(k)\boldsymbol{P}(k+1)\boldsymbol{E}_i(k)$$

$$Q_e(k)=[Q_1(k)\quad \cdots \quad Q_m(k)],\quad Q_i(k)=P^{\frac{1}{2}}(k+1)E_i(k)$$

其中,$P^{\frac{1}{2}}(k)$由$P(k)=P^{\frac{1}{2}}(k)[P(k)^{\frac{1}{2}}]^{\mathrm{T}}$定义。

证明　取 Lyapunov 函数

$$V(x(k),k)=x^{\mathrm{T}}(k)P(k)x(k)$$

且记

$$H(k)=[a_1(k)I\quad \cdots \quad a_m(k)I]^{\mathrm{T}}$$

则易得(为书写方便,这里省略了时标)

$$\begin{aligned}\Delta V[x(k),k] &= x^{\mathrm{T}}\Big[\Big(\sum_{i=1}^{m}a_iQ_i\Big)^{\mathrm{T}}\Big(\sum_{i=1}^{m}a_iQ_i\Big)+\sum_{i=1}^{m}a_iP-2I\Big]x \\ &= x^{\mathrm{T}}[(Q_eH)^{\mathrm{T}}(Q_eH)+P_eH-2I]x\end{aligned}$$

从而$\Delta V(x(k),k)<0$的充分条件为

$$\|Q_e\|_*^2\|H\|_*^2+\|P_e\|_*\|H\|_*-2<0$$

由上式,类似于定理 12.3.2 的证明,求解上述关于$\|H\|_*$的一元二次不等式,并注意到

$$\|H(k)\|_*=h_*(k),\quad *=1,2,\infty$$

则得结论。

ΔΔΔ

说明 12.3.1　由定理 12.3.4 的证明可以看出,对于线性摄动情形,定理 12.3.3(及推论 12.3.3)的结果可以加强,即不等式(12.3.18)和式(12.3.19)两端的谱范数均可取为$\|\cdot\|_*$, $*=1,2,\infty$。

12.3.4　关于结果的进一步讨论

1. 摄动界$c(t)$及$d(k)$的一致有界性

由定理 12.3.1 和定理 12.3.2 的证明可知,连续情形和离散情形的 Lyapunov 方程(12.3.9)和方程(12.3.13)的解$P(t)$和$P(k)$均为一致正定和一致有界的,从而存在定常正定阵$\underline{P}_c$,$\overline{P}_c$和$\underline{P}_d$,$\overline{P}_d$,使得

$$\underline{P}_c\leqslant P(t)\leqslant\overline{P}_c \tag{12.3.22}$$

$$\underline{P}_d\leqslant P(k)\leqslant\overline{P}_d \tag{12.3.23}$$

因此,有

$$0<\frac{1}{\|\overline{P}_c\|_2}\leqslant c(t)\leqslant\frac{1}{\|\underline{P}_c\|_2} \tag{12.3.24}$$

引入

$$d'(k)=\sqrt{\|A(k)\|_2^2+\frac{2}{\|P(k+1)\|_2}}-\|A(k)\|_2 \tag{12.3.25}$$

则易证

$$d(k)\geqslant d'(k)$$
$$\geqslant\sqrt{\|\boldsymbol{A}(k)\|_2^2+\frac{2}{\|\bar{\boldsymbol{P}}_{\mathrm{d}}\|_2}}-\|\boldsymbol{A}(k)\|_2$$
$$\geqslant\sqrt{M^2+\frac{2}{\|\bar{\boldsymbol{P}}_{\mathrm{d}}\|_2}}-M>0 \tag{12.3.26}$$

其中,$M=\max\{\|\boldsymbol{A}(k)\|_2,k=1,2,\cdots\}$。

2. 摄动界 c 与 d 的估计

类似于时变的情形,我们引入

$$d'=\sqrt{\|\boldsymbol{A}\|_2^2+\frac{2}{\|\boldsymbol{P}\|_2}}-\|\boldsymbol{A}\|_2 \tag{12.3.27}$$

则有

$$d\geqslant d' \tag{12.3.28}$$

对于下述连续和离散的 Lyapunov 方程

$$\boldsymbol{A}^{\mathrm{T}}\boldsymbol{P}+\boldsymbol{P}\boldsymbol{A}=-\boldsymbol{Q},\quad \boldsymbol{Q}>0 \tag{12.3.29}$$
$$\boldsymbol{A}^{\mathrm{T}}\boldsymbol{P}'\boldsymbol{A}-\boldsymbol{P}'=-\boldsymbol{Q}',\quad \boldsymbol{Q}'>0 \tag{12.3.30}$$

Mori 和 Derese(1984)给出其解的下述估计:

$$\|\boldsymbol{P}\|_*\leqslant-\frac{\|\boldsymbol{Q}\|_*}{\mu_*(\boldsymbol{A}^{\mathrm{T}})+\mu_*(\boldsymbol{A})} \tag{12.3.31}$$
$$\|\boldsymbol{P}'\|_*\leqslant\frac{\|\boldsymbol{Q}'\|_*}{1-\|\boldsymbol{A}\|_*\|\boldsymbol{A}^{\mathrm{T}}\|_*} \tag{12.3.32}$$
$$*=1,2,\infty$$

由式(12.3.11)、式(12.3.12)、式(12.3.15)、式(12.3.27)及式(12.3.31)、式(12.3.32)可得

$$c>-\bar{\lambda}(\boldsymbol{A}+\boldsymbol{A}^{\mathrm{T}}) \tag{12.3.33}$$
$$d\geqslant d'>1-\|\boldsymbol{A}\|_2=d'' \tag{12.3.34}$$

显然,式(12.3.33)在 $\bar{\lambda}(\boldsymbol{A}+\boldsymbol{A}^{\mathrm{T}})>0$ 时失效,式(12.3.34)在 $\|\boldsymbol{A}\|_2>1$ 时失效。但这一点可以通过对 $\boldsymbol{A}$ 做相似变换得到克服。

3. 利用相似变换减弱估计的保守性

这里只讨论离散系统的情况。

设存在非奇异 $\boldsymbol{T}\in\mathbf{R}^{n\times n}$,使得

$$\boldsymbol{T}^{-1}\boldsymbol{A}\boldsymbol{T}=\bar{\boldsymbol{A}}$$

则可以对 $\bar{\boldsymbol{A}}$ 应用式(12.3.16)、式(12.3.27)、式(12.3.34)求得相应的 d^*。而此

时推论 12.3.2 中的式(12.3.16)和推论 12.3.3 中的式(12.3.19)可分别转换为下述两式：

$$\frac{\| f[x(k),k] \|_2}{\| x(k) \|_2} < d^* / \| T^{-1} \|_2 \tag{12.3.35}$$

$$\| \Delta A(k) \|_2 < d^* / [\| T \|_2 \| T^{-1} \|_2] \tag{12.3.36}$$

通常情况下，T 的选取原则是使 $\bar{A}$ 为正规矩阵。而此时式(12.3.34)给出有效估计($d''>0$)。一般地，可以证明，若 A 稳定，则存在可逆矩阵 T，使 $\| \bar{A} \|_2<1$。事实上，取 $T=P^{\frac{1}{2}}$，则由式(12.3.15)可得

$$\bar{A}^{\mathrm{T}}\bar{A}=I-2P^{-1} \tag{12.3.37}$$

从而

$$\| \bar{A} \|_2^2=1-2\underline{\lambda}(P^{-1})<1$$

对 $\bar{A}$ 应用式(12.3.34)，可得

$$d^*=1-\sqrt{1-2\underline{\lambda}(P^{-1})} \tag{12.3.38}$$

例 12.3.1　考虑矩阵

$$A=\begin{bmatrix} 0 & 1 \\ -1/2 & -1 \end{bmatrix}$$

容易验证

$$\lambda(A)=-\frac{1}{2}\pm\frac{1}{2}\mathrm{i},\quad \sigma^2(A)=\frac{1}{8}(9\pm\sqrt{65})$$

方程(12.3.15)的解为

$$P=\frac{2}{5}\begin{bmatrix} 11 & 8 \\ 8 & 2 \end{bmatrix}$$

由于 $\rho(A)>1$，式(12.3.34)失效。但由式(12.3.27)和式(12.3.17)得 $d'=0.06$，$d=0.0765$。

我们注意到在以下相似变换下：

$$T=\begin{bmatrix} 1 & 1 \\ -\frac{1}{2}+\frac{\mathrm{i}}{2} & -\frac{1}{2}-\frac{\mathrm{i}}{2} \end{bmatrix}$$

A 可化为下述对角矩阵

$$\bar{A}=\mathrm{diag}\left(-\frac{1}{2}+\frac{\mathrm{i}}{2},-\frac{1}{2}-\frac{\mathrm{i}}{2}\right)$$

通过对 $\bar{A}$ 应用式(12.3.34)，可得

$$\| f[x(k),k] \|_2<0.181\| T^{-1}x(k) \|_2,\quad \| \Delta A(k) \|_2<0.112$$

通过对 $\bar{A}$ 应用式(12.3.28)，可得

$$\| f[x(k),k] \|_2 < 0.232 \| T^{-1}x(k) \|_2, \quad \| \Delta A(k) \|_2 < 0.143$$

由该例可见：①利用相似变换可以减小分析的保守性；②式(12.3.34)与适当的相似变换相结合，可以给出较好的估计。

12.4　线性系统的输出反馈鲁棒镇定

12.3节讨论了线性系统的稳定鲁棒性时域分析，这一节将讨论线性系统的一类基于稳定鲁棒性分析结果的反馈镇定设计。

12.4.1　问题的描述

考虑下述系统：

$$\begin{cases} \dot{x} = Ax + Bu + \Delta a(x,t) + \Delta b(u,t) \\ y = Cx \end{cases} \tag{12.4.1}$$

其中，$x \in \mathbf{R}^n$，$u \in \mathbf{R}^r$，$y \in \mathbf{R}^m$ 分别为系统的状态向量、输入向量和输出向量；$\Delta a(x,t)$，$\Delta b(x,t) \in \mathbf{R}^n$ 为系统的扰动，它们满足下述关系式：

$$\| \Delta a(x,t) \| \leqslant \delta_1 \| x \|, \quad \| \Delta b(x,t) \| \leqslant \delta_2 \| u \| \tag{12.4.2}$$

其中，δ_1 和 δ_2 为两个未知的非负标量。

当下述定常输出反馈律

$$u = Ky \tag{12.4.3}$$

作用于受扰系统(12.4.1)和系统(12.4.2)时，所获得的闭环系统为

$$\begin{cases} \dot{x} = A_c x + \Delta f(x,t) \\ y = Cx \end{cases} \tag{12.4.4}$$

其中

$$\Delta f(x,t) = \Delta a(x,t) + \Delta b(KCx,t) \tag{12.4.5}$$

$$A_c = A + BKC \tag{12.4.6}$$

简言之，本节将要解决的输出反馈鲁棒镇定问题是，对于给定的受扰系统(12.4.1)和系统(12.4.2)选取适当的形如式(12.4.3)的定常输出反馈律，使得闭环系统(12.4.4)渐近稳定。确切地，我们可以将要解决的鲁棒输出反馈镇定问题描述如下。

问题 12.4.1　给定：①复平面左半平面中的一个区域 Ω；②矩阵 $A \in \mathbf{R}^{n \times n}$，$B \in \mathbf{R}^{n \times r}$，$C \in \mathbf{R}^{m \times n}$，此处，$m, r \leqslant n$，矩阵 B 和 C 满秩，且 (A,B) 能控、(A,C) 能观；③ 两个非负标量 δ_1 和 δ_2，寻求一个实矩阵 $K \in \mathbf{R}^{r \times m}$，使得下述两个条件成立：

(1) 矩阵 $A_c = A + BKC$ 非退化，且其全部特征值位于区域 Ω 之中。

(2) 对于一切满足式(12.4.2)的扰动，系统式(12.4.4)～式(12.4.6)全局一致渐近稳定。

下面对上述问题做两点说明。

说明 12.4.1 上述问题中的极点区域 Ω 反映了对于系统稳定性和动态响应特性的要求,可依具体情况适当选取。一般情况下,区域 Ω 可取为下述形式:

$$\Omega=\bigcup_{i=1}^{n}\{x+y\mathrm{i};a_i\leqslant x\leqslant b_i,c_i\leqslant y\leqslant d_i\}$$

此处 a_i,b_i,c_i 和 d_i 为适当选取的第 i 个矩形域的边界值。

说明 12.4.2 问题 12.4.1 的第一点要求中限定了闭环系统矩阵 $\boldsymbol{A}_c=\boldsymbol{A}+\boldsymbol{BKC}$ 为非退化的。附加这一要求的原因主要有两个方面:其一是由于非退化矩阵具有对角的 Jordan 标准型,可给问题的处理带来很大的方便;其二是非退化矩阵具有一个很好的特性,即它的特征值关于参数摄动具有较低的灵敏度,这一点无疑是考虑鲁棒性所希望的。

本节将基于 12.3 节的稳定鲁棒性分析结果和第 6 章中的输出反馈特征结构配置结果来求解问题 12.4.1。为此,我们先以引理的形式给出一个简化的输出反馈特征结构配置结果。

12.4.2 预备结果

在$(\boldsymbol{A},\boldsymbol{B})$能控、$(\boldsymbol{A},\boldsymbol{C})$能观的条件下,下述矩阵右既约有理分解成立:

$$(s\boldsymbol{I}-\boldsymbol{A})^{-1}\boldsymbol{B}=\boldsymbol{N}(s)\boldsymbol{D}^{-1}(s) \tag{12.4.7}$$

$$(s\boldsymbol{I}-\boldsymbol{A}^{\mathrm{T}})^{-1}\boldsymbol{C}^{\mathrm{T}}=\boldsymbol{H}(s)\boldsymbol{L}^{-1}(s) \tag{12.4.8}$$

其中,$\boldsymbol{N}(s)\in\mathbf{R}^{n\times r}[s]$,$\boldsymbol{D}(s)\in\mathbf{R}^{r\times r}[s]$,$\boldsymbol{H}(s)\in\mathbf{R}^{n\times m}[s]$和 $\boldsymbol{L}(s)\in\mathbf{R}^{m\times m}[s]$,且 $\boldsymbol{N}(s)$ 与 $\boldsymbol{D}(s)$,$\boldsymbol{H}(s)$与 $\boldsymbol{L}(s)$均右互质。

引理 12.4.1 设$(\boldsymbol{A},\boldsymbol{B})$能控,$(\boldsymbol{A},\boldsymbol{C})$能观;$\boldsymbol{N}(s)$,$\boldsymbol{D}(s)$,$\boldsymbol{H}(s)$及 $\boldsymbol{L}(s)$为有理右既约分解式(12.4.7)和式(12.4.8)决定的实系数多项式矩阵;$s_i(i=1,2,\cdots,n)$为一组自共轭的复数(不一定互异),则有:

(1) 存在矩阵 $\boldsymbol{K}\in\mathbf{R}^{r\times m}$,$\boldsymbol{T},\boldsymbol{V}\in\mathbf{C}^{n\times n}$ 且 $\boldsymbol{T}^{\mathrm{T}}\boldsymbol{V}=\boldsymbol{I}$,使得

$$\boldsymbol{A}+\boldsymbol{BKC}=\boldsymbol{T}^{\mathrm{T}}\boldsymbol{\Lambda}\boldsymbol{V},\quad \boldsymbol{\Lambda}=\mathrm{diag}(s_1,s_2,\cdots,s_n) \tag{12.4.9}$$

成立的充要条件是存在向量 $\boldsymbol{f}_i\in\mathbf{C}^r$,$\boldsymbol{g}_i\in\mathbf{C}^m(i=1,2,\cdots,n)$,使得满足下述约束。

约束 12.4.1 如果 $s_i=\bar{s}_l$,则有 $\boldsymbol{f}_i=\bar{\boldsymbol{f}}_l$,$\boldsymbol{g}_i=\bar{\boldsymbol{g}}_l$ 成立。

约束 12.4.2 $\boldsymbol{g}_i^{\mathrm{T}}\boldsymbol{H}^{\mathrm{T}}(s_i)\boldsymbol{N}(s_j)\boldsymbol{f}_j=\delta_{ij}(i,j=1,2,\cdots,n)$。

(2) 当约束 12.4.1 和约束 12.4.2 满足时,使得式(12.4.9)及 $\boldsymbol{T}^{\mathrm{T}}\boldsymbol{V}=\boldsymbol{I}$ 成立的矩阵 $\boldsymbol{T}$ 和 $\boldsymbol{V}$ 由下式给出:

$$\boldsymbol{V}=[\boldsymbol{v}_1\ \ \cdots\ \ \boldsymbol{v}_i],\quad \boldsymbol{v}_i=\boldsymbol{N}(s_i)\boldsymbol{f}_i \tag{12.4.10}$$

$$\boldsymbol{T}=[\boldsymbol{t}_1\ \ \cdots\ \ \boldsymbol{t}_n],\quad \boldsymbol{t}_i=\boldsymbol{H}(s_i)\boldsymbol{g}_i \tag{12.4.11}$$

而对应的矩阵 $\boldsymbol{K}$ 为

$$\boldsymbol{K}=\boldsymbol{W}(\boldsymbol{CV})^{\mathrm{T}}[(\boldsymbol{CV})(\boldsymbol{CV})^{\mathrm{T}}]^{-1} \tag{12.4.12}$$

或

$$\boldsymbol{K}=[(\boldsymbol{T}^{\mathrm{T}}\boldsymbol{B})^{\mathrm{T}}(\boldsymbol{T}^{\mathrm{T}}\boldsymbol{B})]^{-1}(\boldsymbol{T}^{\mathrm{T}}\boldsymbol{B})^{\mathrm{T}}\boldsymbol{Z}^{\mathrm{T}} \tag{12.4.13}$$

这里

$$\boldsymbol{W}=[\boldsymbol{w}_1 \quad \cdots \quad \boldsymbol{w}_n],\quad \boldsymbol{w}_i=\boldsymbol{D}(s_i)\boldsymbol{f}_i \tag{12.4.14}$$

$$\boldsymbol{Z}=[\boldsymbol{z}_1 \quad \cdots \quad \boldsymbol{z}_n],\quad \boldsymbol{z}_i=\boldsymbol{L}(s_i)\boldsymbol{g}_i \tag{12.4.15}$$

说明 12.4.3 由 6.5 节可知,上述约束 12.4.2 实际上保证了条件 $\boldsymbol{T}^{\mathrm{T}}\boldsymbol{V}=\boldsymbol{I}$。当 $\boldsymbol{C}=\boldsymbol{I}$ 时,即状态反馈的情况,容易验证有 $\boldsymbol{H}(s)=\boldsymbol{I}$,此时约束 12.4.2 化为以下约束。

约束 12.4.3 $\det(V)\neq 0$。

且此时矩阵 $\boldsymbol{T}$ 完全由矩阵 $\boldsymbol{V}$ 决定,即 $\boldsymbol{T}=\boldsymbol{V}^{-\mathrm{T}}$,而反馈增益阵的式(12.4.12)化为

$$\boldsymbol{K}=\boldsymbol{W}\boldsymbol{V}^{-1} \tag{12.4.16}$$

说明 12.4.4 在$(\boldsymbol{A},\boldsymbol{B})$能控、$(\boldsymbol{A},\boldsymbol{C})$能观的条件下,右既约分解式(12.4.7)和式(12.4.8)可以很容易地根据算法 1.4.1 利用矩阵初等变换获得。

12.4.3 稳定鲁棒性条件

下述定理给出了问题 12.4.1 有解的一个充分条件。

定理 12.4.1 设 $\boldsymbol{K}\in\mathbf{R}^{r\times m}$,$\boldsymbol{T},\boldsymbol{V}\in\mathbf{C}^{n\times n}$满足式(12.4.9)及 $\boldsymbol{T}^{\mathrm{T}}\boldsymbol{V}=\boldsymbol{I}$,$s_i\in\Omega(i=1,2,\cdots,n)$,则系统式(12.4.4)~式(12.4.6)全局一致渐近稳定的充分条件是下述不等式成立:

$$(\delta_1+\delta_2\|\boldsymbol{KC}\|)<\frac{\min\{|s_i|,i=1,2,\cdots,n\}}{\|\boldsymbol{T}\|\cdot\|\boldsymbol{V}\|} \tag{12.4.17}$$

证明 对系统(12.4.4),应用 12.3 节的推论 12.3.1,并结合 12.3 节中利用相似变换减小稳定鲁棒性分析的保守性的思想,可得系统(12.4.4)一致渐近稳定的充分条件为

$$\|\Delta\boldsymbol{f}(\boldsymbol{x},t)\|<\frac{1}{\|\boldsymbol{R}\|\cdot\|\boldsymbol{P}\|\cdot\|\boldsymbol{R}^{-1}\|}\|\boldsymbol{x}\|,\quad \boldsymbol{x}\neq 0 \tag{12.4.18}$$

其中,$\boldsymbol{P}$ 为满足下述 Lyapunov 矩阵方程

$$\widetilde{\boldsymbol{A}}_{\mathrm{c}}^{\mathrm{T}}\boldsymbol{P}+\boldsymbol{P}\widetilde{\boldsymbol{A}}_{\mathrm{c}}=-2\boldsymbol{I} \tag{12.4.19}$$

的对称正定矩阵。此处,矩阵 $\widetilde{\boldsymbol{A}}_{\mathrm{c}}$ 如下定义:

$$\widetilde{\boldsymbol{A}}_{\mathrm{c}}=\boldsymbol{R}^{-1}\boldsymbol{A}_{\mathrm{c}}\boldsymbol{R}$$

而 $\boldsymbol{R}$ 为任何一个 n 阶的可逆矩阵。

注意到式(12.4.5),式(12.4.18)可加强为

$$\|\Delta\boldsymbol{a}(\boldsymbol{x},t)\|+\|\Delta\boldsymbol{b}(\boldsymbol{KCx},t)\|<\frac{1}{\|\boldsymbol{R}\|\cdot\|\boldsymbol{P}\|\cdot\|\boldsymbol{R}^{-1}\|}\|\boldsymbol{x}\|,\quad \boldsymbol{x}\neq 0 \tag{12.4.20}$$

再注意到式(12.4.2),上式又可进一步加强为

$$(\delta_1+\delta_2\|\boldsymbol{KC}\|)<\frac{1}{\|\boldsymbol{R}\|\cdot\|\boldsymbol{P}\|\cdot\|\boldsymbol{R}^{-1}\|} \tag{12.4.21}$$

如果我们特别选取 $\boldsymbol{R}=\boldsymbol{V}$，注意到关系式(12.4.9)，式(12.4.19)化为下述形式：

$$\boldsymbol{\Lambda P}+\boldsymbol{P\Lambda}=-2\boldsymbol{I},\quad \boldsymbol{\Lambda}=\mathrm{diag}(s_1,s_2,\cdots,s_n)$$

且容易验证上述方程的唯一解为

$$\boldsymbol{P}=\mathrm{diag}\left(-\frac{1}{s_1},-\frac{1}{s_2},\cdots,-\frac{1}{s_n}\right)$$

注意到

$$\|\boldsymbol{P}\|=\max\frac{1}{\{|s_i|,i=1,2,\cdots,n\}}$$

式(12.4.21)便化为式(12.4.17)。

△△△

12.4.4　求解算法

定理 12.4.1 给出了系统(12.4.1)和系统(12.4.2)的一个鲁棒镇定条件。根据这一条件，我们可以提出如下形式的鲁棒性指标：

$$J=\frac{\|\boldsymbol{T}\|\cdot\|\boldsymbol{V}\|}{\min\{|s_i|,i=1,2,\cdots,n\}}[\delta_1+\delta_2\|\boldsymbol{KC}\|] \tag{12.4.22}$$

此时系统式(12.4.4)～式(12.4.6)全局一致渐近稳定的充分条件等价于 $J<1$。

由引理 12.4.1 可知，矩阵 $\boldsymbol{T},\boldsymbol{V}$ 和 $\boldsymbol{K}$ 均是参量 $s_i,\boldsymbol{f}_i$ 和 $\boldsymbol{g}_i(i=1,2,\cdots,n)$ 的函数，因而，上述指标 J 总可以表为下述关于参量 $s_i,\boldsymbol{f}_i$ 和 $\boldsymbol{g}_i(i=1,2,\cdots,n)$ 的显式形式

$$J=J(\boldsymbol{f}_i,\boldsymbol{g}_i,s_i,i=1,2,\cdots,n) \tag{12.4.23}$$

根据上述分析，我们可以将问题 12.4.1 的求解转化为下述优化问题：

$$\begin{aligned}&\min J(\boldsymbol{f}_i,\boldsymbol{g}_i,s_i,i=1,2,\cdots,n)\\ &\text{s.t.}\quad 约束\ 12.4.2\\ &\qquad s_i\in\Omega,\quad i=1,2,\cdots,n\end{aligned} \tag{12.4.24}$$

如果我们进一步将矩阵 $\boldsymbol{A}_c$ 的特征值按下述规则重新标记：①当 s_i 为实数时，将其改记为 σ_i，并改记其对应的参向量 $\boldsymbol{f}_i$ 和 $\boldsymbol{g}_i$ 分别为 $\boldsymbol{h}_i$ 和 $\boldsymbol{e}_i$；②当 s_i 和 s_l 为一对共轭复数时，记 $s_i=\bar{s}_l=\sigma_i+\sigma_l\mathrm{i}$，此时记它们对应的参向量为 $\boldsymbol{f}_i=\bar{\boldsymbol{f}}_l=\boldsymbol{h}_i+\boldsymbol{h}_l\mathrm{i}$ 和 $\boldsymbol{g}_i=\bar{\boldsymbol{g}}_l=\boldsymbol{e}_i+\boldsymbol{e}_l\mathrm{i}$，此处，$\sigma_i,\boldsymbol{h}_i,\boldsymbol{e}_i$ 均为实的，则约束 12.4.1 自然满足，且指标 J 化为下述形式：

$$J=J(\boldsymbol{h}_i,\boldsymbol{e}_i,\sigma_i,i=1,2,\cdots,n) \tag{12.4.25}$$

再进一步特别选取 Ω 域，可将优化问题(12.4.24)化为下述形式：

$$\min J(\boldsymbol{h}_i,\boldsymbol{e}_i,\sigma_i,i=1,2,\cdots,n)$$
$$\text{s.t.}\quad \text{约束 12.4.2} \tag{12.4.26}$$
$$a_i \leqslant \sigma_i \leqslant b_i,\quad i=1,2,\cdots,n$$

基于上述,我们可以给出求解问题 12.4.1 的下述算法。

算法 12.4.1

第 1 步:根据对闭环名义系统的稳定性和性能要求,选择极点区域 Ω 的各矩形边界值 a_i 和 $b_i(i=1,2,\cdots,n)$。

第 2 步:求解满足右既约式(12.4.7)和式(12.4.8)的右互质多项式矩阵 $\boldsymbol{N}(s)$、$\boldsymbol{D}(s)$和 $\boldsymbol{H}(s)$、$\boldsymbol{L}(s)$。

第 3 步:建立指标 J 关于优化参数 $\boldsymbol{h}_i,\boldsymbol{e}_i,s_i(i=1,2,\cdots,n)$的显式表达式。

第 4 步:利用某种合适的优化算法求解优化问题(12.4.26)。如果 $\min J<1$,进行下一步,否则,算法失效或问题无解。

第 5 步:利用上一步求得的参数值,根据式(12.4.10)和式(12.4.14)计算矩阵 $\boldsymbol{V}$ 和 $\boldsymbol{W}$,或根据式(12.4.11)和式(12.4.15)计算矩阵 $\boldsymbol{T}$ 和 $\boldsymbol{Z}$,然后再根据式(12.4.12)或式(12.4.13)计算增益阵 $\boldsymbol{K}$。

下面我们对上述算法做几点说明。

说明 12.4.5 系统(12.4.1)的一种特殊的扰动可取为下述形式:

$$\Delta\boldsymbol{a}(\boldsymbol{x},t)=\Delta\boldsymbol{A}\boldsymbol{x},\quad \Delta\boldsymbol{b}(\boldsymbol{u},t)=\Delta\boldsymbol{B}\boldsymbol{u} \tag{12.4.27}$$

即参数扰动的情况。在 12.5 节,我们将讨论另一类鲁棒控制问题——不敏感极点配置。这类问题所考虑的是微小参数摄动的情况,即 $\delta_1=\sigma_{\max}[\Delta\boldsymbol{A}]$和 $\delta_2=\sigma_{\max}[\Delta\boldsymbol{B}]$微小时的情况,所实现的目标是使闭环极点关于系统参数摄动具有尽可能小的灵敏度,而这种灵敏度的一个有效的度量是条件数 $\mathrm{Cond}(\boldsymbol{A}_c)=\|\boldsymbol{T}\|\cdot\|\boldsymbol{V}\|$。注意到我们的指标 J 亦含有这一项,因而利用算法 12.4.1 设计的系统不但具有稳定鲁棒性,而且还具有一定意义下的性能鲁棒性,因为闭环极点全被配置在希望的区域 Ω 之中,且关于系统参数摄动不敏感。

说明 12.4.6 算法 12.4.1 可以自然地用于状态反馈,即 $\boldsymbol{C}=\boldsymbol{I}$ 的情形。此时指标 J 化为

$$J=\frac{\|\boldsymbol{V}^{-1}\|\cdot\|\boldsymbol{V}\|}{\min\{|s_i|,i=1,2,\cdots,n\}}[\delta_1+\delta_2\|\boldsymbol{W}\boldsymbol{V}^{-1}\|] \tag{12.4.28}$$

约束 12.4.2 化为约束 12.4.3。

说明 12.4.7 算法 12.4.1 中的关键一步是优化问题(12.4.26)的求取。对于高维的情形,这一步是比较困难的。尽管目前已有好多非线性规划的算法和软件可用,但要求得问题的一个较好的次优解一般是不容易的。我们建议,在求解这一优化问题之前,可先通过下述两方面途径减少优化参数,使问题得到适当简化:

(1) 从约束 12.4.2 中解出尽可能多的变量,尽量消除这种隐式形式的约束条件。

(2) 由于矩阵的特征向量是不唯一的,因而在每一个参数 $\boldsymbol{f}_i$ 或 $\boldsymbol{g}_i$ 中,可以适当地将某一元素固定。

说明 12.4.8 算法 12.4.1 的一个主要缺欠是有时失效。产生这种情况的原因主要有两个:其一是定理 12.4.1 给出的稳定鲁棒条件只是一个充分条件,具有一定的保守性;其二是在 δ_1 和 δ_2 较大的情况下,问题本身即是无解的。

12.4.5 算例

考虑具有下述参数的系统:

$$\boldsymbol{A}=\begin{bmatrix}0 & 1\\0 & 1\end{bmatrix},\quad \boldsymbol{B}=\begin{bmatrix}0\\1\end{bmatrix},\quad \boldsymbol{C}=\begin{bmatrix}1 & 0\\0 & 1\end{bmatrix}$$

$$\delta_1=0.4,\quad \delta_2=0.15$$

下面我们将利用算法 12.4.1 来求取该系统的鲁棒输出反馈镇定控制律。

第 1 步:选取 $\Omega=S_1\cup S_2$,其中

$$S_{1,2}=\{s_{1,2}=\sigma_1\pm\sigma_2\mathrm{i};-1.5<\sigma_1<-0.5,0.5<\sigma_2<1.5\}$$

第 2 步:容易求得

$$\boldsymbol{N}(s)=\begin{bmatrix}1\\s\end{bmatrix},\quad D(s)=s(s-1)$$

第 3 步:由于单输入或单输出极点配置问题的解是唯一的,这里取 $f_i=1(i=1,2)$,从而有

$$\boldsymbol{V}=\begin{bmatrix}1 & 1\\\sigma_1+\sigma_2\mathrm{i} & \sigma_1-\sigma_2\mathrm{i}\end{bmatrix}$$

$$\boldsymbol{W}=[\sigma_1^2-\sigma_2^2+(2\sigma_1\sigma_2-\sigma_2)\mathrm{i}\quad \sigma_1^2-\sigma_2^2-(2\sigma_1\sigma_2-\sigma_2)\mathrm{i}]$$

$$\boldsymbol{K}=[-(\sigma_1^2+\sigma_2^2)\quad (2\sigma_1-1)]$$

这样,鲁棒性指标可显式地表为下述形式:

$$J=\frac{(\sigma_1^2+\sigma_2^2+1)+[(\sigma_1^2+\sigma_2^2+1)^2-4\sigma_2^2]^{\frac{1}{2}}}{2\sigma_2\ (\sigma_1^2+\sigma_2^2)^{\frac{1}{2}}}[\delta_1+\delta_2\ ((\sigma_1^2+\sigma_2^2)^2+(2\sigma_1-1)^2)^{\frac{1}{2}}]$$

第 4 步:利用某优化算法,求得一组优化问题的解为 $\sigma_1=-0.5,\sigma_2=1.4$,对应的指标为 $J=0.97$。

第 5 步:基于上一步的参数,可求得鲁棒镇定控制律为

$$\boldsymbol{K}_{\mathrm{r}}=[-2.21\quad -2]$$

如果我们选取 $\sigma_1=-0.5,\sigma_2=0.5$,对应的镇定控制律为

$$\boldsymbol{K}_{\mathrm{u}}=[-0.5\quad -2]$$

这一控制律对应的指标 $J=2.60>1$,因而不是该系统的鲁棒镇定律。事实上,容易验证,对于满足式(12.4.2)的下述扰动:

$$\Delta \boldsymbol{a}(\boldsymbol{x},t)=\begin{bmatrix}0.3 & 0\\ 0 & 0.3\end{bmatrix}\boldsymbol{x},\quad \Delta \boldsymbol{b}(u,t)=\begin{bmatrix}0\\ 0.14\end{bmatrix}u$$

对应于$\boldsymbol{K}_r$的实际闭环系统是渐近稳定的,但对应于$\boldsymbol{K}_u$的实际闭环系统已不稳定。

12.5　鲁棒极点配置

具有最小闭环极点灵敏度的控制系统设计是鲁棒控制领域中的一个重要问题,近年来已受到控制理论界的普遍关注。关于这一问题的求解方法主要分两大类:一类考虑了闭环特征值关于开环系统矩阵中的一部分元素的不敏感设计;另一类考虑了闭环特征值关于闭环系统矩阵所有元素的不敏感设计。由于实际的系统往往都具有某种特定的形式,且其参数摄动的结构信息亦常常已知,因而前一类方法更具有实际意义。它们具有更强的针对性,可依据不同极点的重要程度采取灵活的加权处理。

本节利用线性系统中的特征结构配置结果,考虑闭环极点关于开环系统矩阵中的受扰元素具有最小灵敏度的输出反馈控制,建立了闭环极点关于开环矩阵中受扰元素灵敏度的参数表达式,并在此基础上给出了一个简单、有效的算法。该算法利用了系统中的所有自由度,不含有“返回”过程,具有较小的计算量,算法中优化解的最优性已完全决定了整个问题的解的最优性。此外,可以很方便地使闭环极点在一定范围内参与优化,因而可以给出鲁棒性较强的控制系统,且适用于单输入和/或单输出系统的鲁棒设计。

12.5.1　问题的描述

考虑多变量线性系统

$$\begin{cases}\dot{\boldsymbol{x}}=[\boldsymbol{A}+\Delta\boldsymbol{A}]\boldsymbol{x}+[\boldsymbol{B}+\Delta\boldsymbol{B}]u\\ \boldsymbol{y}=[\boldsymbol{C}+\Delta\boldsymbol{C}]\boldsymbol{x}\end{cases}\tag{12.5.1}$$

其中,$\boldsymbol{x}\in\mathbf{R}^n$,$\boldsymbol{u}\in\mathbf{R}^m$,$y\in\mathbf{R}^m$($r,m\leqslant n$)分别为系统的状态向量、输入向量和输出向量;$\boldsymbol{A},\boldsymbol{B},\boldsymbol{C}$为适当维数的已知实矩阵,且$(\boldsymbol{A},\boldsymbol{B})$能控,$(\boldsymbol{A},\boldsymbol{C})$能观,$\boldsymbol{B},\boldsymbol{C}$满秩;$\Delta\boldsymbol{A}$,$\Delta\boldsymbol{B}$与$\Delta\boldsymbol{C}$代表系统参数$\boldsymbol{A},\boldsymbol{B},\boldsymbol{C}$的摄动,由下式描述:

$$\Delta\boldsymbol{A}=\sum_{i=1}^{l}\boldsymbol{A}_i\varepsilon_i,\quad \Delta\boldsymbol{B}=\sum_{i=1}^{l}\boldsymbol{B}_i\varepsilon_i,\quad \Delta\boldsymbol{C}=\sum_{i=1}^{l}\boldsymbol{C}_i\varepsilon_i\tag{12.5.2}$$

其中,$\boldsymbol{A}_i,\boldsymbol{B}_i,\boldsymbol{C}_i$($i=1,2,\cdots,l$)为适当维数的已知矩阵;$\varepsilon_i$($i=1,2,\cdots,l$)为未知的微小摄动。如果选取下述输出反馈控制律:

$$\boldsymbol{u}=\boldsymbol{K}\boldsymbol{y},\quad \boldsymbol{K}\in\mathbf{R}^{r\times m}\tag{12.5.3}$$

则闭环系统为

$$\dot{\boldsymbol{x}}=(\boldsymbol{A}_c+\Delta\boldsymbol{A}_c)\boldsymbol{x}\tag{12.5.4}$$

其中

$$\boldsymbol{A}_c=\boldsymbol{A}+\boldsymbol{BKC} \tag{12.5.5}$$

$$\Delta\boldsymbol{A}_c=\Delta\boldsymbol{A}+\boldsymbol{BK}\Delta\boldsymbol{C}+\Delta\boldsymbol{BKC}+\Delta\boldsymbol{BK}\Delta\boldsymbol{C} \tag{12.5.6}$$

系统(12.5.4)的稳定性和响应特性主要由闭环系统矩阵$(\boldsymbol{A}_c+\Delta\boldsymbol{A}_c)$的特征值来决定。由于$\Delta\boldsymbol{A}_c$是不确定的,一个自然的鲁棒设计思想是选择某个增益阵,使得矩阵$\boldsymbol{A}_c$具有希望的特征值,且其特征值在矩阵$\boldsymbol{A}_c$受到扰动$\Delta\boldsymbol{A}_c$后的改变量尽量小。注意到非退化矩阵的特征值关于矩阵元素的摄动具有较小的灵敏度,可将上述思想确切描述如下。

问题 12.5.1 给定复平面稳定区域中的一个区域Ω及矩阵$\boldsymbol{A}\in\mathbf{R}^{n\times n}$,$\boldsymbol{B}\in\mathbf{R}^{n\times r}$,$\boldsymbol{C}\in\mathbf{R}^{m\times n}(r,m\leqslant n)$,且$(\boldsymbol{A},\boldsymbol{B})$能控,$(\boldsymbol{A},\boldsymbol{C})$能观,$\boldsymbol{B},\boldsymbol{C}$满秩。试求取矩阵$\boldsymbol{K}\in\mathbf{R}^{r\times m}$,使得下述条件满足:

(1) 矩阵$\boldsymbol{A}_c=\boldsymbol{A}+\boldsymbol{BKC}$为非退化的;

(2) 矩阵$\boldsymbol{A}_c$的特征值均位于区域Ω之中,且关于摄动$\varepsilon_i(i=1,2,\cdots,l)$具有最小的灵敏度。

说明 12.5.1 与12.4节中的问题一样,上述问题中的区域Ω反映了对于控制系统稳定性及其响应性能的要求,可适当地选取。

12.5.2 闭环特征值灵敏度

这里我们将基于12.4节中的引理12.4.1来考虑问题12.5.1。

容易看出,当式(12.4.9)成立时,矩阵$\boldsymbol{A}_c=\boldsymbol{A}+\boldsymbol{BKC}$已具有非退化结构,且$\boldsymbol{A}_c$以$s_i(i=1,2,\cdots,n)$为特征值,以$\boldsymbol{T}$和$\boldsymbol{V}$分别为左、右特征向量矩阵。

定理 12.5.1 设引理12.4.1中假设成立,且约束12.4.1和约束12.4.2满足;$\Delta\boldsymbol{A}_c$由式(12.5.2)和式(12.5.6)决定; 则对于由式(12.4.10)～式(12.4.12)或式(12.4.13)以及式(12.4.14)决定的矩阵$\boldsymbol{K},\boldsymbol{T},\boldsymbol{V}$,矩阵$(\boldsymbol{A}_c+\Delta\boldsymbol{A}_c)$在$\varepsilon_j=0(j=1,2,\cdots,l)$时的特征值$s_i$对于小量摄动$\varepsilon_j$的灵敏度具有形式

$$s_{ij}^*=\frac{\partial s_i}{\partial\varepsilon_j}=d_{ij}+e_{ij} \tag{12.5.7}$$

其中

$$d_{ij}=\boldsymbol{g}_i^{\mathrm{T}}[\boldsymbol{H}^{\mathrm{T}}(s_i)\boldsymbol{A}_j\boldsymbol{N}(s_i)+\boldsymbol{H}^{\mathrm{T}}(s_i)\boldsymbol{B}_j\boldsymbol{D}(s_i)+\boldsymbol{L}^{\mathrm{T}}(s_i)\boldsymbol{C}_j\boldsymbol{N}(s_i)]\boldsymbol{f}_i \tag{12.5.8}$$

$$e_{ij}=\boldsymbol{g}_i^{\mathrm{T}}\boldsymbol{H}^{\mathrm{T}}(s_i)\sum_{p=1}^{l}\varepsilon_p(\boldsymbol{B}_j\boldsymbol{KC}_p+\boldsymbol{B}_p\boldsymbol{KC}_j)\boldsymbol{N}(s_i)\boldsymbol{f}_i^{\mathrm{T}} \tag{12.5.9}$$

在证明定理12.5.1之前,先引入一个矩阵特征值灵敏度的一个结果。

引理 12.5.1(Bellman-Feynman 定理) 设$\boldsymbol{A}=[a_{ij}]\in\mathbf{R}^{n\times n}$为一非退化矩阵,其特征值为$\lambda_i(i=1,2,\cdots,n)$;与$\lambda_i$相对应的左、右特征向量分别为$\boldsymbol{y}_i$和$\boldsymbol{x}_i$,则有

$$\frac{\partial\lambda_k}{\partial a_{ij}}=\left(\boldsymbol{y}_k^{\mathrm{T}}\frac{\partial\boldsymbol{A}}{\partial a_{ij}}\boldsymbol{x}_k\right)\Big/(\boldsymbol{y}_k^{\mathrm{T}}\boldsymbol{x}_k) \tag{12.5.10}$$

另外，由 6.5 节还有以下引理。

引理 12.5.2　设引理 12.4.1 中假设成立，约束 12.4.1 和约束 12.4.2 满足，则对于由式(12.4.10)～式(12.4.15)所定义的向量 $\boldsymbol{u}_i, \boldsymbol{t}_i, \boldsymbol{w}_i, \boldsymbol{z}_i$ 和矩阵 $\boldsymbol{K}$ 存在如下关系：

$$\boldsymbol{KCv}_i = \boldsymbol{w}_i, \quad \boldsymbol{t}_i^{\mathrm{T}}\boldsymbol{BK} = \boldsymbol{z}_i^{\mathrm{T}} \tag{12.5.11}$$

定理 12.5.1 的证明　由引理 12.5.1 及式(12.5.10)可得

$$s_{ij}^{*} = \boldsymbol{t}_i^{\mathrm{T}}\left(\frac{\partial \Delta \boldsymbol{A}_{\mathrm{c}}}{\partial \varepsilon_j}\right)\boldsymbol{v}_i \tag{12.5.12}$$

又由式(12.5.2)和式(12.5.6)有

$$\Delta \boldsymbol{A}_{\mathrm{c}} = \sum_{p=1}^{l}(\boldsymbol{A}_p + \boldsymbol{BKC}_p + \boldsymbol{B}_p\boldsymbol{KC})\varepsilon_p + \sum_{j=1}^{l}\sum_{p=1}^{l}(\boldsymbol{B}_j\boldsymbol{KC}_p + \boldsymbol{B}_p\boldsymbol{KC}_j)\varepsilon_p\varepsilon_j \tag{12.5.13}$$

从而由式(12.5.12)和式(12.5.13)可得

$$s_{ij}^{*} = \boldsymbol{t}_i^{\mathrm{T}}\boldsymbol{A}_j\boldsymbol{v}_i + \boldsymbol{t}_i^{\mathrm{T}}\boldsymbol{B}_j\boldsymbol{KCv}_i + \boldsymbol{t}_i^{\mathrm{T}}\boldsymbol{BKC}_j v_i + \boldsymbol{t}_i^{\mathrm{T}}\sum_{p=1}^{l}(\boldsymbol{B}_j\boldsymbol{KC}_p + \boldsymbol{B}_p\boldsymbol{KC}_j)\boldsymbol{v}_i\varepsilon_p \tag{12.5.14}$$

最后，再利用引理 12.4.1 和引理 12.5.2 可得式(12.5.7)～式(12.5.9)。

ΔΔΔ

由定理 12.5.1 可见，闭环系统(12.5.4)的极点对于开环系统(12.5.2)中的摄动的灵敏度主要由主导项 d_{ij} 决定。因此，为了使闭环系统(12.5.4)的极点 s_i 对于摄动 ε_j 的灵敏度尽量小，只需要求 d_{ij} 尽量小即可。基于这种思想，我们可以提出系统(12.5.1)的下述鲁棒设计指标

$$J(s_i, \boldsymbol{f}_i, \boldsymbol{g}_i, i = 1,2,\cdots,n) = \sum_{i=1}^{n}\sum_{j=1}^{l}\alpha_{ij}d_{ij}^{2} \tag{12.5.15}$$

其中，$a_{ij} > 0(i=1,2,\cdots,n;j=1,2,\cdots,l)$为适当选取的加权因子。

由式(12.5.8)和式(12.5.15)可见，上述指标 J 具有非常简洁的形式，它对于变元 $s_i, \boldsymbol{f}_i$ 及 $\boldsymbol{g}_i$ 的梯度是很容易求得的。

如果将矩阵 $\boldsymbol{A}_{\mathrm{c}}$ 的实特征值 s_i 记成 σ_i，将其对应的参向量记成 $\boldsymbol{h}_i$ 和 $\boldsymbol{e}_i$；将 $\boldsymbol{A}_{\mathrm{c}}$ 的共轭特征值 s_i 和 s_l 记成 $s_i = \bar{s}_l = \sigma_i + \sigma_l\mathrm{i}$，将它们对应的参向量记成 $\boldsymbol{f}_i = \bar{\boldsymbol{f}}_l = \boldsymbol{h}_i + \boldsymbol{h}_l\mathrm{i}$ 和 $\boldsymbol{g}_i = \bar{\boldsymbol{g}}_l = \boldsymbol{e}_i + \boldsymbol{e}_l\mathrm{i}$，这里 $\sigma_i, \boldsymbol{h}_i$ 及 $\boldsymbol{e}_i$ 均为实的，则约束 12.4.1 自然满足。若再进一步特别选取区域 Ω，则问题 12.5.1 的求解可归结为非线性规划问题

$$\begin{aligned}&\min J(\sigma_i, \boldsymbol{h}_i, \boldsymbol{e}_i, i=1,2,\cdots,n)\\ &\text{s. t.}\quad \text{约束 12.4.2}\\ &\qquad a_i \leqslant \sigma_i \leqslant b_i, \quad i=1,2,\cdots,n\end{aligned} \tag{12.5.16}$$

其中，$a_i, b_i(i=1,2,\cdots,n)$是人为选定的适当实数。最后再结合引理 12.4.1 可以

给出求解问题 12.5.1 的算法。

算法 12.5.1 不灵敏极点配置设计。

第 1 步：根据闭环系统的稳定性和动态响应特性要求给定区域 Ω 的边界 a_i，$b_i(i=1,2,\cdots,n)$。

第 2 步：利用算法 1.4.1 求解右既约分解式(12.4.7)和式(12.4.8)。

第 3 步：求解指标 $J(\sigma_i, \boldsymbol{f}_i, \boldsymbol{g}_i, i=1,2,\cdots,n)$ 及约束 12.4.2 的参数表达式。

第 4 步：利用适当的优化算法求解优化问题式(12.5.16)。

第 5 步：基于上一步中获得的参数，据式(12.4.10)和式(12.4.14)(或式(12.4.11)和式(12.4.15))，计算矩阵 $\boldsymbol{V}$ 和 $\boldsymbol{W}$(或 $\boldsymbol{T}$ 和 $\boldsymbol{Z}$)。

第 6 步：根据式(12.4.12)或式(12.4.13)计算反馈阵 $\boldsymbol{K}$。

下面对上述算法作两点说明。

说明 12.5.2 注意到算法 12.5.1 允许闭环极点在一定希望区域内参与优化，因而可以给出鲁棒性较强的控制系统，且可适用于单输入和/或单输出系统的鲁棒设计。另外，由于算法中不包含“返回”过程，只涉及一些矩阵初等运算和一独立的优化问题的求解，因而较已有方法简单、方便。且由于它所基于的特征结构配置结果的完备性，我们至少可以肯定，算法第 4 步中优化解的最优性完全决定了整个问题的解的最优性。

说明 12.5.3 算法第 4 步中的优化可用任何适当的优化算法求解。然而对于这样一个非线性规划问题，其最优性是很难获得定论的。为提高求解精度并减少计算量，可通过下述两个途径尽量减少优化参数：①根据矩阵特征向量的不唯一性，将任一 $\boldsymbol{f}_i$ 中的某一个元素事先取定；②像例 6.5.1 和下小节算例中处理的那样，尽可能简化并解出约束 12.4.2。

12.5.4 算例

考虑下述能控、能观的连续系统：

$$\boldsymbol{A}=\begin{bmatrix} 0 & 1 & 0 & 0 \\ 1 & 1 & 0 & 0 \\ -1 & 0 & 0 & 0 \\ 0 & 0 & 0 & 0 \end{bmatrix}, \quad \boldsymbol{B}=\begin{bmatrix} 0 & 0 \\ 1 & 0 \\ 0 & 0 \\ 0 & 1 \end{bmatrix}, \quad \boldsymbol{C}=\begin{bmatrix} 1 & 0 & 0 & 0 \\ 0 & 0 & 1 & 0 \\ 0 & 0 & 0 & 1 \end{bmatrix} \tag{12.5.17}$$

对于该系统，我们容易求得

$$\boldsymbol{N}(s)=\begin{bmatrix} -s & 0 \\ -s^2 & 0 \\ 1 & 0 \\ 0 & 1 \end{bmatrix}, \quad \boldsymbol{D}(s)=\begin{bmatrix} -s^3+s^2+s & 0 \\ 0 & s \end{bmatrix}$$

$$H(s)=\begin{bmatrix} s-1 & 0 & 0 \\ 1 & 0 & 0 \\ 0 & 1 & 0 \\ 0 & 0 & 1 \end{bmatrix}, \quad L(s)=\begin{bmatrix} s^2-s-1 & 1 & 0 \\ 0 & s & 0 \\ 0 & 0 & s \end{bmatrix}$$

限定闭球极点 $s_i(i=1,2,3,4)$为实的,并取

$$f_i=\begin{bmatrix} 1 \\ x_i \end{bmatrix}, \quad g_i=\begin{bmatrix} y_{i1} \\ y_{i2} \\ y_{i3} \end{bmatrix}, \quad i=1,2,3,4$$

则约束 12.4.2 可写成下述形式:

$$s_j(s_i+s_j-1)y_{i1}-y_{i2}-x_jy_{i3}=-\delta_{ij}, \quad i,j=1,2,3,4 \tag{12.5.18}$$

定义

$$s_{ijk}=(s_k-s_j)(s_i+s_j+s_k-1)$$

$$s_{ij}=s_{iji}, \quad x_{ij}=x_i-x_j, \quad i,j,k=1,2,3,4$$

$$M=\begin{bmatrix} 0 & s_{143} & s_{124} & s_{132} \\ s_{234} & 0 & s_{241} & s_{213} \\ s_{342} & s_{314} & 0 & s_{321} \\ s_{423} & s_{432} & s_{412} & 0 \end{bmatrix}$$

则容易验证下述三个事实:

事实 12.5.1 设 $s_i(i=1,2,3,4)$为互异的负实数,则有:

(1) $s_{ijk}\neq 0, s_{ijk}=-s_{ikj}$。

(2) $\dfrac{s_{ijk}}{s_k-s_j}=\dfrac{s_{i'j'k'}}{s_{k'}-s_{j'}}=s_i+s_j+s_k-1$,如果 $s_i+s_j+s_k=s_{i'}+s_{j'}+s_{k'}$。

(3) $\text{rank}(M)=2$。

事实 12.5.2 设 $s_i(i=1,2,3,4)$为互异的负实数,$x_i, y_{ij}(i=1,2,3,4;j=1,2,3)$为满足约束(12.5.18)的参数,则有

(1) 对于一切 $i,j,l=1,2,3,4$,有

$$s_{ij}x_{il}-s_{il}x_{ij}\neq 0$$

(2) 参数 $x_i, y_{ij}(i=1,2,3,4;j=1,2,3)$可由下述公式给出:

$$x_2=\frac{s_{324}x_1+s_{321}x_4}{s_{314}}, \quad x_3=\frac{s_{234}x_1+s_{213}x_4}{s_{241}}$$

$$y_{13}=\frac{s_{12}-s_{13}}{s_{12}x_{13}-s_{13}x_{12}}, \quad y_{11}=\frac{x_{13}y_{13}-1}{s_{13}}$$

$$y_{23}=\frac{s_{21}-s_{24}}{s_{21}x_{24}-s_{24}x_{21}}, \quad y_{21}=\frac{x_{24}y_{23}-1}{s_{24}}$$

$$y_{33}=\frac{s_{34}-s_{31}}{s_{34}x_{31}-s_{31}x_{34}},\quad y_{31}=\frac{x_{31}y_{33}-1}{s_{31}}$$

$$y_{43}=\frac{s_{43}-s_{42}}{s_{43}x_{42}-s_{42}x_{43}},\quad y_{41}=\frac{x_{42}y_{43}-1}{s_{42}}$$

$$y_{i2}=-s_i(2s_i-1)y_{i1}+x_iy_{i3}-1,\quad i=1,2,3,4 \tag{12.5.19}$$

其中，x_1 和 x_4 为两个非零的实参数。

事实 12.5.3　对于例 12.5.1 中之系统矩阵 $\boldsymbol{A},\boldsymbol{B},\boldsymbol{C}$，记 $\boldsymbol{K}=[k_{ij}]_{2\times3}$ 为任意一个使得矩阵 $\boldsymbol{A}+\boldsymbol{BKC}$ 非退化的实矩阵，记矩阵 $\boldsymbol{A}+\boldsymbol{BKC}$ 的特征值为 $s_i(i=1,2,3,4)$，则：

(1) 矩阵 $\boldsymbol{A}+\boldsymbol{BKC}$ 的对应于特征值 s_i 的特征向量为

$$\boldsymbol{v}_i^{\mathrm{T}}=[-s_i\quad -s_i^2\quad 1\quad x_i] \tag{12.5.20}$$

其中，s_i 与 x_i 满足下述关系：

$$s_i^3-s_i^2-(1+k_{11})s_i+k_{12}+k_{13}x_i=0 \tag{12.5.21}$$

$$k_{22}-k_{21}s_i+(k_{23}-s_i)x_i=0 \tag{12.5.22}$$

(2) 矩阵 $\boldsymbol{A}+\boldsymbol{BKC}$ 的特征多项式可由式(12.5.21)和式(12.5.22)获得，即

$$\begin{aligned}\Delta(s)=&s^4-(1+k_{23})s^3+(k_{23}-k_{11}-1)s^2\\&+[k_{12}+k_{23}(1+k_{11})-k_{13}k_{21}]s+k_{12}k_{23}-k_{13}k_{22}\end{aligned} \tag{12.5.23}$$

上述前两个事实揭示了本例系统的极点配置设计中存在的自由度，而第三个事实则揭示了闭环系统的结构。由事实 12.5.2 可知，对于本例，算法 12.4.1 中的优化问题中，包含闭环极点在内总共有 6 个优化参数。当闭环极点指定时，式(12.5.16)可简化为只有两个优化变量的无约束优化问题。

在闭环极点指定为 −1，−2，−3，−4 的情况下，陈春辉(1988)，Chu、Nichols 和 Kautsky(1984)，Duan(1992a)均基于闭环特征向量的条件数指标给出下述解 $\boldsymbol{K}_1\sim\boldsymbol{K}_5$；Fletcher(1980)在没有考虑鲁棒性的条件下给出下述解 $\boldsymbol{K}_0$：

$$\boldsymbol{K}_1=\begin{bmatrix}-46.65 & 41.39 & 13.48\\ 36.32 & -31.69 & -10.92\end{bmatrix}\quad\text{(陈春辉,1988)}$$

$$\boldsymbol{K}_2=\begin{bmatrix}-47.00 & 41.70 & 13.63\\ 36.52 & -31.90 & -11.00\end{bmatrix}\quad\text{(陈春辉,1988)}$$

$$\boldsymbol{K}_3=\begin{bmatrix}-46.9999 & -27.1833 & -17.2069\\ -28.0806 & -15.9828 & -11.0000\end{bmatrix}\quad\text{(Chu et al.,1984)}$$

$$\boldsymbol{K}_4=\begin{bmatrix}-46.9996 & -10.4883 & -24.3246\\ -18.3150 & -5.72964 & -10.9999\end{bmatrix}\quad\text{(Chu et al.,1984)}$$

$$\boldsymbol{K}_5=\begin{bmatrix}-47.00537 & 12.39453 & 23.88391\\ 19.61450 & -4.703613 & -11.00049\end{bmatrix}\qquad\text{(Duan,1992a)}$$

$$\boldsymbol{K}_0=\begin{bmatrix}-47 & 34 & 10\\ 49 & -35 & -11\end{bmatrix}\qquad\text{(Fletcher,1980)}$$

针对系统(12.5.17)的下述摄动形式：

$$\boldsymbol{A}_3=\boldsymbol{A}_4=0,\quad \boldsymbol{B}_1=\boldsymbol{B}_2=\boldsymbol{B}_4=0,\quad \boldsymbol{C}_1=\boldsymbol{C}_2=\boldsymbol{C}_3=0$$

$$\boldsymbol{A}_1=\begin{bmatrix}0&0&0&0\\1&0&0&0\\0&0&0&0\\0&0&0&0\end{bmatrix},\quad \boldsymbol{A}_2=\begin{bmatrix}0&0&0&0\\0&0&0&0\\1&0&0&0\\0&0&0&0\end{bmatrix}$$

$$\boldsymbol{B}_3=\begin{bmatrix}0&0\\1&0\\0&0\\0&0\end{bmatrix},\quad \boldsymbol{C}_4=\begin{bmatrix}0&0&0&0\\0&0&1&0\\0&0&0&0\end{bmatrix}$$

我们利用算法 12.5.1 给出两个解

$$\boldsymbol{K}_6=\begin{bmatrix}-46.99937 & 8.847533 & 23.16630\\ 20.06524 & -3.165118 & -10.99989\end{bmatrix}$$

$$\boldsymbol{K}_7=\begin{bmatrix}-47.00006 & 8.797701 & 5.108595\\ 90.98519 & -14.24602 & -11.00000\end{bmatrix}$$

在闭环极点参与优化的情况下，Duan(1992a)基于特征向量条件数指标给出解

$$\boldsymbol{K}_8=\begin{bmatrix}-64.34406 & 22.44226 & 34.43155\\ 23.33524 & -7.737335 & -13.51834\end{bmatrix}$$

对于如前所述系统参数摄动形式，通过使闭环极点在$-6.5\leqslant s_4\leqslant -4.5$，$-4.5< s_3\leqslant -2.5$，$-2.5< s_2\leqslant -1.5$，$-1.5< s_1\leqslant -1$ 的范围内参与优化，我们基于算法 12.4.1，得到如下两个解：

$$\boldsymbol{K}_9=\begin{bmatrix}-58.75030 & 17.56029 & 22.24512\\ 31.70656 & -8.947386 & -13.00002\end{bmatrix}$$

$$\boldsymbol{K}_{10}=\begin{bmatrix}-58.74984 & 17.57862 & 13.49337\\ 52.27109 & -14.76805 & -12.99995\end{bmatrix}$$

表 12.5.1～表 12.5.3 列出了上述各解所对应的系统的一些重要参数和指标。

表 12.5.1　闭环系统的特征值与特征向量

解	s_1	s_2	s_3	s_4	x_1	x_2	x_3	x_4
$\boldsymbol{K}_0$	−1	−2	−3	−4	1.4	7	14	23
$\boldsymbol{K}_1$	−1.051 842	−2.164 131	−2.766 958	−3.937 068	0.659 992	5.357 691	8.439 294	15.939 48
$\boldsymbol{K}_2$	−0.995 089	−1.981 681	−3.053 435	−3.969 795	0.443 847	4.487 640	10.018 435	16.084 44
$\boldsymbol{K}_3$	−0.999 940	−2.001 396	−2.997 297	−4.001 368	−1.209 604	−4.469 316	−8.520 009	−13.770 98
$\boldsymbol{K}_4$	−1.000 517	−1.997 385	−3.003 993	−3.998 005	−2.405 559	−4.699 992	−7.597 358	−12.275 96
$\boldsymbol{K}_5$	−1.000 740	−1.994 811	−3.010 174	−3.994 765	1.492 578	3.822 434	6.800 663	10.513 07
$\boldsymbol{K}_6$	−0.999 872	−1.999 867	−3.000 609	−3.999 352	1.689 753	4.106 956	7.130 991	12.010 99
$\boldsymbol{K}_7$	−1.000 958	−1.993 04	−3.011 227	−3.994 784	7.683 374	18.551 33	32.512 01	49.851 45
$\boldsymbol{K}_8$	−1.000 079	−1.729 420	−3.288 860	−6.499 980	1.246 160	2.766 928	6.746 092	20.509 24
$\boldsymbol{K}_9$	−0.999 919	−4.999 25	−3.000 284	−6.499 893	1.896 369	3.357 37	8.618 36	30.328 92
$\boldsymbol{K}_{10}$	−0.998 172	−1.504 096	−2.997 073	−6.500 61	3.116 829	5.554 411	14.185 14	50.009 07

注:闭环特征向量 $\boldsymbol{v}_i=[-s_i \quad -s_i^2 \quad 1 \quad x_i]^{\mathrm{T}}(i=1,2,3,4)$。

表 12.5.2　鲁棒性指标

解	J	$\|\boldsymbol{c}\|_2$	$K_2(\boldsymbol{V})$	$\|\boldsymbol{K}\|_{\mathrm{F}}$
$\boldsymbol{K}_0$	179.654 1	454.213 50	1 016.822 0	84.923 49
$\boldsymbol{K}_1$	255.721 1	571.621 00	1 454.690 2	80.707 56
$\boldsymbol{K}_2$	195.241 6	428.451 9	930.113 6	81.277 22
$\boldsymbol{K}_3$	173.230 8	333.616 00	752.621 9	66.400 07
$\boldsymbol{K}_4$	174.644 6	346.419 8	803.318 2	58.308 82
$\boldsymbol{K}_5$	157.358 0	300.875 40	680.879 5	58.833 95
$\boldsymbol{K}_6$	166.289 6	301.167 1	686.735 4	57.944 17
$\boldsymbol{K}_7$	166.907 7	705.200 0	1 515.872 0	104.473 7
$\boldsymbol{K}_8$	48.987 9	86.949 68	557.666 0	81.341 81
$\boldsymbol{K}_9$	40.591 99	81.355 93	693.343 5	73.512 08
$\boldsymbol{K}_{10}$	40.629 13	100.309 8	770.522 5	84.035 61

注:$K_2(\boldsymbol{V})=\|\boldsymbol{V}\|_2 \cdot \|\boldsymbol{V}^{-1}\|_2$;$\boldsymbol{c}=[c_1 \quad c_2 \quad c_3 \quad c_4]$,$c_i=\|\boldsymbol{t}_i\| \cdot \|\boldsymbol{v}_i\|$。

表 12.5.3 系统受扰($\varepsilon_1=\varepsilon_2=0.05,\varepsilon_3=\varepsilon_4=0.01$)后的极点

解	矩阵($A_c+\Delta A_c$)的特征值			
K_0	−1.718 552±0.279 606 5i		−3.828 196±1.170 466 9i	
K_1	−1.170 887 7±0.376 322 9i		−3.789 154±1.237 024 0i	
K_2	−1.1380 780±0.338 686 0i		−3.861 944 2±1.230 879 0i	
K_3	−1.201 493 3±0.199 340 0i		−3.798 606 9±1.119 307 0i	
K_4	−0.885 248 4	−2.010 806 4	−3.552 054±0.671 379 0i	
K_5	−1.029 590 2	−1.520 461 0	−3.725 676±0.992 504 0i	
K_6	−0.995 817 6	−1.596 882 0	−3.703 596±0.952 909 8i	
K_7	−0.996 735 0	−1.594 484 9	−3.704 39±0.954 203 7i	
K_8	−1.022 932 0	−1.457 864 3	−3.941 392 4	−6.096 279 7
K_9	−1.105 281 4	−1.174 988 8	−3.520 972 4	−6.198 839 0
K_{10}	−1.094 996 6	−1.186 765 2	−3.518 493 9	−6.199 757 3

由上述三个表格可以得出下述几点结论：

(1) 具有较小总体特征值灵敏度指标的控制系统，其个别特征值灵敏度指标亦比较小。但系统的个别特征值灵敏度指标较小，则不一定要求系统具有较小的总体特征值灵敏度指标。

(2) 使闭环极点在一定的希望区域内参与优化，可以大大改善系统的鲁棒性能(注意指标 J，$\|c\|_2$和 $K_2(V)$均是闭环极点的高次幂函数)。

(3) 本节方法以第 6 章中介绍的特征结构配置结果为基础，具有较好的“最优性”。

12.6 鲁棒 Luenberger 观测器设计

观测器设计的目的是为了重构系统的状态。对于一个只基于名义系统设计的观测器，当系统存在不确定性时，其输出一般不再给出原来系统状态的渐近估计，因此，在观测器设计问题上考虑鲁棒性是非常必要的。

12.6.1 问题的提出

由第 10 章可知，一个 Luenberger 观测器-状态反馈控制系统具有下述形式：

$$\begin{cases}\dot{x}=Ax+Bu\\ y=Cx\\ \dot{z}=Fz+Ly+TBu\\ u=K\hat{x}=Nz+My\end{cases}\tag{12.6.1}$$

其中,$x\in\mathbf{R}^n, u\in\mathbf{R}^r, y\in\mathbf{R}^m, z\in\mathbf{R}^p$;$A,B,C$ 为适当阶的系统参数矩阵,且(A,B)能控,(A,C)能观;F,L,T,N,M 为满足下述条件的实矩阵:

$$\mathrm{Re}\lambda(F)<0 \tag{12.6.2}$$

$$TA-FT=LC \tag{12.6.3}$$

$$K=NT+MC \tag{12.6.4}$$

如果记

$$\varepsilon=Tx-z,\quad e=Kx-K\hat{x} \tag{12.6.5}$$

则当式(12.6.3)和式(12.6.4)成立时,按 Luenberger 观测器的设计理论,有

$$\begin{cases}\dot{\varepsilon}=F\varepsilon\\ e=N\varepsilon\end{cases} \tag{12.6.6}$$

从而当式(12.6.2)满足时,有

$$\lim_{t\to\infty}e(t)=\lim_{t\to\infty}[Kx(t)-K\hat{x}(t)]=0 \tag{12.6.7}$$

当系统参数矩阵 A,B,C 存在摄动 $\Delta A,\Delta B,\Delta C$ 时,容易推得误差方程(12.6.6)为

$$\begin{cases}\dot{\varepsilon}=F\varepsilon+(T\Delta A-L\Delta C)x+T\Delta Bu\\ e=N\varepsilon-M\Delta Cx\end{cases} \tag{12.6.8}$$

由此可见,为了保证摄动 $\Delta A,\Delta B,\Delta C$ 存在时,$K\hat{x}$ 仍为 Kx 较好的估计,我们应该选择观测器参数 F,L,T,N,M,使它们在满足式(12.6.2)~式(12.6.4)的同时,还使得下述各项

$$T\Delta A-L\Delta C,\quad M\Delta C,\quad T\Delta B \tag{12.6.9}$$

尽可能地小。如果记

$$\Delta A=\sum_{i=1}^{l}A_i\delta_i,\quad \Delta B=\sum_{i=1}^{l}B_i\delta_i,\quad \Delta C=\sum_{i=1}^{l}C_i\delta_i \tag{12.6.10}$$

其中,$A_i,B_i,C_i(i=1,2,\cdots,l)$为适当阶的已知矩阵;$\delta_i(i=1,2,\cdots,l)$为未知的摄动元素,则为使式(12.6.9)中的各项尽可能小,可以极小化下述指标:

$$J=\sum_{i=1}^{l}[\alpha_i\|TA_i-LC_i\|_*+\beta_i\|TB_i\|_*+\gamma_i\|MC_i\|_*] \tag{12.6.11}$$

其中,$*=1,2,\infty$;α_i,β_i 和 γ_i 为适当的加权因子。

注意,当 $T=0$ 时,式(12.6.1)中的 $u=K\hat{x}$ 退化为一个输出反馈律,因而我们的鲁棒 Luenberger 观测器设计问题可描述如下。

问题 12.6.1　给定能控、能观系统(12.6.1)及适当的状态反馈增益阵 K,求取适当阶的实矩阵组(F,T,L,N,M)满足式(12.6.2)~式(12.6.4)及 $T\neq0$,且使得由式(12.6.11)表出的指标 J 达到最小。

12.6.2　观测器设计的参数化方法

为实现上述的鲁棒观测器设计,我们有必要简单回忆第 10 章介绍的 Luenberger 观测器设计的参数化方法。

1. 矩阵 $\boldsymbol{F},\boldsymbol{T},\boldsymbol{L}$ 的参数表示

不失普遍性,将 $\boldsymbol{F}$ 取为非退化结构,即

$$\boldsymbol{F}=\boldsymbol{WJW}^{-1},\quad \boldsymbol{J}=\mathrm{diag}(s_1,s_2,\cdots,s_p) \tag{12.6.12}$$

其中,$\boldsymbol{J}$ 与 $\boldsymbol{W}=[\boldsymbol{w}_1\quad\cdots\quad\boldsymbol{w}_p]$分别为 $\boldsymbol{F}$ 阵的 Jordan 标准型和特征向量矩阵,它们满足下述约束。

约束 12.6.1　$s_i(i=1,2,\cdots,p)$复封闭,且 $\mathrm{Re}s_i<0$。

约束 12.6.2　当 $s_i=\bar{s}_l$ 时,有 $\boldsymbol{w}_i=\bar{\boldsymbol{w}}_l$,且 $\det\boldsymbol{W}\neq0$。

将式(12.6.12)代入式(12.6.3),并令 $\boldsymbol{T}'=\boldsymbol{W}^{-1}\boldsymbol{T},\boldsymbol{L}'=\boldsymbol{W}^{-1}\boldsymbol{L}$,可得下述矩阵方程:

$$\boldsymbol{T}'\boldsymbol{A}-\boldsymbol{J}\boldsymbol{T}'=\boldsymbol{L}'\boldsymbol{C} \tag{12.6.13}$$

结合第 1 章关于 Sylvester 方程的求解方法可得,$\boldsymbol{T},\boldsymbol{L}$ 阵的参数表示为

$$\boldsymbol{T}=\boldsymbol{W}[\boldsymbol{t}_1\quad\cdots\quad\boldsymbol{t}_p]^{\mathrm{T}},\quad \boldsymbol{t}_i=\boldsymbol{H}(s_i)\boldsymbol{g}_i \tag{12.6.14}$$

$$\boldsymbol{L}=\boldsymbol{W}[\boldsymbol{l}_1\quad\cdots\quad\boldsymbol{l}_p]^{\mathrm{T}},\quad \boldsymbol{l}_i=-\boldsymbol{L}(s_i)\boldsymbol{g}_i \tag{12.6.15}$$

其中,$\boldsymbol{g}_i\in\mathbf{C}^m$ 为满足下述约束的参数。

约束 12.6.3　当 $s_i=\bar{s}_l$ 时,有 $\boldsymbol{g}_i=\bar{\boldsymbol{g}}_l$。

$\boldsymbol{H}(s)$与 $\boldsymbol{L}(s)$为满足下式的右互质多项式矩阵:

$$(s\boldsymbol{I}-\boldsymbol{A}^{\mathrm{T}})^{-1}\boldsymbol{C}^{\mathrm{T}}=\boldsymbol{H}(s)\boldsymbol{L}^{-1}(s) \tag{12.6.16}$$

关于上式的求取可见 1.4 节中的算法。

说明 12.6.1　当约束 12.6.1～约束 12.6.3 满足时,由式(12.6.14)决定的 $\boldsymbol{T},\boldsymbol{L}$ 阵的列为复共轭封闭的。将 $\boldsymbol{T},\boldsymbol{L}$ 中相互共轭的列分别换成它们的实部与虚部,可获得实阵 $\boldsymbol{T},\boldsymbol{L}$ 的参数表示。

2. 矩阵 $\boldsymbol{N},\boldsymbol{M}$ 的参数表示

式(12.6.4)关于矩阵 $\boldsymbol{N},\boldsymbol{M}$ 有解的充要条件为

$$\mathrm{rank}[\boldsymbol{T}^{\mathrm{T}}\quad\boldsymbol{C}^{\mathrm{T}}]^{\mathrm{T}}=\mathrm{rank}[\boldsymbol{T}^{\mathrm{T}}\quad\boldsymbol{C}^{\mathrm{T}}\quad\boldsymbol{K}^{\mathrm{T}}]^{\mathrm{T}} \tag{12.6.17}$$

约束 12.6.4　对矩阵$[\boldsymbol{T}^{\mathrm{T}}\quad\boldsymbol{C}^{\mathrm{T}}\quad\boldsymbol{K}^{\mathrm{T}}]^{\mathrm{T}}$ 施行初等变换,并在变换的过程中对 $\boldsymbol{T}$ 中的参数 $\boldsymbol{g}_i,s_i$ 和 $\boldsymbol{w}_i$ 加以适当限定,以使得式(12.6.17)成立。

则可得实可逆矩阵 $\boldsymbol{P},\boldsymbol{Q}$ 满足

$$\boldsymbol{P}\begin{bmatrix}\boldsymbol{T}\\ \boldsymbol{C}\end{bmatrix}\boldsymbol{Q}=\begin{bmatrix}\boldsymbol{T}_0 & 0\\ 0 & 0\end{bmatrix},\quad \boldsymbol{KQ}=[\boldsymbol{K}_0\quad 0] \tag{12.6.18}$$

其中,$T_0\in\mathbf{R}^{r^*\times r^*}$, $\det(T_0)\neq 0$;$K_0\in\mathbf{R}^{r\times r^*}$,而 r^* 为$[T^{\mathrm{T}}\quad C^{\mathrm{T}}]^{\mathrm{T}}$ 和$[T^{\mathrm{T}}\quad C^{\mathrm{T}}\quad K^{\mathrm{T}}]^{\mathrm{T}}$ 的公共秩。注意,这里的矩阵 P,Q,T_0,K_0 均可能与参数 g_i,s_i,w_i 有关。

进一步容易证得,矩阵$[N\quad M]$具有下述参数表示:

$$[N\quad M]=[K_0T_0^{-1}\quad M']P \tag{12.6.19}$$

其中,$M'\in\mathbf{R}^{r\times(n+p-r^*)}$为一个无约束的实参数阵。

12.6.3 鲁棒观测器设计

利用 12.5 节的结果,我们可以将式(12.6.11)表达的指标 J 转化为下述关于设计系数$M',g_i,w_i,s_i(i=1,2,\cdots,l)$的显式表示:

$$J=J(M',g_i,s_i,w_i,i=1,2,\cdots,l) \tag{12.6.20}$$

进而可以得到求解问题 12.6.1 的下述算法。

算法 12.6.1

第 1 步:求解分解式(12.6.16),并置 $p=1$。

第 2 步:求取 T 阵的参数表示。

第 3 步:求取约束 12.6.4 及矩阵 P,T_0,K_0,M'的参数表达式。

第 4 步:求解优化问题

$$\min J(M',g_i,s_i,w_i,i=1,2,\cdots,p)$$
$$\text{s.t.}\quad \text{约束 12.6.1～约束 12.6.4}$$

若该问题无解,置 $p\Leftarrow p+1$ 后转第 2 步。

第 5 步:利用第 4 步中获得的参数和式(12.6.12)、式(12.6.14)、式(12.6.19)求取观测器系数矩阵。

说明 12.6.2 在实际应用中,考虑到对于观测器极点的限制,可将约束 12.6.1 换为

约束 12.6.5 $a_i\leqslant\mathrm{Re}(s_i)\leqslant b_i,c_i\leqslant\mathrm{Im}(s_i)\leqslant d_i(i=1,2,\cdots,p)$。

这里 $a_i,b_i,c_i,d_i(i=1,2,\cdots,p)$为适当选取的实数。

说明 12.6.3 对于满足式(12.6.2)～式(12.6.4)的矩阵组(F,T,L,N,M)和任一可逆对角矩阵 Λ,易见$(\Lambda F,\Lambda L,N\Lambda^{-1},M)$仍满足式(12.6.3)和式(12.6.4)。因而在求解 T,L 阵的过程中,参数向量 g_i 中的某一个元素可以事先取定。

12.6.4 算例

例 12.6.1 考虑下述应用相当广泛的一类系统:

$$(A,B,C,K)=\left(\begin{bmatrix}0&1&0\\0&0&1\\-a_0&-a_1&-a_2\end{bmatrix},\begin{bmatrix}0\\0\\b\end{bmatrix},[c\quad 0\quad 0],[k_0\quad k_1\quad k_2]\right)$$

取 $g_i=1(i=1,2)$,则易得

$$\boldsymbol{F}=\boldsymbol{W}\mathrm{diag}(s_1, s_2)\boldsymbol{W}^{-1}$$

$$\boldsymbol{T}=\boldsymbol{W}\begin{bmatrix} s_1^2+a_2s_1^2+a_1 & s_1+a_2 & 1 \\ s_2^2+a_2s_2^2+a_1 & s_2+a_2 & 1 \end{bmatrix}$$

$$\boldsymbol{L}=\boldsymbol{W}\begin{bmatrix} -(s_1^3+a_2s_1^2+a_1s_1+a_0) \\ -(s_2^3+a_2s_2^2+a_1s_2+a_0) \end{bmatrix}$$

取约束 12.6.4 为 $s_1\neq s_2$，进一步可得

$$\boldsymbol{N}=\begin{bmatrix} \dfrac{k_2(s_2+a_2)-k_1}{s_2-s_1} & \dfrac{k_1-k_2(s_1+a_2)}{s_2-s_1} \end{bmatrix}\boldsymbol{W}^{-1}$$

$$M=k_0-k_1(s_1+s_2+a_2)+k_2[(s_1+a_2)(s_2+a_1)-a_1]$$

若以 δ_a^i 和 δ_c 分别记 a_i 和 c 的摄动，假设参数 b 无摄动，并令

$$\delta_i=\delta_a^i,\quad i=1,2,3,\quad \delta_4=\delta_c$$

则有 $l=4$，且 $\boldsymbol{A}_4=0$，$\boldsymbol{B}_i=0(i=1,2,3,4)$，$\boldsymbol{C}_i=0(i=1,2,3)$，而

$$\boldsymbol{A}_1=\begin{bmatrix} 0 & 0 & 0 \\ 0 & 0 & 0 \\ 1 & 0 & 0 \end{bmatrix},\quad \boldsymbol{A}_2=\begin{bmatrix} 0 & 0 & 0 \\ 0 & 0 & 0 \\ 0 & 1 & 0 \end{bmatrix}$$

$$\boldsymbol{A}_3=\begin{bmatrix} 0 & 0 & 0 \\ 0 & 0 & 0 \\ 0 & 0 & 1 \end{bmatrix},\quad \boldsymbol{C}_4=[1\quad 0\quad 0]$$

从而

$$\boldsymbol{L}\Delta\boldsymbol{C}=\boldsymbol{W}\begin{bmatrix} -(s_1^3+a_2s_1^2+a_1s+a_0)\delta_c & 0 & 0 \\ -(s_2^3+a_2s_2^2+a_1s_2+a_0)\delta_c & 0 & 0 \end{bmatrix}$$

$$\Delta\boldsymbol{C}=[\{k_0-k_1(s_1+s_2+a_2)+k_2[(s_1+a_2)(s_2+a_2)-a_1]\}\delta_c\quad 0\quad 0]$$

由此可见，通过适当选取参数 $s_1, s_2(s_1\neq s_2)$ 和 $\boldsymbol{W}$ 阵，可以有效地抑制摄动的影响。下面我们比较两种情形。

情形　取参数 $a_0=0, a_1=2, a_2=3, b=c=1, k_0=k_1=-4, k_2=-1$；取闭环极点为 $s_1=-4, s_2=-10$；取观测器的特征向量矩阵为

$$\boldsymbol{W}=\begin{bmatrix} 1 & 1.2 \\ 0 & 1 \end{bmatrix}$$

此时我们针对系统参数存在摄动和不存在摄动的情形做了仿真。在仿真过程中，外部输入信号取为 $v=-4\sin\left(5t+\dfrac{\pi}{2}\right)$；状态初值为 $\boldsymbol{x}_0=[0.1\quad 0.1\quad 0.1\quad 0.1\quad 2.19]^{\mathrm{T}}$。仿真结果示于图 12.6.1 中。

情形　与情形 Ⅰ 相同，取参数 $a_0=0, a_1=2, a_2=3, b=c=1, k_0=k_1=-4$，$k_2=-1$；取闭环极点为 $s_1=-4, s_2=-10$。但不同的是，此时取观测器的特征向量矩阵为 $\boldsymbol{W}=\boldsymbol{I}$。我们亦针对系统参数存在摄动和不存在摄动的情形做了仿真，仿真结果示于图 12.6.2 中。

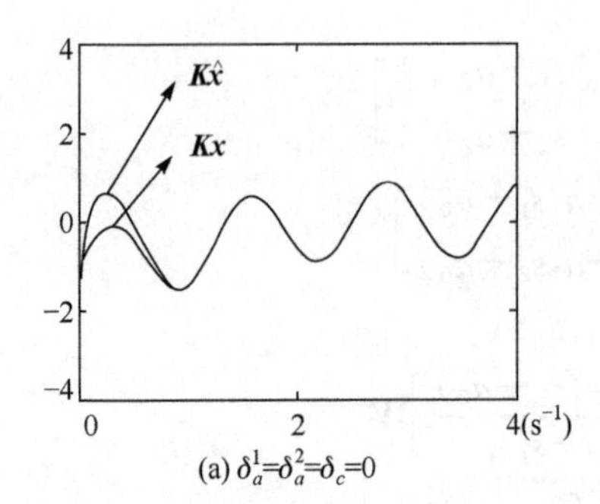

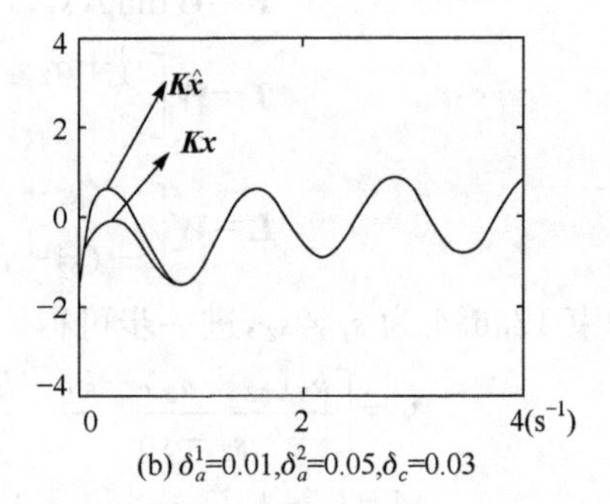

图 12.6.1　例 12.6.1 中系统的仿真结果(情形Ⅰ)

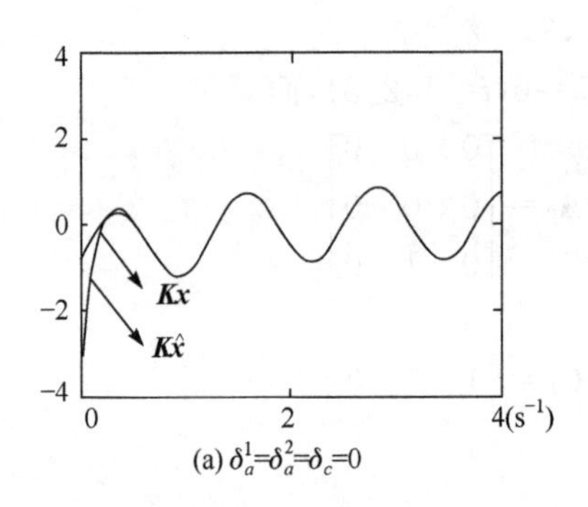

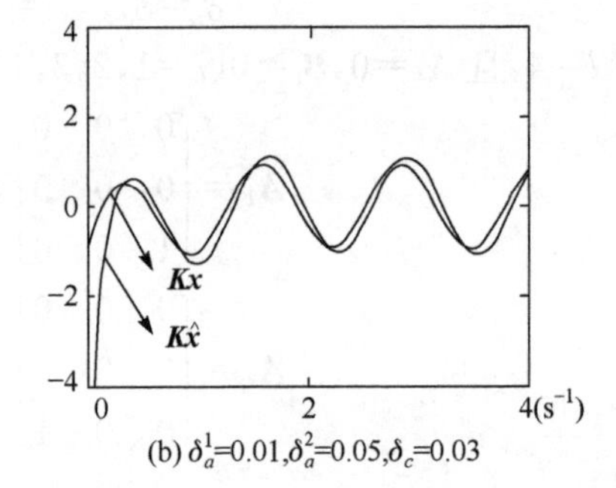

图 12.6.2　例 12.6.1 中系统的仿真结果(情形Ⅱ)

由图 12.6.1 和图 12.6.2 可见,通过合理地选择观测器参数,可以有效地抑制系统参数摄动的影响。

例 12.6.2　考虑系统

$$(\boldsymbol{A},\boldsymbol{B},\boldsymbol{C},\boldsymbol{K})=\left(\begin{bmatrix}0&1&0\\0&0&1\\-a_0&-a_1&-a_2\end{bmatrix},\begin{bmatrix}0\\0\\b\end{bmatrix},[c\quad 0\quad 0],[k_0\quad k_1\quad k_2]\right)$$

它受有形如式(12.6.10)的结构摄动,其中,$l=2$,且 $\boldsymbol{A}_2=0,\boldsymbol{B}_1=0,\boldsymbol{C}_2=0$,而

$$\boldsymbol{A}_1=\begin{bmatrix}0&0&0\\0&0&0\\0&0&1\end{bmatrix},\quad \boldsymbol{B}_2=\begin{bmatrix}0\\0\\1\end{bmatrix},\quad \boldsymbol{C}_2=[0\quad 0\quad 1]$$

对于此例,容易求得

$$\boldsymbol{N}(s)=\begin{bmatrix}s^2+2s+5\\s+2\\1\end{bmatrix},\quad D(s)=s^3+2s^2+5s-1$$

$$\boldsymbol{H}(s)=[1\quad s\quad s^2],\quad L(s)=s^3+2s^2+5s-1$$

不同于例 12.6.1，这里我们考虑系统的一阶观测器设计。此时有

$$F=W\cdot[s]\cdot W^{-1}$$
$$\boldsymbol{T}=W[1\quad \lambda\quad \lambda^2]g$$
$$\boldsymbol{L}=W[-\lambda^3-2\lambda^2-5\lambda+1]g$$

记

$$\boldsymbol{K}=[k_1\quad k_2\quad k_3]$$

则容易求得约束 12.6.4 为

$$\lambda=k_2/k_1$$

另外，注意到对于任何 W 和 $g\neq 0$，均有 $[\boldsymbol{T}^{\mathrm{T}}\quad \boldsymbol{C}^{\mathrm{T}}]$ 满秩，因而，矩阵 $\boldsymbol{M}$ 和 $\boldsymbol{N}$ 由矩阵 $\boldsymbol{K}$ 唯一决定。下面我们考虑两种不同情形。

情形　通过极小化指标 J，我们获得下述状态反馈增益阵：

$$\boldsymbol{K}=[0.25\quad -0.375\quad 0.875]$$

与此对应的闭环极点为 $\lambda=-1.5$；对应的矩阵

$$N=0.7143,\quad M=-0.3125$$

再进一步选取 $W=1$，$g=0.35$，取外部输入信号为 $v=-10\sin\left(3t+\dfrac{\pi}{2}\right)$；取状态初值为 $\boldsymbol{x}_0=[0\quad 0\quad 0\quad 0.5]^{\mathrm{T}}$。我们针对系统参数存在摄动和不存在摄动的情形做了仿真，仿真结果示于图 12.6.3 中。

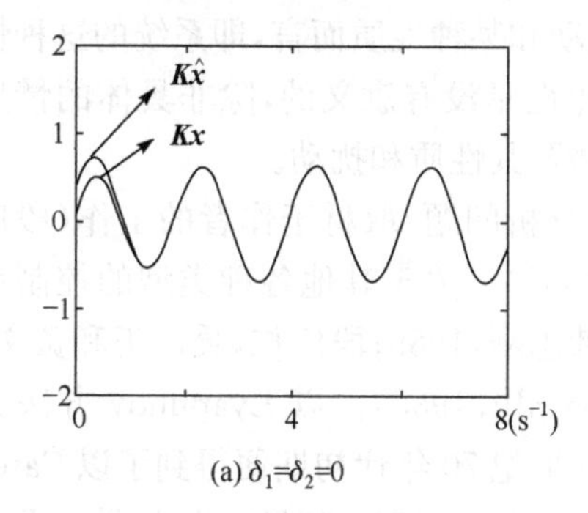

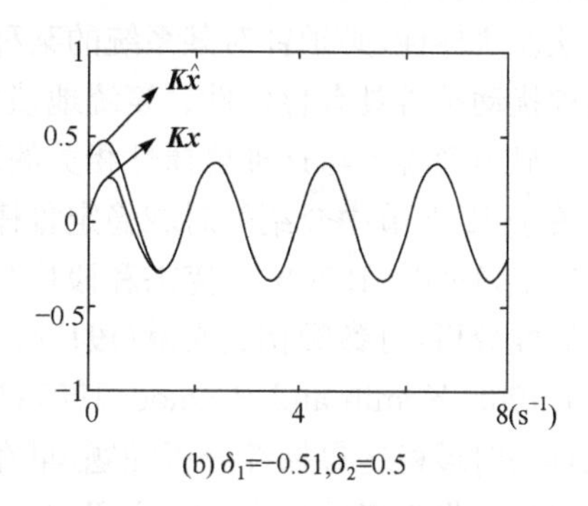

图 12.6.3　例 12.6.2 中系统的仿真结果（情形Ⅰ）

情形　选取下述状态反馈增益阵：

$$\boldsymbol{K}=[1\quad -3\quad 4]$$

与此对应的闭环极点为 $\lambda=-3$；对应的矩阵

$$N=2.8571,\quad M=-5.0$$

同样选取 $W=1$，$g=0.35$，外部输入信号为 $v=-10\sin\left(3t+\dfrac{\pi}{2}\right)$，状态初值为 $\boldsymbol{x}_0=[0\quad 0\quad 0\quad 0.5]^{\mathrm{T}}$，我们针对系统参数存在摄动和不存在摄动的情形做了仿真，仿

真结果示于图 12.6.4 中。

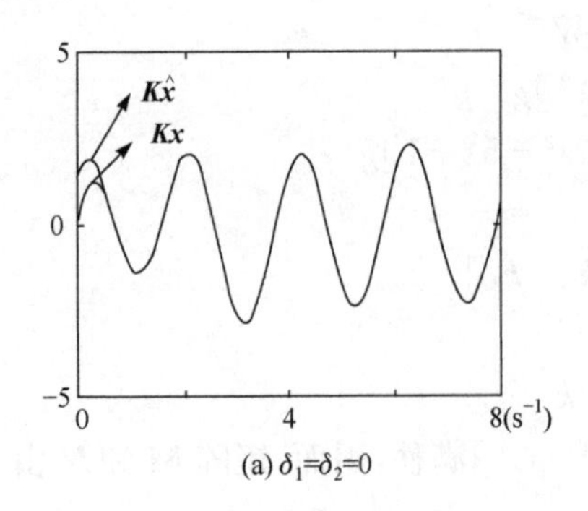

(a) $\delta_1=\delta_2=0$

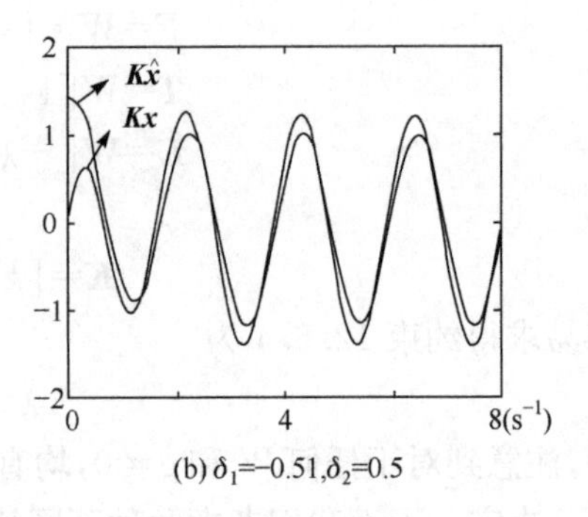

(b) $\delta_1=-0.51, \delta_2=0.5$

图 12.6.4　例 12.6.2 中系统的仿真结果(情形Ⅱ)

12.7　小　结

鲁棒控制是一个十分宽阔的领域,本章通过介绍鲁棒性的定义和几个基本的鲁棒控制问题,为读者提供了一个入门的机会。至少读者在读完本章后,可以清楚什么是鲁棒性,鲁棒控制的研究内容是什么,什么样的问题属于鲁棒控制中的问题,应该如何去解决等。

谈及鲁棒性,必须针对某系统的某种扰动和某种性质而言,即系统的这种性质对这种扰动是否具有鲁棒性。笼统地谈鲁棒性是没有意义的,除非具体的情形之中已明显地隐含了与这种鲁棒性相关的事物及其性质和扰动。

关于 12.3 节中介绍的时域稳定鲁棒性分析问题,取材于作者的工作(段广仁和吴广玉,1990a;1990b;王宪杰和段广仁,1991)。关于其他各种类型的控制系统的鲁棒性分析,可参阅相关文献(段广仁和韩志刚,1989;段广仁,吴广玉和黄文虎,1990a;1988;Kemin and Pramod,1987;Yedavalli,1985)。以 Lyapunov 方法为分析工具的时域稳定鲁棒性分析问题,早在 20 世纪 70 年代初期便得到了以 Patel 等为代表的一批学者的研究(Patel,Toda and Sridhar,1977),到目前为止,除一些过细的工作外,已基本定型。但是 12.2 节所涉及的另一类稳定鲁棒性分析问题——多项式族的稳定鲁棒性,至今仍是一个非常活跃的研究领域。由于定常线性系统的稳定性最终归结为矩阵或多项式的稳定性,因而多项式族问题和矩阵族问题在一定程度上构成了线性系统稳定鲁棒性分析的核心问题。这两个问题自 Khritonov 定理出现以来,得到了非常广泛和深入的研究,人们将问题推广到参数相关的情形,并获得了关于多项式族稳定性分析的棱边定理、边界定理等一系列深入的结果。对此感兴趣的读者可参阅作者的工作(段广仁和王民智,1993;段广仁和黄文虎,1990;Duan,Hu and Wang,1996;Duan and Wang,1996;1994a;1994b)和有关文献

(Barmish and Kang,1993;1992;Bartlett,Hollot and Lin,1988;Foo and Soh,1993;1992;Kokame and Mori,1993;Shaw and Jayasuriya,1993;Soh,1990;Soh and Foo,1993)。

不确定系统的鲁棒镇定是鲁棒控制系统设计领域中的一类最基本问题。我们在 12.4 节所介绍的是一种基于稳定鲁棒性分析结果的设计(Duan,Wu and Chen,1992)。但实际上对于这类问题,还有相当一大批基于 Riccati 方程的设计结果(Lee J H,Kwon and Lee J W,1996;Peres,Geromel and Bernussou,1993;Stoorvogel and Weeren,1994),以及线性时变系统的基于特征结构配置参数化方法的设计结果(段广仁,张龙和张永安,2010)。

12.5 节介绍的鲁棒极点配置,设计目标为闭环系统的特征值灵敏度,因此又称为不敏感极点配置,这一节取材于作者的工作(段广仁,1992c),所讨论的是参数结构摄动的情形,进一步的了解请参阅作者的工作(Duan,Lam and Liu,2004;Duan,Nichols and Liu 2002;2001;Duan and Patton,1999;Duan and Zhang,2007;Liu,Daley and Duan,2001),对于非结构参数摄动的情形和其他控制方式的情形可以参阅文献(段广仁,1991a;施颂椒和王跃云,1988; 杨亚光和吕勇哉,1988;Duan,1993a;1992a)。

鲁棒观测器设计也是鲁棒控制系统设计中的一大类问题,根据不同的观测器形式、不同的系统扰动形式、不同的鲁棒性指标,可以提出各种不同的、具体的鲁棒观测器设计问题。12.6 节中讨论的是带有结构参数摄动系统的鲁棒 Luenberger 观测器,取材于作者的工作(段广仁,李建华和周连山,1992;Duan,Li and Zhou,1993;Duan and Ma,1995;Duan,Zhou and Xu,1991)。其设计目标是使观测误差方程中的扰动量尽量小。另一类较为典型的鲁棒观测器设计则注重了观测器-状态反馈控制系统中的环路传递复现特性,对此感兴趣的读者可参阅文献(段广仁,黄显林和刘升才,1992;段广仁和强文义,1993;Duan,Zhou and Xu,1991;Tsui,1988a;1988b)。作者还研究一些其他与观测器有关的鲁棒控制问题,如鲁棒故障检测,有兴趣的读者可参阅相关文献(Duan,Howe and Patton,2002;1999;Duan and Patton,2001;1998c;Duan,Thompson and Liu,1999b)。

除上述三种时域鲁棒控制系统设计问题外,我们还在 12.2 节中提及了系统族的同时镇定问题和线性二次型控制中的指标确保控制问题,对此,读者可参阅文献(Evans and Xie,1985;Gundes and Kabuli,1995;Kosmidou and Bertrand,1987;Kovacevic,Yao and Zhang,1996;Liou and Yang,1987;Schmitendorff and Hollot,1989;Wei,1993)。值得指出的是,同时镇定问题可以描述相当一批鲁棒控制系统设计问题,目前还仍是鲁棒控制系统设计领域中的一项难题。

正如我们多次指出的那样,鲁棒控制是一个十分宽阔的领域。本章提及的有关控制系统的各种鲁棒性分析与鲁棒设计问题,只能反映鲁棒控制的某个侧面,对鲁棒控制有兴趣的读者应该进一步阅读这方面的大量文献和有关著作。

思考与练习

12.1 根据本章给出的鲁棒性定义，试问前面几章介绍的干扰解耦问题可否划分为鲁棒控制中的问题？如果可以，试分析其鲁棒性的含义。

12.2 熟知，稳定性是一个系统维持正常工作状态的必要条件，也是与系统的抗扰能力相关的，那么它和鲁棒性的区别何在呢？

12.3 对于参数不确定的系统，可以采用鲁棒控制和自适应控制两种方案，但两者却有着本质的差别，试对此加以解释。

12.4 设有线性系统 $\dot{\boldsymbol{x}}=\boldsymbol{A}\boldsymbol{x}$ 满足 $\boldsymbol{A}+\boldsymbol{A}^{\mathrm{T}}<0$，这样的系统是稳定鲁棒的。试分析原因并进一步明确这种鲁棒性的含义。

12.5 试给出具有参数摄动的线性定常系统的鲁棒信号跟踪问题的描述，并考虑求解条件和算法。

12.6 试结合关于矩阵鲁棒正定性分析的定理 12.1.2 和第 5 章二阶动力学系统的稳定性判据，给出具有参数摄动的二阶动力学系统的稳定鲁棒性分析判据。

12.7 对于线性定常控制系统，可否言及能控、能观性和可稳、可检测性等一些性质的鲁棒性？试具体加以描述。这些性质的鲁棒性和系统的稳定鲁棒性在本质上有什么差异？

12.8 对于线性定常系统而言，状态反馈鲁棒镇定问题和全维鲁棒状态观测器设计问题之间有何联系？

参考文献

北京大学数学力学系几何与代数教研室代数小组. 1978. 高等代数. 北京：人民教育出版社.
陈春辉. 1988. 关于鲁棒的输出反馈极点为配置问题的算法. 计算数学，(1)：59-62.
陈启宗. 1988. 线性系统理论与设计. 王纪文，杜正秋，毛剑琴，译. 北京：科学出版社.
陈树中，韩正之. 1986. 输出反馈极点配置的新方法. 控制理论与应用，3(4)：79-83.
段广仁. 1990. 具有干扰解耦功能的特征结构配置. 控制与决策，5(4)：13-18.
段广仁. 1991a. 具有鲁棒极点区域的连续控制系统设计. 信息与控制，20(3)：39-46.
段广仁. 1991b. 区间多项式的一个结果及其应用. 控制与决策，6(3)：225-228.
段广仁. 1991c. 线性系统的干扰解耦与抑制. 控制与决策，6(6)：407-421.
段广仁. 1992a. 矩阵方程 $\boldsymbol{AV}+\boldsymbol{EVF}=\boldsymbol{BW}$ 的一种解析通解. 数学物理学报(增刊)，12(3)：313-317.
段广仁. 1992b. 利用动态补偿器配置线性系统特征结构的参数方法. 控制理论与应用，9(6)：652-654.
段广仁. 1992c. 鲁棒输出反馈控制系统设计. 自动化学报，18(6)：742-747.
段广仁. 1994. 矩阵方程 $\boldsymbol{AV}+\boldsymbol{BW}=\boldsymbol{VF}$ 的两种解析通解. 应用数学，7(1)：78-80.
段广仁. 2011. 广义系统分析与设计. 段广仁，于海华，吴爱国，等译. 北京：科学出版社.
段广仁，陈福生. 1995. 线性系统的模型匹配问题. 自动化技术与应用，14(3)：4-6.
段广仁，韩志刚. 1989. 连续时变状态反馈控制系统的稳定鲁棒性分析. 控制与决策，4(3)：55-58.
段广仁，胡文远. 1992a. 关于矩阵方程 $\boldsymbol{AX}-\boldsymbol{XC}=\boldsymbol{Y}$. 控制与决策，7(2)：143-147.
段广仁，胡文远. 1992b. 线性系统的输出反馈解耦控制. 哈尔滨工业大学学报，24(5)：55-59.
段广仁，胡文远. 1993. 线性系统的状态反馈解耦控制. 控制与决策，8(3)：233-236.
段广仁，黄玲. 2007. 广义二阶动力学系统的鲁棒极点配置. 自动化学报，33(8)：888-892.
段广仁，黄文虎. 1990. 动力学系统稳定鲁棒性的一个结果及其应用. 振动与冲击，(3)：1-5.
段广仁，黄显林，刘升才. 1992. 具有环路复现特性的 Luenberger 观测器设计(一). 航空学报，13(5)：269-275.
段广仁，李建华，周连山. 1992. 鲁棒 Luenberger 观测器设计. 自动化学报，18(6)：742-747.
段广仁，强文义. 1992. 线性系统的分散输出反馈特征结构配置. 控制理论与应用，9(5)：555-559.
段广仁，强文义. 1993. 具有环路复现特性的 Luenberger 观测器设计(二). 航空学报，14(7)：433-436.
段广仁，强文义. 1994. 线性系统的干扰解耦观测器设计. 自动化学报，20(5)：548-552.
段广仁，强文义，冯文剑，等. 1994. 模型参考控制系统设计的一种完全参数化方法. 宇航学报，(2)：7-13.
段广仁，王民智. 1993. 多项式族的 Hurwitz 稳定性分析. 哈尔滨工业大学学报，26(2)：122-123.
段广仁，吴爱国. 2003. 广义线性系统 PI 观测器设计. 第 22 届中国控制会议，宜昌：95-99.
段广仁，吴广玉. 1990a. 线性系统的时域稳定鲁棒性分析. 黑龙江大学自然科学学报，7(3)：

40-44.

段广仁,吴广玉. 1990b. 线性系统的时域稳定鲁棒性分析(续). 黑龙江大学自然科学学报,7(4):35-38.

段广仁,吴广玉,黄文虎. 1988. 线性系统极点配置控制器的稳定鲁棒性分析. 控制理论与应用,(4):103-108.

段广仁,吴广玉,黄文虎. 1990a. 时变线性系统的特征结构配置问题. 中国科学(A辑),(7):769-784.

段广仁,吴广玉,黄文虎. 1990b. 线性系统的状态反馈特征结构配置. 自动化学报,16(6):566-568.

段广仁,徐世杰,黄文虎. 1989. 广义正定矩阵及其在稳定性分析中的应用. 力学学报,21(6):754-757.

段广仁,袁建平. 1991. 推广的 Vendermonde 矩阵的行列式与逆矩阵. 哈尔滨电工学院学报,14(4):399-403.

段广仁,张龙,张永安. 2010. 线性时变系统的一种鲁棒镇定控制器设计方法. 控制与决策,25(11):1630-1634.

段广仁,周连山,许耀铭. 1991. 时变动力学系统的特征结构配置与控制. 哈尔滨工业大学学报,(3):60-67.

佛特曼 T E,海兹 K L. 1979. 线性控制系统引论. 吕林,郑学坚,吴秋峰,吴澄,等译. 北京:机械工业出版社.

高衿畅. 1984. 离散控制系统原理及应用. 北京:化学工业出版社.

高为炳. 1988. 运动稳定性基础. 北京:高等教育出版社.

古田胜久. 1993. 数字控制. 周彦,张福恩,徐立新,译. 哈尔滨:黑龙江科学技术出版社.

韩正之,陈树中. 1991a. Morgan 问题始末. 控制与决策,5(4):52-58.

韩正之,陈树中. 1991b. Morgan 问题又起风波. 控制与决策,6(6):479.

何关钰. 1982. 线性控制系统理论. 沈阳:辽宁人民出版社.

黄尹伦,孙优贤. 1984. 鲁棒调节器在多变系统中的应用研究. 信息与控制,(1):29-34.

卡普兰 N. 1981. 空间飞行器动力学和控制. 凌福根,译. 北京:科学出版社.

凯拉斯. 1985. 线性系统. 李清泉,褚家晋,高龙,译. 北京:科学出版社.

廖晓昕. 1989. 稳定性的数学理论及应用. 上海:华中师范大学出版社.

刘豹. 1982. 现代控制理论. 北京:机械工业出版社.

马克茂,段广仁,胡文远. 1994. 多通道线性系统的 Luenberger 观测器. 自动化技术与应用,13(2):27-29.

钱学森,宋健. 1980. 工程控制论. 北京:科学出版社.

秦元勋,王联,王慕秋. 1980. 运动稳定性理论与应用. 北京:科学出版社.

沈绍信. 1989. 线性系统理论. 大连:大连理工大学出版社.

施颂椒,王跃云. 1988. 基于特征结构配置的最小灵敏度控制器设计. 自动化学报,14(2):81-87.

孙继广. 1987. 矩阵扰动分析. 北京:科学出版社.

王恩平,秦化淑,王世林. 1991. 线性控制系统理论引论. 广州:广东科技出版社.

王国胜,梁冰,段广仁. 2006. 二阶线性系统高阶 PI 观测器的参数化设计//第 25 届中国控制会议论文集 (上册). 北京:北京航空航天大学出版社.

王国胜,吕强,段广仁. 2007. 二阶线性系统全维 PI 观测器的参数化设计. 控制与决策,22(3):345-348.

王国胜,汤霞清,段广仁. 2007. 二阶动力学系统高阶 PI 观测器的参数化设计方法. 信息与控制,36(1):115-118.

王国胜,王子华,段广仁. 2004. 二阶动力学系统的干扰解耦与抑制. 系统工程与电子技术,26(11):1640-1643.

王宪杰,段广仁. 1991. 连续时变线性系统稳定鲁棒性的一个新结果. 哈尔滨电工学院学报,14(3):291-295.

吴爱国,段广仁. 2003. 线性系统高阶积分观测器设计. 自动化理论、技术与应用,(10):140-146.

吴爱国,段广仁. 2006. 广义线性系统鲁棒极点配置分离原理. 系统工程与电子技术,27(10):1785-1787.

吴爱国,段广仁. 2008. 线性系统对偶 Luenberger 观测器设计. 控制理论与应用,25(3):583-586.

武云丽,段广仁. 2005. 矩阵二阶系统的鲁棒极点配置. 控制与决策,20(12):1350-1354.

须田信英,旧玉慎三,池田雅夫. 1979. 自动控制中的矩阵理论. 曹长修,译. 北京:科学出版社.

许淞庆. 1962. 常微分方程稳定性理论. 上海:上海科学技术出版社.

杨亚光,吕勇哉. 1988. 鲁棒系统设计的时域方法. 控制理论与应用,5(4):1-9.

叶宗泽,杨万禄. 1985. 常微分方程组与运动稳定性理论. 天津:天津大学出版社.

余贻鑫. 1991. 线性系统. 天津:天津大学出版社.

张福恩. 1987. 输出反馈极点配置的直接方法. 自动化学报,13(2):101-109.

张正方,成邦文. 1983. 输出反馈极点配置的一种新方法. 自动化学报,9(4):296-305.

赵长安,王子才. 1991. 鲁棒控制系统. 北京:宇航出版社.

郑大钟. 1990. 线性系统理论. 北京:清华大学出版社.

Ahmari R, Vacroux A G. 1973. On the pole assignment in linear systems with fixed order compensators. Int. J. Control, 17(2):397-404.

Anderson B D O, Scott R W. 1977. Output feedback stabilization: Solution by algebraic geometry methods. Proceedings of the IEEE, 65(6):849-861.

Barmish B R, Kang H I. 1992. Extreme point results for robust stability of interval plants: Beyond first order compensators. Automatica, 28(6):1169-1180.

Barmish B R, Kang H I. 1993. A survey of extreme point results for robustness of control systems. Automatica, 29:13-35.

Bartlett A C, Hollot C V, Lin H. 1988. Root locations of an entire polyhedron of polynomials: It suffices to check the edges. Math Contr. Signals Syst., 1(1):61-71.

Bhattacharyya S P, Keel L H. 1991. Control of Uncertain Dynamic Systems. London: CRC Press.

Bode H W. 1940. Relations between attenuation and phase in feedback amplifier design. Bell System Technical Journal, 19(3):421-454.

Brash T M, Pearson J B. 1970. Pole placement using dynamic compensators. IEEE Trans. Aut.

Control,15(1):34-43.

Chen C L,Hsu Y Y. 1987. Pole assignment using dynamic output feedback compensators. International Journal of Control,45(6):1985-1994.

Chu E K W,Nichols N K,Kautsky J. 1984. Robust pole assignment by output feedback. Proc. 4th IMA Conf. on Control Theory,Cambridge:137-145.

Davison E J. 1970. On pole placement in linear systems with incomplete state feedback. IEEE Trans. on Automatic Control,15(3):348-351.

Davison E J. 1976. The robust control of a servomechanism problem for linear time-invariant multivariable systems. IEEE Trans. on Aut. Control,21(1):25-34.

Davison E J,Chatterjee R. 1971. A note on pole assignment in linear systems with incomplete state feedback. IEEE Trans. Aut. Control,16(1):98,99.

Davison E J,Ferguson I J. 1981. The design of controllers for the multivariable robust servomechanism problem using parameter optimization methods. IEEE Trans. Aut. Control, 26 (1): 93-110.

Davison E J,Goldenberg A. 1975. Robust control of a general servomechanism problem: The servo-compensator. Automatica,11(5):461-471.

Davison E J,Scherzinger B M. 1987. Perfect control of the robust servomechanism problem. IEEE on Trans. Aut. Control,32(8):689-702.

Davison E J,Wang S H. 1975. On pole assignment in linear multivariable systems using output feedback. IEEE Trans. Aut. Control,20(4):516-518.

Denham M J. 1973. Stabilization of linear multivariable systems by output feedback. IEEE Trans. on Automat. Contr. ,18(1):62,63.

Descusse J. 1982. A new sufficient condition for output stabilizability of linear systems. IEEE Trans. Automat. Contr. ,27(1):198,199.

Descusse J,Lafay J F,Malabre M. 1988. Solution to Morgan's problem. IEEE Trans. on Automat. Contr. ,33(8):732-739.

Dorato P, Tempo R, Muscato G. 1993. Bibliography on robust control. Automatica, 29 (1): 201-213.

Dorato P,Yedavalli R K. 1990. Recent Advances in Robust Control. New York: IEEE Press.

Duan G R. 1992a. Simple algorithm for robust eigenvalue assignment in linear output feedback. IEE Proceeding Part D: Control Theory and Applications,139(5):465-469.

Duan G R. 1992b. Solution to matrix equation $\boldsymbol{AV}+\boldsymbol{BW}=\boldsymbol{EVF}$ and eigenstructure assignment for descriptor systems. Automatica,28(3):639-643.

Duan G R. 1993a. Robust eigenstructure assignment via dynamical compensators. Automatica, 29(2):469-474.

Duan G R. 1993b. Solutions to matrix equation $\boldsymbol{AV}+\boldsymbol{BW}=\boldsymbol{VF}$ and their application to eigenstructure assignment in linear system. IEEE Trans. on Automatic Control,38(2):276-280.

Duan G R. 1994. Eigenstructure assignment by decentralized output feedback-A complete parametric approach. IEEE Trans. on Automat. Contr. ,39(5):1009-1014.

Duan G R. 1995a. Design of Luenberger function observers with disturbance decoupling. Chinese Journal of Automation (English Edition),7(3):177-181.

Duan G R. 1995b. Parametric approach for eigenstructure assignment in descriptor systems via output feedback. IEE Proceeding Part D:Control Theory and Applications,142(6):611-616.

Duan G R. 1996. On the solution to Sylvester matrix equation $\boldsymbol{AV}+\boldsymbol{BW}=\boldsymbol{EVF}$. IEEE Trans. on Automatic Control,41(4):612-614.

Duan G R. 1998. Eigenstructure assignment and response analysis in descriptor linear systems with state feedback control. Int. J. Control,69(5):663-694.

Duan G R. 1999. Eigenstructure assignment in descriptor systems via output feedback: a new complete parametric approach. International Journal of Control,72(4):345-364.

Duan G R. 2001. Parametric eigenstructure assignment via output feedback based on singular value decompositions. Proceedings of the 40th IEEE Conference on Decision and Control,Orlando.

Duan G R. 2002. Parametric eigenstructure assignment via state feedback:A simple numerically stable approach. The 4th World Congress on Intelligent Control and Automation 2002 (WCICA'02),Shanghai.

Duan G R. 2003. Parametric eigenstructure assignment via output feedback based on singular value decompositions. IEE Proceedings Control Theory and Applications,150(1):93-100.

Duan G R. 2004. Parametric eigenstructure assignment in second-order descriptor linear systems. IEEE Transactions on Automatic Control,49(10):1789-1794.

Duan G R. 2005. Parametric approaches for eigenstructure assignment in high-order linear systems. International Journal of Control Automation and Systems,3(3):419-429.

Duan G R. 2010. Analysis and Design of Descriptor Linear Systems. Berlin: Springer Science & Business Media.

Duan G R. 2015. Generalized Sylvester Equations: Unified Parametric Solutions. London: CRC Press.

Duan G R,Howe D,Liu G P. 1999. Complete parametric approach for eigenstructure assignment in a class of second-order linear systems. Proceedings of the IFAC Congress' 99,Volume D, Beijing:213-218.

Duan G R,Howe D,Patton R J. 1999. Robust fault detection in descriptor linear systems via generalised unknown input observers. Proceedings of the IFAC Congress'99,Volumn P,Beijing: 43-48.

Duan G R,Howe D,Patton R J. 2002. Robust fault detection in descriptor linear systems via generalised unknown-input observers. Int. J. Systems Science,33(5):369-377.

Duan G R,Hu W Y,Wang Z X. 1996. A note on quadratic stability of matrix families. J. Harbin Inst. of Tech. ,1:26-28.

Duan G R,Huang L. 2008. Robust model following control for a class of second-order dynamical systems subject to parameter uncertainties. Transactions of the Institute of Measurement and Control,30(2):115-142.

Duan G R, Irwin G W, Liu G P. 1999a. A complete parametric approach to partial eigenstructure assignment. Proceedings of 1999 European Control Conference, Karlsruhe.

Duan G R, Irwin G W, Liu G P. 1999b. Disturbance attenuation in linear systems via dynamical compensators-A parametric eigenstructure assignment approach. Proceedings of the 1999 American Control Conference, San Diego:2248-2252.

Duan G R, Irwin G W, Liu G P. 1999c. Disturbance decoupling with eigenstructure assignment in linear systems via output dynamical feedback control. Proceedings of 1999 European Control Conference, Karlsruhe.

Duan G R, Irwin G W, Liu G P. 2002. Disturbance attenuation in linear systems via dynamical compensators-A parametric eigenstructure assignment approach. IEE Proceeding Control Theory and Application, 146(2):129-136.

Duan G R, Lam J, Liu G P. 2004. Robust eigenvalue assignment in descriptor systems via output feedback. Asian Journal of Control, 6(1):145-154.

Duan G R, Li J H, Zhou L S. 1993. Design of robust Luenberger observers. Chinese Journal of Automation (English Edition), 5(1):27-32.

Duan G R, Liu G P. 2002. Complete parametric approach for eigenstructure assignment in a class of second-order linear systems. Automatica, 38(4):725-729.

Duan G R, Liu G P, Thompson S. 2000a. Disturbance attenuation in Luenberger function observer designs-A parametric approach. Proceedings of IFAC Symposium on Robust Control, Volume 1, Prague:41-46.

Duan G R, Liu G P, Thompson S. 2000b. Disturbance decoupling in descriptor systems via output feedback-A parametric eigenstructure assignment approach. Proceedings of the 39th IEEE Conference on Decision and Control, Volume 4, Sydney:3660-3665.

Duan G R, Liu G P, Thompson S. 2003. Eigenstructure assignment design for proportional-integral observers: The discrete-time case. International Journal of Systems Science, 34(5):357-363.

Duan G R, Liu W Q, Liu G P. 2000. Robust model reference control for multivariable linear systems: A parametric approach. Proceedings of IFAC Symposium on Robust Control, Prague:83-88.

Duan G R, Liu W Q, Liu G P. 2001. Robust model reference control for multivariable linear Systems: A parametric approach. Journal of Systems and Control Engineering, Part I of The Transaction the Institute of Mechanical Engineers, 21(5):599-610.

Duan G R, Ma K M. 1995. Robust Luenberger function observers for linear systems. Preprints of IFAC Youth Automatic Conference, Beijing:382-387.

Duan G R, Nichols N K, Liu G P. 2001. Robust pole assignment in descriptor linear systems via state feedback. Proceedings of the European Control Conference, Portugal:2386-2391.

Duan G R, Nichols N K, Liu G P. 2002. Robust pole assignment in descriptor linear systems via state feedback. European Journal of Control, 8(2): 136-149.

Duan G R, Patton R J. 1997. Eigenstructure assignment in descriptor systems via proportional plus derivative state feedback. Int. J. Control, 68(5): 1147-1162.

Duan G R, Patton R J. 1998a. Eigenstructure assignment in descriptor systems via state feedback—A new complete parametric approach. Int. J. Systems Science, 29(2): 167-178.

Duan G R, Patton R J. 1998b. Explicit and analytical solutions to Sylvester algebraic matrix equations. Proceedings of International Conference on Control, Swansea: 1563-1568.

Duan G R, Patton R J. 1998c. Robust fault detection in linear systems using Luenberger observers. Proceedings of International Conference on Control, Swansea: 1468-1473.

Duan G R, Patton R J. 1999. Robust pole assignment in descriptor systems via proportional plus partial derivative state feedback. International Journal of Control, 72(13): 1193-1203.

Duan G R, Patton R J. 2001. Robust fault detection in linear systems using Luenberger-type unknown-input observers — A parametric approach. Int. J. Systems Science, 32(4): 533-540.

Duan G R, Thompson S, Liu G P. 1999a. On solution to the matrix equation $\boldsymbol{AV}+\boldsymbol{EVJ}=\boldsymbol{BW}+\boldsymbol{G}$. IEEE Conference on Decision and Control, Phoenix: 2742, 2743.

Duan G R, Thompson S, Liu G P. 1999b. Separation principle for robust pole assignment-An advantage of full-order state observers. Proceedings of 1999 IEEE Conference on Decision and Control, Phoenix: 76-78.

Duan G R, Wang G S, Liu G P. 2002. Eigenstructure assignment in a class of second-order linear systems: A complete parametric approach. Proceedings of the 8th Annual Chinese Automation and Computer Society Conference, Manchester: 89-96.

Duan G R, Wang M Z. 1994a. On eigenvalues locations of symmetric matrix families. J. Harbin Inst. of Tech, (1): 42-45.

Duan G R, Wang M Z. 1994b. Properties of the entire set of Hurwitz polynomials and stability analysis of polynomial families. IEEE Trans. on Autmat. Contr., 39(12): 2490-2494.

Duan G R, Wang M Z. 1996. Connectivity of the entire set of D-stable polynomials and stability analysis of polynomial families. Proceeding of the 35th Conference on Decision and Control, Kobe.

Duan G R, Wu A G. 2006a. I-controllablizability in descriptor linear systems. Dynamics of Continuous Discrete and Impulsive Systems-series A-mathematical Analysis, 13: 1197-1204.

Duan G R, Wu A G. 2006b. Robust fault detection in linear systems based on PI observers. International Journal of Systems Science, 37(12): 809-816.

Duan G R, Wu A G, Hou W N. 2007. Parametric approach for Luenberger observers for descriptor linear systems. Technical Sciences, 55(1): 15-18.

Duan G R, Wu G Y, Chen S J. 1992. An algorithm for robust control system design. Proceedings of the 1992 International Conference on. IEEE, San Diego: 1153-1156.

Duan G R, Wu G Y, Huang W H. 1991. Eigenstructure assignment for time-varying systems. Science in China (English Edition),34(2):246-256.

Duan G R,Wu Y L. 2005. Robust pole assignment in matrix descriptor second-order linear systems. Transactions of the Institute of Measurement and Control,27(4):279-295.

Duan G R, Yu H H. 2008. Robust pole assignment in high-order descriptor linear systems via proportional plus derivative state feedback. IET Control Theory and Applications, 2 (4): 277-287.

Duan G R,Yu H H. 2013. LMIs in Control Systems-Analysis,Design and Applications,London: CRC Press.

Duan G R,Zhang B. 2007. Robust pole assignment via output feedback in descriptor linear systems with structural parameter perturbations. Asian Journal of Control,9(2):201-207.

Duan G R,Zhou B. 2006. Solution to the second-order Sylvester matrix equation. IEEE Transactions on Automatic Control,51(5):805-809.

Duan G R,Zhou L S,Xu Y M. 1991. A parametric approach for observer-based control system design. Proceeding of Asia-Pacific Conference on Measurement and Control,Guangzhou:295-300.

Emre E. 1988. Explicit (global) parametrization of all stabilizing compensators and observers for linear feedback systems. Int. J. Control,48(2):625-640.

Evans R J,Xie X Y. 1985. Robust regulator design. Int. J. Control. ,41(2):461-476.

Fletcher L. 1980. An intermediate algorithm for pole placement by output feedback in linear multivariable control systems. Int. J. Control,31(6):1121-1136.

Foo Y K,Soh Y C. 1992. Robustness analysis of matrices with highly structured uncertainties. IEEE Trans. on Automat. Contr. ,37(12):1974-1976.

Foo Y K,Soh Y C. 1993. Schur stability of interval polynomials. IEEE Trans. on Automat. Contr. 38(6):943-946.

Furuta K,Kim S B. 1986. Pole placement in a specified disk. IEEE Trans. Automat. Contr. , 31(5):423-427.

Gohberg I,Lancaster P,Roman L. 1986. On Hermitian solutions of the symmetric algebraic Riccati equation. SIAM J. Control and Optimization,24(6):1323-1334.

Gundes A N,Kabuli M G. 1995. Simultaneous stabilization of linear systems under stable additive or feedback perturbations. IEEE Transactions on Automatic Control,40(11):1926-1931.

Hagen H L. 1934. Theory of servomechanisms. J. Franklin Inst. ,218(3):279-331.

Huang L,You B,Duan G R. 2010. A new model following design for second-order dynamical systems based on a parametric approach. International Journal of Innovative Computing,Information and Control,6(10):4503-4512.

Incertis F C. 1981. A new formulation of the algebraic Riccati equation problem. IEEE Transactions on Automatic Control,26(3):768-770.

James H M,Nichols N B,Philips R S. 1947. Theory of Servomechanisms. New York:McGraw Hill.

Juang Y T,Hong A C,Wang Y T. 1989. Robustness of pole assignment in a specified region.

IEEE on Trans. Automat. Contr. ,34(7):758-760.

Kalman E. 1960. On the general theory of control systems. Proceedings of 1st IFAC, Butterworth, London: 481-493.

Kalman E. 1962. Canonical structure of linear dynamical systems. Proc. Nat. Acad. Sci. U. S. , 48(4):596-600.

Kalman E. 1963. Mathematical description of linear dynamical systems. SIAM J. Control, 1: 152-192.

Kawasaki N, Shimemura E. 1988. Pole placement in a specified region based on a linear quadratic regulator. Int. J. Control, 48(1):225-240.

Kemin Z, Pramod P K. 1987. Stability robustness bounds for linear state space models with structured uncertainty. IEEE Trans. on Automat. Contr. ,32(7):621-623.

Kim S B, Furuta K. 1988. Regulator design with poles in a specified region. Int. J. Control, 47(1): 143-160.

Kimura H. 1975. Pole assignment by gain output feedback. IEEE Trans. Aut. Control, 20(4):509-516.

Kimura H. 1978. On pole assignment by output feedback. Int. J. Control, 28(1):11-22.

Kokame H, Mori T. 1993. An exact quadratic stability condition of uncertain linear systems. IEEE Trans. on Automat. Contr. ,38(2):280.

Kosmidou O I, Bertrand P. 1987. Robust-controller design for systems with large parameter variations. Int. J. Control, 45(3):927-938.

Kovacevic R, Yao Y X, Zhang Y M. 1996. Observer parameterization for simultaneous observation. IEEE Transactions on Automatic Control, 41(2):225-229.

Lancaster P, Rodman L. 1980. Existence and uniqueness theorems for the algebraic Riccati equation. Int. J. Control, 32(2):285-309.

Lee J H, Kwon W H, Lee J W. 1996. Quadratic stabilization of linear systems with Frobenius norm-bounded uncertainties. IEEE Transactions on Automatic Control, 41(3):453-456.

Li M T. 1972. On output feedback stabilizability of linear systems. IEEE Trans. Automat. Contr. ,17(3):408-410.

Li Z Y, Wang Y, Zhou B, Duan G R. 2010. On unified concepts of detectability and observability for continuous-time stochastic systems. Applied Mathematics and Computation, 217 (2): 521-536.

Liou C T, Yang C T. 1987. Guaranteed cost control of tracking problems with large plant. Int. J. Control, 45(6):2161-2171.

Liu G P, Daley S, Duan G R. 2001. On stability of dynamical controllers using pole assignment. European Journal of Control, 7(1):58-66.

Liu G P, Duan G R. 1998. Eigenstructure assignment with mixed performance specifications. Proceedings of the 6th IEEE Mediterranean Conference on Control and Systems, Alghero: 690-695.

Liu G P, Duan G R. 2000. Robust eigenstructure assignment using multi-objective optimisation techniques. Proceedings of the 3rd Asian Control Conference, Shanghai.

Liu G P, Duan G R, Daley S. 2000. Stable dynamical controller design using output-Feedback eigenstructure assignment. Proceedings of the 3rd Asian Control Conference, Shanghai.

Liu G P, Duan G R, Patton R J. 2000. Mixed time and frequency-domain robust eigenstructure assignment. Int. J. Systems Science, 31(1): 63-71.

Lunze J. 1988. Robust Multivariable Feedback Control. Englewood Cliffs: Prentice Hall.

Lv L L, Duan G R, Zhou B. 2010. Parametric pole assignment and robust pole assignment for discrete-time linear periodic systems. SIAM Journal on Control and Optimization, 48 (6): 3975-3996.

MacColl L R A. 1945. Fundamental Theory of Servomechanisms. New York: Van Nostrand Co. Inc.

Minorsky N. 1922. Directional stability of automatically steered bodies. J. Am. Soc. Naval Eng., 42(2): 280-309.

Mori T, Derese I A. 1984. A brief summary of the bounds on the solution of the algebraic matrix. Equations in control theory. Int. J. Control, 39(2): 247-256.

Munro N, Novin-Hirbod S. 1979. Pole assignment using full rank output feedback compensators. Int. J. System Sci., 10(3): 285-306.

Nyquist H. 1932. Regenerative theory. Bell System Tech Jnl, 11.

Patel R K, Toda M, Sridhar B. 1977. Robustness of linear quadratic state feedback designs in the presence of system uncertainty. IEEE Trans. on Aut. Control, 22(6): 945-949.

Peres P L D, Geromel J C, Bernussou J. 1993. Quadratic stabilizability of linear uncertain systems in convex-bounded domains. Automatica, 29(2): 491-493.

Portor B, Bradshaw A. 1979. Design of linear multivariable continuous time high-gain output feedback regulators. Int. J. Control, 10(2): 113-121.

Rosenbrock H H, Hayton G E. 1978. The general problem of pole assignment. Int. J. Control, 27(6): 837-852.

Rosenbrock H. 1970. State-space and Multivariable Theory. New York: Wiley-Interscience.

Schmitendorff W E, Hollot C V. 1989. Simultaneous stabilization via linear state feedback control. IEEE Trans. on Automat. Contr., 34(9): 1001-1005.

Shafai B, Carroll R L. 1985. Design of proportional integral observer for linear time-varying multivariable systems. Proceedings of 24th IEEE Conference on Decision and Control, Lauderdale: 5797-5799.

Shaw J, Jayasuriya S. 1993. Robust stability of an interval plant with respect to a convex region in the complex plane. IEEE Trans. on Automat. Contr., 38(2): 284-287.

Shieh L S, Dib H M, Ganesan S. 1988. Linear quadratic regulators with eigenvalue placement in a specified region. Automatica, 24(6): 819-823.

Shieh L S, Dib H M, McInnis B C. 1986. Linear quadratic regulators with eigenvalues placement in a vertical strip. IEEE Trans. Automat. Contr., 31(3): 241-243.

Soh C B. 1990. Necessary and sufficient conditions for stability of symmetric interval matrices. Int. J. Contr, 51(1): 243-248.

Soh Y C, Foo Y K. 1993. Nonconvex Kharitonov regions. IEEE Trans. on Automat. Contr., 38(7): 1158, 1159.

Steiglitz K. 1974. An Introduction to Discrete Systems. New York: John Wiley & Sons, Inc.

Stoorvogel A A, Weeren A J T M. 1994. The discrete-time Riccati equation related to the H_∞ control problem. IEEE Transactions on Automatic Control, 39(3): 686-691.

Ton J T. 1964. Determination of the inverse of Vendermonde matrix. IEEE Trans. Autom. Control, 9(2): 314.

Topaloglu T, Seborg D E. 1974. An algorithm for pole assignment using output feedback. Proc. JACC, Austin Texas, (12): 309-312.

Tsui C C. 1988a. New approach to robust observer design. Int. J. Control, 47(3): 745-751.

Tsui C C. 1988b. On robust observer compensator design. Automatica, 24(5): 687-692.

Wei K H. 1993. Simultaneous stabilization of single-input single-output discrete-time systems. IEEE Transactions on Automatic Control, 38(3): 446-450.

Wiener N. 1949. Extrapolation, Interpolation and Smoothing of Stationary Time Series. Cambridge: MIT Press.

Wolovich A. 1974. LinearMultivariable Systems. New York: Springer-Verlag.

Wonham M. 1979. Linear Multivariable Control: A Geometric Approach. 2nd Ed. New York: Springer-Verlag.

Wu A G, Duan G R. 2006a. Design of generalized PI observers for descriptor linear systems. IEEE Transactions on Circuits and Systems I: Regular Papers, 53(12): 2828-2837.

Wu A G, Duan G R. 2006b. Design of PI observers for continuous-time descriptor linear systems. IEEE Transactions on Systems, Man, and Cybernetics, Part B: Cybernetics, 36(6): 1423-1431.

Wu A G, Duan G R. 2007. IP observer design for descriptor linear systems. IEEE Transactions on Circuits and Systems II: Express Briefs, 9(54): 815-819.

Wu A G, Duan G R. 2008. Generalized PI observer design for linear systems. IMA Journal of Mathematical Control and Information, 25(2): 239-250.

Wu A G, Duan G R, Dong J, et al. 2009. Design of proportional-integral observers for discrete-time descriptor linear systems. IET Control Theory & Applications, 3(1): 79-87.

Wu A G, Duan G R, Liu W Q. 2012. Proportional multiple-integral observer design for continuous-time descriptor linear systems. Asian Journal of Control, 14(2): 476-488.

Wu A G, Duan G R, Zhao S M. 2007. Impulsive-mode controlablisability in descriptor linear systems. IET Control Theory & Applications, 1(3): 558-563.

Wu A G, Duan G R, Zhao Y, et al. 2007. A revisit to I-controllablisability for descriptor linear systems. IET Control Theory & Applications, 1(4): 975-978.

Wu A G, Feng G, Duan G R, et al. 2011. Stabilising slow-switching laws for switched discrete-time linear systems. IET Control Theory & Applications, 5(16): 1843-1858.

Wu A G, Feng G, Duan G R. 2012. Proportional multiple-integral observer design for discrete-time descriptor linear systems. International Journal of Systems Science, 43(8): 1492-1503.

Yan Z B, Duan G R. 2006a. Impulse analysis of linear time-varying singular systems. IEEE Transactions on Automatic Control, 51(12): 1975.

Yan Z B, Duan G R. 2006b. Impulse controllability and impulse observability in descriptor system. Dynamics of Continuous Discrete and Impulsive Systems-Series A-Mathematical Analysis, 13: 617-624.

Yedavalli R K. 1985. Improved measures of stability robustness for linear state space models. IEEE Trans. on Automat. Contr., 30(6): 557-579.

Yu H H, Duan G R. 2009. ESA in high-order linear systems via output feedback. Asian Journal of Control, 11(3): 336-343.

Yu H H, Duan G R. 2010. ESA in high-order descriptor linear systems via output feedback. International Journal of Control, Automation and Systems, 8(2): 408-417.

Zhang B, Duan G R. 2002. Eigenstructure assignment for stabilizable linear systems via state feedback. The 4 th World Congress on Intelligent Control and Automation (WCICA'02), Shanghai.

Zhou B, Cai G B, Duan G R. 2013. Stabilisation of time-varying linear systems via Lyapunov differential equations. International Journal of Control, 86(2): 332-347.

Zhou B, Duan G R, Lam J. 2010. On the absolute stability approach to quantized feedback control. Automatica, 46(2): 337-346.

Zhou B, Duan G R, Lin Z L. 2008. A parametric Lyapunov equation approach to the design of low gain feedback. IEEE Trans. Automat. Control, 53(6): 1548-1554.

Zhou B, Duan G R, Lin Z L. 2011. A parametric periodic Lyapunov equation with application in semi-global stabilization of discrete-time periodic systems subject to actuator saturation. Automatica, 47(2): 316-325.

Zhou B, Duan G R. 2012. Periodic Lyapunov equation based approaches to the stabilization of continuous-time periodic linear systems. IEEE Transactions on Automatic Control, 57(8): 2139-2146.

Zhou B, Li Z Y, Duan G R, et al. 2009. Optimal pole assignment for discrete-time systems via Stein equations. IET Control Theory and Applications, 3(8): 983-994.

Zhou B, Xu C C, Duan G R. 2014. Distributed and truncated reduced-order observer based output feedback consensus of multi-agent systems. IEEE Transactions on Automatic Control, 59(8): 2264-2270.

索 引